KONGQINENG REBENG RESHUIQI DE
YUANLI ANZHUANG SHIYONG YU WEIXIU

空气能热泵热水器的
原理、安装、使用与维修

刘共青　编著　　第二版

化学工业出版社

·北京·

内容简介

本书以空气能热泵热水器为基本内容，阐述了热泵的原理、空气能热泵热水器的产品特点、种类、安装、使用、维修技术等。本书内容包括空气能热泵热水器的主要部件和性能，空气能热泵的自动控制原理及控制器，空气能热泵热水系统的设计以及空气能热泵系统的计算实例；还特别介绍了半导体热泵及家用热泵干衣机等新型空气能热泵的发展和应用。

本书主要面向空气能热泵、太阳能热水器的销售维修网点，空气能热泵产品制造厂、干燥机生产厂以及与热水、干燥、制冷、取暖有关的制造企业和使用部门的人员；也面向家电维修点，装修电工、物业电工、农村村镇电工等；还可供大中专院校节能、供暖供水、制冷制热专业的教师和学生以及与热泵相关的供热、制冷科研单位的设计人员阅读参考。

图书在版编目（CIP）数据

空气能热泵热水器的原理、安装、使用与维修/刘共青编著. —2 版. —北京：化学工业出版社，2021.3（2025.4 重印）
ISBN 978-7-122-38178-1

Ⅰ.①空⋯　Ⅱ.①刘⋯　Ⅲ.①热泵-热水器具-基本知识Ⅳ.①TS914.252

中国版本图书馆 CIP 数据核字（2020）第 244469 号

责任编辑：戴燕红　刘　婧　　　　　　　　　装帧设计：韩　飞
责任校对：刘　颖

出版发行：化学工业出版社（北京市东城区青年湖南街 13 号　邮政编码 100011）
印　　装：北京盛通数码印刷有限公司
787mm×1092mm　1/16　印张 25　字数 590 千字　2025 年 4 月北京第 2 版第 8 次印刷

购书咨询：010-64518888　　　　　　　售后服务：010-64518899
网　　址：http://www.cip.com.cn
凡购买本书，如有缺损质量问题，本社销售中心负责调换。

定　　价：138.00 元

Preface　　　　　　　　　　　　　　　　　　　　　　前言

　　近年来，空气能热水器在发达国家很受欢迎，使用率高达 70%。 在热泵高压技术领先的日本，空气能热水器的普及率已接近 80%。 空气能热泵热水器设备在西欧市场可以说是一枝独秀， 越来越得到消费者的认可，在德国、意大利、英国、法国、荷兰都有不俗的市场表现，其中英国市场增长速度最快，高达 21%，这跟该国颁布有关热泵产品的扶持政策有关。

　　2015 年底，我国国家发改委在"国家重点节能低碳技术推广目录'中正式把'空气能热泵冷、 暖、 热水三联供系统技术"纳入；在 2016 年出台的《"十三五"国家战略性新兴产业发展规划》中提出： 加快发展地热源供热、空气能供热、 海洋能供热、制冷等新能源产业的快速壮大 …… 鼓励研发紧凑型户用空气能热泵装置等高水平的产业发展规划。 目前许多处于温带、 亚热带的国家也纷纷购买我国的空气能热水器，普及率在逐步提高。

　　空气能热泵热水器之所以快速发展，取决于两方面的因素。 一方面，环境问题使人们对空气能热泵等新能源产品的需求更迫切，绿色环保是社会发展的必然参与因素，空气能热泵热水器就是时代需要的产物； 另一方面，随着消费者认知度的提高，环保产品必然会引起大家关注。 因以上原因，空气能热泵热水器得到了世界各国政府和消费者的普遍支持和认可。 发达国家的空气能热水器市场较成熟，占热水器市场比例达七成。 为了推广节能环保效果优秀的空气能热泵热水器，不少国家都有购买价 25% 的政策性补贴。

　　我国已经形成了完整的空气能热水器产业带和产业链，主要集中在广东和江浙地区，其中广东地区的产量占全国产量的 70% 以上。 由于不断完善的工艺、 低廉的价格，我国的空气能热水器已经大批量出口，我国已经成为世界上空气能热水器最大的生产国和出口国。

　　本书面向广大的太阳能、 空气能热水器的经营店、 维修中心的同行们； 面向各级政府部门从事建筑节能、 环境保护管理工作的工作人员； 面向各级节能中心、 协会等社会机构的工作人员； 面向各建筑设计院的设计人员； 面向从事热泵、 太阳能制造企业的管理人员、 设计人员、 制造人员、 销售和售后服务人员； 面向与热泵技术有关的科研机构、 大专院校的科研人员、 教师、 学生； 面向采用太阳能、 空气能供应热水的绿色建筑、 节能型小区物业公司的管理人员和维修、 维护人员； 面向农业战线推广科学种植大棚的新型农民科学家； 面向工厂、 机关、 学校、 部队、 医院、 宾馆等从事供暖、 供热、 供冷设备维护的工程师、 管理人员和工人。 本书亦可作为大中专学校相关专业的教材和参考资料及各级节能培训机构的教材。

　　在本书的编写过程中，得到了空气能热泵同行无私的帮助。 佛山市创能热泵空调科技有限公司罗国志总经理，江苏丰盛绿色能源研究院马宏权博士，福州铁路局康景安同志为本书提供了他们开发的新产品详细材料。 深圳华腾金太阳科技有限公司的肖俊光、 钟志良、雷文波、 黄志聪、 陈广深、 钟育兵、 王进强等同志，香港绿域环保科技有限公司黎明总经理提供了他们工作实践的经验和素材。 山东太阳界蓝德智库的程洪智主编，河北省清洁能源供暖行业协会田跃文常务副会长，深圳市诺必达节能环保有限公司杨曙董事长，深圳市家家福实业有限公司何立釜总经理对本书的出版给予了大力支持。本书计算部分经天津科技大学陈东教授审核。在此特表感谢。

本书第一版自 2017 年出版以来，受到同仁们的极大关注，并提出了许多宝贵意见，对再版提供了很大的帮助，本书再版时充分注意到近年来我国空气能热水器及相关的热泵产品得到了进一步普及，应用范围进一步扩大，尤其是北方地区用于取暖方面取得很大进展和宝贵的经验。由于国内外半导体技术的发展，产生了一种全新的具有热泵功能的元器件——半导体制冷制热片，本版也将它介绍给读者，做一种抛砖引玉的尝试。

本书再版过程中，肖俊光总工对原书做了详细的检查和更正，罗国志总经理、广东富信科技股份有限公司、广东伊蕾科斯环境科技有限公司对本书再版给予了很大的支持，在此表示感谢！

编著者

2020 年 10 月

CONTENTS

目录

第三章　空气能热泵热水器的主要部件和性能 　　　／102

第四章　空气能热泵的自动控制原理及控制器 148

第七章 热泵系统的衍生产品和其他形式的应用 / 280

绪　　论

导语：世界上已经出现了不消耗化学能源和电力等外部有价能源的汽车，这是空气能被充分利用的结果。

第一节
新能源的开发

当前，世界能源日益紧张。 据有关资料统计，石油、天然气等化学燃料只剩下 20 年左右的开采期，特别是随着中国、印度等人口大国汽车的普及，更加剧了石油等化石燃料的紧张程度。 煤炭尽管还有大概 200 年的开采期，但煤发电造成了严重的环境污染，因此寻找更安全更方便的能源供应，是世界各国所面临的共同问题。

我国是世界上资源比较贫乏的国家，主要资源的人均占有率低于世界平均水平。 由于人口众多和经济的快速发展，又使得我国已经成为世界能源消耗量最大的国家。 在这种形势下，寻找新的替代能源，开发可再生能源，节约能源已经成为刻不容缓的工作。

1. 能源

所谓能源，是指能够直接或经过转换从中获取某种能量(如热能、电能、光能和机械能等)的自然资源。 理论上，任何物质中都含有能量，包括我们周围的空气。 能源种类繁多，按能源的基本形式分类，能源可分为一次能源和二次能源。

(1)一次能源

一般指自然界现成存在的能源，如煤炭、石油、天然气等。 一次能源又可分为可再生能源(水能、风能、太阳能、空气能、地热能、海洋能及生物质能等)和不可再生能源(煤炭、石油、天然气、油页岩等)，其中煤炭、石油和天然气三种能源是一次能源的核心，它们成为全球能源的基础。

(2)二次能源

二次能源是指由一次能源直接或间接转换成其他种类和形式的能量资源，例如，电力、煤气、汽油、柴油、焦炭、洁净煤、沼气等都属于二次能源。

二次能源指由一次能源加工转换而成的能源产品。

2. 新能源

新能源是相对于常规能源而言的，包括太阳能、风能、地热能、海洋能、生物能、氢能、空气能以及核能等。 由于大部分新能源的能量密度较小，或品位较低，或有间歇性，按已有的技术条件转换利用的经济性尚差，还处于研究、发展阶段，只能因地制宜地开发和利用。 但新能源大多数是可再生能源，资源丰富、分布广阔，有望成为未来的主要能源。

（1）风能

风能是指地球表面大量空气流动所产生的动能。 由于地面各处受太阳辐射后气温变化不同和空气中水蒸气的含量不同，因而引起各地气压的差异，在水平方向高压空气向低压地区流动，即形成风。 风能资源决定于风能密度和可利用的风能年累积小时数。

（2）地热能

地热能（geothermal energy）是由地壳抽取的天然热能，这种能量来自地球内部的高温和地球表面对太阳能辐射能量的吸收，运用地热能最简单和最合乎成本效益的方法，就是直接取用这些热源，并抽取其能量。

（3）太阳能

太阳能指太阳光的辐射能量，在现代一般用作发电。 太阳能的利用有光热转换和光电转换两种方式。 太阳能是一种主要的可再生能源。

（4）核能

核能是通过核反应从原子核释放的能量。

（5）海洋能

海洋能是指蕴藏在海水中的能量，海洋通过各种物理过程接收、储存和散发能量，这些能量以潮汐、波浪、温度差、盐度梯度、海流等形式存在于海洋之中，形成了巨大的能量库。

（6）空气能

地球的表面包裹着厚厚的大气层，我们称之为空气。 空气是由气体和灰层、水分组成的，空气是有温度的，有温度就存在着能量，这些能量来自于太阳辐射和人类活动。 同时空气中的水分也包含温度和形态能，它包含的能量比气体要大。 以前人们对空气中的能量认识不足，没有加以利用。 随着科技的发展，人们提取空气中的能量成为可能，空气能被应用在诸如制热水、供暖、干燥物品等方面，并且随着科技的进一步发展，人们对空气能的应用将进一步扩大。

第二节
空气能热泵的发展史

一、热泵的起源及发展历史

热泵技术是一项相当"古老"的技术。 早在 1775 年，英国爱丁堡的化学教师库仑即发现利用乙醚的蒸发，可以使水降温并且产生结冰的现象。 他的学生布拉克从本质上解释了融化和汽化现象，提出了物质状态变化时的"潜热"概念，并发明了冰量热器，标志着现代制冷制热技术的开始。

法国的青年工程师卡诺在 1824 年发现：只要增加气体的压力，就会提高其温度；反之，如果减小气体的压力，会降低其温度。 他断言利用这一现象可以实现热量的转移，同年他提出了能够提高做功效率的"卡诺循环"。 由于当时机械制造技术的限制，卡诺本人并没有提出可行的热泵结构设计。 卡诺循环当时针对的是热动力机，而卡诺循环的逆循坏，即是热泵循环。 卡诺发表的著名论文《关于火的动力》中首次提出了"卡诺循环"理论，成为热泵技术的最早起源。

19 世纪初，随着工业革命的发展，人们对能否将热量从温度较低的介质"泵"送到温度较高的介质中这一问题产生了浓厚的兴趣。 英国物理学家詹姆斯·普雷斯科特·焦耳（1818～1889）提出了"通过改变可压缩气体的压力就能够使其温度发生变化"的原理。

制冷（热泵）机组工作时，蒸发器一端总是吸收热量，而冷凝器一端总是释放热量，而且两个过程总是同时进行的。 在理想状态下，冷凝器一端释放的热量要大于蒸发器一端吸收的热量。 1850 年英国科学家开尔文注意到这一现象，与电热丝发热相比，同样的耗电在热端获得的热量要多很多倍，他把这样的装置称为"能量倍增器"，并首次描述了热泵的设想，实际上是利用压缩和膨胀来实现热量的转移，这使得我们一直追求的低温的"低级能源"变成高温的"高级能源"变为可能。

1834 年，在伦敦工作的美国发明家波尔金斯（Perkins）造出了第一台以乙醚为工质的蒸气压缩式制冷机，并正式申请了英国第 6662 号专利。 这是后来所有蒸气压缩式制冷机的雏形，直到今天也没有根本改变。 但由于它使用的工质是乙醚，很容易发生燃烧和爆炸，影响了这种机型的推广应用。 1875 年卡利和林德改用氨作制冷剂，大大提高了制冷机的效率和稳定性（氨制冷机组至今还是相当重要的冷冻方法），从此蒸气压缩式制冷机开始占据统治地位。

在此期间，空气绝热膨胀会显著降低空气温度的原理也开始用于制冷。 1844 年，美国医生约翰·弋里用封闭循环的空气制冷机为患者改建了一台空调机，这使他一举成名。 威廉·西门斯在空气制冷机中引入了回热器，进一步提高了制冷机的性能。 1859 年，卡列发明了氨水吸收式制冷系统，并申请了原理专利，早期的冰箱即是由该原理制成。 那时候的冰箱和现在的不同，它需要一个小火炉为其供热，火源可以是煤气或者是煤油。 直到 20 世纪 30 年代，由于蒸气压缩制冷技术的快速发展，才陆续取代了这种吸收式冰箱。 1910 年左右，马利斯·莱兰克发明了蒸气喷射式制冷系统。 20 世纪中期，制冷技术有了更大发展，全封闭制冷压缩机研制成功。 美国通用电气公司米里杰发现了氟里昂制冷剂并用于蒸气压缩式制冷循环，伯宁顿发明了回热式除湿器循环，以及热泵的出现，都极大地推动了制冷技术的发展。

之后许多科学家和工程师对热泵技术进行了大量的研究，将冷冻技术用于加热，研究持续了 80 年之久。 但由于当时采暖技术简单，且价格低廉，因此对热泵技术的需求不大。这就是热泵的发展明显地滞后于制冷机的原因。

20 世纪 20～30 年代，一方面由于制冷机的发展为热泵的制造奠定了良好的基础，另一方面也由于社会上出现了对热泵的需求，因此热泵技术得到了极大的发展。

1912 年，瑞士的苏黎世成功安装了一套以河水作为低位热源的热泵设备用于供暖，这是早期的水源热泵系统，也是世界上第一套热泵系统。

1930 年，英国的霍尔丹(Haldane)在自己的著作中报道了 1927 年在苏格兰的一台家用热泵的安装及试验情况，这台热泵采用氨作为工质，以空气为热源，用于热水供应和采暖，这成为了英国安装的第一台热泵。当时霍尔丹已能认识到通过简单的切换制冷循环能实现冬季供热、夏季制冷的可能性。

1931 年，美国开始对热泵进行大量的研究和设计，美国加州的安迪生公司在洛杉矶的办公大楼上安装了第一台大容量热泵用于采暖，其制热量为 1050kW，制热系数为 2.5。

1939 年，欧洲第一台大型热泵出现于瑞士苏黎世的市政府大厦，制热量为 175kW，制热系数为 2.0，它以河水为低温热源，工质是 R12，持续向市政府输出温度为 60℃的热水，并有蓄热系统，高峰负荷时采用电加热作为辅助加热手段。该装置夏季也能用来制冷。

热泵技术在 20 世纪 40～50 年代又获得迅速发展，到 1943 年大型热泵的数量已相当可观。20 世纪 40 年代，美国也开始对热泵有了进一步的认识。1948 年小型热泵的开发工作有了很大的进展，家用热泵和工业建筑用热泵大批投放市场。英国在 20 世纪 50 年代也生产了许多小型民用热泵，后美、英两国开始了对使用地下盘管吸收地热作为热源的家用热泵的研究工作。至 1950 年，已有 20 个厂商及 10 余所大学和研究单位从事热泵的研究，当时拥有的 600 台热泵中约 50％用于房屋供暖，45％为商用建筑空调，仅 5％用于工业。通用电气公司生产的以空气为热源、制热与制冷可自动切换的机组，使空调用热泵作为一种全年运行空调机组进入了空调商品市场。

热泵技术在 20 世纪 50～60 年代(1952～1963)的 10 年中经历了迅速成长的阶段。由于热泵可以让制冷与采暖共用一套装置，在电力充足、电能价格又便宜的地区使用时运行费用很低，用户对此产生了兴趣，使热泵进入了早期发展阶段。1957 年美国决定在建造大批住房项目中用热泵采暖代替原先设想的燃气供热方案，这又使热泵的发展进入了一个高潮，至 60 年代初在美国安装的热泵机组已近 8 万台。然而，由于过快的产品增长速度造成设备制造质量较差、设计安装水平低、维修及运行费过高，到 1964 年热泵可靠性的问题已成了一个十分严峻的问题。20 世纪 60 年代电价持续下降，人们对电加热器的需求不断增加，使之成了热泵发展的主要竞争对手，限制了热泵的发展，热泵工业进入了 10 年的徘徊状态。直至 20 世纪 70 年代中期，热泵才重新有了快速增长。这一方面是由于热泵技术的发展使机组可靠性提高，另一方面是 1973 年能源危机的推动。20 世纪 70 年代初期，人们广泛认识到矿物燃料在地球上是有限的，热泵以其回收低温废热、节约能源的特点，对产品性能和可靠性进行改进后重新登上历史舞台，受到了人们的青睐。比如美国，热泵的年产量从 1971 年的 8.2 万套猛增至 1976 年的 30 万套，1977 年再次跃升为 50 万套。至 1988 年，热泵式房间空调器年产量已达 321 万台。至 1999 年，包括热泵式的单元式热泵空调机年产量超过了 1000 万台。在此期间，在全世界范围内热泵的应用总的发展趋势是不断扩大，日本、瑞典等国小型的家用空气能热泵产量大幅提高。在英国、德国大型热泵装置与大型商业和公共建筑的热回收方案结合取得了一定成果。热泵技术进入了黄金时期，世界各国对热泵的研究工作都十分重视，诸如国际能源机构和欧洲共同体都制订了大型热泵发展计划，热泵新技术层出不穷，热泵的用途也在不断开拓，广泛应用于空调和工业领域，在节约能源和环境保护方面起着重大的作用。由于半导体技术的发展，人们发现了半导体元件也具有热泵的特性，一个新兴的领域——半导体热泵应用正在产生。

我国热泵技术研究开发工作的起点和发展历程与国外相比有较大的差距。20 世纪 50 年代，天津大学热能研究所开始着手开展热泵方面的研究。从 60 年代开始，热泵在我国工业上开始得到应用。1965 年，上海冰箱厂研制成功我国第一台热泵型窗式空调机，制热量为 3720W。同年，天津大学与天津冷气机厂研制成功我国第一台水冷式热泵空调机，即我国最早的水源热泵机组，其研制者是天津大学吕灿仁教授。此后，我国热泵的研究开发工作取得了较快的进展。到 80 年代以后，热泵技术的研究日益受到人们的重视，但热泵产品主要以空气能热泵空调器和中小型的商用空气能热泵机组为主。1983 年在北京召开了中国制冷学会低势热源与热泵会议，总结了我国在这一领域中的研究成果。1988 年在广州由中国科学院广州能源研究所主持召开了热泵的专题研讨会，在会上对压缩式热泵、吸收式热泵和化学热泵进行了学术交流，热泵技术得到了进一步的重视。目前我国主要有天津大学、天津科技大学、哈尔滨工业大学、清华大学、上海交通大学、同济大学、广东工业大学和中国科学院广州能源研究所等一批高校和研究院所研究热泵技术，许多制造商也在不断努力提高产品的可靠性。经过 20 多年的研究和开发，热泵技术在我国已取得了很大进步。

随着我国城市建设的快速发展，国家经济迅速增长，人民生活水平不断改善，我国空调行业迎来了前所未有的发展机遇。近年来我国家用单元式空调器产量的增长很快，截至 2002 年，我国家用空调（含热泵型）的产量为 3600 万台，若其中 70％为热泵型空调，则 2002 年我国热泵空调的产量达 2500 多万台。据统计，作为制冷空调热泵关键部件之一的四通换向阀，2005 年我国国内总产量就达 4355 万个，若加上集中式空调系统的热泵系统，这一数字还要增加。我国正逐步形成热泵生产的完整工业体系。20 世纪 90 年代，热泵式家用空调器厂家约有 300 家，空气能热泵冷热水机组生产厂家约有 40 家，水源热泵生产厂家有 20 余家，国际知名品牌热泵生产厂商纷纷在我国投资建厂，形成了生产、销售和服务、产品研发机构一条龙的完整体系。

进入 21 世纪以来，我国热泵理论研究工作比前 10 年显著加大了深度与广度，打破了空气能热泵一统天下的局面和研究工作仅局限于空气能热泵的研究范畴。高等院校和科研单位纷纷对空气能热泵、水源热泵、地源热泵和水环热泵空调系统等进行了研究，尤其是对大地耦合热泵的理论研究更活跃，研究的内容也十分广泛，包括热泵的变频技术与变容积技术、热泵计算机仿真和优化技术、热泵的无破坏环境工质替代技术、空气能热泵的除霜技术、多联式热泵技术等，同时热泵热水器、海水源热泵、与太阳能结合的热泵系统等新产品不断涌现，技术上已处于世界领先地位。

20 世纪 50 年代，我国热泵技术的创始人天津大学吕灿仁教授就开展了热泵的研究。1956 年吕灿仁教授的《热泵及其在我国的应用前途》是我国热泵研究现存的最早文献。吕教授在文中指出了中国气候条件决定应用热泵技术的必要性，江河湖海中存在可开发利用的能量。1994 年，清华大学的徐秉业教授研制出国内第一台地源热泵机组；2007 年，哈尔滨工业大学顾文卿教授主编的《热泵生产新工艺、节能新技术与热泵系统创新设计、科学应用、性能测试及国内外标准实用手册》，对制热热泵的设计和生产起了很大的引导作用；广东工业大学李凡等编写的《空气能热泵热水器》以及本书第一版，填补了国内空气能热水器知识的空白；天津科技大学陈东教授主编的《热泵技术手册》，为广大的热泵制热（冷）领域的技术工作者提供了宝贵的参考工具。随着我国政治和经济形势的变化，热泵技术经历了初期理论研究、自力更生式的工程实验、以高校研究生培养为主线的系统研究、学习引进国外先进技术、国内大批量生产和大规模推广应用阶段。今天吕灿仁教授所有的预见都已经实现，中国已经成为世界上热泵生产量最大、制冷热泵行业从业人数最多、应用最多和范围最广的国家，热泵节能技术已经深入到各行各业。

二、我国空气能热泵热水器发展的历程

我国最早的空气能热水器是山东的康特姆公司从澳大利亚引进的，并且实现了产业化，随后广东的豪瓦特公司、同益公司也先后研发了空气能热水器，随后浙江的锦江百浪，江苏的天舒，广东的瑞姆、纽恩泰、菲尔普森、科霖、聚腾、生能、新时代、确正、美肯、德能、风驰、中宇等企业也陆续生产出空气能热水器。空气能热水器的出现，给广大节能行业的科技人员带来了一种新的节能产品。由于空气能热水器全天候工作和节能 70％，以及比太阳能投入少的优点，使得它的产量和销量以每年 60％ 的速度增长。20 世纪 90 年代后期，一些家电和太阳能公司纷纷加入空气能热水器行业，美的、扬子、荣事达、四季沐歌、格力、万家乐等大公司利用其雄厚的经济实力、较大规模的销售网络、强大的品牌效应，迅速占领了空气能热水器市场，其中美的公司的产值达到 10 亿元以上。生产空气能热泵的相关企业也从 2000 年的不到 10 家发展到目前的 600 多家，2015 年，我国空气能热泵产品的产值达到 80 亿元。2015 年底，国家发改委在《国家重点节能低碳技术推广目录》中正式把"空气能热泵冷、暖、热水三联供系统技术"纳入推广目录，把"空气能热泵"纳入低碳技术目录。在 2016 年出台的《"十三五"国家战略性新兴产业发展规划》中提出，加快发展地热源供热、空气能供热、海洋能供热制冷等新能源产业，鼓励研发紧凑型户用空气源热泵装置等高水平的产业。

空气能的应用领域不断扩大，面对大型企业介入空气能热泵领域，许多老厂利用比较成熟的空气能技术，拓展空气能热泵的新领域，比如深圳斯诺宝、风驰、广东新时代公司，广东华天诚公司在热泵低温环境下的供热做了很多的尝试，已经生产出适应 −20℃ 环境的供暖供热水空气能热泵。深圳华腾金太阳、广东正旭等公司，在空气能烘干方面做了很多的推广，取得不少经验，空气能热水器是太阳能普及的高级阶段，深圳华腾金太阳、惠州双和太阳能公司，在量大面广的家用空气能与家用太阳能结合方面不断探讨，利用自身熟悉太阳能热水器应用的特点，生产出"太空能"热水器：一种太阳能与空气能结合的新产品，将节能水平提高到 94％（理论）。近年来，空气能热泵技术已经逐步应用到家庭衣物干燥方面，比传统干衣机节能 50％～90％，且更卫生、更有效，创造了继空气能热水器之后的又一个巨大的消费市场。在短短的十几年内，我国空气能产业从无到有，从小到大，得到了快速发展。

第三节
热泵的当代新产品——空气能热泵热水器简介

由于天气和气候的影响，太阳能的应用受到一定程度的限制，许多太阳能热水器要配套辅助加热装置才能全天候正常使用。为此，太阳能开发人员又将注意力投向另一个领域——空气能热泵热水器。

空气能热泵热水器就是利用热泵原理，从空气中吸收能量来制造热水的装置。

空气能热水器有如下优点：

（1）节能效果明显

空气能热泵热水器是热泵技术在制造热水方面的一个应用，是当今世界上最先进的能源利用产品之一。它的供热方式与传统的供热方式不同，它是以空气、水、太阳能等为低温热源，以电能为动力从低温侧吸取热量来加热生活用水，热水通过循环系统直接送入用户或进行小面积采暖。

而传统的加热装置，如燃气热水器、电热水器都是能量的转换装置，它们的功能在于把其他形式的能量转换为热能。例如，燃气热水器就是把燃气中的化学能通过燃烧转换为热能；而电热水器则是将电能通过电热丝发热转换为热能。根据能量守恒定律，这种转换装置的效率，由于转换过程中不可避免的热损失，只能是低于100%的。

空气能热泵热水器与传统热水器耗能性经济对比分析见表1。

表1 空气能热泵热水器与传统热水器耗能性经济对比分析

热水器类型	所需热量	热效率/%	热源单价	所需费用/元
电热水器	电	95	0.62 元/(kW·h)	30.5
燃油锅炉	柴油	85	6.3 元/kg	29.87
燃气锅炉	天然气	75	2.2 元/m³	13.7
燃气锅炉	管道煤气	70	0.9 元/m³	13.6
燃气锅炉	液化气	80	6.3 元/kg	29.35
空气能热泵热水器	电	400	0.62 元/(kW·h)	7.22

注：将1t水从平均温度15℃加热至平均55℃为例。

（2）绿色环保

空气能热水器在运行过程中没有排放物，传热介质采用优质环保制冷剂，没有使用油、煤、气等矿物燃料所造成的环境污染，而且能源消耗极低，属于绿色环保型产品。符合我国能源产业和环境保护政策。

（3）使用安全

使用热泵热水器时，水电分离，不存在泄漏、火灾、爆炸、漏电、干烧等隐患；机组内设有高压、低压保护，压缩机过流过载保护，启动延时，水流保护、水温超高保护、水箱水位保护等多重安全保护，运行比较可靠、性能稳定，使用寿命长达 10~15 年以上。

（4）安装、使用适应性好

不受环境限制，不占用有效建筑面积，无需另设机房。可安装于车库、阳台、楼顶、厨房、储物间、地下室等设备层处，不影响建筑物外观。

一年四季全天候运行，不受夜晚、阴天、雨雪等恶劣天气影响。水温可以调节，保证人体的舒适度。

（5）投资相对较少，回收快

相对于太阳能热水器来讲，空气能的投资较少，回收较快，这点在太阳能热水工程上尤显突出。在当前的市场上，如果用太阳能工程，大概每吨水的合理售价是10000元，如果还要配上空气能作为辅助加热，则每吨水要达到 13000 元。如果仅仅采用空气能热泵，则每吨水的合理售价是 7000 元。当然，用空气能造热水要耗电，也就是运行的费用要高于太阳能。

（6）适用范围广

可用于酒店、餐馆、工厂、学校、医院、桑拿浴室、美容院、游泳池、温室、养殖场、洗衣店、家庭等场所；还可用于涂装、电镀、电泳、制药、化工、食品等行业需要热水的地方。

可单独使用，亦可集中使用，根据不同的供热要求，可选择不同的产品系列和安装设计，同时还可免费获取冷气。

（7）应用领域不断扩大

用空气能热泵不仅能制造热水，还可以解决我国北方的取暖问题，如果采用热电厂低温热水传送-空气能加热取暖-空气能余热回收-热电厂再加热的方式，可以减少大量传送中的热损失；可以用来干燥农作物、工业品以及干燥家庭衣服。干燥机可以调节环境的湿度，有利于仓库物品的保护（比如博物馆的文物保护）。利用空气能热泵原理，制作同时产生热水和冷气的空气能热水器，热泵效率达到6倍以上；热泵与电热水器结合的开水器，节能效率达到40％；利用热泵原理的阳台式、壁挂式、壁嵌式太阳能热水器，可以达到取暖和供应热水的功能。今后，可以利用热泵原理发电，甚至制造一些不消耗任何外来原料的、"不吃饭"的机器、汽车等。

第一章　热泵原理和空气能热水器

一、　空气能热泵的基本运行原理

1. 概述

空气能的制热原理，要从空调谈起。在炎热的夏天，空调机可以使房间的温度下降，因为空调机将室内的热量吸到屋外去了，当人们经过开启的空调室外机时，总是感到一股热浪扑来，如何利用这些热量呢？空气能热水器应运而成。空气能热水器与空调正好相反，它是将空气中获得的热量不断地吸到水中，这样水就渐渐热起来了。所以简单地解释空气能热水器的原理就是"反空调"的原理。如同水泵的作用是将水从一个地方输送到另外一个地方，而空气能是将空气中的热量输送到水中，所以人们也简称空气能热水器为热泵热水器。当然水泵还有一个比较重要的作用，就是将较低水位的水输送到比较高的地方，也就是提高了这些水的势能（势能也是能量的一种形式）；而空气能热泵也相同，它会将温度比较低的水变成温度比较高的水，水的体积和重量基本不变，但它的能量提高了。这也就是人们常说的，将低品位的能源变成较高品位的能源。

空气能热水器与目前常用的电热水器和燃气热水器相同的地方是，它们都是将一种能量的形式转换成另外一种形式。不同的是，化学物质燃烧和电发热都是一种制造热量的过程，它的效率一定会低于它自身的能量值。比如电热水器的效率为85％～95％，燃气热水器的效率为65％～80％。简单地认识就是它们是在制造热能（产生热水），而空气能热水器是在搬运热能，将热量搬到水中。人们发现在消耗同等能量的情况下空气能热泵得到的能量高于化学物质燃烧和电发热的能量，有时甚至高达3～5倍。为此人们就发明了这一节能的产品——空气能热泵热水器，并且通过不断改进，大量应用在我们的生活和生产中。

2. 空气能热泵的基本原理

水由大量的水分子组成，水分子和水分子之间以氢键连在一起，人们通俗形象地称它是分子和分子"手拉手"组成的物质。当水分子之间"手"拉得"紧"时，水变成冰；当水分子之间"手"拉得"松"时，它就是液体，也就是水；当它们之间的"手"

放得更"松"时，就变成我们常见的水蒸气。

分子和分子由于存在距离，它们之间就存在势能，也就是能量。当这种距离改变时，本身就要产生能量形式的改变，比如变热变冷。如何改变呢？它们之间的距离越大，也就是势能越大，它们的能量就越大。当你变动它们之间的距离时，其本身需要的"拉手"的能量变小了，那么它就要放出能量来，表现在它的温度升高了；当某种情况下，它的体积变大了，也就是"手"松了，它的势能加大了，这时就要能量的补充，也就是它必须吸收其周围的能量，如果这种能量足够多，它就会变成气体，这个过程我们称为相变。

归纳以上内容：一种物质，当它在外部因素的作用下，从液体变成气体时需要吸收热量；反之，当它从气体变成液体时，需要放出热量，这就是空气能热水器的运行原理。这种外部作用的动力就是压力，压力的产生可以来源于电力，也可以来源于其他的动力，比如柴油机、汽油机、燃气轮机等。

许多物质都有热泵要求的性质：固体-液体-气体这一特性，但大部分不适合于热泵。我们要的是使得热泵工作消耗更小、效率更高的物质。人们经过几十年的努力，终于合成了这些物质，这些物质通常称为热泵工质，常见的有氟里昂、氨水、二氧化碳等，用代号表示为 R22、R134、R142、R410、R744 等数十种，它们在热泵工作中的作用基本是一样的。下面通过解释空气能的工作过程来进一步说明这个问题。

这里选择 R22 这种在热泵中最常用的工质来说明。

R22 工质的特性：标准蒸发温度（在一个大气压下）为 $-40.8℃$，也就是说当这种工质处于 $-40.8℃$ 以上的环境时，它将蒸发成气体。为了不使它变成气体，就必须给它加压，当压力达到一定数值时，它就恢复到液体状态。我们看到的 R22 工质都是装在压力罐里，以液体的形式存在。当压力为 $20kgf/cm^2$（$1kgf/cm^2 = 9.81N$，下同。），温度在 50℃ 时，R22 工质处在临界状态；当压力小于 $20kgf/cm^2$ 时，或者温度大于 50℃ 时，它为气体。反之，当压力大于 $20kgf/cm^2$ 或者温度小于 50℃ 时，它为液体状态。了解了它的特性，就可以解释这个问题了。

如图 1-1 所示，它体现了空气能热水器获得能量的过程，下面用 8 点解释其工作过程。

① 工质（R22 制冷剂）进入压缩机。由于在常温下，工质为气体状态。

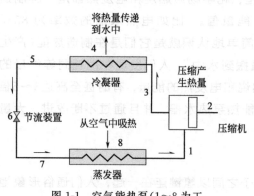

图 1-1　空气能热泵（1～8 为工作过程）的基本工作原理

② 压缩机对工质进行快速压缩，压力迅速达到 $20kgf/cm^2$ 左右。上面讲到 R22 的特性，当压力上升到 $20kgf/cm^2$ 时，工质温度将同时上升到 50℃ 以上。这时工质处于饱和温度线以上，工质为过热蒸气。

③ 工质通过管道进入冷凝器。

④ 工质通过冷凝器时将热量传递给冷凝器中的热水。冷凝器就是一种热交换器，一边走热工质 R22，一边走冷水，两边是通过铜类导热性好的材料隔开的。通

过这些材料的良好导热性将工质中的热量迅速传递给水，使水的温度升高。当这部分工质离开冷凝器时，由于温度降低了，而压力不变，这部分的工质大部分已经变成液体了，而工质由气体变成液体也释放出一部分热量。因此，冷凝器传出的热量＝工质温度下降放热＋工质相变放热。

⑤ 工质通过管道进入节流装置。

⑥ 节流装置是一个减压装置，减压阀是其中一种，它将工质的压力降低到接近常规气压，这时工质为液体状态。

⑦ 这种常压下的工质通过管道进入蒸发器。

⑧ 工质进入蒸发器。由于 R22 在常压下的蒸发温度是$-40.8℃$，假设此时蒸发器自身的温度是$-5℃$以上，这种情况下工质将会从液体迅速变成气体。这个汽化过程需要吸收热量，因此工质的温度急剧下降，从 30 多摄氏度下降到 15℃ 以下，甚至更低，这样蒸发器本身的温度也降低了。蒸发器实际也是一个热交换器，是使用铜铝等良性导体制造的，当温度降到比周围的空气更低时，周围空气就会将热量传递给它，它又会将热量传递给其中的工质，这样工质的温度就升高了。当这部分工质通过漫长的管道到达蒸发器的出口时，它的温度比进入时高了 5～15℃。也就是热泵在这个过程中从空气中吸收了热量，并将这些热量传递给冷凝器中的水。由于不断地蒸发，工质到达蒸发器出口前就已经变成蒸气了。

吸收了热量的工质通过管道进入压缩机，又进行新一轮的"制热"。

以上由蒸发器不断地吸收热量并搬运到冷凝器，再由冷凝器传递给水的过程就是空气能热泵的基本原理。在这个过程中工质是能量传递的载体，图 1-2 通过工质的变化进一步说明了空气能热泵的原理。

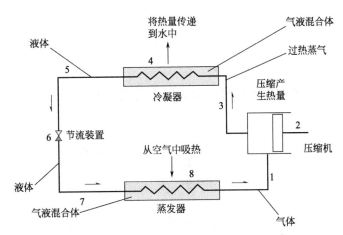

图 1-2　空气能热泵工作时比较理想的工质状态

（1～8 为工作过程顺序）

3. 空气能热水器的基本工作形式

空气能热泵的基本原理在实施的过程中还要通过一些更实际的部件来完成。

如图 1-3 所示，展示了空气能热水器的基本结构。它主要由液气分离器、压缩机、冷凝器、过滤器、节流减压器、蒸发器和风扇组成，只要装有如上基本部件，就可以组成最简单的空气能热水器。开始时储存在蒸发器中的工质到达液气分离器，它的作用是将工质中的

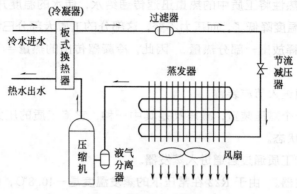

图 1-3　空气能热泵的基本结构

液体过滤掉，使得进入压缩机的工质为气体状态，保证压缩机处于良好的工作状态（避免出现液击现象）。经过压缩机的压缩，工质温度迅速提高，并且变成较高温度的蒸气。由于温度远高于它的饱和蒸发温度，人们称它为过热蒸气。这些过热蒸气进入冷凝器——板式换热器，工质将自身的热量传递给换热器中的水，使它逐渐热起来，工质自身也变成液体了。这些液体经过过滤器的过滤，到达节流减压器，经节流减压变成常压下的液体，并被送进了蒸发器。由于 R22 工质的蒸发温度是 −40.8℃，而蒸发器内的温度一般都在 0℃ 以上，远高于工质的蒸发温度，这样工质就会在蒸发器中迅速蒸发成气体。工质在蒸发过程中将大量吸收热量，使得蒸发器的温度也大大下降，那么它就会吸收周边空气中的热量，并把这个热量传给工质。为了提高蒸发器的效率，减小蒸发器的体积，人们往往在蒸发器的前方或者后方加一个风扇，增加通过蒸发器的风量，提高热交换的速度和效率。工质经过蒸发器后，基本变成工质的蒸气了，这时再把这些蒸气送入压缩机来完成下一段的工作。

4. 空气能热水器的节能原理

我们知道，能量不会产生，也不会消灭，只能从一种形式转换成另一种形式，这说明热量也只能从一种物质传递到另一种物质。

空气能热水器是根据逆卡诺循环基本原理进行工作的。它的基本工作方式如图 1-4 所示。

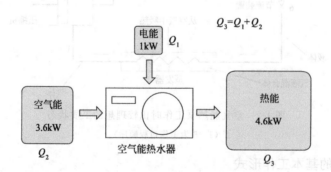

图 1-4　空气能热水器的节能原理

① 低温低压制冷剂经膨胀机构节流降压后，进入空气交换机中蒸发吸热，从空气中吸收大量的热量 Q_2。

② 蒸发吸热后的制冷剂以气态形式进入压缩机，被压缩后，变成高温高压的制冷剂。

此时制冷剂中所蕴藏的热量分为两部分：一部分是从空气中吸收的热量 Q_2；另一部分是输入压缩机中的电能在压缩制冷剂时转化成的热量 Q_1；

③ 被压缩后的高温高压制冷剂进入热交换器，将其所含热量 $Q_3(Q_1+Q_2)$ 释放给进入换热器中的冷水，冷水被加热到 55℃ 直接进入保温水箱储存起来供用户使用。

④ 放热后的制冷剂以液态形式进入膨胀机构，节流降压，如此不间断进行循环。

冷水获得的热量 Q_3＝制冷剂从空气中吸收的热量 Q_2＋驱动压缩机的电能转化成的热量 Q_1。 经试验，在环境温度 20℃ DB/15℃ WB、原始水温 20℃、加热最终水温 55℃、热量无损失的标准工况下：$Q_2=3.6Q_1$，再加上压缩机发热的热量 Q_1，得到：

$$Q_3=Q_1+Q_2=3.6Q_1+Q_1=4.6Q_1$$

即消耗 1 份电能，得到 4.6 份的热量。

人们将热泵的这种功效用性能系数 COP 来表达：

$$性能系数 COP=\frac{输出的能量}{输入的能量}=\frac{Q_3}{Q_1}=\frac{4.6Q_1}{Q_1}=4.6$$

当我们看到热泵的 COP 系数时，就可以知道热泵的效益是多少了。

通过以上的阐述，可粗略了解到空气能节能的优点。 正是有了这一优点，使空气能热泵得到快速的普及和应用。

二、空气能热泵热水器的基本参数

1. 基本参数

下面通过某工厂技术数据表 1-1 来说明空气能热水器的技术参数

表 1-1　广州瑞姆牌商用热水器技术参数

项目 \ 型号	RMRB-03SR-D RMRB-04SR-D	RMRB-05SR-D RMRB-06SR-D	RMRB-08SR-2D RMRB-10SR-2D	RMRB-12SR-2D RMRB-15SR-2D	RMRB-20SR-2D RMRB-25SR-2D
额定制热量/kW	11.2/14.0	18.8/22	30/38	44/50	75/86
输入功率/kW	2.8/3.6	4.7/5.5	7.5/9.5	11/12.8	19.1/21.5
使用电源	380V/50Hz				
额定出水温度/℃	55				
最高出水温度/℃	60				
额定小时产水量/L	240/300	400/475	645/817	950/1100	1600/1850
压缩机　型式	高效柔性涡旋式				
压缩机　数量	1	1	2	2	2
压缩机　品牌	美国谷轮				
热交换器风机　型式	高效螺旋套管换热器				
热交换器风机　循环水管径/mm	DN25	DN25	DN40	DN40	DN65
热交换器风机　压力降/kPa	<50				
热交换器风机　型式	内转子		外转子		
热交换器风机　功率/W	150	230	150×2	330×2	500×2/550×2
机组重量/kg	100	180	250	310	630/780
机组控制方式	微电脑中央处理器控制(线控)				
机组保护功能	高压保护、低压保护、缺相保护、过载保护、水流开关、防冻保护				

注：1. 热水工况：冷水温度 15℃，环境温度 20℃。

2. 表中所列规格，如有变动，恕不另行通知。以上机组外形仅供参考，实际外形请以实物为准。

2. 主要技术参数

空气能热泵主要的技术参数解释如下。

① 额定制热量　它表示了空气能热水器生产热量的能力。

② 输入功率　它表示了空气能热水器在工作中所需要的热量，额定制热量和输入功率之比就是热泵效率 COP 值。

③ 额定出水温度　也就是空气能热水器在比较好的运行状态和较高的运行效率下的热水最高出水温度。出水温度越低，热泵的效率越高且运行状态越好，但满足不了人们对供热温度的需求。温度高了，空气能的效率就要下降，一般不得高于 60℃，因为高于 60℃后，压缩机的排气温度就要达到 85℃以上，压缩机内温度就要超过 130℃，这样压缩机内的润滑油就要分解，电动机漆包线的绝缘程度就要下降，就可能烧毁压缩机。所以一般生产厂商都提醒客户，加热温度不得高于 60℃。

④ 额定温度下的小时产水量　一般指空气能在 1h 内，生产 55℃热水的量，它表示了空气能热泵的工作能力。

⑤ 压缩机的功率、型号、品牌，这些都是判别其质量好坏的重要参数。

⑥ 热交换器的形式　告知空气能热水器采用什么形式的热交换器，它可以供用户根据自身的使用条件选择。常用的有水箱内盘管换热器、水箱外盘管换热器、螺旋套管换热器、板式换热器、壳管式换热器等。还有用不同的材料做成的换热器，比如用钛管和镍铜管做成的换热器，适合泳池内氯分子较多的水质使用。

⑦ 空气能的热交换形式　也就是人们常说的氟循环和水循环。氟循环是压缩机产生的热量通过管道输送到水箱，在水箱内部进行热交换。水循环是热交换器装在主机内，生产出热水输送到水箱里储存起来，一般商用空气能热水器采用水循环方式，而家用空气能热水器采用氟循环的比较多。水循环还分即热式和循环加热式，也是用户考虑选用的因素之一。

⑧ 工质　一般空气能热水器都会标明采用什么工质，它的分量是多少，供用户选用时考虑，也为今后维修提供方便。目前常用的工质有 R22、R134a、R410a、CO_2 等，有的还是两种工质的混合。

⑨ 风扇的风量和功率　一般用户不是机器的设计者，无法判断风扇的设计是否合适，但可以根据实际情况选择出风方式。风扇的功率大，制热效果就比较好，但噪声也同时增大。

⑩ 噪声　一般要求噪声在 60dB 以下，对户外商用机组，噪声可略大；但对家用机组，噪声最好控制在 55dB 以下。

⑪ 使用电压。

⑫ 机组重量。

另外，一般的技术数据出来后，都要做一个测试环境的声明，因为不同的环境下空气能的工作效率是不一样的。一般情况下，采用以下工况：环境温度 20℃、被加热水的初始水温 20℃、终止水温 55℃。也有的初试水温定为 15℃，还有一些特殊用途的空气能，比如用于泳池、冷热联用，测试条件都会有不同的变化。

第二节
常见的空气源热泵的种类

一、家用空气能热水器

家用空气能热水器主要是指一些输入功率在 5 匹以下的空气能热水器，它的特点是产量大、价格低、可靠性好、适用范围广。 家用空气能热水器主要有三种典型的工作方式，分别为氟循环分体式、水循环分体式和氟循环一体式。 在这三种形式之外还有不少其他形式的家用空气能热水器，但目前这三种形式占了绝大多数的市场份额，所以本书重点介绍这三种。

1. 氟循环分体式空气能热水器

图 1-5 所示为典型的氟循环分体式空气能热水器的形式。 这种热水器占家用热水器的80％以上，它的典型特点是热泵主机与集热水箱的热传递是靠工质（氟）循环来传热的，机器的冷凝器是放在水箱里，一般是一些换热管道安装在水箱中，也有的为了防止腐蚀，把换热管绕在水箱内胆的外桶壁上。 它的优点是机器结构简单、成本比较低廉，所以被广泛采用。 但它也有一些明显的缺点：首先它的安装和维修比较困难，往往要求技艺较高的工人才能完成，这就提高了它的成本；由于工质是不能暴露在大气中的，一旦哪里密封被破坏，工质马上泄漏，所以它的故障率也比较高；另外它的换热器是用铜管做成的盘管，换热效果比较差，远不如专业的换热器；而且铜管比较容易被腐蚀，一旦铜管被腐蚀穿孔后，水进入压缩机中心造成压缩机报废。 现在很多厂家改用不锈钢管做水箱的内盘管，虽然解决了被腐蚀的问题，但普通的不锈钢盘管的传热效果更差，只有紫铜管的 1/20，钢的 1/4。 虽然通过减小管壁的方式来增加传热的效果，但还是无法弥补这方面的不足。

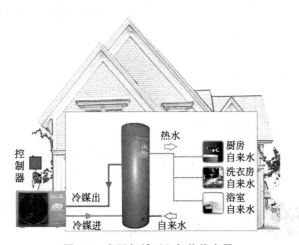

图 1-5　家用氟循环空气能热水器

某品牌家用氟循环热水器的技术参数如表 1-2。

表 1-2　某品牌家用氟循环热水器的技术参数

型号	RSJF-32/R		RSJF-50/R	
制热量/W	3200		5000	
额定功率/W	840		1250	
额定电流/A	3.6		6.3	
最大输入功率/kW	1.25		1.77	
最大输入电流/A	5.7		8.2	
电源规格	220V/50Hz			
运行控制	可手动、自动开关机,有多重保护和故障报警功能			
制冷剂种类	R22			
制冷剂填充量/g	870		1850	
出水温度/℃	出厂设定50℃,可在(40~55)℃内设定			
水侧换热器	水箱内胆外盘管			
空气侧换热器形式	内螺纹管亲水铝箔			
室外风机功率×数量/W	50×1		80×1	
室外风机出风方向	侧出风			
机组重量/kg	30		40	
运行噪声/dB(A)	44.8		54.6	
主机尺寸(长×高×宽)/mm	700×525×250		770×535×250	
主机包装尺寸/mm	830×575×285		920×590×365	
适配水箱容积/L	150	200	200	260
标配水箱尺寸/mm	φ440×1682	φ510×1576	φ510×1576	φ510×2009
水箱进水管管径	DN15			
水箱出水管管径	DN15			
冷媒连接管(气管)/mm	φ9.53		φ12.7	
冷媒连接管(液管)/mm	φ6.35		φ6.35	
水系统最高承压/MPa	0.7		0.7	
线控器功能介绍	KJR-17B/B,点检功能、水温设定、时钟、定时开机			

2. 水循环分体式空气能热水器

图 1-6 所示为典型的家用水循环空气能热水器。 这种热水器目前用的也比较多,它把工质循环放在主机里面,通过专业的换热器进行换热,效率比较高,外界的水箱和主机的热量主要通过水来传递,水可以在一般的环境下以液体的形式存在,水的泄漏并不影响机器的正常工作,对安

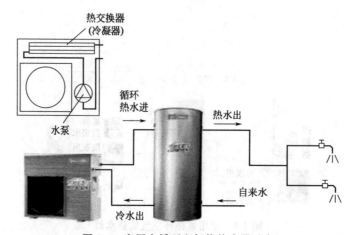

图 1-6　家用水循环空气能热水器示意

装的技术要求比较低，故障率也比较低。 一般的会安装水管水电工就可以安装空气能热水器了，安装和维修比较方便，可以节约人工成本，对普及空气能热水器起了推动的作用。 它的缺点是一般情况下还要多加一个循环水泵，增加了一些成本。 随着国内质高价廉水泵的推出，水循环空气能热水器市场所占比例也不断扩大。 水循环热水器还有一个长处，就是可以和太阳能热水器连接，形成"太空能"热水器，这种热水器的理想节能效率可达94％以上。 我国已经拥有1.3亿台家用太阳能热水器，所以应用市场不小。 从国家不断强调节能的角度来预测，"太空能"热水器可能成为今后热水器的最终产品。

图1-7是一种太阳能和空气能结合的家用太空能热水器。

图1-7　与太阳能结合的"太空能"热水器

某品牌家用水循环热水器的技术参数如表1-3所示。

表1-3　家用水循环热水器的技术参数表

型号	RSJF-28/C	RSJF-35/C	RSJF-50/C	RSJF-72/C
制热量/W	2800	3500	5000	7200
额定功率/W	810	900	1100	1900
额定电流/A	3.1	4.5	5.5	8.7
最大输入功率/kW	1140	1200	1600	2700
最大输入电流/A	5.5	6	7.5	13.7
电源规格	220V/50Hz			
运行控制	可手动、自动开关机，有多重保护和故障报警功能			
制冷剂种类	R22			
制冷剂填充量/g	650	760	900	1150
出水温度/℃	出厂设定50℃,可在(40～55)℃内设定			
水侧换热器形式	套管换热器			
进水管管径/mm	DN20	DN20	DN20	DN20
出水管管径/mm	DN20	DN20	DN20	DN20
水系统最高承压/MPa	0.7	0.7	0.7	0.7
空气侧换热器形式	内螺纹铜管翅片式			
室外风机功率×数量/W	60×1	60×1	80×1	125×1
室外风机出风方向	侧出风			
机组重量/kg	47	50	56	75
运行噪声/dB(A)	49	49	52	57

3. 氟循环一体式空气能热水器

近几年，家用一体式空气能热水器得到了很大的发展。 比较典型的有四种，如图1-8所示。

图1-8(c)所示的一体机将水箱置于机器的底部，把工作部分放在机器的上部，使得机器

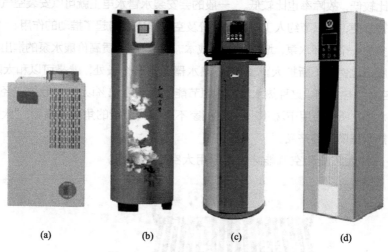

(a)　　　　　(b)　　　　　(c)　　　　　(d)

图 1-8　家用一体式空气能热水器

的维修更方便。 当机器下部的水箱进满水后，机器就稳定下来了。 图 1-8(b)是一体机的进一步开发，它可以将比较热的空气引入空气能机器内，使得空气能吸收热量更多，同时又可以将被吸热的、温度降低的空气引到房间或者厨房里，降低那里的温度。 广东某公司大量出口到瑞士的空气能热水器，就是这种类型，它的能效比更高。 还有如图 1-8(d)所示一些方形的一体机，给建筑的装饰带来一定的方便。 由于占位面积和圆形一样，但内部的部件安装比较灵活，比如可以是双内胆的，一个高温一个低温，这样更节能，压缩机和风扇等其他部件的安放空间更大了，可以安装较大面积的蒸发器。 图 1-8(a)是目前新出现的壁挂式一体机，它的内胆是 60L 的，重量比较轻，适合家庭 3～4 人使用，也可以作为阳台式太阳能热水器和屋顶式太阳能热水器的辅助加热设备，可以达到节能 90% 以上的效果。 这种产品对于目前城市大面积的集中式太阳能供热小区的用户，作为入户辅助加热的装置是十分合适的。

　　一体机的优点是结构比较紧凑，工质流动就在机器内部，这样就克服了外界干扰造成的故障，比如氟循环常见的输送工质的铜管被碰动造成漏气的现象，所以故障率比较低。 氟循环机由于传递工质的管道比较长，造成热量的散失，因此从理论方面分析，它的效率高于氟循环。 一体机还有一个优点就是它的安装很方便，一个工人只要将机器上的两根水管一接，插上电源就可以生产热水了。 在人工成本不断升高的今天，这个特点很突出。 正是有了这些优点，一体机才有逐步取代分体机的趋势。

　　图 1-9 是一个比较完整的家用一体式空气能热水器的结构示意。

　　某品牌家用一体式空气能热水器的技术参数如表 1-4。

二、商用空气能热水器

　　对于较大规模的空气能热水器，一般称为商用空气能热水器。 商用空气能热水器的规模一般在 3～20 匹范围内，如热水需求量大，一般采用多机并联的方案。

　　① 商用机一般采用专用的热交换器，配合外置的水泵形成换热系统，常用的换热器有套管式、板式、壳管式换热器等，效果都比较好。

　　② 商用机的节流装置形式比较多，除了较小的机种采用毛细管节流器外，大部分都采用热力膨胀阀，这两种方式比较可靠。 目前也有相当一部分采用电子膨胀阀等较高级的节流阀。 采用这类节流阀，提高了热泵的能力，但也降低了系统的可靠性，加大了维护、维

修的难度，所以选用时要慎重。

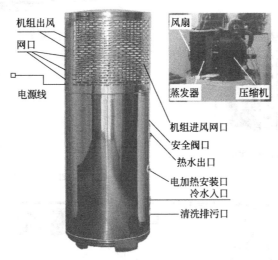

图 1-9　家用一体式空气能热水器结构示意

表 1-4　家用一体式空气能热水器技术参数表

参数型号	1 匹/100L	1 匹/150L	1.5 匹/200L	1.5 匹/250L	1.5 匹/300L	承压保温水箱
额定制热量/kW	3.7	5.3	6.6	8.1	10.5	彩板:100L
额定产水量/(L/h)	99	142	177	218	282	彩板:150L
额定功率/kW	0.95	1.35	1.7	2.05	2.65	彩板:200L
额定电流/A	4.3	6.1	7.7	9.3	12.2	彩板:250L
电源	220V/50Hz	220V/50Hz	220V/50Hz	220V/50Hz	220V/50Hz	彩板:300L
进出水管口径/mm	25	25	25	25	25	
额定水温/℃	52	52	52	52	52	201:100L
最高水温/℃	60	60	60	60	60	201:150L
制冷剂充量/kg	0.7	0.7	1.1	1.1	1.1	201:200L
换热器形式	内盘管	内盘管	内盘管	内盘管	内盘管	201:250L
水承压力/(kg/cm³)	7	7	7	7	7	201:300L
主机重量/kg	62	78	95	105	125	
机组噪声/dB(A)	51	51	51	52	52	
机组尺寸/cm	470×1480	470×1820	570×1480	570×1820	570×2250	

③ 在压缩机方面，大多选用美国谷轮涡旋式压缩机。从 2.8kW（3 匹）到 21.5kW
（25 匹），电源一般是三相的。

④ 蒸发器分布常用的两种形式：V 和 L 形安装，也有一部分是 W 形安装的，安装
的形式主要是根据蒸发量的大小来确定，3～10 匹的空气能热水器使用 L 形的布局较多，
10 匹以上的大多采用 V 形和 W 形的布局。其中 L 形的较简单、价格较低。在风扇布置
上一般都采用上吹风的方式，这样在布局上比较合理，但无法防雨，往往还要增加防雨
设施。也有部分小功率的采用侧吹风，这种机器的成本高一点，但对保护机器的部件有
好处。

⑤ 商用机的控制部分功能就比较多，在机器保护、运行控制、除霜、显示、故障
警告等方面功能都比家用机要完善。

⑥ 商用机由于价值较高，空间也比较大，所以还有不少制造商根据用户情况增加了
一些功能，如增焓运行、智能化霜等。

某品牌的商用空气能热水器外形如图 1-10 所示，其外形参数见表 1-5。

3~6匹空气能主机

8~12匹空气能主机

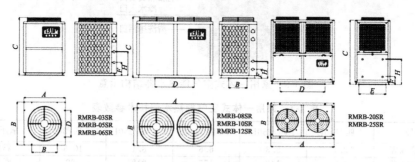

RMRB-03SR
RMRB-05SR
RMRB-06SR

RMRB-08SR
RMRB-10SR
RMRB-12SR

RMRB-20SR
RMRB-25SR

图 1-10　某商用空气能热水器外形

表 1-5　某商用空气能热水器外形参数　　　　　　　　　单位：mm

项目	型号	RMRB-03SR	RMRB-05SR	RMRB-06SR	RMRB-08SR	RMRB-10SR	RMRB-12SR	RMRB-20SR	RMRB-25SR
长 A		710	810	810	1240	1440	1440	1610	1810
宽 B		710	810	810	710	710	710	1110	1110
高 C		800	1080	1080	1140	1140	1140	1730	1920
安装孔位	D	400	500	500	750	750	750	1280	1330
	E	400	500	500	350	350	350	780	1060
进出水孔位	F	160	250	250	200	200	200	270	270
	H	280	450	450	350	350	350	670	670

三、直热循环型空气能热水器

直热循环型空气能热水器，家用的和商用的都有，它的类型与家用、商用基本一样。唯一不同的就是直接输出用户指定温度的热水，而不像其他的热水器要经过一段时间的热量循环传递，水箱里的水慢慢升到指定温度才能使用。它的特点如下。

① 可以及时提供热水。在某种情况下，减少了水箱的散热损失，比较节能。但也存在水箱里水热量散失后要靠电加热等进行辅助加热的情况。

② 机器进出水的温度比较固定。机器可以处在一种比较恒定的工作状态下，压缩机的功耗比较小。同时也克服了循环机组存在的水温在高温段循环加热时效率降低的缺点。所以与循环式比较，从理论上看是比较节能的。

③ 为了达到这一目的，空气能的自身制热能力要求大一些，否则在较低温度下它的制热能力不足，机器部件的配置要充裕一些，机器的成本比较高，价格也就相对高一些。

图 1-11 为直热型机的原理图，图 1-12 为某品牌的直热机外形，表 1-6 就是某品牌直热式空气能的技术数据。

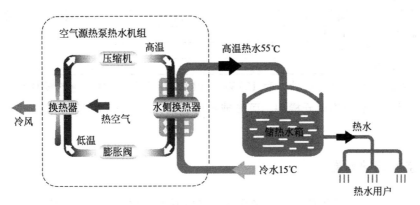

图 1-11　直热型机的原理图

(a) KFRS-12ZM/B　　　　(b) KFRS-20ZM/BS　　　　(c) KFRS-39ZM/BS

图 1-12　直热机外形

表 1-6　某品牌直热式空气能的技术参数

	型号 项目		KFRS-12ZM/B	KFRS-20ZM/BS	KFRS-39ZM/BS
	制热量/kW		12	20	39
	额定功率/kW		2.7	4.7	9.3
	热水产量/(L/h)		258	435	840
	最大功率/kW		3.6	6.1	12.1
	出水温度/℃		(默认)55℃,30~60℃范围可调		
	电源		220V~50Hz	380V 3N~50Hz	
压缩机	型式		全封闭涡旋压缩机		
	数量/台		1		
制冷剂	名称		R22		
	充注量/kg		4.6	4.9	4.7
换热器	风侧		翅片式换热器		
	水侧		套管式换热器		
风机	型式		低噪声轴流风机		
	出风形式		侧出风	顶出风	顶出风
水系统	水流量/(m³/h)		0.258	0.435	0.84
	水压降/kPa		40	62	62
	最高承压/MPa		0.8		
	进出水管管径/mm		DN25×3	DN25×3	DN25×3
	管接头螺纹规格		R 3/4	R 3/4	R 3/4

项目 \ 型号		KFRS-12ZM/B	KFRS-20ZM/BS	KFRS-39ZM/BS
外机尺寸	宽×深×高/mm	750×750×838	750×750×838	990×880×1772
推荐电源线/(mm²×根)		4×3	2.5×5	4×5
机组重量/kg		120	135	270
噪声/dB(A)		≤60	≤62	≤67

　　直热循环式机组模块化设计，有 12kW、20kW、39kW 三种冷量的模块可选。 通过组合 1～16 个相同或不同的单元模块，可形成制热量在 12～624kW 范围的系列产品，满足不同工程的需要。

四、泳池空气能热水器

　　泳池空气能热水器的组成形式与商用空气能的基本一样，但有以下两点不同。

　　① 泳池往往用较多的氯来达到消毒的目的，铜、铝等有色金属与属于强酸的氯离子很容易发生反应，所以不适合作为换热器的材料。 目前一般采用钛合金材料和铜镍合金这些比较抗腐蚀材料来制作换热器。 换热器的外壳一般为塑料和不锈钢的，它的抗腐蚀能力更强。 一般情况下，尽量不要用普通的换热器作为泳池的换热装置。

　　② 泳池所用的空气能热水器的出水温度不要求那么高，一般情况下 35℃就足够了，由于出水温度低，所以空气能的效率很高，COP 值一般在 4.8 以上，所以采用空气能热水器来加热泳池的水是比较经济的办法。

　　图 1-13 为一般泳池空气能热水器外观，表 1-7 就是某品牌泳池空气能热水器的技术参数。

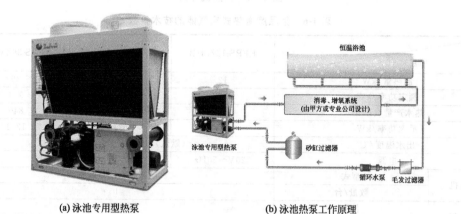

(a) 泳池专用型热泵　　　　　(b) 泳池热泵工作原理

图 1-13　泳池空气能热水器外观

表 1-7　某品牌泳池空气能热水器的技术参数

型号	DBT-R-2.5HP/Y	DBT-R-3HP/Y	DBT-R-5HP/Y	DBT-R-10HP/Y	DBT-R-12HP/Y	DBT-R-25HP/Y
额定制热量/kW	7.5	9.0	17.6	36.0	42.0	80.0
额定输入功率/kW	1.8	2.2	3.8	7.8	8.9	19.5
额定电流/A	10.2	4.2	7.3	14.8	16.9	37.1
电源	220V/50Hz	380V/3N/50Hz				

型号		DBT-R-2.5HP/Y	DBT-R-3HP/Y	DBT-R-5HP/Y	DBT-R-10HP/Y	DBT-R-12HP/Y	DBT-R-25HP/Y
压缩机	形式	高效柔性涡旋式					
	数量	1	1	1	2	2	2
	品牌	三洋/日立/谷轮					
额定产水量/(L/h)		170	260	420	820	1050	2100
额定出水温度/℃		45					
最高出水温度/℃		50					
接管管径/mm		$DN20 \times 2$	$DN25 \times 2$	$DN25 \times 2$	$DN32 \times 2$	$DN32 \times 2$	$DN100 \times 2$
水流量/(m³/h)		2.5	3	5	10	12	25
水阻力/kPa		≤50					
使用环境温度/℃		−5~45					
噪声/dB(A)		≤52	≤55	≤55	≤60	≤60	≤65
主机外形尺寸	长/mm	800	720	720	1420	1420	2000
	宽/mm	370	720	720	720	720	900
	高/mm	780	870	1070	1070	1070	2300
重量/kg		80	100	135	260	310	780
机组控制方式		微电脑中央处理器控制(线控)					
机组保护功能		高压保护、低压保护、缺相保护、过载保护、水流开关、防冻保护					

注：热水工况：冷水温度15℃，环境温度20℃。

五、 冷、 暖、 热三联供空气能机组

三联供机组是在空气能热泵多年的推广、应用，经验总结、技术不断进步的基础上研制出来的。

空气能热水器在制热时，经过蒸发器的冷空气并没有充分利用，还有潜力可挖，所以人们就研发了冷热联用空气能机组。 冷热联用机组在制冷的同时也生产热水，在产热水的同时也可以供应冷气，既是空调机，又是热水器，最大限度地发挥了热泵的功效。 它的COP值最大可以达到6.5，是空气能热泵的发展方向。 冷、暖、热三联供空气能热泵机组如图1-14所示。

俗话说："鱼和熊掌不可兼得"，虽然冷热联机这种形式很好，但它有两个最主要的问题。

① 它对机组的自动控制要求很高，尤其是可靠性方面。 所以需要比较可靠的控制系统。

② 由于热泵运行机理比较复杂，从制热考虑就要舍去制冷；从制冷考虑就要舍去制热。

制冷消耗的电力远大于制热，因此制冷同时制热时，在热水达到一定温度时，可以散发掉一部分能量，保证制冷的正常运行，目前多家厂家已经拥有这方面的技术和专利。

比较适合的是，制热量较大的场合，最好该单位的热量需求等于该机的供热能力，供应的冷气过头，可以排掉；供冷能力不足，可采用纯制冷的空调机补充。 如果反过来排掉的是热水就很浪费。 比如泳池、浴室等，对热水需求量很大，这样它在制冷的同时产生的大量热水就可以消耗了。 对于一般家庭，由于夏天供冷后生产的热水大大超出家庭的需求，对机器的自动控制要求较高，选用这种机型就要慎重考虑。

人们也是在充分了解了空气能热泵的特点后才逐步研发出冷热联供机组，但冷热联供的技术目前也处于摸索阶段，所以目前这方面质量过关的产品还不多。

某品牌冷、暖、热三联供机组的技术参数见表1-8。

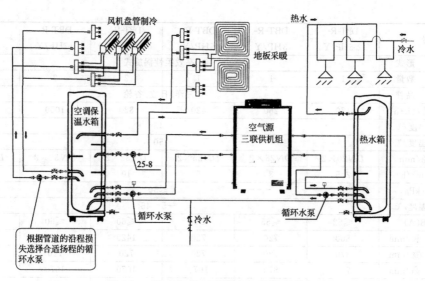

图1-14　冷、暖、热三联供空气能热泵机组

表1-8　某品牌冷、暖、热三联供机组的技术参数

	产品型号	KFXRS-050H-LNR	KFXRS-070H-LNR	KFXRS-100H-LNR	KFXRS-150H-LNR	KFXRS-200H-LNR	KFXRS-240H-LNR
标准配置	长/mm	800	800	1650	1650	1850	2000
	宽/mm	800	800	800	800	1000	1100
	高/mm	1300	1300	1550	1550	1950	2080
	电源	380V/50Hz					
技术参数	制热 额定制热量/kW	19.8	22	38	44	79.2	88
	制热输入功率/kW	4.68	5.35	9.2	10.6	18.72	21.2
	额定电流/A	9	10	18	20	37	42
	COP(机组能效)	4.23	4.11	4.13	4.15	4.23	4.15
	额定出水温度/℃	55	55	55	55	55	55
	最高出水温度/℃	60	60	60	60	60	60
	产水量/(L/h)	426	473	817	946	1702	1892
	采暖 制热量/kW	16.9	19.9	33.8	39.8	67.6	79.6
	制热输入功率/kW	4.3	5.1	8.6	10.1	17.2	20.4
	额定电流/A	9	11	18	22	36	35.2
	COP(机组能效)	3.93	3.90	3.93	3.94	3.93	3.90
	额定进/出水温/℃	40/45	40/45	40/45	40/45	40/45	40/45
	水流量/(m³/h)	3.63	4.28	7.27	8.56	14.53	17.11
	制冷 制冷量/kW	12.6	14.8	25.2	29.8	50.4	59.2
	制冷输入功率/kW	4.3	5.1	8.6	10.1	17.2	20.4
	制冷额定电流/A	9	11	18	22	36	44
	EER(机组能效)	2.93	2.90	2.93	2.95	2.93	2.90
	额定进/出水温/℃	12/7	12/7	12/7	12/7	12/7	12/7
	水流量/(m³/h)	2.71	3.18	5.42	6.41	10.83	12.73
	防水/防触电等级	IPX4/Ⅰ类	IPX4/Ⅰ类	IPX4/Ⅰ类	IPX4/Ⅰ类	IPX4/Ⅰ类	IPX4/Ⅰ类
	噪声/dB(A)	≤58	≤58	≤66	≤66	≤68	≤72
	重量/kg	150	154	295	320	532	642
	接管尺寸(内牙)/mm	DN25	DN25	DN32	DN32	DN50	DN65

注：1. 制热工况：环境干球温度20℃，湿球温度15℃，初始水温15℃，终止水温55℃。

2. 采暖工况：环境干球温度7℃，湿球温度6℃，回水温度40℃，出水温度45℃。

3. 制冷工况：环境干球温度35℃，湿球温度24℃，回水温度12℃，出水温度7℃。

六、 空气能供暖机组

通过在北京地区的试运行，空气能供暖机组在－15℃时还是可以运行的，可以解决北方的取暖的问题。随着我们对空气能热泵的逐步熟悉，空气能供暖机组在我国大部分地方大部分季节可以使用。

空气能供暖机组(图1-15)有以下特点。

图1-15　空气能供暖机组

① 机组的功率一般在2.5kW以上；机组要具备防冻的功能；机组的冷凝温度要尽量低，一般不超过40℃，才能保证它的效率。

② 目前主要的应用技术如下：

a. 喷气增焓系统。 是由高效的喷气增焓压缩机、高效过冷却器及电子膨胀阀形成的经济器共同构成了高效节能的喷气系统。 通过喷气增焓增大了压缩机在严寒下的制热能力，－10℃下制热能力提高近20％，实现了－25～29℃内有效的制热运转，因此适用于寒冷地区供暖。

b. 回路加热增焓技术。 这种技术可以利用价格较低的优质压缩机，在回路中进行增焓处理，以达到较好的制热目的。

c. 二级压缩机技术。 如果加热温度范围更大，比如要加热到60℃，这时要求压缩机的压缩倍数要增大一倍，一般的压缩机难于达到此要求，所以采用二级压缩机来完成制热任务，比较容易且压缩机分工也比较明确，内部回路也比较简单。 因此压缩机的负担轻、故障率较低、寿命长、易于维修维护。

③ 目前供暖媒介有水和工质两种，一般水是通过储热水箱和管道输送到客户端，然后通过暖气片或地暖管道供暖。 这种方式存在冻裂的风险，如果采用工质作为媒介，直接送风，机器的故障率会下降，没有冻裂损毁的风险，目前在北方供暖还没有取得较多经验的情况下，建议新机尽量采用后一种供暖方式。

某品牌暖、热、冷机组的技术参数见表1-9。

表 1-9 某品牌暖、热、冷机组的技术参数

产品型号		EBZ-4.0HP-B-DC	EBZ-6.0HP-B-DC	EBZ-6.0HP-B-S-DC	EBZ-8.0HP-B-S-DC
适用空调采暖面积(参考值)/m²		≤100	≤150	≤150	≤170
制冷	工况 制冷量/kW	10.4	15.6	15.6	20.8
	额定功率/kW	3.26	4.69	4.69	6.5
制热	工况1 制热量/kW	11.6	17.4	17.4	23.2
	额定功率/kW	3.13	4.7	4.7	6.27
	COP—	3.7	3.7	3.7	3.7
	工况2 制热量 kW	8.74	13.1	13.1	17.5
	额定功率 kW	3.0	4.5	4.5	6.02
	COP—	2.91	2.9	2.9	2.9
	工况3 制热量 kW	8.1	12.1	12.1	16.1
	额定功率 kW	3.12	5.04	5.04	6.72
	COP—	2.4	2.4	2.4	2.4
电源		1N/220V/50Hz		3N/380V/50Hz	
制热出水温度范围/℃		25~60			
防水等级		IP×4			
防触电保护		I 类			
压缩机	型式	滚动转子式压缩机			
风机	型式	轴流风机			
水侧换热器	型式	板式换热器			
制冷剂	种类	R410A/R407C			
	充注量/g	1700	3200	3200	3700

注：制冷工况环境温度35℃，供水温度7℃/12℃。制热工况1：环境温度7℃（干球），进出水温度44℃/45℃；制热工况2：环境温度-12℃（干球），进出水温度44℃/45℃；制热工况3：环境温度-20℃（干球），进出水温度44℃/45℃。

七、 烘干热泵机组

烘干机一般采用整体式（图1-16）和分体式两种。 详细内容参见本书后面章节的内容。

图 1-16 某型号整体式烘干机外观

八、 地源热泵

某型号地源热泵外观如图1-17所示，其参数见表1-10。

图 1-17　某型号地源热泵外观

表 1-10　某品牌地源热泵的参数

型号	S425(5P)	S595(7P)	S850(10P)	S1700(20P)
厂家代码	MKRS-050GS/X	MKRS-070GS/X	MKRS-100GS/X	MKRS-200GS/X
电源规格	380V～50Hz			
额定功率/kW	4.7	6.1	9.4	17.0
额定电流/A	7.4	6.4	7.8	12.8
最大输入电流/A	9.8	11.6	19.6	41.3
额定制热量/kW	19.1	25.6	40.8	81.6
额定出水温度	默认出水温度55℃,最高出水温度60℃可调			
额定水压/MPa	0.7			
产水量/(L/h)	450	630	890	1780
环境温度要求/℃	－15～43			
防触电保护类型	Ⅰ类			
防水等级	IPVX4			
噪声/dB	≤55			
外形尺寸/mm	780×780×890	780×780×890	1450×750×1310	780×780×890
机组重量/kg	135	140	240	330
选配热水箱容量/t	3～5	5～7	5～10	12～20

注：1. 以上数据的测试条件：室外环境温度20℃，由进水温度20℃加热到55℃，机组通风畅通情况下测得。

2. 若因产品改良而发生规格变化，则以铭牌参数为准。

地源热泵的有关情况参见本书后面章节的内容。

九、家用热泵干衣机

目前家用干衣机逐步进入国内家庭，但传统的干衣机由于耗电大，普通家庭难于接受，随着热泵技术的提高，热泵产品的普及，采用热泵技术的干衣机应运而生，并受到消费者的欢迎。目前比较流行的、比较有前途的干衣机，如图 1-18 所示。

如图 1-18(c)是将传统的干衣机加装了空气能热泵系统，这样机器可以低价获得热源，引入热风将衣物吹干，但采用这种方式的机器内部拥挤，结构复杂，维修困难；图 1-18(a)

是一种新型的干衣机，它突破了老式干衣的方式，采用了适合热泵技术的新布局，在技术上采用回风方式，充分利用了热泵制热和热回收功能，采用的柜式结构，使干衣质量、干燥范围、功能方面都有了很大的提高；图 1-18（b）是以半导体制热技术为主的新型干衣机，是半导体热泵技术的一种应用，虽然它在制热效率方面不如传统的热泵干衣机，但也有体积小、噪声小的优点，是一种前途比较好的产品。后两种干衣机都具有比较好的消毒功能。

(a) 柜式热泵干衣机　　　(b) 半导体热泵干衣机　　　(c) 滚筒式热泵干衣机

图 1-18　三种热泵节能干衣机

图 1-18 所示的三种节能干衣机都采用了热泵节能技术，它们的技术数据和性能如表 1-11。

表 1-11　三种热泵节能干衣机技术数据和性能

技术性能	种类			备注
	柜式干衣机	半导体干衣机	滚筒式干衣机	
输入功率/W	250～300	180	800	
输出功率/W	1400	600	2400	理论和实际效果估测
干衣量/kg	5	2	5	半导体及主要针对婴幼和旅馆市场
干衣时间/h	3～4	3.5～4	2.5～3	衣料不同有时间差异
干燥其他织物等	可以，如棉被等	可以	不能	
消毒、除螨、香薰	可以	可以	困难	
卫生	自消毒、防传染	自消毒、防传染	会交叉传染	
节能效果	80%～90%	60%	30%～40%	前两种带回风功能
防大气污染	可以	部分进气	不防	
对外界污染	几乎没有	空气交换40%	污染	
噪声/dB	40	30	75	
占用空间	比较大	小	比较小	占地面积相差不多
公共场合使用	可以	可以	有传染可能性	后两种可带门锁
维修、维护	容易	容易	困难	后者结构复杂

第二章 空气能热泵系统的基本原理

第一节
热力学基础知识

一、能量和热能

1. 能量的分类

目前人们把能量归成机械能、电能、热能、化学能、辐射能、核能 6 类。 与空气能热泵技术关系密切的是热能、电能和辐射能。

2. 热能的计量单位

英国物理学家焦耳是最先用科学实验确立能量守恒和转化定律的人。 他的实验表明，热能和电能、热能和机械能都是可以互相转换的，而且存在固定的转换关系。 焦耳进行了大量的实验，最终找出了热和功之间的当量关系，并被广泛采用。

这些数据的取得是以水为基本单位的：

要使得 1g 水升高 1℃，所需要的能量为 4.184J（在标准大气压下）。

人们同样习惯用另一个常用的热量单位"卡（cal）"来计算热量。

要使得 1g 水升高 1℃，所需要的能量（热量）为 1cal。

由于 g 这个单位太小，计算起来比较麻烦，人们就把它扩大 1000 倍，并启用 kJ（千焦）和 kcal（也称为"大卡"）来表示，因而得出以下的结论（常压下）：

要将 1kg（L）的水温度提高 1℃所需要的热量是 4.184kJ。

要将 1kg（L）的水温度提高 1℃所需要的热量是 1kcal。

同时也得出重要的等式：

$$1kcal = 4.184kJ \text{ 的热量（能量）}$$

3. 热能与电能的关系

目前已经大量采用电来加热水，所以人们需要知道电能和热能的转换关系。

我们所说的 1 度电，就是 1000W 的功率在 1h 做的功，那么 W（瓦）的定义就是在 1s 里做出（或者消耗）1J 的能量的某种能量源的能力。

而 1 度电的热值就是：

$$1 \text{ 度电} = 1000W \times 1h = 1000 \times 3600s = 3600kJ$$

$$1\ \text{度电}=\frac{3600\text{kJ}}{4.184\text{kJ/kcal}}=860\text{kcal}$$

已知要将1000kg的水加热1℃需要1000kcal的热量，1度电只有860kcal，所以只能将1000kg(1000L、1t)的水加热0.86℃，因此1度电可以将100L的水加热至8.6℃。如果100L的电热水器的进水温度是20℃，要把它加热到55℃，则必须先将水加热至35℃以上，因此用电量必须大于35/8.6＝4.07(度电)。

表2-1为常用热源的发热量表，是制造热水的重要参考材料。

表2-1　常用热源的发热量表

项目	空气能热泵	电热水箱	燃气热水器		燃油锅炉	煤加热锅炉
使用能源	电		天然气	石油气	柴油	煤
计量单位	kW·h(度)		m³	kg	L	kg
价格/元	0.8		3.5	8.5	7.5	0.7
能源热值/kcal	816	816	8709	11566	8675	7000
加热效率/%	340	95	85	85	85	65
集热1t水的消耗量	10.81	38.70	4.05	3.05	4.07	6.59
集热1t水的费用/元	8.648	30.96	14.175	25.93	30.525	4.865
对周围环境的影响	无	小	小	小	大	国内城市已经禁止
安全性能	安全	不安全				

注：冷水水温设定为20℃，热水水温设定为50℃。空气能的能效比定为3.4。

二、空气能热泵的参数

1. 温度和温标

空气能热泵的工作过程是温度传递的过程，温度的大小用温标来表示。目前人们接触的温标有摄氏温标(℃)、华氏温标(F)和热力学温标(K)。

温标的定义是以水为参照物，当水在一个标准大气压下，水的沸点为100℃，冰的熔点为0℃，人们将这个过程均分成100段，每段的温度为1℃。

实际上0℃并不是物质温度的最低点，最低点是−273.15℃。我们用热力学的温标0K来表示，它们的关系是：

$$0℃=273.15\text{K}$$

2. 做功

物体在力的作用下，沿着与作用力方向一致的方向移动一定距离，我们就认为它做了功。这个功一般用W表示。做功的表达式为：

$$W=FS$$

式中　W——功，J；

$\qquad F$——力，N；

$\qquad S$——距离，m。

它们之间的关系是：

1kgf＝9.8N，即 1 公斤的力＝9.8 牛顿；

1J＝1N×1m，即以 1 牛顿的力拖动物体在力的方向上移动 1 米所做的功，我们称为 1 焦耳。

因为功和热是可以互为转换的，所以在此提及。

3. 压强

压强的国际制单位是 Pa（帕斯卡），1Pa 是指 1N（牛顿）力均匀作用于 $1m^2$ 面积上的压强。这个单位是很小的，所以在实际工程中经常用 kPa（千帕）或 MPa（兆帕）作为计量单位。在实际工程上，也常用 kgf/cm^2 为单位来表示压强，$1kgf/cm^2$ 也称为一个工程大气压强。

从物理力学得知：

$$1kgf＝9.8N，1MPa（兆帕）＝1000000N/1m^2＝1000000N/10000cm^2$$

$$＝100N/cm^2≈10kgf/cm^2$$

以上换算公式是热泵使用中最常用的。人们往往用 0.1MPa（兆帕）表示 $1kgf/cm^2$。

还有一个常用的压强单位是 bar（巴）：$1bar＝0.1MPa≈1kgf/cm^2$。

由于地球表面有数千米厚的空气，受地心引力的作用而形成压强，这个压强随着各地的纬度、海拔和气候等条件的不同而有所变化。人们把纬度为 45° 的海平面上的年平均气压定义为"标准大气压"。描述大气压强的单位是毫米汞柱，1 个标准大气压的值是 760mm 汞柱，换算成工程单位，可得 $0.760×13595$（汞的密度）$＝1.0332kgf/cm^2$。1 个标准大气压和 1 个工程大气压比较接近，所以实践中人们习惯用大气压作为压强的单位。

1 个标准大气压＝$1.0332kgf/cm^2$

我们用压力表来测量压强，压力表本身也处在大气压强的作用下，所以测得的压强是气体压强和大气压强之间的差值，称为表压，也就是相对压强。表压与当地的大气压之和称为绝对压强。

物质的压强也是物质能量的一种表现，压强越大，表示能量越大。压强大的液体和气体，会流向压强小的液体和气体。

4. 物质的比容和密度

单位质量物体所占的容积，称为比容，工程上常用 m^3/kg 为单位，比容常用符号 v 表示；相反，单位容积物体的质量（重量），称为密度，用符号 ρ 表示。比容和密度互为倒数的关系，所以

$$v×\rho＝1$$

常用物质密度见表 2-2。

表 2-2　常用物质的密度表

材料名称	密度/(g/cm³)	材料名称	密度/(g/cm³)
水	1	玻璃	2.60
冰	0.92	酒精	0,79
铅	11.4	水银（汞）	13.6
汽油	0.751	灰口铸铁	6.6～7.4

材料名称	密度/(g/cm³)	材料名称	密度/(g/cm³)
纯铜	8.9	铁	7.86
铝	2.7	金	19.3
氢气	0.00009	氮气	0.00125
臭氧	0.00214	空气	0.00129
一氧化碳	0.00125	二氧化碳	0.00198
20℃干空气	0.001205	100℃干空气	0.000946
500℃干空气	0.000456	1000℃干空气	0.000277

5. 比热容

空气能热泵热水器是靠物质的热交换起作用的, 狭义地讲是靠气体和液体的热交换来制造热水的, 因此, 液体和气体的载热能力就是一个很重要的因素。 当然, 这些液体和气体的载热能力越大越好。 形容物质载热能力的物理量称为比热容。

(1)比热容的定义　使单位质量或体积的物体升高 1℃所需的热量。 比热容一般用 c_p 来表示。 比热容的单位是 kJ/(kg·℃)或 kJ/(m³·℃)。

(2)比热容的特点

① 不同的物质有不同的比热容, 比热容是物质本身具有的一种特性。 常见物体的比热容见表 2-3。

② 同一物质的比热容一般不随质量、形状而变化。 如一杯水与一桶水, 它们的比热容相同。

③ 对同一物质, 比热容的值与物体的状态和温度有关, 同一物质在同一状态下的比热容是基本相同的, 但在不同状态时, 比热容是不相同的, 如水的比热容与冰的比热容大不相同, 而 4℃的水和 100℃的水略有不同。

【例题】　在不考虑其他热损失的情况下, 将 1t 20℃的水加热到 55℃需要多少热量？ 要用多少度的电？ 用能效比为 3.4 的空气能热水器, 要用多少度的电？

根据热量计算公式:

$$Q = c_p M \Delta T$$

式中　Q——热量值, kJ;

　　　c_p——比热容, kJ/(kg·℃);

　　　M——物质的质量, kg;

　　　ΔT——温差, ℃。

① 查表 2-3 得水的比热容是 4.180kJ/(kg·℃), 经换算为 1kcal。

$$Q = 1kcal/(kg·℃) \times 1000kg \times (55℃ - 20℃)$$

$$= 35000kcal$$

② 已知, 1 度电可以产生 860 千卡的热量

加热所需的电量 = 35000/860 = 40.698(度电)

③ 用能效比为 3.4 的空气能热水器, 它所耗的电:

空气能的耗电量 = 40.698/3.4 = 11.97(度电)

表 2-3　热泵常见物质的比热容

物质名称	比热容 c_p/(J/kg·℃)	环境温度/℃
水	4180	4
冰	2100	0
铜	390	25
铝	900	55
不锈钢	460	20
铁	452	20
变压器油	2290	100
砂石	920	25
二氧化碳	872	100
空气	1.002	0

6. 焓

人们在研究热的传递的过程中，发现物体的热能(内能)并不是物体能量的全部，物体除了热能外还具有动能，比如带有压力的气体。 同时这些能量在一定的条件下是可以相互转换的。 实际上热泵就是这种转换的设备之一，它可以将物体的内能(热能)和动能(压力)转化成物质的热能。

焓为物质的内能和动能之和。

焓表达了一个物体(物质)输送(传递)能量的能力，其中一部分是自身的能量(温度)，一部分是做功的能力(如压力、速度等)。

在热泵行业中，焓体现在工质(比如 R22)所具有的热能和在压力作用下所隐藏的动能。

我们用"H"表示"焓"，并组成"焓"的等式：

$$H = U + Apv$$

式中　U——内能；

　　　A——热功当量；

　　　p——压力；

　　　v——比容。

我们把 1kg 的工质所含有的焓定义成它的比焓。 焓的单位用 kJ/kg 表示。

焓是状态参数，单位是 kJ/kg。 在任何一个平衡状态，U、p 和 v 都有一定的值，所以焓也拥有一定的值，与上面介绍内能的特征一致。 焓是状态参数，在某一状态具有某一值，与达到这一状态的途径无关。 在热力过程的计算中，焓概念的采用更为方便和广泛。

工质的焓一般通过工质的饱和气和饱和液的热力表查出，比如 R22 在温度 55℃、压力 2.18MPa 时，它的饱和液的焓是 268.8kJ/kg，它的饱和气的焓是 418.7kJ/kg。

7. 熵

假设在一个密闭的容器中，有 1t 20℃的水，这时倒入 1t 40℃的水，经过若干时间后，容器中的水就变成了 30℃的水，能量的传递过程就停止了。 形容这个过程，就是"熵"的变化过程，温度分布越均匀，就定义它的"熵"越大；能量传递停止了，就定义它的"熵"达到最大值。

"熵"的定义：用来表示能量在空间中分布的程度，在一个封闭的系统里，能量分布得越均匀，熵就越大，有价值的能量就越少，当一个体系的能量完全均匀分布时，这个系统的熵就达到最大值，完全失去做功的能力。

一切能量自发传递的过程，都是熵增加的过程，称为"熵增原理"。

熵也可以简单理解为物质(介质)传递能量的能力，熵越大，传递能力越小，反之越大。

通常人们用"S"来表示熵。 熵的单位也用 kJ/(kg·K)来表示，R22 饱和气在温度 55℃、压力 2.18MPa 时，饱和液的熵是 1.224kJ/(kg·K)，它的饱和气的熵是 1.681kJ/(kg·K)。 我们通过熵的变化，可以知道能量的传递值。 以上状态的工质在 65℃时值为 1.71kJ/(kg·K)，当在相同压力下降到 1.681kJ/(kg·K)时，工质传递的能量是它们的差：0.029kJ/(kg·K)。

三、热力学第一定律和热力学第二定律

1. 热力学第一定律

能量不可能被创造，也不可能被消灭，能量只能从一种形态转变成另外一种形态。

在热力学中，主要研究的范围是热能和机械能之间的相互转化和守恒。 当机械能转变为热能，或者热能转变为机械能的时候，它们之间的比值是一定的，这就是"热功当量"。

公式：

$$Q = AW$$

式中　Q——热量；

　　　W——功；

　　　A——热功当量。

比如用大卡表示热量，就有热功当量表达式为 $A = 1/427$kcal/(kg·m)，也就是意味着 1kcal 的热量与 427kgf·m 的功相当，相当于将 427kg 的物体移动 1m 所需要的功。

已知：

$$1\text{kgf} = 9.8\text{N}(1 \text{ 公斤的力} = 9.8 \text{ 牛顿})$$

1J=1N·m，如果把它换算成千焦：

$$1\text{kcal} = 427 \times 9.8\text{N·m} = 4184.6\text{N·m} = 4184.6\text{J} = 4.1846\text{kJ}。$$

空气能热泵就是热力学第一定律的一个范例，通过"电力驱动"→"压缩做功和电动机械和电磁放热"→"冷凝热交换"，这个过程将电能转化成热能。

2. 热力学第二定律

热不可能自发地、不付代价地从一个低温物体传递到另一个高温物体。

第二定律更广泛的表达为："一切自发进行的过程，都是不可逆的。""要提高物体的温度"，必须通过诸如"蒸气压缩做功"等方式，才能达到提高物体温度的目的。 一切希望物体自身吸收低温热能自行提高温度的可能性是不存在的。 但目前也发现除压缩以外提高温度的例子，如半导体发热片，太阳能热管都能够产生比其自身吸收能量和温度大的现象。

热力学第二定律虽然有各种不同的表达方式，但是其本质是一致的，它看上去只是指出了热量只能从高温物体传导到低温物体这样一个简单的道理，必须有温差的存在，热机才有做功的可

能；热能不可能完全地转变为功，而是必须把一部分热量传递给低温的热源。

空气能热泵的发明就是基于热力学第二定律的原理，通过"压缩做功"→"传热"→"减压"→"蒸发吸热"→"压缩做功"这种循环达到将低温能源变成较高温度能源的目的。

前面段落提到的"熵增原理"也是热力学第二定律的另外一个表述方式。

四、气液的变化规律和五种状态

空气能热泵实际上是由三个工作部分组成的。

① 压缩机工作部分。 是将气体压缩成为高温高压的气体。

② 冷凝器部分。 是将高温气体的热量传递给水，生产热水。 同时这些气体由于放热凝结成液体。

③ 蒸发吸热部分。 高压液体经过减压后在常温下蒸发、吸热，使得这些气体又得到新的能量，以便于进入下一个循环。

从以上过程看出，这是一个气变液、液变气的过程。 这个过程必须借助一些特殊的媒介——利于气液变化的物质来实现，我们称它们为"工质"。 常见的工质有 R22、R134A、R410、R744(CO$_2$)等。 它们都有人们需要的气液特性，被广泛采用。 为此我们必须对气液变化的过程有一个比较清楚的认识。

1. 理想的气体方程

人们对气体做了大量的研究，得出两个基本定律。

(1)波义耳-马略特定律　在温度不变的条件下，气体的压强和比容成反比，即提高压强会使气体体积减小；反之，减小压强会使气体的体积增大。 它们的乘积为常数，用公式表达如下：

$$p(压强)V(体积)=R(常数)$$

(2)盖·吕萨克定律　在压强不变的条件下，气体的比容和绝对温度成正比，即其中：T 为绝对温度(K)，R 为常数。 用如下公式表示：

$$\frac{V}{T}=R$$

把上述两个定律综合起来，则可得到理想气体的状态方程式为：

$$pV=RT$$

各种气体都有各自的 R 值，单位为$(kg \cdot m^3)/(kg \cdot ℃)$

该方程式也被称为克拉贝隆方程式。 它描述了气体的 3 个参数压强、体积和温度之间的关系。

理想气体是一种实际上不存在的假想气体，它的分子是一些弹性的、不占据体积的质点，分子间没有作用力。 但是我们可以创造一个近似理想的气体环境，得到我们要求的近似结果。

气体还有一个重要的特征，用阿伏伽德罗定律来描述："在相同温度和相同压力下，同体积的各种气体具有相同的分子数。"也就是说，1kg 分子量的各种气体，具有相同的体积。 但是由于分子质量的不同，在相同体积下，它们的质量是不同的。

2. 实际气体的5种状态

在上面提到的气体压力、温度和比容的参数关系，都有一个先决条件，那就是它们都是理想气体。 上面说过，理想气体实际上是不存在的，它是人们为方便理论推导和计算而虚拟出来的。 但是理想气体也并不是完全脱离实际臆想出来的，在压强不是很高以及温度不是很低的时候，理想气体的性质与干空气较为接近。 对理想气体的研究帮助人们认识气体状态变化的一般规律，对人们认识实际气体有着重要的指导作用。

在日常生活中遇到的全部都是实际气体。

我们目前关心的气体是制冷工质，比如 R22 的气体，它们的变化规律。 热泵的工质一般都有5种状态。

① 在温度足够低时，它们起先都是液态。 这个温度区间我们称为"过冷区"，此时的工质称为"过冷液"。

② 但温度上升到其饱和点时，它处于一种饱和状态。 要改变这种状态工质还要吸热。此时的工质称为"饱和液"。

③ 当温度超过其饱和线时，工质一边吸热、一边蒸发，处于一种气液共存的状态。 这个区域称为"相变区"，此时的工质称为"湿蒸气"。

④ 当温度上升到工质的汽化点时，所有的工质都变成工质蒸气了。 此时的工质称为"饱和气"。

⑤ 但温度超过工质的汽化点后，气体的温度还会上升。 这个区称为"过热区"，此时的工质称为"过热气"。

空气能热泵就是通过工质以上5种状态的变化来工作的。 它的形象表示如图 2-1。

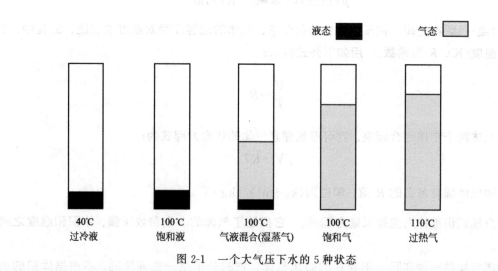

图 2-1　一个大气压下水的 5 种状态

工质的5种状态既与温度有关，也和压力有关。 压力越大，液体汽化的温度就越高。所需要的能量就越大。 温度越高，工质越容易汽化；反之，温度越低，汽化的工质就越容易变成液体。 压力和温度是影响热泵工质状态的两个重要的因素，不同压力、不同温度下工质的状态是不同的。图 2-2 和图 2-3 表示工质与焓(焓中的成分主要是工质的温度)的关系图,有助于进一步了解工质的状态变化。

从图 2-2 中的饱和曲线看出,当气体的温度超过某一限度时,无论怎样增加压力都不会使气体液化,这个温度称为"临界温度"。临界温度越高,物质就越容易液化。如水的临界温度是 374℃,在常压下已经是液态了。而我们熟悉的液化石油气和气体打火机,其主要成分是丁烷,它的临界温度是 152℃,通过加压就可以将它液化了。但是还有一些物质,比如天然气,它的临界温度是 -82℃,我们要通过液化来减少它的体积,就只能采用冷冻的办法。典型的例子,如进口的天然气就是用 -160℃ 的冷冻船运输的。

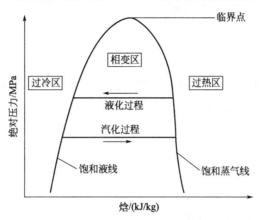

图 2-2 工质的压力与焓的关系

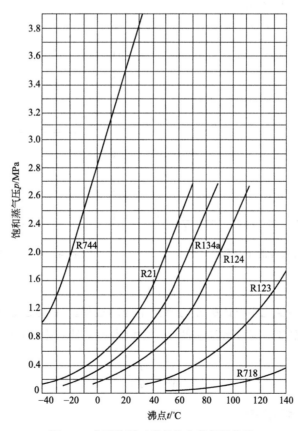

图 2-3 典型热泵工质的饱和蒸气压曲线

五、工质的热力过程

工质在受到压缩、膨胀、加热或冷却等作用后，本身的压力、温度、比容等状态参数发生变化的过程，被称为热力过程。实际上热力过程是各种物理作用交叉的过程，比较复杂。人们为了用较简单的热力学方法对热力过程进行分析和计算，就把它分解出来，近似的概括为几种典型的可逆过程。基本的热力过程，包括定容过程、定温过程、定压过程和绝热过程。工质在热力过程中的变化规律，是热工计算的依据。

1. 定容过程

就是在状态变化中气体的容积保持不变的过程。在定容过程中，气体的压力和绝对温度成正比，即温度升高，压力也升高。其表达式为：

$$\frac{p_1}{p_2} = \frac{T_1}{T_2}$$

式中　p_1，p_2——表示容器中的压力；

　　　T_1，T_2——表示容器中的温度。

用坐标表示如图 2-4 所示。

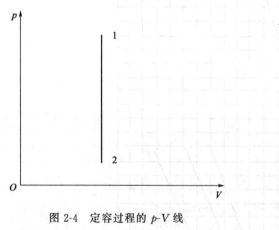

图 2-4　定容过程的 p-V 线　　　　图 2-5　定压过程的 p-V 线

2. 定压过程

定压过程是在状态变化中气体的压力保持不变的过程。在定压过程中，气体的比容和绝对温度成正比，即温度升高，比容也增大，气体膨胀。其表达式为：

$$\frac{V_1}{V_2} = \frac{T_1}{T_2}$$

式中　V_1，V_2——气体的体积。

用坐标表示如图 2-5 所示。

3. 等温过程

等温过程就是在状态变化中气体的温度保持不变的过程。在等温过程中，气体的压力与比容成反比，即压力增加，气体被压缩，比容减少。其表达式为：

$$pV = 定值$$

用坐标表示如图 2-6 所示。

4. 绝热过程

绝热过程即是在状态变化过程中，气体与外界没有热交换的过程。这种过程实际上是不存在的，但是当某一过程发生得足够快时，工质和外界来不及进行热交换或只能够实现少量的热交换时，就可以把它看成近似的绝热过程，表达式为：

$$\frac{p_1V_1}{T_1} = \frac{p_2V_2}{T_2}$$

从上式可以得出，在气体绝热膨胀时(V 值增大)，压强 p 与绝对温度 T 都降低；反之，当气体绝热压缩时，压强 p 与绝对温度 T 都升高。绝热过程的 p-V 线如图 2-7 所示。

近似于绝热的过程在实际过程中是很多的，如压缩机的压缩和膨胀过程、内燃机的燃烧和膨胀过程、节流过程和喷管中的膨胀过程等，所以对绝热过程的探讨有着重要的意义。

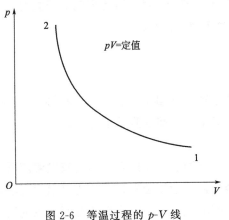

图 2-6　等温过程的 p-V 线

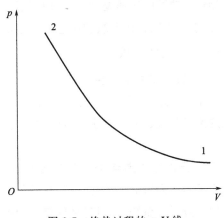

图 2-7　绝热过程的 p-V 线

5. 压缩过程

图 2-8 反映了压缩过程的 p-V 的变化，热泵就是通过气体压缩来实现将温度低的气体变成温度高的气体，从而达到制热的目的。

了解了以上的原理和方法，就可以进一步了解热泵的工作原理了。

六、热泵的工质

上节已经初步接触了工质这个概念，通俗地说，热泵是能量的搬运工具，要对能量进行搬运，就要借助载体，这个载体应该是可以流动的、传递热量的物体，称做工

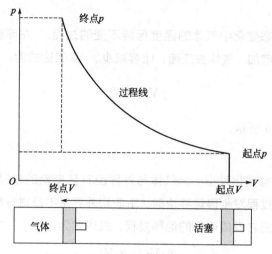

图 2-8 压缩过程在 p-V 图上的表示

质。 工质就是热泵工作过程中的媒介，一般情况下它是以液体或气体的状态存在的。 事实上，水、空气也可以作为热泵的工质，比如说卡诺循环就是基于水和水蒸气的性质而提出来的，但是它们运载热的效果较差。 人们通过不断实践，发现了一些适合热泵的工质，使热泵这一产品的运用越来越广泛，成为我们生活中不可缺少的一部分。

当然，热泵的工质是热泵设计和使用中着重考虑的部分，对热泵运行的效果具有十分重要的影响。 同时，在大量使用它时，还要考虑它对环境的影响。

1. 热泵对工质的要求

（1）良好的热力学特性

① 良好的热力循环特性。 工质饱和气液状态下的比热容适宜，使工质在温（T）-熵（S）图上的饱和气线、饱和液线有合理的开度、弧度和倾斜度，使膨胀或节流之前易于达到过冷状态。

② 工质的标准沸点（常压下的饱和温度）和临界点适宜。 使热泵工作时蒸发温度所对应的饱和压力不会过低，以略高于大气压力为宜，容易检查泄漏位置，且防止机组出现泄漏时空气和水分进入系统。 同时又具有合理的容积制热量值。 工质的冷凝温度所对应的饱和压力不宜过高，以降低对设备耐压和密封的要求；同时可使压缩机的压缩比（冷凝压力与蒸发压力之比）低，容积效率高、功耗小。

③ 在工作温度（蒸发温度和冷凝温度）下相变潜热大，使单位工质循环有较大的制热能力，减少工质的循环量。

④ 工质的凝固点要低，以避免低温下凝固阻塞管路。

⑤ 比热容适宜。 对活塞式压缩系统，比热容宜小，这样可使容积制热量大，利于减小压缩机的尺寸；对离心式压缩系统，比热容宜大些。

（2）良好的传热和流动性能

① 工质应有较高的热导率、低的表面张力和高的相变换热系数，传热效果好，以减少换热器的面积和尺寸。

② 工质应有较低的黏度，以减少在管路和部件中的流动阻力、减少流动中的压力损失。

（3）良好的物理化学性质

① 化学稳定性和热稳定性好，保证在温度较高时不分解。

② 工质与接触到的机组内金属和非金属材料不发生作用，对密封材料的溶解、膨胀作用小，保证热泵长期可靠运行。

③ 有一定的吸水性。 由工质、润滑油、泄漏、机组部件内壁吸附等原因带入机组内少量水分时，不致影响机组的运行和寿命。

（4）较好的互溶性

与润滑油不起化学反应。 工质与润滑油互溶性好，可保证系统回油，使压缩机的摩擦面得到充分润滑，且避免在换热器底部沉积，影响传热。

（5）安全性好

① 毒性和刺激性小，对人或其他动、植物无害，无刺激作用。

② 不可燃、不爆炸。

③ 泄漏时易被检测。

（6）有利于生态环境的保护

① 工质的臭氧层破坏潜能 ODP 值应较小。

② 工质的温室效应潜能 GWP 值应较小。

③ 工质应为非 VOC 物质（不在地面附近产生光化学烟雾）。

④ 可在较短时间内在大气中降解，且降解物无毒、无害。

（7）电气绝缘性好

由于封闭式（全封闭或半封闭）压缩机的电动机绕组及电气元件浸泡在气态或液态工质中，要求有良好的电气性能。

（8）经济实用

原料来源广泛、价格较低、供应渠道多、维修更换时易获得。

在为热泵确定循环工质时，宜综合考虑热力特性、物理化学特性、经济性、环保性和安全性等几个主要方面，再根据高温热汇与低温热源的特性，确定最佳的热泵循环工质。

2. 工质的分类

目前热泵设计中可选用的循环工质有含氢氯氟烃类（HCFCs）、烃类化合物类（HCs）、氢氟烃类（HFCs）、天然工质、混合工质等几类。

（1）含氢氯氟烃类（HCFCs）工质

由 H、F、Cl 等组成的饱和烷烃的衍生物，如 R22、R123、R124、R141b、R142b 等，该类工质对环境有一定的破坏作用，但还允许使用较长一段时间。 采用该类工质的热泵装置成本相对较低。 其中 R22 的应用最广，目前大概要占空气能热泵的 50% 以上。

（2）烃类化合物类（HCs）工质

烃类化合物，如丙烷（R290）、丁烷（R600）、异丁烷（R600a）等，该类工质的优点是环境友好，循环效率也较高，但可燃可爆。

（3）氢氟烃类（HFCs）工质

饱和烷烃类的氟化物，多为含碳、氟、氢元素的甲烷、乙烷、丙烷衍生物，如 R134a、

R152a、R227ea、R236fa、R245fa 等，该类物质也属环境友好性工质，部分工质的温室效应偏大。其中 R134a 在空气能热泵中也比较广泛的采用。

（4）天然工质

自然中存在、已经多年工程应用检验且对环境基本无危害的，如 NH_3（R717）、CO_2（R744）、H_2O、空气等，有时 HCs 工质也归入此类。但 NH_3 可燃且有一定毒性；CO_2 作为工质时系统的工作压力较高；H_2O 作为工质时对系统的材料、润滑有特殊要求，且蒸发温度不能低于 0℃；空气一般适宜于工业低温领域。其中 CO_2 的应用近年来得到较大的发展，有些国家（如日本等）相当多的空气能热泵采用 CO_2 作为介质。

（5）混合工质

由于纯工质种类较多，且各有优缺点，实际应用时也可将纯工质按一定比例组配成混合工质，以获得综合性能优良的热泵工质，如热力循环效率高，但可燃的工质与不可燃工质混合，可得到不可燃且效率也较好的混合工质。目前混合工质 R407c、R410a 作为 R22 的替代工质，正在部分热泵中推广。

（6）工质的选用

在实际设计热泵装置时，热泵工质选用的基本原则如下。

① 中低温热泵。可直接选用应用较广泛的制冷空调工质。

② 中高温热泵。需要在较大的范围内优选或开发适用的工质。其中目前可选的工质有 R22、R134a、R152a、R600、R600a、R124、R227ea、R141b、R142b、R236fa、R123、R245ca、R245fa、R717、R744、R718 以及混合工质 R407c、R410a 等，其中 R22、R134a、R410a、R123、R717、R744（CO_2）等已有成套的专门为之设计的专用部件（如压缩机、蒸发器、冷凝器、节流阀等）及材料（如润滑油等）；HCFCs 工质则可方便地借用其他工质的设备和材料。

选用或设计适宜的热泵工质，需对工质的特性具有较全面的了解。

热泵工质的编号也按照碳原子的个数来分类和编号（请查阅相关资料）。

3. 常用工质和它的性能

目前空气能热泵的常用工质有 R22、R134a、R744、R407c、R410a、R32、R124 等，它们的性能见表 2-4。

表 2-4　常用工质的性能表（标准大气压下）

代号	类别	化学分子式或成分	熔点/℃	沸点/℃	临界温度/℃	临界压力/MPa	蒸发潜热/(kcal/kg)(−15℃)
R22	氢氯氟烃	$CHClF_2$	−163	−40.8	96	4.99	51.9
R134a	氢氟烃	CH_2F-CF_3	−26.16		100.93	4.061	50.48
R744	天然工质	CO_2	−78.4		31.1	7.38	64.8
R407c	混合工质	R32/R125/R134a (23/25/52)	−43.8		87.3	4.63	54.01
R410a	混合工质	R32/R125 (50/50)	−51.6		72.5	4.95	56.88

代号	类别	化学分子式或成分	熔点/℃	沸点/℃	临界温度/℃	临界压力/MPa	蒸发潜热/(kcal/kg)(−15℃)
R32	氢氟烃	CH_2F_2		−51.69	78.16	5.808	
R124	氢氯氟烃	CHClF-CF₃		−13.19	122.5	3.60	85.4
R717	天然工质	NH_3		−33.3	133	11.417	313.5

4. 几种常用热泵工质的特性介绍

(1) R22 工质

① 目前使用最广泛的工质。 当热泵的制热温度不超过50℃时,可考虑采用 R22 工质,其价格低、配套部件和材料较全、比热容大,且成熟可靠;其 ODP[❶] 不为 0,但比较小。R22 的化学式为 $CHClF_2$(一氯二氟甲烷),标准沸点为 −40.80℃,凝固温度为 −163.0℃。R22 为 HCFC 类物质,稳定性相对低,在290℃时开始分解。 分子中的氯原子越少,对水解的稳定性越好,但在一定温度和有金属存在时,水解会有所增加。

② 与润滑油的相容性。 R22 机组可采用矿物油,与润滑油的相容性为部分互溶,属微溶范围,且溶解时降低润滑油的黏度。 温度越低,溶解度越小,故在压缩机轴箱和冷凝器内工质与润滑油相互溶解。 在蒸发器内当温度降到某一程度时,润滑油可与 R22 分层,油浮在工质上面,影响工质的蒸发,且阻碍油被吸回压缩机。 该现象对石蜡族润滑油尤其严重,故 R22 常用环烃族润滑油。 近年来封闭机组中也采用聚硅酸丁腈类合成机油,它与R22 在 −80℃以上完全互溶,故在蒸发器里不形成工质与油的分层,系统可不设分油器。此外,R22 混入润滑油后,其电气绝缘性能要发生变化,一般在 10MΩ 以上。 在目前 380V电源的使用环境下,对设备的使用安全性没有影响。

③ R22 的电气性能。 水在 R22 中也有一定的溶解度,符合空气能热泵的工作要求。R22 对金属的腐蚀性、对高分子材料(如塑料、尼龙等)的性能影响都在允许的范围内。

上面提到,从工质特性来看,R22 适合于不超过50℃工作温度的工质,而目前空气能热泵一般的使用温度都达到55℃以上,此时的 R22 已经不适合了。 但是由于 R22 在空调领域里大量使用,市面上为它专门设计的部件很多,加之空气能热泵目前仅处于普及阶段,故障率还比较高。 许多空气能制造厂商从这方面考虑,还是采用了 R22 工质。 上面提到 R22 的 ODP 不为 0,即它对环境还有一定的影响,尽管不是很大,但由于环境保护的原因,R22 的替代工质 R407c 和 R410a 也在逐步被采用。

R22 的相关数据可参考附录一中表 1~表 3。

有关 R22 的详细特性数据,可参考相关的专业书籍。

(2)R123 工质和 R124 工质

① R123 工质。 热泵的制热温度在 100~150℃时,可考虑采用 R123 工质,该工质为R11 的替代工质,润滑油可采用矿物油,其有轻微的毒性,ODP 不为 0,使用中可选用 XH-6 的分子筛作干燥剂。

---

❶ ODP:臭氧层消耗指数,它表示该种气体对臭氧层的消耗能力,其值越高,对环境的破坏越大;其值为零,则对环境没有破坏作用。

② R124 工质。 热泵的制热温度在 50～100℃时，可考虑采用 R124 工质。 25℃时蒸气压为 0.386MPa，在水中溶解度为 0.145%（质量分数），但 ODP 不为 0。

R124 在干燥热泵中使用的比较多。

(3)R134a 工质

① 当热泵的制热温度高于 50℃、低于 70℃时，可考虑 R134a 工质。 在这个温度范围内，它的饱和蒸气压力比 R22 低 30%，但比热容比 R22 小，因此采用它的设备故障率会低一些，其 ODP 为 0，配套部件及材料较齐全，价格高于 R22，但仍属于较低价格的工质，其 GWP❶ 略大，也是目前使用较多的工质。 它的化学式为 CH_2FCF_3（一氟乙烷），标准沸点为 -26.16℃。

② 热稳定性。 R134a 在常温下为稳定的化学物质，其自燃温度为 770℃，且在高温下（如有明火或在炽热的金属表面）会发生分解，燃烧或分解产物有一定的毒性或刺激性，生成 HF 和碳氟氧化合物，如剧毒的碳酰氟 $C-F_2-O$。 因此在使用和处理 R134a 时，应避免接触明火和发热的电热元件。

③ 化学稳定性。 由于 R134a 中存在氢原子，化学稳定性降低，主要表现在其水解反应上。 如在升温、紫外线照射或有其他试剂存在下，R134a 与水发生如下反应：

$$CF_3CH_2F+H_2O \longrightarrow CF_3CH_2OH+HF$$

④ 水分的影响。 R134a 用作热泵工质时，水的存在不仅能使 R134a 水解，且还能使机组中的酯类润滑油产生水解，生成酸性物质，对设备造成腐蚀，影响机组的寿命和安全性。 因此，应严格控制 R134a 及其润滑油中的含水量，使系统内的总含水量在安全值以下。

⑤ 可燃性。 在通常条件下（常温和大气压下）不可燃，但在特定条件下具有可燃性。 该性质在 R134a 的生产和使用中需特别注意。 R134a 与普通空气的混合物或 R134a 与富氧空气的混合物能否燃烧，取决于三个因素：温度、压力、混合物中的氧含量。 例如，R134a 在常压下自燃温度为 770℃，但当与空气的混合物压力为 1.393MPa（13.93kgf/cm²）和温度为 177℃、空气浓度大于 60%时，具有可燃性。 温度越低，燃烧要求的压力就越高。 在环境温度下，压力低于 0.205MPa（2.05kgf/cm²）绝对压力时，R134a 与空气的任意比例混合均不可燃。 将液态 R134a 泵入初始空气压力小于 100kPa 的密闭容器中，最终压力不超过 2.170MPa 时，空气与 R134a 的混合物是不可燃的；但当初始空气压力大于 0.1MPa 时，混合物则是可燃的。 因此，R134a 在压力或高温下不允许与空气混合或与富氧空气共存，如对储存 R134a 的容器、应用 R134a 为工质的设备检漏时，不允许使用压缩空气。

⑥ R134a 与润滑油的互溶性。 为保证机组运行，工质应与润滑油有良好的互溶性。 但 R134a 与传统的环烷矿物油、链烷矿物油及烷基苯合成油的互溶性均较差，与 R134a 匹配性良好的润滑油有聚烯属烃乙二醇合成油（如聚亚烷基二醇）、聚酯合成油（如多元醇酯）等合成润滑油。 两种油与 R134a 均互溶，但吸水性较强（PAG 油更强，但也有更好的低温润滑油）。

⑦ 电气性质。 气相介电常数为 1.099（25℃，0.05MPa），相对击穿或绝缘强度：（$N_2 =$

---

❶ GWP：是评价某一物质产生温室效应的一个指数；指在 100 年的时间里，该种物质造成的温室效应相当于产生同等温室效应的二氧化碳的质量。

1)为 0.8～1.1。 可以满足一般条件下的使用。

⑧ 与水的互溶性。 水在液态工质中以及工质在水中均有一定的溶解度。 R134a 可用 XH-7 或 XH-9 分子筛作干燥剂，分子筛用量比相同制热量 R12 机组约大 15%。

⑨ R134a 与润滑油及金属的相容性。 在蒸气压缩式热泵中，R134a 长期与金属零部件、多元醇酯类(POE)或聚亚烷基二醇类(PAG)润滑油接触，三者的相容性实验数据表明，R134a 和润滑油对金属，如铜、铁、铝等均有较好的稳定性。 较高温度下，R134a 与润滑油及金属的相容性很好，无不良反应。

⑩ 与高分子材料的相容性。 热泵中的许多零部件、密封件、连接软管材料为塑料或橡胶，R134a 与它们的相容性直接影响到设备的运行稳定性和寿命。

与 R134a 相容性较好的有 ABS、聚甲醛树脂、环氧树脂、聚四氟乙烯、ETFE、聚偏氟乙烯、尼龙 66、聚芳烃、聚碳酸酯、高密度聚乙烯、PBT(聚酯类)、PET(聚酯类)、聚酰亚胺醚、聚乙烯、聚环氧乙烷、聚丙烯、聚砜、聚苯乙烯以及 HNBR、EPDM 等。 不相容的塑料有丙烯酸树脂、赛璐珞等。

R134a 目前在空气能热泵中的应用仅次于 R22，在较大的制冷商店就有出售，一般是小瓶定量装的，目前也已经有出售大瓶(5 公斤)的，价格也比 R22 贵。 有些厂家为了使工质适应稍高的制热温度(55～60℃)，也采用 R22 工质中掺入一定量的 R134a 工质的办法，通过这种简易的工质混合办法来增加机器的能力。 至于效果，还要等市场的反馈才能作结论。

R134a 的相关数据可参考附录一中表 4～表 6。

(4)R744(CO₂)工质

R744 即 CO₂，是自然工质，当热泵制热温度在 40～100℃，或者 -15～-20℃ 下制暖时，可考虑 R744 工质。

① 基本特点。 CO_2 的临界温度低(31.1℃)，工作中其冷凝温度要超过临界温度，工作压力也超过其临界压力(7.38MPa)，进入超临界区，其循环过程为跨临界循环，如图 2-9 所示。

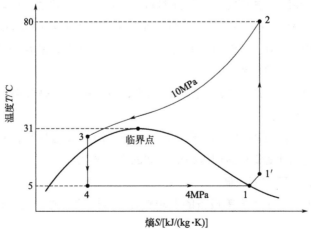

图 2-9 CO₂ 热泵理论循环示意

图中过程 1—2 为等熵压缩过程，过程 2—3 为等压变温放热过程，此两过程均在超临界区域内进行。 过程 3—4 为采用膨胀机的等熵膨胀过程，过程 4—1—1′为等压蒸发吸热过程。 这两个过程主要在亚临界区域内进行。 CO_2 在超临界区域内放热时，温度变化范围很大，适合将冷水直接加热等场合。

② 主要优势

a. 热导率和比热容大，有助于获得高的换热系数。

b. 动力黏度小，可减小工质在管内的压降。

c. 蒸气密度高，有助于提高工质的质量流量。

d. 密度比(密度比代表气体与液体性质相差的大小)较小，有利于工质液的分配。

e. 表面张力较小，可提高蒸发器中沸腾区的换热强度。

f. 气体密度高、单位容积制热量大，约为 R22 的 5 倍，R132a 的 8 倍,可降低管道和压缩机尺寸，使系统重量减轻、结构紧凑、体积小。

g. 跨临界循环时，压缩机吸入口的压力可达 3.5～4MPa，压缩机出口压力更高达 8～11MPa，平均工作压力约为 R22、R134a 热泵的 5～10 倍。 压缩机的压比(工质的冷凝压力与蒸发压力之比)可以做得比较低，压缩过程可更接近等熵压缩而使效率提升，易获得较高温度的气体。 这对于空气能热泵获得高于 50℃以上温度的热水是十分有利的。

h. 低温制热特点突出，当工质温度在 −20℃ 时，它的饱和压力是 19.68kgf/cm²，当压力为 55kgf/cm² 时，可以产生 45℃ 的过热蒸气，它的进出压缩机的压力比仅仅是 2.8 倍。对比 R22，它在 −20℃ 时，饱和压力是 2.45kgf/cm²，在 45℃ 时，饱和压力是 17.34kgf/cm²，进出压缩机的压力比达到 7.07 倍，如此高的压差，使得压缩机不堪重负，效率也下降。 在压力比方面体现了 R744 的优点，是低温制热的好工质。 具体过程参见图 2-3。

i. 来源广泛、价格低。 天然工质、对环境没有伤害。

③ 存在的问题

a. 压缩机方面。 工作压力大大高于传统压缩机，且吸排气压差与温度差均较大；其次，对压缩机的零部件的机械结构、压缩机的防泄漏设计、传动轴上的轴承选用、在高压环境下的润滑油和油路设计、排气口的排气阀门等的设计，均需特殊考虑。 在采用封闭式压缩机时，耐高压电动机结构、高启动负荷电动机的选用、低电动机转子惯性、小体积高扭矩与高效率电动机设计等均需注意。

b. 节流膨胀过程。 冷凝器与蒸发器的压差大，设计并应用高效率的膨胀机是提高二氧化碳热泵制热效率的关键。

c. 二氧化碳与润滑油互溶性。 由于二氧化碳与润滑油互溶性差，需加强压缩机与冷凝器间的油分离作用，并加设蒸发器到压缩机之间的回油装置。

d. 运行压力高，循环效率较低。

e. 由于压力较大，对压缩机等设备的要求较高，连接管路的安全性必须重新考虑，所以制作成本比较高。

f. 虽然可以缩小机器的体积，但空气能热泵的体积往往取决于蒸发器的体积和冷凝器的体积，这个长处不能体现。

目前，CO_2 工质的热泵在日本得到较大的普及，在国内也有个别厂家生产出使用 CO_2 工质的压缩机以及用这种压缩机生产的热泵机组。随着科技发展、制造能力的提高，CO_2 将可能成为主要的热泵工质之一。

5. 混合工质

如果单一的工质不能满足使用要求，或者某些工质的一些性能只能满足热泵的一部分要求，而另一些工质可以对不足的部分进行补充，可将两种或多种的工质混合起来，达到"优势互补"的效果。混合工质是由至少两种纯工质组配成的混合物，分为非共沸混合工质和共沸混合工质。

（1）非共沸混合工质

非共沸混合工质在等压下相变时沸点（也称为泡点）与露点不重合，如图 2-10 所示。

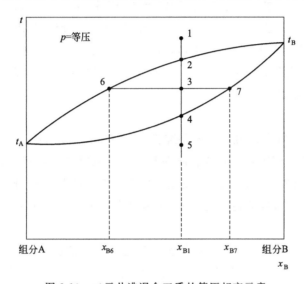

图 2-10　二元共沸混合工质的等压相变示意

图中纵坐标表示温度，横坐标表示 A、B 两种组分（也称组元）组成的混合工质中组分 B 的质量分数，t_A、t_B 分别为纯工质 A 和 B 在相应压力下的沸点。曲线 t_A—2—t_B 以上为气相区，t_A—4—t_B 以下为液相区，两条曲线之间部分为气液共存的两相区。

当浓度为 x_{B1} 的混合工质从气体状态 1 在等压下冷却到状态 2 时，开始有液滴析出，点 2 称为露点，该点的温度称为露点温度。继续冷却，进入气液共存区，点 3 为其中某一气液共存状态，其中液态混合工质的浓度为 x_{B7}，气态混合工质的浓度为 x_{B6}，气液两相的质量比为（线段 37）/（线段 63）。继续冷却至点 4 时全部凝结为液体，点 4 称为泡点，该点温度称为泡点温度。从点 4 继续冷却则变为过冷液，如点 5。露点与泡点之间的线段为混合工质的等压相变过程，其温度差值（t_2-t_4）称为该压力和浓度下的温度滑移（或泡露点温差，或相变温差）。由于非共沸混合工质相变时气液组分不同，在工程中的应用方法也与纯工质有所不同，如工质向热泵中充注时一般要求采用液相充注。

（2）共沸混合工质

共沸混合工质特定压力和浓度下等压相变时泡点与露点重合。以二元混合工质为例，共沸混合工质在等压下相变如图 2-11 所示。

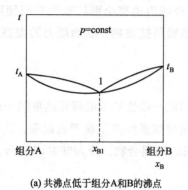 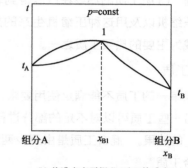

(a) 共沸点低于组分A和B的沸点　　　　　　　　(b) 共沸点高于组分A和B的沸点

图 2-11　二元共沸混合工质的等压相变示意

泡点与露点合一的点称为共沸点，此时的组分浓度称为共沸浓度，压力称为共沸压力，温度称为沸点。 共沸点可分为两大类：某些共沸工质的共沸点比其组元 A 和 B 的沸点低，如图 2-11(a)所示；某些共沸工质的共沸点可能比其组元 A 和 B 的沸点高，如图 2-11(b)所示。 共沸混合工质相变时滑移温度为零，气液共存时气相和液相的组成相同，其在工程中的应用方法与纯工质基本相同。

（3）混合工质的应用

① 共沸混合工质、非共沸混合工质和纯工质一样适用于定温低温热源和高温热汇的情况。 由于共沸混合工质和近共沸混合工质在气液两相共存的热泵蒸发器、冷凝器及储存容器中，气、液成分相同或相近，工质的充注、机组中工质泄漏后的维护处理均与纯工质相似，操作相对简便。 但非共沸混合工质在对机组进行工质充注时应采用液相充注（即容器中的工质以液相状态注入机组）。

② 非共沸混合工质适用于变温低温热源和高温热汇的情况，并可利用其相变时气液成分不同的特性进行机组制热量的调节。 非共沸混合工质应用时需注意，冷凝器和蒸发器应尽量采用逆流换热器。 且由于非共沸混合工质的气液共存时气、液的浓度不同（如图 2-10 中的 6 点和 7 点），机组发生工质泄漏或工质充注方法不当时，会引起机组中的工质浓度偏离设计浓度。 这一复杂性是影响其应用和推广的问题之一。

（4）R407c 和 R410a 工质简介

R407c 和 R410a 目前被认为是 R22 的环保替代工质。 现在通过表 2-5、表 2-6 对它们进行比较。

① R407c。 R407c 是非共沸混合制冷剂，由 R32、R125、R134a 3 种制冷剂按 23：25：52 的比例混合而成，其热力性质与 R22 比较接近，可以在现有的 R22 系统上直接更换。 由于其非共沸混合制冷剂的特性，不能使用满液式蒸发器；R407c 虽然可以直接换装，但是如果对其换热器进行特别的设计和配置会有更好的结果。

R407c 遇明火或高温分解产生有毒、刺激性的 HF，与碱金属、碱土金属及 Al、Zn、Be 等金属粉末会发生反应。

R407c 的可燃性取决于它与空气混合物的温度、压力和混合物中氧气的含量。

R407c/聚酯类（POE）润滑油混合物与常用的金属如铝、钢、铜等相容。

XH-6、XH-9、XH-11 干燥剂可用于 R407c 系统中，R407c 的相关数据可参考其他相关资料。

② R410a。 R410a 是非共沸混合工质，由两种纯工质 R32 和 R125 构成，两组分的质量分数各为 50%。

在相同的冷凝温度下，R410a 的冷凝压力要比 R407c 和 R22 高得多，所以，R410a 必须有专门设计和制造的压缩机、管路和换热器，不能直接替换 R22。

R410a 遇明火或高温分解产生有毒、刺激性的 HF，与碱金属、碱土金属及粉末 Al、Zn、Be 等会发生反应。

常压下，R410a 在 100℃的空气中不可燃，但在加压、加温、高浓度空气中可燃，在富氧气氛中可燃。

R410a 与下列橡胶材料相容：Alcryn、丁苯橡胶、丁基橡胶、三元乙丙橡胶、氯磺化聚乙烯、乙烯-丙烯共聚物、Hytrel、天然橡胶、丁腈橡胶、氯丁橡胶、多硫化物、聚亚胺酯、Santoprene、硅氧烷弹性体。 其中，乙烯-丙烯共聚物、聚亚胺酯、天然橡胶、丁腈橡胶、硅氧烷弹性体在 R410a/聚酯类(POE)润滑油混合物中相容性变差。 与氟橡胶(viton A、viton B)的相容性差。

R410a 与下列塑料相容：高密度聚乙烯、聚丙烯、聚氯乙烯、环氧树脂、聚丁烯对苯二甲酯、尼龙、聚氨酯、聚酰亚胺。 其中高密度聚乙烯、聚丙烯、聚氯乙烯、聚丁烯对苯二甲酯、尼龙在 R410A/POE 润滑油混合物中相容性变差。

XH-6、XH-9、XH-11 干燥剂可用于 R410a 系统中。

表 2-5　R22\R407c\R410a 在热泵工况下性能比较表

性能名称	R22	R407c	R410a
冷凝压力/kPa	2152.3	2316.6	3350.8
蒸发压力/kPa	625.3	632.0	996.1
压比	3.44	3.67	3.36
排气温度/℃	107.8	96.8	102.9
滑移温度/℃	0	4.5	0.1
制冷量(相对值)/%	1	0.994	1.42
COP(相对值)/%	1	1.03	0.92

计算工况： 蒸发温度 7.2℃，冷凝温度 54.4℃， 过冷度 8.3℃， 压缩机的等熵效率 0.75。

表 2-6　R22\R407c\R410a 的主要理化性能比较表

性能名称	R22	R407c	R410a
摩尔质量/(g/mol)	86.47	86.2	72.58
正常沸点/℃	−40.8	−43.8	−51.6
临界温度/℃	96.2	87.3	72.5
24℃饱和液密度/(kg/m³)	1194.6	1149.8(1.1MPa)	1066.1(1.6MPa)
24℃饱和蒸气密度/(kg/m³)	43.12	47.37(1.1 MPa)	63.65(1.6 MPa)
24℃汽化潜热/(kJ/kg)	183.37	188.52(1.1 MPa)	188.81(1.6 MPa)
24℃饱和液定压比热容 /[kJ/(kg·K)]	1.254	1.512(1.1 MPa)	1.679(1.6 MPa)

性能名称	R22	R407c	R410a
24℃饱和蒸气定压比热容 /[kJ/(kg·K)]	0.875	1.116(1.1MPa)	1.285(1.6 MPa)
饱和液热导率 /[W/(m·K)]	86.2(24℃)	86.26(25℃)	79.4(25℃)
饱和蒸气热导率 /[W/(m·K)]	10.94(24℃)	13.14(25℃)	15.44(25℃)
饱和液黏度/(μPa·s)	167.7(24℃)	164.3(25℃)	121.23(25℃)
饱和蒸气黏度/(μPa·s)	12.63(24℃)	12.83(25℃)	13.85(25℃)
主要技术问题和它的差异		1. 最好用专用压缩机 2. 非共沸混合物,成分会发生变化 3. 工作压力比 R22 高 10%,部件、管道需耐压校核 4. 增大换热面积,逆向流动,需耐压校核 5. 用酯类油 6. 用 XH-10C 或 XH-11 分子筛 7. 在不作优化匹配时,冷量约为 0.9~1.1 倍,效率为 0.9~1.0 倍	1. 专用压缩机 2. 工作压力比 R22 高 1.5 倍,部件、管路需耐压设计 3. 用酯类油 4. 用 XH-10C 或 XH-11 分子筛 5. 在不作优化匹配时,冷量为 1.4~1.5 倍,效率为 0.92~11.0 倍

制冷剂的替代是一个较为复杂的系统工程,一般而言,不能对系统工质进行简单和直接的替换。 由于工质物理化学性质的改变,其流动黏度、换热性能、临界温度和临界压力、对润滑油的兼容性、热工特性等一系列特性都发生了改变。 在具体的替代工作中,请参阅有关工质替代方面的专著,并进行大量实验及分析后再予以实施。

6. 热泵工质的选用

(1)考虑的因素

这是一个比较难又必须面对的问题。 在满足环境、安全、材料相容性、与润滑油相容性、材料获得难易性和成本较低的前提下,热泵工质选用时必须考虑的因素。

① 应有较高的制热效率,也就是工质的载热量要比较大。 这可以从工质的饱和气和饱和液的热力性质表查出它们在某一温度和压力下的焓值,越大越好,R22 与 R134a 的载热能力相近。

② 适当的工作压力。 在相同的温度下,压力越小越好。 比如 R22 在 65℃时的冷凝压力是 27kgf/cm²,R134a 在 65℃时的压力是 18.9kgf/cm²,所以在压力选用方面,后者优于前者。 一般情况下,当不采用离心压力机时,蒸发压力宜大于 1kgf/cm²,但也不宜太高,冷凝压力小于 20kgf/cm² 为好。 压力太大,对部件的要求就高,机器的故障率也增高,所以要控制在一定范围内。

③ 与该工质配套的部件和材料规格齐全、容易采购、价格相对较低等。 在一定的应用场合,可以根据客户的要求进行优选。

(2)选择的方案

表 2-7 列出了典型的制热温度时的工质选择方案。

表 2-7 典型的制热温度时的工质选择方案

制热温度	可选工质	工质简况
40~60℃	R22	应用广泛、配套部件和材料齐全、价格低,但 ODP 不为 0
	R123	适于离心式压缩机,配套部件和材料齐全,蒸发器内可能为负压,有轻微毒性,适合于大型机组,ODP 不为 0
	R134a	应用广泛、配套部件和材料齐全、价格较低
	R717(氨)	应用广泛、配套部件和材料齐全、价格低、天然工质、有毒性,适合于大中型机组。特别强调注意工质泄漏及安装维护的安全性
	R744(CO_2)	应用广泛、配套部件和材料逐步完善中、价格低、天然工质、用于热泵热水器或热泵干燥较适宜
	R404A	配套部件和材料较齐全、价格较高、可用于低温空气源热泵中,在比较大的商店可以买到
	R407C	
	R410A	
	R507A	
	R22/R152a	与传统工质配套部件和材料基本相容,价格中等,ODP 不为 0,其中 R152a 为可燃工质,需注意工质泄漏及安装维护的安全性
	R22/R142b	与传统工质配套部件和材料基本相容,价格中等,ODP 不为 0,适用于被加热介质大温升的场合,其中 R142b 为可燃工质,需注意工质泄漏及安装维护的安全性
	R22/R600	与传统工质配套部件和材料基本相容,价格中等,ODP 不为 0,需注意工质泄漏及安装维护的安全性
70~90℃	R123	与传统工质配套部件与材料齐全,有轻微毒性,价格中等,ODP 不为 0,需注意工质泄漏及安装维护的安全性
	R124	与传统工质配套部件和材料基本相容,价格较高,ODP 不为 0,应用较多
	R142b	与传统工质配套部件和材料基本相容,价格较高,ODP 不为 0,有轻微的可燃性,需注意工质泄漏及安装维护的安全性
	R227ea	配套部件和材料需研制,价格中等
	R236fa	配套部件和材料需研制,价格较高
	R744	
	R227ea/R152a	与传统工质配套部件和材料基本相容,价格中等,ODP 不为 0,其中 R152a 为可燃工质,需注意工质泄漏及安装维护的安全性
	R227ea/R600	与传统工质配套部件和材料基本相容,价格中等,ODP 不为 0,其中 R600 为可燃工质,需注意工质泄漏及安装维护的安全性
100~150℃	R123	与传统工质配套部件和材料基本相容,价格较高,ODP 不为 0,有轻微的可燃性,需注意工质泄漏及安装维护的安全性
	R141b	
	R236fa	
	245fa	配套部件和材料需研制,价格较高
	R718(水)	天然工质,需注意防冻剂、润滑油处理,价格极低
大于 150℃	R718	

第二节
热泵的基本理论与工作原理

一、 卡诺循环和卡诺定律

法国物理学家卡诺(1796-1823)生于巴黎，身处蒸汽机迅速发展、广泛应用的时代。他独辟蹊径，从理论高度上对热机的工作原理进行研究，精心构思了理想化的热机——卡诺热机，第一个提出了作为热力学重要理论基础的卡诺循环和卡诺定律，开创了利用热机提高热机做功效率的新途径。卡诺在世时，他的理论并没有引起科学界的重视。直到他去世数十年后，其研究成果才被人们所认知。后人依据卡诺循环理论开辟的热机循环增效之路，持续发展，并且从单独制冷到制热，至今已经影响到人们生活的方方面面。今后的历史将逐渐证明卡诺循环是人类最伟大的发明之一。

卡诺循环的含义：当低温热源的温度(T_L)、用户所需热能(高温热汇)的温度(T_H)为定值时，工作在上述温度之间、完全可逆(没有任何损失，如传热损失、流动损失、摩擦损失等)。热力学效率最高的热泵循环为卡诺循环。其在温(T)-熵(S)坐标上的表示如图 2-12 所示。

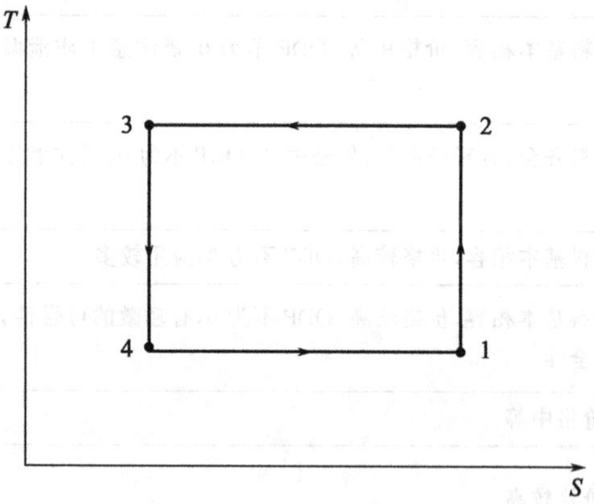

图 2-12　卡诺循环示意

严格讲如上循环应称为逆卡诺循环，本书中简称卡诺循环。

(1)卡诺循环的工作过程

卡诺循环由四个过程组成：气体加热(1—2)→气体放热变成液体(2—3)→液体减压蒸发(3—4)→工质吸热(4—1)。通过以上四个过程，热泵将外界的能量传递到目标物体中。具体过程如下：

① 等熵压缩过程(1—2)。工质气体的压缩过程，工质温度增加，压力也增大了，但容器内部的能量分布是不均匀的，所以熵值不变。

② 等温放热过程(2—3)。工质将自身的能量传递给目标物体，在传递过程中温度不变。这是因为气体在传热中将自己的相变能和温度能传递给目标物了。

③ 等熵膨胀过程(3—4)。工质经减压膨胀，这个过程工质内部没有能量的传递，所以是等熵过程。

④ 等温吸热过程(4—1)。工质在膨胀过程中吸热，工质只有吸热才能膨胀，在膨胀吸热过程中，液体相变成气体，所以温度暂时还不会变化。

以上四个过程实际上是理想过程，与实际是有出入的。

(2)热泵卡诺循环的制热系数

热泵按卡诺循环工作时，其制热系数为一定值，具体表达式是：

$$\text{COP}_{\text{Hcarnot}} = \frac{T_H}{T_H - T_L}$$

式中　　$\text{COP}_{\text{Hcarnot}}$——卡诺循环的系数，一般用 COP 来表示热泵的效率；

　　　　T_L——低温热源的温度，K（绝对温度）；

　　　　T_H——高温热源的温度，K。

从以上表达式可以看出：

① 只要低温热源不等于绝对零度（—273℃），那么卡诺循环的效率就永远大于 1，这就是空气能热泵效率的理论基础。 当然，卡诺循环只是一个理想状态下的循环，它与实际循环还是有不小的差别的。

② 要提高热泵的效率，就必须提高低温段的温度 T_L，降低高温段的温度 T_H。

③ 热泵的理论效率与工质无关，仅与装置的高低温热源的温度相关。

下例示出理想卡诺循环下的热泵效率。

【例题】：在环境温度为 10℃时，要实现冬季取暖，供热温度是 30℃，求卡诺循环的效率和理想的节能效果。

已知：　　　　　　　　　　　$T_L = 10℃$

$$T_H = 30℃$$

$$\text{COP}_{\text{Hcarnot}} = \frac{T_H}{T_H - T_L}$$

$$\text{COP}_{\text{Hcarnot}} = \frac{273 + 30}{(273 + 30) - (273 + 10)} = 15.15$$

也就是说，只要消耗 1J 功或电能，就可以从环境中吸收 15.15J（283K＝10℃）的热能，向用户提供 15.15J（30℃）的所需的热能，也就是它的节能率为：

$$\frac{15.15 - 1}{15.15} \times 100\% = 93.4\%$$

虽然这只是理想的节能率，实际在热泵工作中还有许多问题没有解决，实现寒冷地区热泵供暖还在试运行中。 但这也给我们的研究指出了方向，只要不断地克服技术方面的障碍，实现这一目标是可能的。

由于实际循环与卡诺循环的差距还是比较大的，这一部分又是热泵理论的关键点、难点，在下面的章节里，还将对实际的热泵循环分成几部分来阐述，使读者更容易接受。

二、热泵的理论循环

1. 理论循环的含义和定义

（1）理论循环的含义

由于热泵工作时存在各种损失，因此，卡诺循环是一个不存在的理想循环，是热泵循环研究的最高目标，实际热泵的循环特性与卡诺循环往往存在一定的距离。在热泵循环的分析和计算中，采用较多的是对实际循环作适当简化、分解、分析处理，能够较方便地代表实际循环本质特性的理论循环分析方法。

(2)蒸气压缩式热泵理论循环的定义

① 循环基于特定的热泵工质。

② 工质的压缩过程为等熵过程。

③ 工质的冷凝过程为等压等温过程。

④ 节流过程前后工质的焓相等。如无特别说明，节流过程均指采用节流阀。当节流部件采用膨胀机时，假设工质经膨胀过程为等熵膨胀过程。

⑤ 工质的蒸发过程为等压等温过程。

(3)理论循环的定义

基本理论循环在压(p)-焓(H)图和温(T)-熵(S)图上表示。工质在冷凝器出口为饱和液(实际上不一定如此，可能还有气体)，在蒸发器出口为饱和气(实际上可能还有液体)的理论循环为基本理论循环，其在压(p)-焓(H)图和温(T)-熵(S)图上的表示如图2-13和图2-14所示。

2. 基本理论循环的过程图

(1)基本理论循环在压(p)-焓(H)图和温(T)-熵(S)图上的表示。

(2)过冷循环的图示

在上一段的理论循环定义里，设定工质在冷凝器出口处为液态。这种情况最理想，它可以保证工质全部减压、100％蒸发，保证蒸发吸热的效率。但实际上要做到"刚好"比较困难。为了保证出口处一定是液态工质，工质在冷凝器出口处的温度可以设计成一种低于它液化饱和温度的状态。这样，冷凝器出口的工质就一定是液体了。这种情况我们称为"过冷循环"。

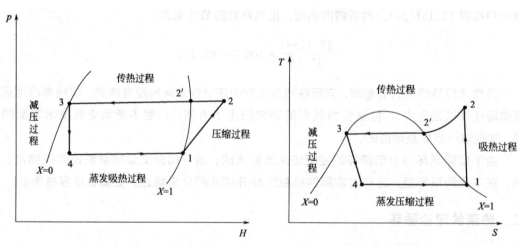

图2-13 理论循环的压(p)-焓(H)图　　　图2-14 理论循环的温(T)-熵(S)图

① 过冷循环的定义。工质在冷凝器出口为过冷液的理论循环为过冷循环。该压力下的饱和温度 T_c 与过冷温度 T_{sc} 之差，称为过冷液的过冷度，用 ΔT_{sc}(K)，表示，即

$$\Delta T_{sc} = T_c - T_{sc}$$

② 过冷循环在压(p)-焓(H)图和温(T)-熵(S)图上的表示和应用，如图 2-15 和图 2-16 所示。

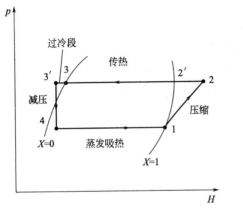

图 2-15　过冷循环的 p-H 图

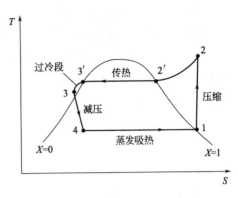

图 2-16　过冷循环的 T-S 图

③ 过冷循环的作用。　当热泵工质的饱和液线较倾斜时，通常需对冷凝器出口工质进行适度过冷，以减少节流后湿蒸气中的闪蒸气量，使 4 点的干度较小，提高单位质量工质的吸热量。

(3)过热循环示意图

我们希望到达压缩机的工质都是气体，这样才不会产生"液击"现象。　同上一段的过冷循环的思路一样，希望工质在出蒸发器口时，工质的温度大于它的饱和蒸发温度，这样就能保证进入压缩机的气体是 100% 的气体。

① 过热循环的含义。　工质出蒸发器的状态为过热气的理论循环为过热循环。　过热气的温度 T_{sh} 与饱和温度 T_c 之差，称为过热气的过热度，用 $\Delta T_{sh}(K)$ 表示，即

$$\Delta T_{sh} = T_{sh} - T_c$$

② 过热循环在压(p)-焓(H)图和温(T)-熵(S)图上的表示及应用，如图 2-17 和图 2-18 所示。

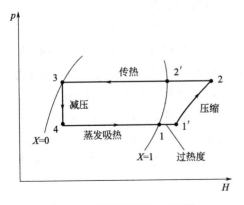

图 2-17　过热循环的 p-H 图

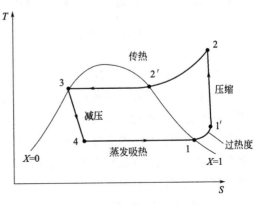

图 2-18　过热循环的 T-S 图

③ 过热循环的作用。 当压缩机工作时对工质蒸气中的液滴较敏感时，一般需使压缩机进口蒸气具有一定的过热度（5～15℃），以确保压缩机压缩过程中的工质蒸气无液滴，保证压缩机工作的安全可靠。

（4）过冷过热循环

前面的三个循环，都是单独的循环，在理解它们的基础上，进一步将三者结合起来。实际上热泵真正的循环是它们的组合——过冷过热循环。

冷凝器出口处工质为过冷液，蒸发器出口处工质为过热气的理论循环为过冷过热循环，其在压（p）-焓（H）图和温（T）-熵（S）图上的表示如图 2-19 和图 2-20，过冷过热的热泵形式之一如图 2-21 所示。

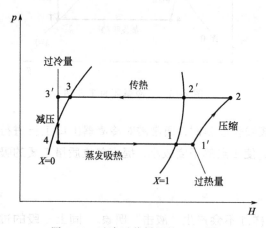

图 2-19　过冷过热循环的 p-H 图

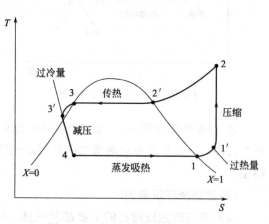

图 2-20　过冷过热循环的 T-S 图

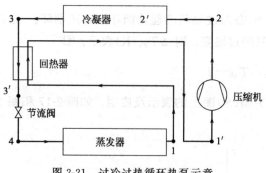

图 2-21　过冷过热循环热泵示意

一般情况下，只要控制好蒸发过程和冷凝过程，按一般的常规连接，就可以达到过冷过热的目的。

3. 完整的理论循环的过程

设定：冷凝压力为 1.7MPa；蒸发压力为 0.5MPa；工质为 R22。 整个循环过程见图 2-22。

R22 工质蒸气经压缩机压缩后，压力、温度急剧升高，到达冷凝器（1′—2）。 在传热过程中，工质被冷却成液态，这里有一个温度不变又持续放热的"相变过程"（2—2′—3）。 液态工质随后经过回热器，其中又有一部分剩余的热量被换热器吸收，从而保证液体在节流之前的过冷状态（3—3′）。 过冷液体进入节流阀降压（3′—4），经降压后的工质液体到达蒸发器，并迅速蒸发，在这个过程中吸收大量的热量（4—1）。 为了保证到达压缩机的蒸气为过热蒸气，这些蒸气再折回经过换热器，提高自身的温度，然后再到达压缩机，重新开始新的循环（1—1′）。

（1）循环中各关键状态点

1 点：低压、低温的饱和蒸气（0.5MPa、0℃），为蒸发器出口处和回热器进口处工质的状态。

1′点：低压、低温的过热蒸气(0.5MPa、10℃)，为回热器出口处和压缩机进口处工质的状态。

2点：高压、高温的过热蒸气(1.7MPa、66℃)，为压缩机出口处和冷凝器进口处工质的状态。

2′点：高压、中温的饱和蒸气(1.7MPa、45℃)，为冷凝器中工质开始冷凝时的状态(查R22热力学性质，在1.7MPa时，饱和点的温度是45℃)。

3点：高压、中温的饱和液(1.7MPa、45℃)，为冷凝器出口处和回热器进口处工质的状态。

3′点：高压、中温的过冷液(1.7MPa、40℃)，为回热器出口处和节流阀进口处工质的状态。过冷度为5℃。

4点：低压、低温的湿蒸气(气液混合)(0.5MPa、0℃)，为节流阀出口处和蒸发器进口处工质的状态。

1′点：低压、低温的过热蒸气(0.5MPa、10℃)，为回热器出口处和压缩机进口处工质的状态。过热度为10℃。保证工质R22以气体状态进入压缩机。当然为了防止压缩机"液击"，工质在进入压缩机之前都要经过气液分离器的分离，保证100％的气体进入压缩机。

1点：新的循环开始。

(2)循环中各基本过程的要点

① 压缩过程

1′→2 压缩过程——耗功过程

$S_{1'} = S_2$(等熵)；

$p_2 > p_{1'}$(升压)；

$T_2 > T_{1'}$(升温)；

$W_m > 0$(耗功或耗电)。

实现部件：压缩机。

作用：将低压低温过热蒸气变为高压高温过热蒸气。

② 冷凝过程

2→3′冷凝过程——制热过程(过热蒸气→饱和蒸气→饱和液→过冷液)

$p_2 = p_{2'} = p_3 = p_{3'}$(等压)；

$T_2 > T_{2'}$，$T_3 > T_{3'}$(降温→等温→降温)；

$Q_c > 0$(放热)在空气能热水器中就是将热量传给水，提高水的温度。

实现部件：冷凝器(饱和液过冷段也可在回热器中实现，相变结束，如果放热还可以进行，就会产生过冷液)。

作用：将高压高温过热蒸气等压下变为高压中温过冷液，将目标物体加热，比如将冷水加热成热水。

③ 膨胀降压过程

$3' \rightarrow 4$ 节流或膨胀过程(膨胀过程为做功过程);

$H_3 = H_4$ (等焓——采用节流阀或毛细管时);

$S_{3'} = S_4$ (采用膨胀机时);

$p_{3'} > p_4$ (降压);

$T_{3'} > T_4$ (降温);

$Q_{thr} = 0$; $W_{thr} = 0$ (采用节流阀或毛细管时), Q_{thr} 为节流能耗;W_{thr} 为膨胀功耗;

$Q_{exp} = 0$; $W_{exp} = 0$ (采用膨胀机时), Q_{exp} 为膨胀能耗;W_{exp} 为膨胀功耗。

部件:节流或膨胀部件(毛细管、节流阀或膨胀机等)。

作用:将高压中温过冷液变为低压低温饱和气与饱和液的混合物。

④ 蒸发吸热过程

$4 \rightarrow 1'$ 蒸发过程——吸热过程(饱和液→饱和蒸气→过热蒸气);

$p_4 = p_1 = p_{1'}$ (等压);

$T_4 = T_1 < T_{1'}$ [等温(相变)→升温];

$Q_e < 0$ (吸热)在空气能中就是吸收空气中的热量。

实现部件:蒸发器(饱和蒸气过热段也可在回热器中实现)。

作用:将低压低温饱和气与饱和液的混合物变为低压低温的过热蒸气。

三、实际循环

借助理论循环的解释,我们对热泵的工作本质已经有了一个比较清楚的了解,在此基础上,只要对理论循环做一些小的调整,就是我们所说的实际循环了。

1. 实际蒸气压缩式热泵工作过程与理论循环假设的不同

实际蒸气压缩式热泵机组中,工质的实际工作过程与上述各理论循环中的假设条件均有一定偏离。

① 压缩机中。 工质流经压缩机的进、排气阀时有压力损失;工质在压缩过程中与汽缸壁有热交换,压缩机活塞与汽缸壁有摩擦损失,压缩机与环境有热交换,工质在汽缸中流动时有能量耗散,少量润滑油汽化与工质混合等。 由于上述因素,压缩机中压缩过程开始时工质的状态不再是蒸发器出口处工质蒸气的状态,压缩过程也不再是等熵过程而是熵增过程。

② 冷凝器中。 工质流经冷凝器时有流动阻力产生的压力降,导致工质的冷凝温度随冷凝过程的进行而不断降低;与环境有少量热交换产生热损失。

③ 蒸发器中。 工质在蒸发器中流动时也产生压力降,导致蒸发温度不断降低,并有热损失。

④ 节流阀或毛细管等部件中。 工质与环境有少量热交换。

⑤ 各部件间要有管路连接,工质流经管路时产生阻力损失(压力降),并有热损失。

2. 实际循环过程的压(p)-焓(H)图和温(T)-熵(S)图

实际循环的状态点和过程分析,参照图 2-22 和图 2-23 所示。 实际循环中的典型状态点和过程如下。

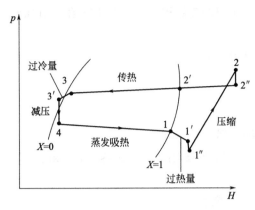

图 2-22　实际循环的 p-H

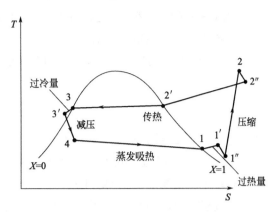

图 2-23　实际循环的 T-S

1 点、1′点、2 点、2′点、3 点、3′点、4 点与前面循环中的状态相同，实际循环中的 1″点表示工质流经压缩机吸气阀后的低压低温过热蒸气状态，2″点表示工质流经压缩机排气阀后的高压高温过热蒸气状态，这两点都有少量的热量损失。

过程 1″→2　为实际压缩过程，过程线向右倾斜，表示该过程为熵增过程。在蒸发压力、冷凝压力、压缩机进气状态相同时，实际压缩过程的排气温度要高于等熵压缩过程。

过程 2→2″　压缩后高压高温过热蒸气经过压缩机排气阀的过程。

过程 2″→2′　高压高温过热蒸气在冷凝器中的降温过程。

过程 2′→3　高压中温饱和蒸气在冷凝器中的冷凝过程，其压力和冷凝温度逐渐降低。

过程 3→3′　高压中温饱和液在冷凝器中的过冷过程。

过程 3′→4　高压中温过冷液经节流阀的降压降温过程。

过程 4→1　低压低温湿蒸气在蒸发器中的蒸发过程，其压力和蒸发温度逐渐降低。

过程 1→1′　低压低温饱和蒸气从蒸发器中到压缩机吸气阀进口处的加热过程。

由图 2-22 和图 2-23 可见，蒸气压缩式热泵实际循环比理论循环更加偏离卡诺循环，当低温热源温度和高温热汇温度相同时，其制热效率也明显低于卡诺循环和理论循环。

第三节
蒸气压缩式热泵循环的计算

一、性能指标及其计算公式

以基本理论循环为例（参照图 2-13 和图 2-14）。

（1）单位质量工质的吸热量 q_e（kJ/kg）

单位质量热泵工质一个工作循环的吸热量，计算式为：

$$q_e = H_1 - H_4$$

式中　H_1——工质在蒸发器出口处的焓（约等于压缩机进口处工质的焓），kJ/kg；

H_4——工质在蒸发器进口处的焓（约等于节流阀进口处和出口处工质的焓），kJ/kg。

（2）单位容积吸热量 q_{ev}（kJ/m³）

单位容积热泵工质一个工作循环的吸热量，计算式为

$$q_{ev} = \frac{q_1}{V_1}$$

式中　q_1——单位质量热泵工质一个工作循环的吸热量，kJ/kg；

V_1——压缩机进口处工质的比容（约等于工质在蒸发器出口处的比容），m³/kg。

（3）单位质量制热量 q_c（kJ/kg）

单位质量热泵工质一个工作循环的制热量，计算式为

$$q_c = H_2 - H_3$$

式中　H_2——冷凝器进口处工质的焓（约等于压缩机出口处工质的焓），kJ/kg；

H_3——冷凝器出口处工质的焓（约等于节流阀进口处和出口处工质的焓，也约等于蒸发器进口处的焓），kJ/kg。

（4）单位容积制热量 q_{cv}（kJ/m³）

单位容积热泵工质一个工作循环的制热量，计算式为：

$$q_{cv} = \frac{q_c}{V_1}$$

式中　V_1——压缩机进口处工质的比容，m³/kg。

（5）单位质量的耗功量 W（kJ/kg）

单位质量热泵工质一个工作循环的耗功量，计算式为：

$$W = H_2 - H_1$$

式中　H_2——压缩机出口处工质的焓，kJ/kg；

H_1——压缩机进口处工质的焓，kJ/kg。

（6）制热系数 COP 值

消耗单位功或电能所制取的热能，计算式为：

$$COP_H = \frac{q_c}{W}$$

（7）热泵制热量 Q_c（kW）

计算式为：

$$Q_c = q_c m_r$$

式中　m_r——热泵中工质循环的质量流量，kg/s。

（8）热泵吸热量 Q_e（kW）

计算式为：

$$Q_e = q_e m_r$$

(9)热泵耗功量 W_m(kW)

计算式为：

$$W_m = W m_r = \frac{Q_c}{COP_H} = \frac{Q_e}{COP_{H-1}}$$

忽略热泵机组与外境的热交换时 有：

$$Q_c = Q_e + W_m$$

二、性能指标的计算示例

1. R134a 热泵的基本理论的计算

以 R134a 为工质的蒸气压缩式热泵，其蒸发温度为 0℃，冷凝温度为 60℃，制热量为 4kW，计算该热泵理论循环的各性能指标及节流后湿蒸气干度与密度。 计算方法如下。

(1)理论循环在 p-H 图和 T-S 图上的表示(如图 2-24，图 2-25 所示)。

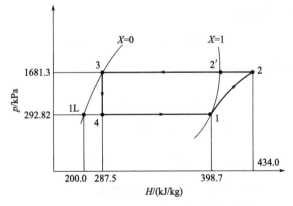

图 2-24 理论循环计算在 p-H 图上的表示

(2)确定循环中各关键点物性参数。

蒸发温度为 0℃时对应的蒸发压力

$$p_1 = p_4 = p_{1L} = 292.7(kPa)$$

冷凝温度为 60℃时对应的蒸气压力

$$p_2 = p_2' = p_3 = 1682(kPa)$$

温度为 0℃时的饱和蒸气的焓

$$H_1 = 398.7(kJ/kg)$$

温度为 0℃时的饱和蒸气的比容

$$V_1 = 0.06935(m^3/kg)$$

温度为 0℃时的饱和蒸气的熵

$$S_1 = 1.727(kJ/kg \cdot K)$$

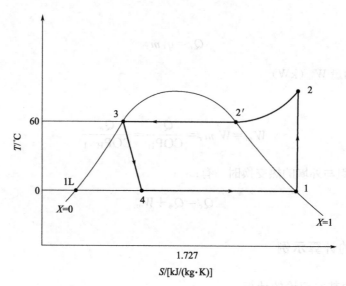

图 2-25　理论循环计算在 $T\text{-}S$ 图上的表示

温度为 0℃时的饱和液的焓

$$H_{1L} = 200 \, (\text{kJ/kg})$$

温度为 0℃时饱和液的比容

$$V_{1L} = 0.773 \times 10^{-3} \, (\text{m}^3/\text{kg})$$

温度为 60℃的饱和液的焓

$$H_3 = 287.4 \, (\text{kJ/kg})$$

节流后的焓的确定　因节流前后焓相等，故有

$$H_4 = H_3 = 287.5 \, (\text{kJ/kg})$$

压缩机出口处（循环图上 2 点）过热蒸气性质的确定

压缩过程 1—2 为等熵过程，得 2 点熵为

$$S_2 = S_1 = 1.727 \, [\text{kJ/(kg} \cdot \text{K)}]$$

已知 2 点压力为

$$p_2 = 1681.3 \text{kPa}$$

由 2 点已知压力和熵，可确定该状态下的焓与温度为

$$H_2 = 434.0 \, \text{kJ/kg}$$

$$T_2 = 65.4℃（查表计算）$$

（3）热能指标计算　单位质量吸热量为

$$q_e = H_1 - H_4 = 397.7 - 287.5 = 111.2 \, (\text{kJ/kg})$$

单位容积吸热量为

$$q_{ev} = \frac{q_e}{V_1} = \frac{111.2}{0.06935} = 1603.5(kJ/m^3)$$

单位质量制热量为

$$q_e = H_2 - H_3 = 434 - 287.5 = 146.5(kJ/kg)$$

单位容积制热量为

$$q_{cv} = \frac{q_c}{V_1} = \frac{146.5}{0.06935} = 2112.5(kJ/kg)$$

单位质量耗功量为

$$W = H_2 - H_1 = 434.0 - 398.7 = 35.3(kJ/kg)$$

制热系数为

$$COP_H = \frac{q_c}{W} = \frac{146.5}{35.3} = 4.15$$

热泵中工质的质量循环流量为

$$m_r = \frac{Q_c}{q_c} = \frac{4.0}{146.5} = 0.0273(kg/s)$$

热泵吸热量 Q_e 为

$$Q_e = q_e m_r = 112.2 \times 0.0273 = 3035(W)$$

热泵耗功量 W_m 为

$$W_m = w\, m_r = 35.3 \times 0.0273 = 0.963(kW)$$

2. R22 热泵的过冷过热循环计算

以 R22 为工质的蒸气压缩式热泵，其蒸发温度为 0℃，冷凝温度为 45℃，冷凝器出口处工质过冷度为 5℃，蒸发器出口处工质过热度为 10℃，制热量为 5kW，计算该热泵过冷过热循环的各性能指标，计算方法如下。

① 画出过冷过热循环在 $p\text{-}H$ 图和 $T\text{-}S$ 图上的表示（如图 2-26，图 2-27 所示）。

② 确定循环中各关键点物性参数。 蒸发温度为 0℃ 时对应的蒸发压力为

$$p_1 = p_1' = p_{1L} = 497.7(kPa)$$

冷凝温度为 45℃时对应的冷凝压力为

$$p_2 = p_2' = p_3 = p_3' = 1734(kPa)$$

温度为 0℃时饱和蒸气的性质

焓： $\qquad H_1 = 406.5 kJ/kg$

比容： $\qquad V_1 = 0.0474 m^3/kg$

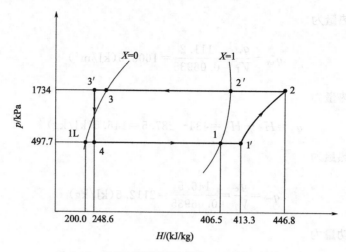

图 2-26 过冷过热循环计算在 p-H 图上的表示

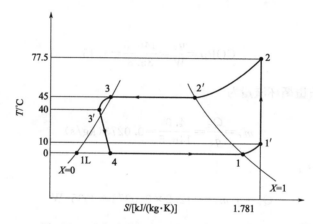

图 2-27 过冷过热循环计算在 T-S 图上的表示

温度为 0℃时饱和液的性质

焓：
$$H_{1L} = 200 \text{kJ/kg}$$

比容：
$$V_{1L} = 0.7817 \times 10^{-3} \text{m}^3/\text{kg}$$

蒸发压力(497.7kPa)下过热度为 10℃的过热蒸气性质

焓：
$$H_{1'} = 413.3 \text{kJ/kg}$$

比容：
$$V_{1'} = 0.0498 \text{m}^3/\text{kg}$$

熵：
$$S_{1'} = 1.781 \text{kJ/(kg·K)}$$

冷凝压力(1734kPa)下过冷度为 5℃的过冷液的焓为
$$H_{3'} - H_3 - c_{pL} \Delta T_{SC} \approx 248.6 \text{(kJ/kg)}$$

节流后(4 点)的焓为

$$H_4 = H_{3'} = 248.6 \text{kJ/kg}$$

压缩机出口处(2 点)的性质为

$$S_2 = S_{1'} = 1.781 \text{kJ/(kg·K)}$$

$$p_2 = 1734\text{kPa}$$

$$H_2 = 446.8\text{kJ/kg}$$

$$T_2 = 77.5℃（查表得）$$

③ 性能指标计算

单位质量吸热量为

$$q_e = H_1' - H_4 = 413.3 - 248.6 = 164.7(\text{kJ/kg})$$

单位容积吸热量为

$$q_{ev} = \frac{q_e}{V_1'} = \frac{164.7}{0.0498} = 3307(\text{kJ/m}^3)$$

单位质量制热量为

$$q_c = H_2 - H_3' = 446.8 - 248.6 = 198.2(\text{kJ/kg})$$

单位容积制热量为

$$q_{cv} = \frac{q_c}{V_1'} = \frac{198.2}{0.0498} = 3980(\text{kJ/m}^3)$$

单位质量耗功量为

$$W = H_2 - H_1' = 446.2 - 413.3 = 33.5(\text{kJ/kg})$$

制热系数为

$$\text{COP}_H^* = \frac{q_c}{W} = \frac{198.2}{33.5} = 5.92$$

热泵中工质的质量循环流量为

$$m_r = \frac{Q_c}{q_c} = \frac{5.0}{198.2} = 0.0252(\text{kg/s})$$

热泵吸热量为

$$Q_c = q_e m_r = 164.7 \times 0.0252 = 4.15(\text{kW})$$

热泵耗功量 W_m 为

$$W_m = W m_r = 33.5 \times 0.0252 = 0.844(\text{kW})$$

第四节
蒸气压缩式热泵循环的分析和改进

蒸气压缩式热泵的工况参数主要包括工质的冷凝温度 T_c（或冷凝压力）、蒸发温度 T_e（或蒸发压力）、冷凝器出口处工质过冷度 ΔT_{SC}、蒸发器出口处工质的过热度 ΔT_{Sh}。 工况参数变化时，热泵循环的性能也随之变化。 掌握蒸气压缩式热泵的性能与工况参数之间的变化规律，是热泵设计和调控的基础。

一、冷凝温度对循环性能的影响

1. 冷凝温度对理论循环性能的影响

当其他工况参数一定时，冷凝温度对基本理论循环性能的影响如图 2-28 所示。

图 2-28 中，$1 \to 2 \to 3 \to 4 \to 1$ 为原循环，$1 \to 2' \to 3' \to 4' \to 1$ 为冷凝温度升高之后的循环。由图 2-28 可见，冷凝温度升高时，循环中压缩机排气温度、节流后湿蒸气干度均增大，但最重要的性能指标——制热系数却减少，这是因为：

$$COP_H = \frac{q_c}{W} = \frac{q_e + W}{W} = 1 + \frac{q_c}{W}$$

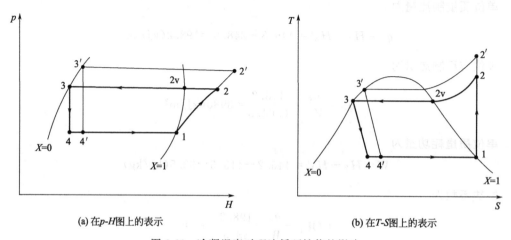

(a) 在 p-H 图上的表示　　　　　　(b) 在 T-S 图上的表示

图 2-28　冷凝温度对理论循环性能的影响

由图 2-28 可见，冷凝温度升高后，单位质量吸热量（$q_e = H_1 - H_{4'}$），比原循环变小，单位质量耗功量（$W = H_{2'} - H_1$）比原循环增加，因此二者之比 $\frac{q_e}{W}$ 减少，由上式可知，制热系数减少。

2. 制热系数随冷凝温度的变化曲线

以 R22 和 R134a 为例，蒸发温度为 $0℃$，冷凝温度对理论循环制热系数的影响如图 2-29 所示。

由图 2-29 可见，当冷凝温度由 $25℃$ 升高到 $45℃$ 时，理论循环制热系数降低 1 倍，冷凝温度越低，冷凝温度的变化对制热系数的影响越大。

二、蒸发温度对循环性能的影响

1. 蒸发温度对理论循环性能的影响

当其他工况参数一定时，蒸发温度对基本理论循环性能的影响如图 2-30 所示。

图 2-30 中，$1 \to 2 \to 3 \to 4 \to 1$ 为原循环，$1' \to 2' \to 3' \to 4' \to 1'$ 为蒸发温度升高之后的循环。

由图 2-30 可见，蒸发温度升高时，循环中蒸发压力不变，压缩机排气温度降低，制热系数增加。当然，蒸发温度与空气温度有关，如果太高，与空气的温差变小，蒸发器的吸热效果也变小。实际上蒸发温度要适当。

2. 制热系数随蒸发温度的变化曲线

以 R22 和 R134a 为例，冷凝温度为 50℃，蒸发温度变化时理论循环制热系数的变化如图 2-31 所示。

由图 2-31 可见，当蒸发温度由 0℃ 升高到 25℃ 时，理论循环制热系数升高 1 倍以上，如图 2-31 所示。蒸发温度越高，蒸发温度的变化对制热系数的影响越大。

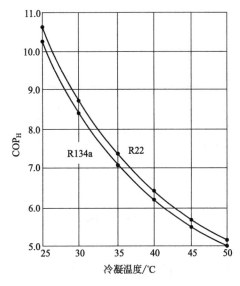

图 2-29 冷凝温度对制热系数的影响

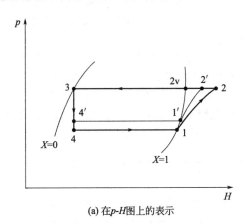

(a) 在 *p-H* 图上的表示　　　　(b) 在 *T-S* 图上的表示

图 2-30 蒸发温度对基本理论循环性能的影响

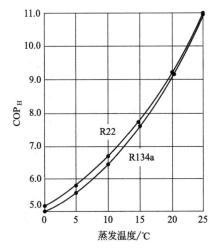

图 2-31 蒸发温度对制热系数的影响

三、过冷度对循环性能的影响

1. 过冷度对理论循环特性的影响

当其他工况参数一定，冷凝器出口处工质的过冷度对循环性能的影响如图 2-32 所示。

图 2-32 中，1→2→3→4→1 为原循环，1→2→3'→4'→1 为冷凝器出口处工质过冷时的循环，由图 2-32 可见，和基本理论循环相比，过冷循环中冷凝压力、蒸发压力、压缩机排气温度均不变，单位质量吸热量和制热量增加，而单位质量耗功量不变，制热系数增加。

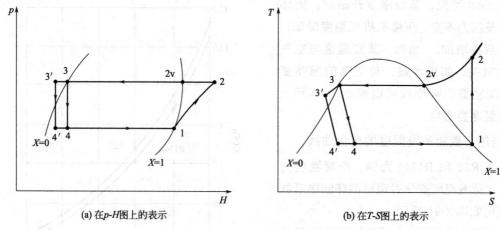

(a) 在 p-H 图上的表示　　　　　　　　(b) 在 T-S 图上的表示

图 2-32　过冷度对循环性能的影响

2. 制热系数随过冷度的变化曲线

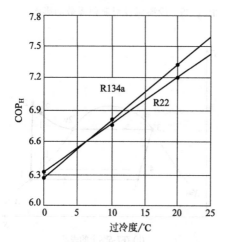

图 2-33　过冷度对制热系数的影响

质过热度对循环性能的影响如图 2-34 所示。

以 R22 和 R134a 为例，冷凝温度为 40℃，蒸发温度为 0℃，蒸发器出口处过热度为 0℃ 时，过冷度对制热系数的影响如图 2-33 所示。

由图 2-33 可见，当过冷度由 0℃ 增加到 25℃ 时，R22 热泵的制热系数升高了 14%，R134a 的制热系数升高了 18%，即后者的升高速度略高于前者，这是由于 R134a 液体的定压比热容略大于 R22。

四、过热度对循环性能的影响

1. 过热度对理论循环性能的影响

当其他工况参数一定，蒸发器出口处工

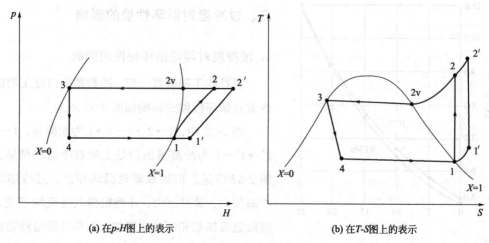

(a) 在 p-H 图上的表示　　　　　　　　(b) 在 T-S 图上的表示

图 2-34　过热度对循环性能的影响

图 2-34 中，1→2→3→4→1 为原循环，1′→2′→3→4→1′ 为蒸发器出口处工质有过热时的循环，由图 2-34 可见，和基本理论循环相比，过热循环中冷凝压力、蒸发压力不变，但压缩机吸气温度、排气温度增高，压缩机吸气密度减小，容积制热量减小。

2. 制热系数随过热度的变化曲线

以 R22 和 R134a 为例，冷凝温度为 40%，蒸发温度为 0℃，冷凝器出口处过冷度为 0℃ 时，过热度对制热系数的影响如图 2-35 所示。

由图 2-35 可见，当过热度由 0℃ 增加到 25℃ 时，R22 工质循环的制热系数升高了 3%，R134a 升高了 2%，过热度对制热系数的影响远小于过冷度，实际机组中通常使工质在蒸发器出口处保持一定的过热度，目的主要是防止压缩机出现湿压缩，造成液击。

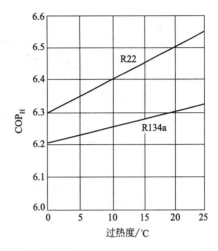

图 2-35　过热度对制热系数的影响

当热泵工质的冷凝温度、蒸发温度、冷凝器出口处过冷度、蒸发器出口处过热度等工况参数中有两个或两个以上同时变化时，其对循环制热系数及其他指标的影响较复杂，可针对具体情况，参照本节中的方法进行实际计算和分析。

五、环境温度和制热温度对热泵效率的影响

从图 2-36 可以看出室外环境温度越低，热泵制热量越低，进水温度越高，热泵的效率越低。 所以对太阳能加热后的热水加热，在设定热泵的各种参数时，要注意这个问题，最好是设计为进水温度较高的制热专用热泵系统。

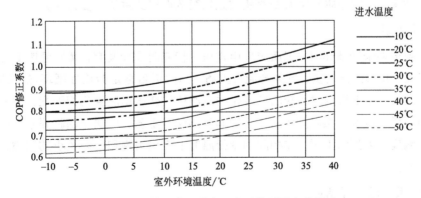

图 2-36　环境温度和进水温度对热泵效率的影响

图 2-37 是制热量修正系数曲线图，表 2-8 是制热量修正系数表。 可作为设计和选型的参考。

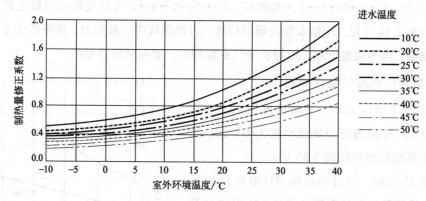

图 2-37　制热量修正系数（相对额定热水工况）曲线图

表 2-8　制热量修正系数（相对额定热水工况）表

室外环境温度/℃	−10	−5	0	5	10	15	20	25	30	35	40
进水温度 10℃	0.506	0.538	0.577	0.618	0.709	0.842	1.000	1.188	1.411	1.675	1.990
进水温度 20℃	0.444	0.476	0.510	0.546	0.627	0.744	0.884	1.050	1.247	1.481	1.759
进水温度 25℃	0.393	0.421	0.451	0.483	0.554	0.658	0.781	0.928	1.102	1.309	1.554
进水温度 30℃	0.347	0.372	0.398	0.427	0.489	0.581	0.690	0.820	0.974	1.157	1.374
进水温度 35℃	0.307	0.329	0.352	0.377	0.433	0.514	0.610	0.725	0.861	1.022	1.214
进水温度 40℃	0.271	0.290	0.311	0.333	0.382	0.454	0.539	0.641	0.761	0.904	1.073
进水温度 45℃	0.240	0.257	0.275	0.295	0.338	0.401	0.477	0.566	0.672	0.799	0.949
进水温度 50℃	0.212	0.227	0.243	0.260	0.299	0.355	0.421	0.500	0.594	0.706	0.838

六、 蒸气压缩式热泵循环的改进

基于上述考虑，实际应用中对蒸气压缩式热泵的循环改进的主要方法如下。

1. 优选工质类型

当改进目标是卡诺循环时，工质应采用定压下相变时冷凝温度和蒸发温度变化不大的工质，如纯工质、共沸混合工质、近共沸混合工质；当改进目标是劳伦兹循环（热泵制热循环）时，工质应采用定压下相变时冷凝温度变化与高温热汇介质温度变化相匹配、蒸发温度变化与低温热源介质温度变化相匹配的工质，如非共沸混合工质、可实现超临界循环的工质，应采用与所需温度相匹配的工质；在相同的冷凝温度下应采用饱和压力较小的工质；还要尽量采用环保工质。

2. 使循环尽量接近目标循环

热泵工质的饱和气线类型可分为两大类，如图 2-38 所示。

其中左斜型和右斜型工质的饱和气线斜率可通过工质设计进行调节。当采用左斜型工质时，热泵理论循环如图 2-39 所示；采用右斜型工质，热泵的简化实际循环如图 2-40 所示。

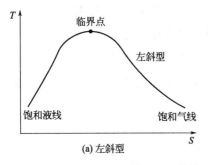
(a) 左斜型

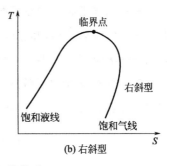
(b) 右斜型

图 2-38　热泵工质的饱和气线类型

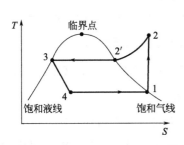

图 2-39　采用左斜型工质的热泵循环

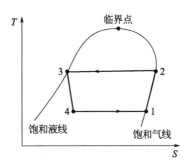

图 2-40　采用右斜型工质的热泵循环

由图 2-39 可见，热泵采用左斜型工质时，1→2→2′三角使该循环与卡诺循环有较大偏差。当再考虑到实际循环中压缩过程的各种损失时，该三角形的 2 点更偏右上方，与卡诺循环的偏差更大；而当采用图 2-40 所示的右斜型工质时，通过工质设计使工质取的饱和气线斜度与压缩过程斜度相同，实现冷凝温度与蒸发温度间的饱和气线与压缩过程线重合，则可削去图 2-39 中的尖角，使循环更接近卡诺循环。当循环改进的目标是劳伦兹循环时，这一思路也适用。

3. 节流部件采用膨胀机

当节流部件采用节流阀或毛细管时，节流前高压工质蕴含的能量不但没有被回收利用，且在节流过程中耗散为无用能，使节流阀或毛细管出口的熵增加，减少了单位循环工质的吸热量和制热量，体现在 T-S 图上是循环左侧比卡诺循环缺一块大的斜角（由于节流过程线斜度较大。当采用膨胀机时），使循环更接近卡诺循环，也使循环的制热系数明显提高。但由于膨胀机的价格等因素，目前还是选用减压阀和毛细管减压器，其中电子减压阀具有灵活的调节能力，实际上也提高了热泵的效率，被广泛采用。

4. 减小热泵工质与热源、热汇的传热温差

设高温热汇的平均温度 T_{sink}，低温热源的平均温度为 T_{source}，热泵的平均冷凝温度为 T_c，热泵的平均蒸发温度为 T_e，则定义

$$\Delta T_{c,s} = T_c - T_{sink}$$

$$\Delta T_{s,e} = T_{source} - T_e$$

$$\Delta T_{c,e} = T_c - T_e$$

式中　$\Delta T_{c,s}$——热泵工质平均冷凝温度与高温热汇平均温度之差，K；

$\Delta T_{s,e}$——低温热源平均温度与热泵工质平均蒸发温度之差，K；

$\Delta T_{c,e}$——热泵工质的平均冷凝温度与平均蒸发温度之差，K。

传热温差对热泵循环制热系数的影响可由有传热温差时所导致的制热系数降低量与无传热温差时的制热系数之比表示，其简略估算式为

$$\Delta COP_H = \frac{\Delta T_{c,s} + \Delta T_{s,e}}{\Delta T_{c,e}}$$

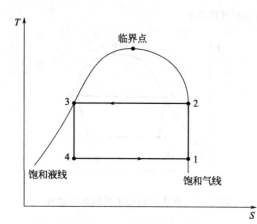

图 2-41　采用适宜工质和高
效部件时的热泵实际循环

由上式可见，如冷凝器、蒸发器中工质与热源、热汇的传热温差均为 10℃，热泵的冷凝温度与蒸发温度之差为 50℃时，由于传热温差引起的制热系数降低约为 40%。

5. 减小热泵工质与热源、热汇间的传热温差

可采用的方法有强化传热过程、增大传热面积；当热泵工况或热源、热汇温度发生变化时，及时调控热泵，使工质与热源、热汇间的传热温差维持在合理的数值。

6. 使工质与部件配合良好

工质适宜、各部件高效，压缩机、膨胀机效率很高；冷凝器、蒸发器中传热温差很小；各部件及管路中流动阻力很小，管道保温设施完善，工质能量散失很小，且部件与部件、工质与部件配合良好时，蒸气压缩式热泵的实际循环可接近理想循环，如图 2-41 所示。还可通过为热泵选择适宜的低温热源提高蒸发温度，当高温热汇与低温热源之间温度差较大时采用多级热泵循环等方法提高热泵的制热系数。

综上所述，通过强化冷凝器和蒸发器的传热使热泵工质的冷凝温度接近高温热汇温度，蒸发温度接近低温热源温度；通过提高压缩机或膨胀机等部件的效率，减少热泵工作时的不可逆损失，是提高热泵循环性能的三条基本途径，也是设计效率高、运行安全可靠的蒸气压缩式热泵所需考虑的主要因素。

第五节
空气能热泵的传热过程

前面已经大致阐述了空气能热水器的原理和产品，本节将进一步探讨空气能热泵的问题。

一、空气的特性

空气能热泵是从空气中吸取热量的设备，因此，首先要对空气的组成和特性作进一步了解，才能更好地开发和使用产品。

1. 空气的来源、组成及特性

我们生活的地球是被一层厚厚的大气层包裹着的，它的厚度可以达到几百公里。构成地球周围大气的气体无色、无味，主要成分是氮气和氧气，其中氮占 78.084%，氧占 20.946%，另外，还有极少量的氦、氖、氪、氩、氙、氡等稀有气体和水蒸气、二氧化碳和尘埃等。这些气体中还常因为所处的环境而悬浮有尘埃、烟粒、盐粒、水滴、冰晶、花粉、孢子、细菌等固体和液体的气溶胶粒子。包含以上成分的气体，就成为我们所处环境的"空气"。

(1)空气的质量

空气是有质量的，这种质量构成了对地球表面的一种压强。根据科学定义，在海平面上，1 个平方厘米上的压强为一个大气压；而在一个标准大气压条件下，空气的密度为 $1.293kg/m^3$。

(2)空气的能量——空气的比热容

空气是包含能量的，不同温度的空气，它的能量不同。用空气的比热容来定义它，通常用字母"c"来表示。

比热容(c)：1kg(公斤)物体温度升高 1℃所需要的热量。

空气的比热容：由于空气的密度和压力和温度有关，所以人们还定义了定压比热容 c_p 和定容比热容 c_V。

① 定压比热容 c_p。指在压力不变的条件下气体的比热容。

② 定容比热容 c_V。指在气体容积不变时的比热容。

这两种定义在空气能原理解说时被大量应用。

空气的比热容还与温度有关，例如，当温度为 250K(-23.15℃)时，空气的定压比热容 $c_p=1.003kJ/(kg \cdot K)$，而当空气温度上升到 300K(26.85℃)时，空气的定压比热容则为 $c_p=1.005kJ/(kg \cdot K)$。

在 20℃环境下，以一匹的家用空气源热泵热水器为例，蒸发器的"制冷"能力约为 2400W，即每小时要从空气中吸收约 2064kcal(8640kJ)的热量。以空气的定压比热容和蒸发器两侧 5℃的温度降计算，每小时就至少需要空气 1719kg，约 1332m³。由于空气的质量和浮力是相等的，所以这些空气的重量是称不出来的，但空气的体积和它的流动是可以感觉到的。

(3)空气的湿度和温度

在一般情况下，人们接触到的空气多少会含有一定量的水蒸气，即使 0℃以下的空气也可能含有水蒸气，这样的空气称为湿空气。描述空气潮湿状态的参数有 3 个，分别是含湿量、绝对湿度和相对湿度。

① 含湿量。含湿量是指每千克干空气中所含有的水蒸气的质量，称为含湿量，用符号

α 表示，单位是 g/kg（干空气）。

② 绝对湿度。 绝对湿度表示每立方米空气中所含的水蒸气的质量，单位是 kg/m^3。

③ 相对湿度。 另一种表示空气含湿度的参数是"相对湿度"。 由于相对湿度能够更加形象地反映空气潮湿的程度，因此使用更为广泛。 将干空气的相对湿度定义为零，把饱和湿度的相对湿度定义为 100％，那么此时空气的绝对湿度和最大湿度的比值，即是相对湿度。 它表示了空气含湿度的高低。 相同含水量的空气，在不同的温度下，它的相对湿度是不同的。 在任何温度下，不论相对湿度过高或过低，人都会感到不适。 相对湿度太高，人们会感到"潮湿、闷"，太低则会感到"干燥"。 人体感到舒适的相对湿度范围为 55％～75％。 在我国南方，由于地处热带和亚热带，多雨多水，空气的平均湿度比较高，相对湿度也比较高；而北方地处温带和寒带，空气的平均湿度比较低，相对湿度也比较低。

(4)描述空气温度的参数

① 干球温度和湿球温度。 用普通的水银温度计测量到的空气温度，是"干球温度"。一般如果没有特别说明的所谓的空气温度，就是指干球温度。 假如我们给温度计的感温部位包扎上湿布，由于水的挥发必然带走一部分热量，那么经过一段时间后就会发现这个温度计测得的温度会低于干球温度，这个略低一些的温度就称为"湿球温度"。

干球温度和湿球温度的差，称为"干湿球温度差"。 它反映了空气的潮湿程度，也就是说，空气越干燥，水的挥发就越强烈，湿球温度就越低，干湿球温差就越大；反之，空气越潮湿，水的挥发就越缓慢，湿球温度就越接近干球温度，干湿球温差就越小。 在极端的情况下，干湿球温度完全相等，说明空气中的潮湿程度已经达到极限，处于相对湿度 100％的状态，此时的空气达到饱和状态。

② 露点温度。 空气容纳水蒸气的能力，是随着温度的提高而提高的，而空气的相对湿度也不能超过 100％。 那么对于某一状态的湿空气，如果对它进行冷却，它的相对湿度就会提高。 当其湿度达到 100％时，极端微小的降温都会使空气中的水蒸气凝结，形成露珠。这个温度就称为露点温度。

寒冷季节，玻璃窗的玻璃内表面会有结露的现象，俗称水汽或者雾气，就是因为玻璃的温度已经低于室内空气的露点温度所致；而在南方突然升温的季节，湿热的空气进入建筑内，会在地面和大理石墙壁上形成水珠，也是因为地面和墙面的温度低于湿热空气的露点温度。 不同状态的空气，随着温度和湿度的不同，露点温度也不同。

在热泵工作时，如果蒸发器换热翅片的温度低于环境空气的露点温度，就会在翅片上凝结水珠，简称"结露"；而当翅片温度低于 0℃时，就可以在翅片上凝结细小的冰粒，称为结霜。 无论结露、结霜，都是空气释放热量的过程，也称水的相变过程，也是蒸发器从空气中捕获更多的热量的过程。

通过查空气的湿度表，可以查到某一状态空气的露点温度。 例如，在空气干球温度 20℃、相对湿度 60％时，露点温度为 9.2℃。 即在这种状态的空气环境中，低于 9.2℃的物体表面会结露；随着空气相对湿度的增加，露点温度将会提高。 如空气的干球温度依然是 20℃，但是相对湿度增加到 90％，那么此时的露点温度就是 18.3℃。 也就是说，温度相同，湿度越高，露点的温度也相应增高。

再看看空气能的情况，在相对湿度 60％、室温 10℃的情况下，为了得到空气的热量，必须将蒸发器的温度降低。 一般空调机的蒸发器的设计温差是 10℃。 这时蒸发器表面的温度要降到 0℃，空气能才能从空气中吸热。 从空气温度关系图查到，此时空气的结露温度是 4℃，也就是温度低过 4℃时，在蒸发器表面的空气已经变成水了。 这些依附在蒸发器上的水碰到 0℃的蒸发器表面就可能结成霜，霜多了就变成冰了。 此时蒸发器翅片就无法从空气中吸热了。 这种现象就是俗称的"结霜"现象。

2. 空气能量的表达——焓

即使在很低的气温下，空气中仍然可以有一定量的水蒸气。 例如，在 -20℃时，1kg 饱和空气中就含有 0.63g 的水蒸气。 所以，我们周围的空气，都是含有水分的湿空气。 一般情况下，空气中存在一定的能量，它储存在干空气和与之混合的水蒸气中。 于是我们引进了"焓"的概念，用空气的焓来表示空气的能量。

由于水蒸气的存在，湿空气的热性质也有很大的变化。 为了工程应用上的方便，湿空气的焓被定义为 1kg 干空气焓的总和与它混合的水蒸气的能量（用焓表示）的总和，单位是 kJ/kg（干空气）。 这时若取干空气的比热容为常数，并以 0℃时干空气的焓值为零，则有如下表达式

$$湿空气的能量（焓）＝干空气的能量（焓）＋水蒸气的能量（焓）$$

用式子表达：

$$H_{湿空气}＝H_{干空气}＋H_{水蒸气}$$

其中

干空气的能量＝干空气的比热容×温度（这里选用定压比热容）

用式子表达：

$$H_{干空气}＝1.005t$$

式中 t——水蒸气的温度。

水蒸气的焓（能量）包含两部分。

① 水蒸气的定压比热容为 1.84kJ/(kg·℃)，水蒸气自身所带的能量：1.84t。

② 0℃的水要变成 0℃的水蒸气是需要吸热的，经检测为 2500kJ/kg，即每公斤的水变成水蒸气需要吸收 2500kJ 的热量（598kcal）。 这些称为"汽化潜热"的相变热量转变成一种能量蕴藏在水蒸气中。 所以水蒸气中的焓（能量）是：

水蒸气的能量（焓）＝水蒸气的汽化潜热＋水蒸气的比热容×水蒸气的温度

用公式表达就是：

$$H_{水蒸气}＝2500＋1.84t$$

因此，就可知这种情况下湿空气的焓：

$$H_{湿空气}＝H_{干空气}＋H_{水蒸气}＝1.005t＋d(2500＋1.84t)\ [d\ 为水蒸气含量，kg/kg（干空气）]$$

图 2-42 提供了一张典型的空气温度湿度关系图，可以查到空气在不同温度和湿度下含湿量的关系，左边斜直线为等焓线，右斜弧线为相对湿度线。

3. 干空气、水蒸气和相变

空气能热泵从湿空气中吸收热量，如果湿空气的状态没有发生变化，那么空气能热泵吸收的能量就是干空气的能量和水蒸气中的热量。 如果湿空气中的水蒸气凝结为水或冰，那

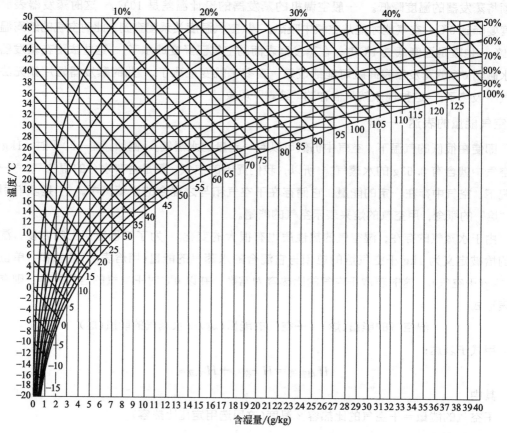

图 2-42　空气温度湿度关系图

么它所吸收的能量就还要加上水蒸气凝结释放的能量——潜热，每千克为 2260kJ，是一个相当大的数字。如果结成冰，还要加上它进一步释放的能量。这种状态被称为"相变"放热。相变现象出现，对于空气热性质的影响就会很大。

理想的状态就是在空气湿度大的情况下，空气源热泵蒸发器端不断出现结露、不断有流水的现象，这时的吸热状态最佳。但是如果在低温下出现结霜现象，就会影响到空气能正常运行了。对于空气源热泵热水器来讲，空气中最重要的因素是温度和湿度，它们对空气源热泵热水器的性能和效率有着极其重要的影响，在正常不结霜的情况下，空气湿度越大，热泵吸收的热量越多，热泵的效率就会越高。对相变热量的应用是热泵技术发展的方向。

二、水的特性

水是空气能热水器加热的主体，与空气能热泵有着重要的关系。所以，在深入了解空气能热泵原理之前，必须对它要有一个比较深入的认识。

在空气源热泵热水器工作的两个换热端，都和水发生密切的接触。

在蒸发器端，空气中的水分会凝结在蒸发器上，当空气温度较低时，还会出现结露现象。结露会给空气能带来大量水蒸气的"潜热"，提高了空气能的效率；当空气温度很低时，这些结露就会变成霜，出现结霜现象，从而大大降低空气能的效率，甚至使它停止工作。

在冷凝器端，冷凝器加热的对象也是水。 水通过热交换，将冷凝器的热量带走，使热泵的制热循环得以继续。 但是水也会对冷凝器管路产生腐蚀，还会由于水中的钙镁离子以及其他杂质而在水管壁出现结垢等现象。 结垢会减少换热面积，使冷凝器的换热效率下降，甚至堵死换热通道，使换热器失效。 在实际用户安装的体验中，由于水的原因造成的热泵故障占相当大的比例。

水也可以作为无机化合物的制冷剂，代号为R718。

1. 水的化学反应对空气能的影响

水可与活泼金属的碱性氧化物、大多数酸性化合物以及某些不饱和烃发生水化反应。

比如水与氧化钙(生石灰)生成氢氧化钙

$$CaO + H_2O \longrightarrow Ca(OH)_2$$

在自然界中，水通常多是以酸、碱、盐等物质的溶液形态存在，习惯上仍然把这种水溶液称为水。 例如，占地球总水量97.23％以上的水是海水，而海水就是以氯化钠为主的多种盐的水溶液。 纯水可以用化学特性极其稳定的铂或石英器皿，经过多次的蒸馏提取，纯水没有导电能力，而普通的水因为含有少量电解质而具有一定的导电能力。

水本身也是良好的溶剂，无机化合物如酸、碱、盐都可以溶于水。 每千克海水含盐量35g(其中食盐约27g)。 由于人的生理原因，当水里的盐含量超过1.5g/kg时就不能饮用。

一般的水都含有钙、镁离子以及碳酸根、碳酸氢根、硫酸根等，当水达到一定温度时(一般界定在68℃)，其中钙、镁离子与酸根结合，生成碳酸钙、碳酸镁、硫酸钙等析出沉淀，从而形成水垢。 各个地区、各个国家的水垢都不一样。 在我国北方雨水稀少的地区，水中钙的含量比较高，而南方多雨地区，水中钙的含量比较少。 地下抽取的水和下雨集聚在地表面(如江河)的水的钙镁离子的含量也有很大的差别。 一般来讲，地下水的钙镁离子多，地表水的钙镁离子比较少。 同时由于国内很多用户的水源还是井水和河水，这些水中带有大量的杂质，比如沙土、青苔、杂木屑等，都会影响空气能的正常使用。 所以建议在空气能热泵系统的进水端加装带有防垢和过滤功能的过滤器，这对于减少空气能的故障、延长其寿命是很有利的。

影响机体腐蚀速率和程度的因素有含氯量、溶解氧含量、水温和参加反应的水量，并与四者成正比关系，即含氯量、溶解氧越多、水温越高、参加反应的水量越大，腐蚀的速率就越快。 在相同的自来水条件和加热量的情况下，采用浸泡式冷凝器的家用分体热泵热水器，管道的腐蚀比采用逆流套管换热器的循环加热式快，就是因为浸泡式的冷凝器管道处于高温下的时间更长，参加反应的水量更多。 解决的方法之一是"阳极牺牲法"，即采用比被保护金属化学性质更活跃、更容易与余氯、溶解氧发生反应的金属，优先和它们发生反应。比如金属镁，镁和余氯、溶解氧反应后就可以保护铜管、不锈钢材料免受损害。 所以好的空气能热水器水箱都装配镁棒。 问题是镁棒"牺牲"后客户不懂得更换，直到发现漏水、漏气时再叫厂方维修已经来不及了。 所以对制造厂来讲，制订客户档案，适时去垢、换镁棒是十分重要的。 这一点也是空气能热水器和空调器的重要区别之一，要引起从业者的充分重视。

2. 水的三种状态

我们知道，地球上大多数物质，在一定条件下都具有"三态"：固态、液态和气态，水也一样，在不同的压力、温度下，水可以在气态、液态和固态之间转化。 在标准状态下（一个大气压下，海拔高度为零、纬度 45 度），当温度低于 0℃ 以下时，水从液态转化为固态，称为冰，霜和雪也是蓬松状态的冰；水在常压下且温度达到 100℃ 时会沸腾，沸腾是剧烈的汽化现象，气态的水称为水蒸气。 水沸腾的温度（沸点）在不同的压力下是不同的，当水蒸气的压力提高时，沸腾的温度也将会提高；而在压力降低时，水的沸点会降低。 水蒸气的产生不仅限于 100℃ 时的沸腾。 水在自然条件下，只要环境的相对湿度低于 100%，都可以发生汽化现象，产生水蒸气。

压力的增加会促进水蒸气的液化，当水蒸气的温度高于 374.12℃ 后，无论在多大的压力下，气态的水蒸气也不能通过加压而转化为液态水。 我们称 374.12℃ 是水的临界温度。

在 0℃ 以下，冰同样有可能汽化，而不经过液态的过程，这一现象称为"升华"。 家用冰箱冷冻室冰格中的冰，经过一段时间后会"减少"，就是部分冰升华造成的；而水蒸气不经过液态过程直接凝结成冰，这种现象称为"凝华"。 空气能热泵热水器在冬季工作时，它的蒸发器翅片上就可能出现凝华现象。

3. 水的热物理性质

在 20℃ 时，水的热导率为 0.599W/(m·K)，冰的热导率为 2.22W/(m·K)，当霜（雪）的密度为 0.1kg/m³ 时，它的热导率仅为 0.029W/(m·K)。 在 150℃ 时，饱和水蒸气的密度为 2.5481kg/m³，热导率为 0.031W/(m·K)，与蓬松的霜的热导率相当。 空气能热泵热水器在寒冷环境下可能会在蒸发器翅片上出现结霜现象，正是由于霜层的导热性极差，阻碍了翅片和空气的热交换，使热泵热水器的效率大幅度降低，甚至无法正常工作。

水的体积和温度的关系值得我们关注，它的密度在 3.98℃ 时最大，为 1000kg/m³。 温度高于 3.98℃ 时，水的密度随温度升高而减小；而在 0~3.98℃ 时，水不遵守热胀冷缩的规律，体积反而随温度的降低而增大。 水在 0℃ 时，密度为 $0.99987 \times 10^3 kg/m^3$，而冰在 0℃ 时，密度为 $0.9167 \times 10^3 kg/m^3$，冰的密度小于水。 在冻结的过程中冰是膨胀的，体积是增大的。 这个特点给人们的实际生活带来麻烦，在北方寒冷的冬季，自来水管如果保温不好，就可能胀裂。 太阳能和热泵热水器也面临同样的问题。 目前北方取暖开始采用热泵了，热泵的保暖就显得很重要。 控制部分要有防止冻裂的功能。 水的密度也是形成保温水箱中的热水上高下低的原因，它能造成水上下自然循环的运动。 空气能热泵内盘管水箱就是利用了水的这个特性，使得水箱的水得到均匀地加热。

查表可知水的比热容是 4.184kJ/(kg·K)；另一个表述是 1kcal/(kg·℃)。 也就是说，要将 1kg 水的温度提高 1℃(K)，就要给它加入 4.184kJ（或 1kcal 的热量（千卡俗称为大卡）。实际上，最初热量的定义就是以水为参照对象给出的。 到现在为止，在与水相关的工程计算上，工程师们还是习惯用千卡（大卡）做热量单位来进行热力方面的计算。

三、物体的传热原理和规律

所谓空气能热泵热水器，必须采用空气换热器，所以必须了解它的换热特点和规律。它的设计是否合理，对整个机组的影响是十分重要的。 当然，作为水换热器的冷凝器，也同样非常重要。一般来讲，空气换热器的设计不足会使机组的制热效率降低并影响机组在冬季的工作能力，而水冷式冷凝器的设计不足则会造成效率降低以及排气压力和温度的升高，这两个结果都是需要极力避免的。如何合理的设计换热器，是热泵设计制造的主要问题，而强化换热技术的应用，也是热泵技术进步的主要手段。

由前面介绍的热力学第二定律可以知道，热量可以自发地由高温热源传给低温热源，热量传递的必要条件是温差，温差是热量传递的推动力，没有温差热量就不会发生热传递。

热量传递的方式有物体导热、对流换热和热辐射 3 种方式。

1. 物体导热

(1) 导热

导热指温度不同的物体各部分或温度不同的两物体之间直接接触时，依靠物体分子、原子及自由电子等微观粒子的热运动而进行的热量传递现象。导热的特征是，物体分子的各部分之间并不发生相对位移，也没有化学反应，而是将其无规则的分子运动能量传递给相邻的物体。

物体的导热的一般表达式是：

$$\phi_\lambda = \lambda A \frac{\Delta t}{\delta}$$

式中　ϕ_λ——该物体平面的传热量(设该物体是一块平板，实际上任何物体都是由无数小平板组成的)；

　　λ——物质的热导率，$W/(m \cdot K)$；

　　A——垂直于导热方向的传热面积；

　　Δt——两物体的温差；

　　δ——两物体中间隔板的厚度。

由该公式可知，在传导过程中的传热量 ϕ_λ 是与热导率 λ、传热面积 A 和两物体的温度差 Δt 成正比的。在上述 3 个因素中，任何一个因素的增加都会导致传热量的增加；传热量 ϕ_λ 与平板的厚度 δ 成反比，即增加板的厚度 δ，将降低传热量。热传递示意图如图2-43所示。

(2) 物质的热导率 λ

物体的热导率是物体传热能力的表达。热导率的定义。

1m 厚的材料，两侧表面的温差为 1 度(K、$℃$)，在单位时间内，通过 $1m^2$ 面积所传递的热量。其单位为 $W/(m \cdot K)$，也可以用 $℃$ 来表示，但精确计算时一般用 K 较多。

热导率有这样的规律：金属的热导率最高，液体次之，气体最低。

通常把热导率较高的材料称为导热材料，如铜、铝和钢等，而把热导率在 $0.05W/(m \cdot ℃)$ 以下的材料称为保温材料(或绝热材料)，如泡沫塑料、聚氨酯发泡料等。

常见的与空气能热泵的有关的导热材料、热导率如表 2-9

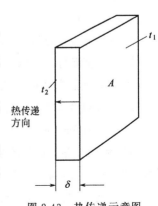

图 2-43　热传递示意图

所示。

表 2-9　常见的与空气能热泵有关的导热材料、热导率

物质	热导率 λ/[W/(m·K)]	物质	热导率 λ/[W/(m·K)]
工业纯铜	380	石棉	0.15
电解铝	237	石棉板	0.12
铜铝合金(9∶1)	56	石棉纤维	0.11
铝镁合金(92∶8)	107	玻璃纤维	0.037
铜镍合金(60∶40)	22.2	玻璃板	0.76
黄铜	108	混凝土	1.28
铁	74	珍珠岩	0.042~0.078
碳钢	35-49	沙土(中等湿度)	1.74
不锈钢	17	聚氨酯泡沫塑料	0.02~0.06
水	0.599	聚苯乙烯泡沫塑料	0.031~0.047
20℃干空气	0.0259	聚氯乙烯泡沫塑料	0.026~0.034
20℃饱和水蒸气	0.0194	聚丙烯泡沫塑料	0.033
冰	2.22	PPR 管道塑料	0.21~0.24
霜(密度 0.1kg/m³)	0.029	PEX 管道塑料	0.22~0.38

（3）气体的导热

对于绝大部分物质来讲，气体热导率最低。气体的导热是气体分子的热运动和相互碰撞时发生的能量传递，密度较低，传热效果不好。如20℃的空气热导率仅为 0.026W/(m·K)；液体的导热主要依靠晶格的振动来实现，能量传递的效果稍好；而固体的能量传递是由晶格和自由电子的迁移共同作用的，自由电子的迁移所起的作用更强。因此，金属的导电性和导热性基本一致：导电性越好的金属，导热性也就越好。

2. 对流换热

对流换热指通过流体各部分之间发生相对移动，冷热流体相互掺混所引起的热量传递现象。对流换热也是运动着的流体同与之相互接触的物体表面之间由于温差的存在而发生的热量传递。

（1）对流换热的特点

① 对流换热是导热与热对流同时存在的复杂热传递过程。

② 必须有直接接触（流体与壁面）和宏观运动，也必须有温差。

③ 接触壁面处，流体会形成速度梯度很大的边界层（附面层）。

（2）对流换热有多种形式

① 普通的温差对流换热。

② 发生相变的对流换热，这种换热分为蒸发换热或者冷凝换热，在空气源热泵热水器的冷凝器和蒸发器内进行的换热过程，都是有工质发生相变的对流换热过程，有相变的换热过程更加复杂，影响换热的因素更多。

（3）对流介质流动的来源

① 强制对流换热。流体在外力作用下与所接触的温度不同的壁面所发生的换热现象。

比如热泵的冷凝器，通过水泵的作用使水快速流过冷凝器内表面，得到冷凝器传递的热量。再比如在风机的驱动下，空气快速流过蒸发器，将空气中的热量传递给蒸发器。

② 如果对流运动是由于自身的温度不均以致密度不均，则称为自然对流换热。 比如发生在带盘管的水箱中的热交换，就属于自然对流换热。 其原理是不同温度的水的密度是不同的，热水密度小于冷水，在热交换的过程中，冷水由于密度大而向水箱底部运动，经盘管加热后的热水则由于密度变小，向水箱上方运动，这样就在水箱内形成自然对流。

在实际的热泵系统中，无论冷凝器还是蒸发器，多数都是强制对流换热，因为强制对流换热的换热系数要高得多，同时也不易发生积垢。 但强制换热的可靠性要低于自然换热。无论是自然对流传热还是强制对流传热，流体的流动状态及热物理性质对于对流传热的换热速率起着非常重要的作用。

按流体的流动状态还可以分为层流换热和紊流换热。 层流是在进行换热器设计和校核时要尽量避免的情况；紊流换热是提高换热效率的一种形式。

(4)对流换热的基本计算公式

牛顿冷却公式：

$$\Phi = KA(t_1 - t_2) = KA\,\Delta t$$

式中　Φ——换热量；

　　　K——表面传热系数，$W/(m^2 \cdot K)$；

　　　A——换热面积，m^2；

　　t_1，t_2——高、低端温度；

　　　Δt——传热温差。

对于表面换热系数可以这样理解：在1℃温差下，该换热器表面每$1m^2$换热面积的换热能力。

表面的换热系数为

$$K = \frac{\phi}{A\,\Delta t}$$

通过这个公式可知，对于一个换热装置来讲，影响其对流换热能力的3个最主要因素是表面换热系数、换热面积和传热温差。 这3个因素中，任何一项的提高都会提高该换热装置的换热能力，但是在实际的热泵换热器设计和制造中，为了追求设备的紧凑性和经济性，不可能单纯地通过加大换热器的换热面积来提高换热能力，而实际的工艺要求又往往不允许过大的传热温差(如热泵和冷冻装置的蒸发器和冷凝器)，所以如何提高换热器的表面传热系数，成为换热器设计中最重要的一环。

与热导率相似的是，物体的状态对表面换热系数也有极大的影响，水蒸气的换热系数低于水的表面换热系数。 另外还应该注意到，在水的沸腾和凝结换热时其表面换热系数有显著的提高，尤其是蒸发过程的沸腾换热，说明流体的状态对换热系数有比较大的影响，在热泵工质循环的蒸发器和冷凝器中，也发生着工质的沸腾和凝结，对换热过程也有很大的影响。 表2-10为某形式换热器在不同换热状态下表面传热系数 k 的大致数值范围。

表 2-10　某形式换热器在不同换热状态下表面传热系数 k 的大致数值范围

换热形式	表面传热系数 $k/[\mathrm{W}/(\mathrm{m}^2 \cdot \mathrm{K})]$
空气自然对流	1～10
水自然对流	200～1000
气体强制对流	20～100
高压水蒸气强制对流	500～3500
水强制对流	1000～15000
饱和水的沸腾换热	2500～35000
饱和水蒸气的凝结换热	5000～25000

3. 热辐射

辐射传热的过程是，物体的部分热能转变成电磁波——辐射能向外发射，当电磁波碰到其他物体时，又部分被后者吸收而重新转变成热能。

所有的物体只要温度高于绝对零度，总可以发出电磁波。与此同时，有的物体也吸收来自外界的辐射能。与传导和对流不同，电磁波的传递即使在真空中也可进行，到达地面的太阳辐射就是其中一例。

通常，把物体因有一定的温度而发射的辐射能称为热辐射。热辐射所包括的波长范围近似为 $0.3\sim50\mu\mathrm{m}$。在这个波长范围内有紫外、可见光和红外三个波段，其中 $0.4\mu\mathrm{m}$ 以下为紫外波段，$0.4\sim0.7\mu\mathrm{m}$ 为可见光波段，$0.7\mu\mathrm{m}$ 以上为红外波段。热辐射的绝大部分集中在红外波段。太阳能就是热辐射的一种能量，由于太阳能加热了环境温度，空气能的绝大部分能量来自太阳能的热辐射，也可以说空气能热泵热水器是太阳能利用的高级阶段。

(1)热辐射的特点

① 任何物体，只要温度高于绝对温度的 0K，就会不停地向周围空间发出热辐射。

② 具有强烈的方向性。

③ 传播过程伴随能量转变。

④ 不需要传播介质，可以在真空中实现传播。

⑤ 辐射能与温度以及波长均有关。

⑥ 辐射的发射量与绝对温度的 4 次方成正比。

当热辐射投射到物体表面上时，一般会发生 3 种现象，即吸收、反射和穿透。一般情况下，同一件物体，它的辐射能与它自身的温度相关，温度越高，发射的热量就越多。但是物质不同，其表面形状不同，在同样的温度下辐射能力也不相同，材料表面粗糙度、氧化情况等因素也影响物体的辐射能。

(2)热辐射指标

辐射有两个重要的指标，一是发射率，二是吸收率。科学家们假设了一种物体，它的吸收率为 100%，将其称为"黑体"。黑体同时也是热发射率最高的物体，所有实际物体的吸收率和发射率都低于黑体，黑体辐射热的能力与温度、面积密切相关。

"黑体"是一个理想模型，将它的发射率定义为1，比如表面黑色的物体发射率接近于黑体。实际上的物体都具有小于1的发射率，用 ε 表示，那么实际物体的热辐射为：

$$\Phi = \varepsilon A \sigma T^4$$

式中　Φ——辐射功率，W；

　　　ε——发射率(见表 2-11)；

　　　A——表面积，m^2；

　　　σ——斯蒂芬-玻尔兹曼常数 $5.669 \times 10^{-8} W/(m^2 \cdot K)$。

　　　T——表面温度，K；

常用物体发射率如表 2-11 所示。一般来讲，发射率高的物体，它的反射率也高。比如通常使用的黑板漆来说，其太阳辐射的吸收比可高达 0.95，但发射率也在 0.90 左右，所以属于非选择性吸收涂层。目前广泛适用于平板太阳能表面的选择性吸收材料，它的吸收比高达 0.97(吸收率达到 97%)以上，而它的反射比在 0.04(发射率 4%)以下。了解辐射传热对于我们进一步研究与太阳能结合的空气能热泵有重大的意义。目前广泛流行的太空能(太阳能＋空气能)热水器就是其中的一种初级产品。利用太阳能的直接辐射能(空气能是间接太阳能)，能不能做出一种体积更小、效率更高的热水机，有待我们能源同行的努力。

表 2-11　常用物体的发射率

材料名称及表面状况	温度/℃	发射率/ε
铝:抛光,纯度98%	200～600	0.04～0.06
工业用铝板		0.09
黄铜:高度抛光	250	0.03
无光泽板	40～250	0.22
紫铜:高度抛光的电解铜	100	0.02
轻微抛光的		0.12
钢铁:低碳钢,抛光	150～550	0.14～0.32
轧制的钢板		0.65
混凝土:粗糙表面	40	0.94
玻璃:平板玻璃	40	0.94
冰:光滑面	0	0.97
水:厚0.1mm以上	40	0.96
油漆:各种油漆	40	0.92～0.96
橡胶:硬质	40	0.94
雪	−12～−6	0.82
炭:灯黑		0.95～0.97

四、　空气能热泵的传热

1. 传热过程和传热系数

热泵传热过程由于是借助工质的原因，所以是一种间隔传热的方式：两个传热体之间有一种间隔层，防止两种物质的混合。热泵中的冷凝器和蒸发器都是这种间隔传热的部件。

这种间隔传热的定义是：两种不同温度的流体间通过固体壁面进行的换热。传热过程中固体壁面两侧的流体不能互相混合，仅能透过该固体壁面进行热的传递。

在传热过程中，固体壁面两侧的温差越大，高温流体向低温流体传递热量的能力就越大。

在热泵换热过程都是气体和液体的热传递过程，如图 2-44 所示。

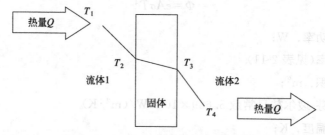

图 2-44 通过固体壁面的传热过程

假设左边是高温物质，右边是低温物质。在换热过程中，两边物质的内部热量也是不均匀的，也存在自身的传热过程。它们中间的换热过程经过如下 3 个步骤。

① 热量在温差(t_1-t_2)的作用下，由流体 1 传递至固体的左侧，这一阶段的传热为对流传热。

前面已经得知流液体和气体的内部之间的传热表达式是：

$$\Phi = KA(t_1-t_2) = KA\Delta t$$

式中　Φ——换热量；

　　　K——表面传热系数，$W/(m^2 \cdot K)$；

　　　A——换热面积，m^2；

t_1，t_2——高、低端温度；

　　　Δt——传热温差。

为了更准确地表达换热过程，可将公式修改为：

$$\phi_{1-2} = K_a A(t_1-t_2)$$

这就是该段的导热量。

② 固体左侧的热量在固体壁面左右侧温差(t_2-t_3)作用下，又传递至固体的右侧，此时热量的传递以固体自身的导热为主。

固体导热的一般表达式是：

$$\phi_r = \lambda_b A \frac{\Delta t}{\delta}$$

式中　ϕ_r——该物体平面的传热量（设该物体是一块平板，实际上任何物体都是由无数小平板组成的）；

　　　λ_b——物质的热导率，$W/(m \cdot K)$；

　　　A——垂直于导热方向的传热面积；

　　　Δt——两物体的温差；

　　　δ——两物体中间隔板的厚度。

通过以上公式求出中间隔板的导热量。

③ 固体右侧的热量在温差(t_3-t_4)的作用下，再传递给流体 2，此时的导热量为：

$$\phi_{3-4} = K_c A(t_3-t_4)$$

在流体 1 的热量 Q，通过固体壁面传递到流体 2 的过程中，如果都按上述计算方式来计算是十分麻烦的。传热量公式中的 K 值，实际上已经将上述 3 个过程的影响因素都考虑在内，对于工程运用是十分方便的。对于一个不熟悉的换热器，只要知道它的换热面积和 K 值，技术人员就很容易确定这个换热器的换热能力是否合适（当然还要考虑介质和使用情况）。

在上面的换热过程中，提到 3 种换热的情况，它的换热量并不相等。

举例说明：到达目的地有三段都为 80 千米长的路，第一段公路比较窄，每分钟最多可以通过 40 辆车；第二段公路比较宽，每分钟最多可以通过 100 辆车；还有一段公路每分钟可以通过 60 辆车。那么最终的结果就是到达终点的车每分钟最多是 0~40 辆之间。

可见热量传递过程与电学中的电流流动过程相似，如把传热推动力温差类比电流推动力电压，热流类比电流，则每个传热环境可类比电阻，称为热阻，一般用 R_t 表示，其定义式为：

$$R_t = \frac{\Delta t}{\Phi}$$

变换一下，就有：

$$\Phi = \frac{\Delta t}{R_t}$$

由于传热条件的限制，在传热达到稳定时，通过三种介质的传热量是相同的，即

$$\Phi_a = \Phi_b = \Phi_c$$

代入上式也就有：

$$\frac{(t_1 - t_2)}{R_{12}} = \frac{(t_2 - t_3)}{R_{23}} = \frac{(t_3 - t_4)}{R_{34}} = \frac{t_1 - t_4}{R_{12} + R_{23} + R_{34}} = \frac{\Delta t_{14}}{R_{14}}$$

看出其热阻等于各段热阻之和，其温差也是等于第一温度和最后一个温度的温差。

在热阻串联时，它的值：

$$R_{14} = R_{12} + R_{23} + R_{34}$$

在热阻并联时，它的值：

$$\frac{1}{R_{14}} = \frac{1}{R_{12}} + \frac{1}{R_{23}} + \frac{1}{R_{34}}$$

热导率也有同样的特点：

$$\frac{1}{\lambda} = \frac{1}{\lambda_1} + \frac{1}{\lambda_2} + \frac{1}{\lambda_3}$$

同时也有单位面积和厚度的热阻公式：

$$R = \frac{1}{\lambda}$$

从公式可以看出热阻的单位是$(m^2 \cdot K)/W$。

对导热、对流导热、表面传热、传热过程的热阻公式。

① 导热热阻：$R_\lambda = \dfrac{\delta}{\lambda A}$

② 对流导热热阻：$R_{hc} = \dfrac{1}{H_c A}$ [由于热泵的换热存在温度、压力和相变，所以用焓(H)来表达传递能量更确切。]

③ 表面传热热阻：$R_h = \dfrac{1}{HA}$

④ 传热过程热阻：$R_k = \dfrac{1}{kA}$

【例题】一块$0.2m$厚的平板两侧，如果维持两侧的温差 ΔT 为$50\,℃$，材料为纯铜板($\lambda = 399m \cdot K$)，试计算平板单位面积的热阻和通过平板的热流量。

纯铜板的热阻为

$$R_{Cu} = \frac{\delta}{\lambda} = \frac{0.2}{380} = 0.0005\,(m^2 \cdot K)/W$$

每平方米面积的纯铜板热流量

$$q = \frac{\Delta t}{R_{Cu}} = \frac{50}{0.0005} = 10 \times 10^4\,W/m^2$$

应该注意，温差不是影响传热量的唯一因素，传热量还与流体流动状况、固体壁面材料、通道形状和方向变化、表面粗糙程度、制造工艺及接触热阻等有关。 蒸发器和冷凝器设计时，设计者总是希望选择那些换热能力强、体积和质量合理、成本较低、工作稳定、维护简单的换热器。 要同时满足这些条件几乎是不可能的，对传热学原理的正确认识，有助于做出正确的选择。

2. 对流换热

空气能热泵实际上是一个热能收集机器，它的收集过程是通过换热来实现的，它的所有换热形式都是气体、液体和气液混合体的对流换热，并且有一定的特点。

(1)层流换热和紊流换热

① 层流换热。 换热时流体质点在自己的流层内沿主流方向流动，不同层的流速不同。这种现象发生在比较光滑表面的容器或管道内，流体的流速也比较低。 它的换热效果不理想。 实际上大面积完全的层流换热也是很难形成的。 对热泵设计者，主要是防止局部的层流换热的形成，提高换热的效率。

② 紊流换热。 紊流时流体的质点会在垂直于流动方向上振动，从一个层运动到另一个层。 从流动方向上看是一个紊乱的流动，造成比层流时更大的热量扩散。 因此，紊流状态下的对流传热系数比层流换热时高。

在换热器的设计中，应尽量减少对流换热的现象，人为地制造一些紊流的环境，提高换热器的效率。 比如采用带有螺纹的换热铜管及带有复杂热交换表面的板式换热器等，都是制造紊流的换热部件。

（2）对流过程的相变影响

在空气能热泵的换热过程中，相变现象是始终存在的。 主要有：在冷凝器中，气体变成液体，工质除了原有的热量外，还出现相变放热现象；在蒸发器中液体变成气体。 也出现了剧烈的相变吸热现象。 在蒸发器的外部，湿空气经过冷凝一部分变成水珠，也出现了相变放热的现象。 相变使得传热的温差加大，也提升了换热的效果。

总之，流体的流动状态对换热的影响很大，换热系数存在以下规律，即紊流大于层流；有相变大于无相变。 流体热物理特性也影响换热，它们之间存在如下规律，即流体的热导率增加、密度和比热容提高，将促使换热系数提高；而黏度系数增大，将促使换热系数降低。

3. 其他几种现象对换热的影响

（1）边界层对换热的影响

当具有一定黏性的流体流过物体表面时，会在换热面上形成垂直于换热面的、速度梯度很大的流动边界层。 这个边界层将会阻碍流体的换热。 它的特点和设计要点如下。

① 边界层内有流动极差的滞留层，由于此时此处的热量传递主要靠导热性能很差的流体的自身传导来进行，所以热传递效果极差。

② 层流层的厚度对传热影响极大。

③ 消除边界层，降低它的影响，是换热器设计的主要任务。

④ 边界层受表面形状的影响较大，粗糙的表面会减少边界层的影响。

边界层阻碍热量交换是热泵设计中需要加以注意的要素。其形成的边界线如图 2-45 所示。

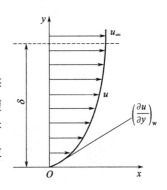

（2）凝结换热

凝结过程可以有不同的形式发生，以其凝结时液体的形态分为膜状凝结和珠状凝结，膜状凝结形成面积较大的液膜，覆盖了传热面，冷凝物相当于增加了热量进一步传递的热阻，所以膜状凝结时的换热效果并不理想。 但是由于实际的原因，发生在冷凝器中的凝结过程，多数为膜状凝结。

影响膜状凝结换热的因素：

图 2-45　流体的边界线

① 蒸气的饱和温度与壁面温度之差。

② 汽化潜热。

③ 特征尺度。

④ 其他标准的热物理性质，如动力黏度、热导率、比热容等。

图 2-46 和图 2-47 所示为立面膜状凝结过程示意图。 凝结液沿整个壁面形成一膜，并且在力的作用下流动，凝结放出的汽化潜热必须通过液膜，因此，液膜厚度直接影响了热量传递，液膜厚度越大，热阻越大。

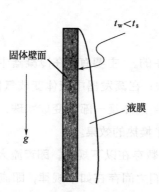

图 2-46　气体的膜状凝结示意

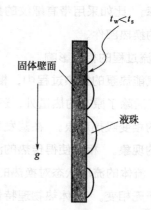

图 2-47　气体的珠状凝结示意

当凝结液体不能很好地浸润壁面时，则会在换热壁面上形成许多小液珠。此时壁面的部分表面与蒸气直接接触，因此，珠状凝结时的换热速率远大于膜状凝结，可能大几倍，甚至大一个数量级。膜状凝结过程比较复杂，它们受下面各种因素的影响。

① 不凝结气体。不凝结气体增加了传递过程的阻力，同时使饱和温度下降，减小了凝结的驱动力，不利于换热性能的提高。

② 蒸气流速。流动速度较高时，蒸气流动对液膜表面产生影响，当蒸气流动与液膜的流动方向相同时，使液膜拉薄，有利于提高换热性能，反之则使之减小。在实际的冷凝器中，蒸气高速流动大都是促进液膜变薄的。

③ 凝结表面的几何形状对换热性能影响极大，强化凝结换热的原则是尽量减薄黏滞在换热表面上的液膜的厚度。

④ 可用各种带有尖峰的表面，使在其上冷凝的液膜被"刺穿"和拉薄，或者使已凝结的液体尽快从换热表面上离开，这些方法都可以改善换热。

图 2-48 为改善凝结换热过程而设计的换热表面。

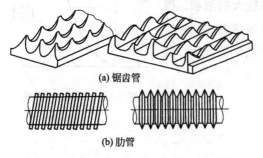

(a) 锯齿管

(b) 肋管

图 2-48　为改善凝结换热过程而设计的表面

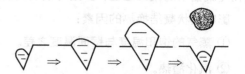

图 2-49　沸腾气泡的发育和脱离

（3）沸腾换热

沸腾换热最典型的就是在蒸发器内发生的工质沸腾吸热过程。沸腾换热发生在液体的相变过程，也是对流换热的一种类型。

沸腾的定义：工质内部形成大量气泡并由液态转换到气态的一种剧烈的气化过程。

沸腾换热指工质在气化过程中，需要吸收汽化潜热，并通过气化带走热量，是冷却热壁面的一种传热方式。

实验表明，通常情况下，沸腾时气泡只发生在加热面的某些点，而不是整个加热面上，这些产生气泡的点被称为汽化核心。较普遍的看法认为，壁面上的凹穴和裂缝易残留气体，形成局部的高温，是最好的气化核心，如图2-49所示。

影响沸腾换热的因素如下。

① 不凝结气体对膜状凝结换热的影响。与膜状凝结换热不同，液体中的不凝结气体会使沸腾换热得到某种程度的强化。

② 过冷度的影响。自然对流换热时，过冷会强化换热。

③ 液位高度的影响。当传热表面上的液位足够高时，沸腾换热表面传热系数与液位高度无关。但当液位降低到一定值时，表面传热系数会明显地随液位的降低而升高（临界液位）。

④ 沸腾表面结构的影响。沸腾表面上的微小凹坑容易产生气化核心。因此，凹坑的增多，会使气化核心增多，换热就会得到强化。近几十年来的强化沸腾换热的研究主要是增加表面各种形状的凹坑。图2-50是一些为增加沸腾换热效果而设计的表面形状。

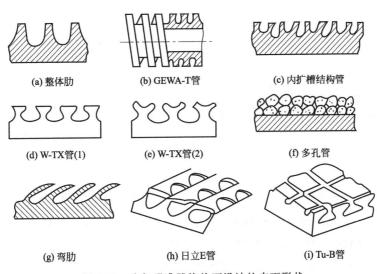

图 2-50　为加强沸腾换热而设计的表面形状

各种换热表面应该在与工质接触的表面，因为工质相对来说比较洁净，在接受能量的一面，由于介质情况不定，如果表面过于粗糙，会产生污垢，不利于能量的传递。

4. 换热器对流换热的方向

换热器的类型很多，在热泵系统中经常被采用的有套管式、壳管式、管翅式、静态加热式及板式换热器等。换热器流体的相对流动方向对于换热性能有很大的影响，原因是流体的方向不同将导致换热的平均温差不同，逆流换热能够获得更大的平均换热温差。因此，在热泵热水器的套管、板式换热器中，一定要使两种流体的流动方向相反。

（1）顺流换热

冷热流体的流体方向相同，称为顺流换热（图2-51），其温差与流程关系如图2-52

所示。

从图 2-52 中可知，顺流换热有两个特点。 一是平均温差小；二是冷流体的最终温度不可能超过热流体的出口温度，因为在传热过程的后期，冷热流体的温差已经无限趋近，换热能力微弱，对已经达到某种换热长度的顺流式换热器来讲，增加换热器长度没有意义。

（2）逆流换热

冷热流体的流体方向相反，称为逆流换热（图 2-53），逆流换热过程如图 2-54 所示。

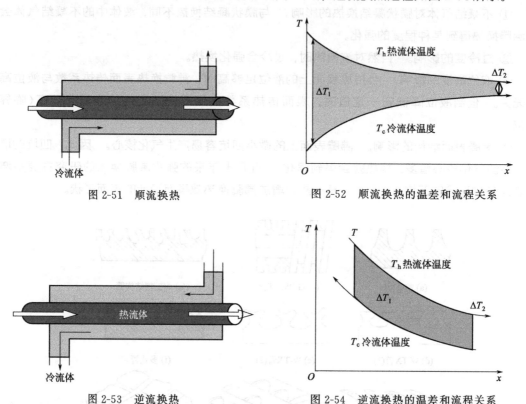

图 2-51　顺流换热　　　　　　　　图 2-52　顺流换热的温差和流程关系

图 2-53　逆流换热　　　　　　　　图 2-54　逆流换热的温差和流程关系

如图 2-53 所示，从逆流换热的温差与流程关系可知，逆流换热也有两个特点：一是平均温差大，这就意味着相同换热器的换热量大；二是冷流体的最终温度可以超过热流体的出口温度，而且换热的流程越长，超过的程度越大。 这一点对力图避免高冷凝度的热泵热水器来讲尤为重要，也是绝大多数冷凝器被设计成“逆流式”的主要原因。

尤其当需要热泵在较高温度工作时，管壳式换热器或者流程较短的板式换热器，是不利于高温出水的。 从图 2-54 可知，由于短流程的流动和换热状态与顺流式换热器比较接近，也很难超过热流体的出口温度，对热泵降低冷凝温度是十分不利的。 唯有采用较长流程的逆流式换热器，才有可能在出水温度较高的情况下，保持压缩机排气温度不会过高。

如果采用长流程和较细管径的套管式换热器作为高温热泵装置的冷凝器，假定换热长度足够长，就可以维持一个较合理的平均换热温差（如 3～5℃），又能够使冷凝器的水流量维持在一个理想的流量上，那么即使采用 R22 的热泵系统，也能够获得约 90℃ 的热水，而且冷凝器的回气温度还相当低。 部分设计合理的“直热”式热泵热水器，就是通过这种方式使得压缩机排气温度不会过高。

对于流程较短的换热器和顺流式换热器，在同样的环境和出水温度条件下，回气温度和排气温度都高，而长流程的逆流换热器，在换热长度的每一段都有很接近的温差，这可以使换热终结时高温流体的温度、回气温度仅比冷流体的进口温度高3～5℃。这对改善热泵的运行状态是十分有利的。

（3）交叉换热

还有一种换热方式是交叉换热，比如风机和翅片蒸发器就组成了交叉换热系统，它的换热效果有别于顺流和逆流换热，它的计算方式也不同。交叉换热的形式如图2-55所示。

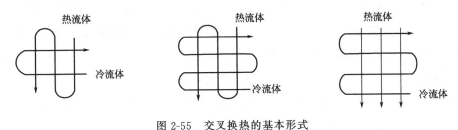

图 2-55　交叉换热的基本形式

第六节
相变和储能

一、相变

一种物质在不断吸收能量的情况下，由固体状态变成液体，再由液体变成气体，吸收能量一般表现的是吸热；反过来，一种物质由气体变成液体，液体变成固体时，将释放能量，一般表现是放热。我们称物质形态变化的这种过程为"相变"。

物体在相变过程中，自身的温度不变或变化很小，但是吸收和放出的热量却很大，比如1kg、0℃的冰变成1kg、0℃的水，温度不变，但要吸收80kcal（334.4kJ）的热量，1kg、100℃的水变成100℃的蒸汽，要吸收高达540kcal（2257kJ）的热量，1kg、0℃的水变成0℃的蒸汽，要吸收高达598kcal（2500kJ）的热量。

二、储能

物质相变能够携带大量热量的特点，也就是物质的相变性质能达到储能的目的，被人们高度重视，在现实生活中逐步得到应用。比如在热泵系统中，正是利用了工质气-液的相变过程，使得能量不断的转移，从蒸发器到冷凝器（制热）、从冷凝器到蒸发器（制冷），达到我们的目的，从工质性能表可以看到，相同温度的工质，气化的焓值往往是液化的1倍，如果不利用这个原理，热泵机组的体积将会变得很大。

在日常生活中水是最常见到的能量载体，所以评比能量的多少以水为参照体，1往往代表水的能量基本单位。我们所需要的相变物质往往是在相同体积情况下，它所存储的能量比水大，在相变时释放出的能量比水大，也称相变值大于 1。一般情况下，相变值大于 2 以上的物质［同样体积下相变释放（吸收）的能量是水的 2 倍以上］才有实际应用的意义。

三、物体、热泵工质变化的潜热和显热

在热泵传热过程中，物质蕴含的能量，被称之为"显热"；还有一个重要的能量不能忽视，就是它的相变能量，我们称它为"潜热"。潜热是分子间距离改变所造成的一种能量的改变。当它发生在固体变成液体，液体变成气体时，需要大量吸热。最典型的就是要将钢铁融化成钢水，必须加温到 $800 \sim 1000℃$ 以上；当它发生在气体变液体，液体变固体时，就需要放热。这种潜热只有通过能量的测量才能看出来。空气能热泵正是利用了工质的显热和潜热的特性，才可以在较小的工质容积下，占用较小的空间来工作。物质的潜热还被大量用在储能材料上，人们一直在探索一种"重量轻、体积小、潜热高、相变温度适宜"的储能材料来替代目前大量使用的保温水箱。

表 2-12 是比较适合蓄热的物质潜热表。热水的储能温度一般在 $50 \sim 70℃$ 之间，$1kg$ 的热水升高 $1℃$，需要 $1kcal$ 的热量。以上物质的潜热都比较大。我国各地的水温平均是 $20℃$，洗澡供热水要 $55℃$，这里有 $35℃$ 的温差。这就要求作为储能的物质放热量是水所需要热量的 2 倍以上，因为蓄热体自身还要 1 份相同温度的热量值，即 $1kg$ 水需要大于 $35kcal$ 的相变热量（假设需要的水温与相变温度一致），对用热泵制热来讲，储能材料熔点应该在 $50 \sim 55℃$ 之间。对于电加热器加热的，或是采用高温热泵的，熔点可以再高一点。为了达到这个目的，一般是对这些有用的相变物质掺入某些改性物质，使它的熔点温度改变成人们所需要熔点温度。目前，这种比较理想的物质还没有研制出来。对于热泵工质，也是一样，越大越好。表 2-4 列出了一些工质的蒸发潜热值以供参考。

表 2-12 比较适合蓄热的物质的潜热

物质名称	化学分子式	熔点/℃	潜热(溶解热)/(kcal/kg)	备注
水	H_2O	0	80	冰变成水
		100	540	水变成蒸汽
无机盐水化合物	如，$Na_2SO_4 \cdot 10H_2O$	32	58.1	固体变成液体
	$Sr(OH)_2 \cdot 8H_2O$	88	83.97	
芒硝	$Na_2SO_4 \cdot 10H_2O$	32	60.1	
商用石蜡	不统一，略	53.3	20	
石蜡二十烷	$C_{20}H_{42}$	36.7	59	
硬脂酸	$CH_3(CH_2)_{16}COOH$	69.4	47.6	
牛油	分子式比较复杂，略	76	47.2	
TH58	未公开	58	36	
三十烷	$CH_3(CH_2)_{28}CH_3$	65	24	
锦立 SXR-S	未公开	79	72	
TH89		89	36	
E58		58	39.95	国外材料数据
E8	进口，略	8	33.49	制冷
E-11		−11	72	

湿度对空气能热泵的另一个影响是，同样体积和温度的空气，会因为湿度的不同而具有不同的"焓"。湿度大的空气，在蒸发器上凝结时，会释放这部分水的汽化潜热，从而获得更多的热量；而极其干燥的空气，虽然有利于寒冷季节的工作（霜的形成和聚集比较慢），但平时如果要获得相同的热量，就必须增加风量或者增加传热的温差，而这对效率的提高是不利的。可以看出，空气能热泵比较适合南方较高气温和较大湿度的季节。

空气能热泵、太阳能制热一般要选择50℃左右的相变储能材料，因为再高的温度不适合这两种产品，但对于波谷电制热或其他热源，可以选用相变温度大一点的储能材料，这样可以获得更多的热量。

四、相变和储能在空气能热泵中的应用

1. 空气能热水器

图2-56和图2-57是某研究所生产的储能型空气能热水器的有关材料，由于储能材料储能不是很高，所以发展较慢。

图 2-56　相变空气能热水器

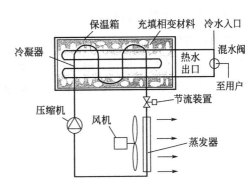

图 2-57　相变储能型热泵热水器系统图

表2-13列出了相变空气能热水器技术参数。

表 2-13　相变空气能热水器技术参数

型号	KLRX-2P
额定制热量/kW	7.92
额定功率/kW	2.14
出水温度/℃	55
额定热水产量/(L/h)	170
尺寸(长×宽×高)/mm	820×370×930
机组噪声/dB(A)	54
额定电流/A	10.23
相变材料/kg	40
电源/V	220V～50Hz
接管规格/mm	DN20

2. 太阳能工程

图2-58展示的是一个填装相变材料的太阳能工程，在太阳能不起作用时，可以启动波

谷电加热真空管内的储能材料，将热量存储在真空管内白天用水时使用，当然采用波谷电驱动空气能热泵加热效果更加明显，某市高层建筑正在试验中。

图 2-58　相变太阳能工程

3. 建筑和蔬菜大棚热量储存

这个方案可将白天的太阳能、空气能热量储存到晚上用，保证供热对象的温度平衡，也可将夏天的热量往地下输送，等到冬天再启用，适合于北方地区昼夜温差大的地区。图 2-59 和图 2-60 分别为建筑物热量存储和蔬菜大棚热量存储。

图 2-59　建筑物热量存储

图 2-60　蔬菜大棚热量存储

4. 热泵制冷储能替代储冰制冷

热泵制冷储能替代储冰蓄冷是一个趋势，优点是可以节约宝贵的水资源。由于制冷相变温度可以定在 4~8℃，使得热泵的工作效率提高，比制冰节能 20% 以上。如采用表2-12 中 E8 储能材料，相对密度为 1.46，体积可以减少 1/3。

其他的产品，如热泵干燥机、热泵干衣机、各种移动式冷冻存储装置等，都是利用相变原理工作的设备。目前尚找不到一种重量轻、体积小、相变能量大而又温度适宜的理想储能产品，这也是广大能源科技工作者为之努力的目标。图 2-61 为热泵相变储冷系统。

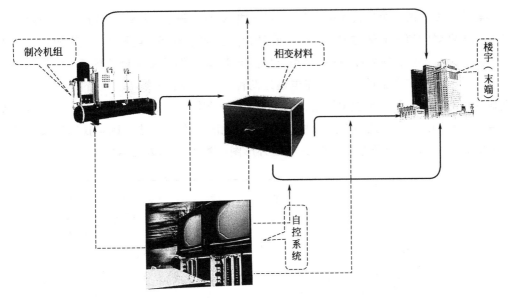

图 2-61　热泵相变储冷系统

第七节
半导体热泵

一、半导体热泵的工作原理和特性

　　热泵就是热量(能量)的搬运工具，它可以将 A 物质中的能量搬运到 B 物质中，比如空气能热泵热水器就是将空气中的热量搬运到水中，为我们提供了生活用热水。在很长一段时间里，人们只认识到：将低温能量变成高温能量只能有一种途径就是以压缩机为主的热泵系统，但是随着科技的发展，一种新型的热泵产品——半导体热泵正在介入我们的生活，改变着我们的传统观点，热泵的应用又开辟了一片新天地。

1. 来源

　　20 世纪后期随着半导体材料的迅猛发展和不断成熟，人们发现了半导体材料新的特性——制冷，发明了半导体制冷器(片)，这种产品逐渐从实验室走向了工程实践，在国防、工业、农业、医疗和日常生活等领域获得应用，随着电脑的普及，制冷片得到大量的应用，随着热泵原理的普及(基于热力学第一定律)，人们发现了这种制冷片具有热泵的特性：能量搬运，也就是具有 COP 大于 1 的功能，于是人们又发现了另外一种能实现热泵功能的器件，半导体制冷、制热元件。这种产品很快就得到节能专家的重视，并将它应用到节能产品中去，当然，由于知晓热泵原理的人不多，很多单位生产了半导体热泵的产品，只知道它能制热和制冷，对它的热泵功能并不清楚。

2. 热泵原理

半导体制冷片是一个热传递的工具。当一块 N 型半导体元件和一块 P 型半导体元件联结成的热电偶对中有电流通过时，两端之间就会产生热量转移，电流由 N 型元件流向 P 型元件的接头吸收热量，成为冷端；由 P 型元件流向 N 型元件的接头释放热量，成为热端，从而在制冷片的两端产生温差。当直流电通过两种不同半导体材料串联成的电偶时，在电偶的两端即可分别吸收热量和放出热量，可以实现制冷制热的目的，电流的流动驱使半导体材料的冷热差距加大，人们通过散热器将两端的冷量和热量传递出去，达到我们获取冷量和热量的目的。图 2-62 是其原理图；图 2-63 是外形图；图 2-64 是内部结构图。

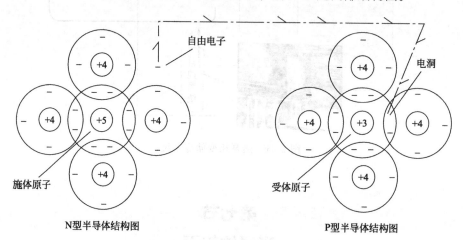

半导体热泵的核心原理——自由电子的转移造成能量的转移

图 2-62　半导体内部原理图

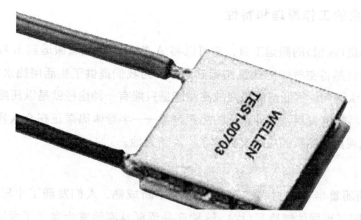

图 2-63　制冷、制热片外形

二、半导体制冷片的优点和不足

1. 优点和特点

① 半导体制冷片具有两种功能，既能制冷，又能加热，因此使用一片元件就可以代替分立的加热系统和制冷系统。作为热泵使用，一片半导体片就可以起到压缩机、冷凝器、蒸

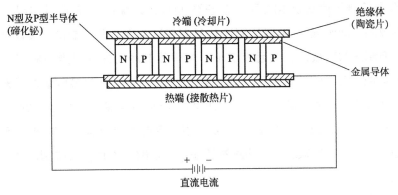

图 2-64　制冷、制热片内部结构图

发器的作用。

② 可连续工作，不排放污染源，没有运动部件，因此不产生噪声、没有振动。

③ 体积小、重量轻，容易安装，作为热泵，与压缩机热泵比较，可以大大缩小工作部分的体积和重量。

④ 与常规的压缩机组成的热泵系统比较，用材少，成本低。

⑤ 可以产生 COP 大于 1 的效果，可作为节能产品使用，拓展了节能领域的空间。

⑥ 虽然现在功率还比较小，但很容易进行串联和并联，功率可以很大。

⑦ 由电流换能型元件组成，可通过输入电流的控制实现遥控，出故障后造成的损害不大，适合组成自动控制系统。

2. 不足

① 与一般的半导体元件一样，比较容易损坏，一旦电压超过承载范围，或者温度过高，都可能马上损毁制冷、制热片。 不过也发现一些过热原件停止工作后会自动恢复功能。

② 作为热泵衡量，它的效率比较低，一般热端输出功率是输入功率的 1.6 倍，即 160%，制冷端效率较低，只有 60%。 与压缩机热泵差距较大。

③ 性能参数一致性比较差，所以作为热泵往往要进行实际试验、配对等工作，之后才能进行组装。

尽管存在这些不足之处，但该产品改良的空间很大，相信产品的性能会逐步提高。

三、半导体制冷、制热片的型号和特性

① 型号制定。 一般以 TE 开头，前后可能是厂家自定的字母，代表该厂不同用途的制冷、制热片的符号。 接下来是产品的特性数字，例如，TEC1-12705，前三位数指 PN 结点的数量：127；每个 PN 结的极限电压 V 为：0.11V，这片制冷制热片的最高承受电压是 127×0.11＝13.97V。 后两位数是允许电流值（单位安培）：05；代表这片制热、制热片的最大承受电流是：5A。

② 半导体制冷制热片的温差范围。从正温 90℃ 到负温 130℃ 都可以实现。但温差大于 10℃ 时，它的效率下降明显。半导体制冷片具有两种功能，既能制冷，又能加热，制冷效率一般不高，但制热效率很高，永远大于 1。半导体制冷的热面温度一般不超过 80℃，否则就有损坏的可能，但有的厂家声称可以达到 150℃。使用中散热风扇如果无法为制冷片提供足够的散热能力，容易造成制冷片过热损坏，安装温度保险丝是必要的。在无散热器的情况下为制冷器长时间通电，不能超过 10s，否则会造成制冷器内部过热而烧毁。其次散热片由于间距太小，很容易被灰尘、油腻物堵住，导致散热不良，造成制冷片损坏，因此通过散热器的气体要洁净。

③ 制冷片内部不得进水，制冷片周围湿度不得超过 80%。为了提高制冷组件的寿命，使用前应该对制冷组件四周外露 PN 元件进行固化处理。具体方法：用 706 单组固化橡胶或环氧树脂，均匀地涂在制冷组件四周 PN 元件上，但不要涂在两个端面上，固化后使用。固化的目的是使制冷组件电偶与外界完全隔离，可提高制冷组件寿命约 50%。目前大部分厂家出厂前已经做过处理。

④ 制冷片是可以反向使用的，但必须在其表面温度退到常温时，否则会造成原件损坏，如果是自动转换，则应延时 15min 以上。

⑤ 在一般条件下，鉴别制冷组件的极性时可将制冷组件冷端朝上放置，引线端朝向人体方向，此时右侧引线即为正极，通常用红色表示；左侧为负极，通常用黑色、蓝或白色表示，此种极性是制冷组件工作时的接线方法。需制热时，只要改变电流极性即可。制冷工作时，必须采用直流电源，电源绞波系数应小于 10%。

⑥ 在安装时，首先用无水酒精棉将制冷组件的两端擦洗干净，均匀地涂上很薄的一层导热硅脂；安装表面（储冷板、散热板）应加工，表面平面度不大于 0.03mm，并清洗干净；在安装过程中制冷组件的冷端工作面一定要与储冷板接触良好，热端应与散热板接触良好（如用螺丝紧固，用力应均匀，切勿过度）；储冷板、散热板的尺寸大小取决于冷却方法及冷却功率大小，可视情况自行决定；为达到最佳制冷效果，储冷板和散热板之间应当用隔热材料充填，其厚度在 25～30mm 为宜。

⑦ 制冷温差大于 10℃，制冷效率将会下降，同时为了产生更低，或者更高的温度，可采用叠加的方式，叠加时注意制冷的效率不到 60%，应是大小片叠加，冷、热端应分清楚，如图 2-65 所示。从叠加图看出，半导体散热片的并联安装是小叠大，因为它的制冷效率要低于制热效率，两片叠加后，下面一片的热量大于上面的冷量，就会造成过载。

2 级叠在一起，相当于 2 级制冷，通常 2 级制冷各级所需的制冷量为 1：2.6，也就是说：对于同样型号的制冷片，如果用 2 级叠加方式，最冷面用 1 块，第二层要用 2.6 块（当前制冷片制冷效率约 60%，即额定 100W 的制冷片，消耗 100W 的电能，产冷功率为 60W，热端的产热功率为 160W，第 2 级制冷片需要把第 1 级产生的热量完全传导出去，所以第二级的制冷功率要有 160W），这样算来，用 2 片叠加的方式从制冷角度考虑是相当不划算的，消耗了更多的电力，但是制冷量不会增加，但是可以缩小各级制冷片的温差，也相当于提高了制冷、制热片的效率，在叠片的两头，产生更冷的温度和更热的温度，所以叠片方式也得到大量运用。

下面举例说明。

【例题】：目前采用 16109 一片，12705 一片，形成两层叠片，请估计它们的叠加效果。

① 12705 片。 允许电流值：5A，极限电压： $127 \times 0.11 = 13.97V$，厂家提供的参数：最大输出功率 49.4W，这是输入功率加上 60％制冷转换来的功率。

它的制冷能力应不大于：$49.4W/1.6 \times 60％ = 18.53W$，由于电压只有 12V，所以功率略有降低，实测输出功率在 46W 左右。 输入功率：$46/1.6 = 28.75W$。

② 16109 片。 极限电压：17.71V；最大电流：9A；在 12V 供电时，实测输入功率 70W 左右，它的冷端功率为：$70 \times 60％ = 42W$，输出功率为：$70 + 42 = 112W$。

考虑到传热效率等问题，这两个型号的叠加差不多。

输入功率为：$70 + 28.75 = 98.75W$ 输出功率为：112W 效率：$112/98.75 = 1.134$。

这时冷端温度可达 5℃，热端温度可达 90℃，尽管效率不佳，但是如果用在热量可以反复快速循环的场合，比如封闭循环干衣机，节能效果还是十分明显的。 当然如果能在较小温差的场合应用，得到 1.6 倍的效率更好。

本例题的示意如图 2-65：

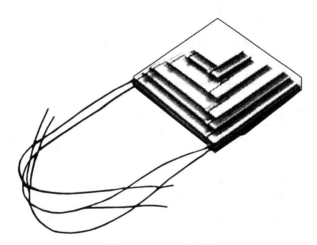

图 2-65　叠加示意图

图 2-66～图 2-70 是某厂生产的冷热循环组件的性能参数关系，仅供参考。

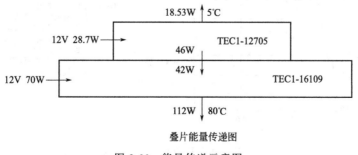

叠片能量传递图

图 2-66　能量传递示意图

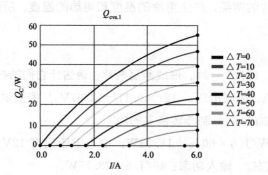

$Q_c\text{-}I$: 表示在热面温度一定时,不同温差下制冷功率与输入电流之间的对应关系。该曲线可以评价热电制冷组件是否有足够的制冷能力来满足应用需求。

图 2-67　制冷功率与输入电流的关系

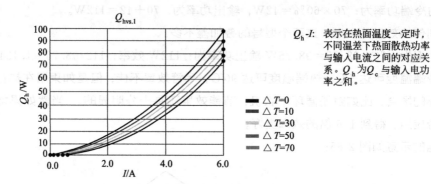

$Q_h\text{-}I$: 表示在热面温度一定时,不同温差下热面散热功率与输入电流之间的对应关系。Q_h 为 Q_c 与输入电功率之和。

图 2-68　散热功率与输入电流的关系

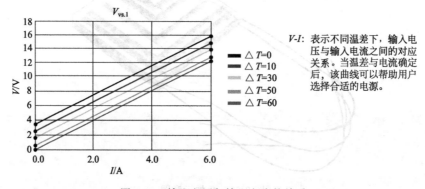

$V\text{-}I$: 表示不同温差下,输入电压与输入电流之间的对应关系。当温差与电流确定后,该曲线可以帮助用户选择合适的电源。

图 2-69　输入电压与输入电流的关系

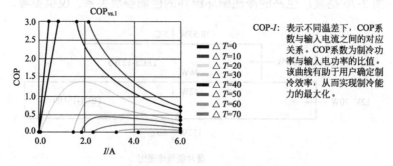

$COP\text{-}I$: 表示不同温差下,COP系数与输入电流之间的对应关系。COP系数为制冷功率与输入电功率的比值。该曲线有助于用户确定制冷效率,从而实现制冷能力的最大化。

图 2-70　不同温差下 COP 与输入电流的关系

大功率功率冷热组件的机本参数如表 2-14。

表 2-14 较大功率制冷制热元件性能表

大功率制冷组件(专为大制冷量应用而设计,采用超薄和高密度元件排列方式,在相同的基板尺寸下获得更大的制冷量)

型号	I_{max}/A	V_{max}/V	ΔT_{max}/℃	Q_{cmax}/W	$L \times W \times H$/(mm×mm×mm)
TEC1-12710	10.0	15.4	67	94.4	40×40×3.4
TEC1-19910	10.0	24.1	67	148.1	40×40×3.2
TEC1-12710	10.0	15.4	67	94.7	50×50×3.7
TEC1-12712	12.0	15.4	67	113.3	40×40×3.2
TEC1-19912	12.0	24.1	67	177.8	40×40×3.0
TEC1-12712	12.0	15.4	67	113.6	50×50×3.4
TEC1-12715	15.0	15.4	67	141.7	50×50×3.2
TEC1-12720	20.0	15.4	67	189.3	62×62×4.4
TEC1-12730	30.0	15.4	67	283.9	62×62×3.8

高温差制冷组件(专为高效热电制冷而设计,产品采用高性能热电材料及特殊的工艺技术,在相同条件下,具有更大的制冷深度和转化效率)

型号	I_{max}/A	V_{max}/V	ΔT_{max}/℃	Q_{cmax}/W	$L \times W \times H$/(mm×mm×mm)
HPTEC1-07105	5.0	8.7	70	28.2	30×30×3.9
HPTEC1-12705	5.0	15.6	70	50.4	40×40×3.9
HPTEC1-19905	5.0	24.4	70	79.0	50×50×3.9
HPTEC1-07106	6.0	8.7	70	31.4	30×30×3.8
HPTEC1-12706	6.0	15.6	70	56.2	40×40×3.8
HPTEC1-19906	6.0	24.4	70	88.0	50×50×3.8
HPTEC1-07107	7.0	8.7	70	37.8	30×30×3.7
HPTEC1-12707	7.0	15.6	70	67.6	40×40×3.7
HPTEC1-19907	7.0	24.4	70	105.9	50×50×3.7

冷热循环组件(专为冷热循环应用场合而设计,产品采用特殊的结构设计和工艺技术,在很大程度上承受冷热循环过程中产生的热应力,并保持较长的使用寿命。)

型号	I_{max}/A	V_{max}/V	ΔT_{max}/℃	Q_{cmax}/W	$L \times W \times H$/(mm×mm×mm)
HRTEC1-07105	5.0	8.6	67	27.6	30×30×3.9
HRTEC1-12705	5.0	15.4	67	49.4	40×40×3.9
HRTEC1-19905	5.0	24.1	67	77.4	50×50×3.9
HRTEC1-07106	6.0	8.6	67	30.8	30×30×3.8
HRTEC1-12706	6.0	15.4	67	55.0	40×40×3.8
HRTEC1-19906	6.0	24.1	67	86.2	50×50×3.8
HRTEC1-07107	7.0	8.6	67	37.0	30×30×3.7
HRTEC1-12707	7.0	15.4	67	66.3	40×40×3.7
HRTEC1-19907	7.0	24.1	67	103.8	50×50×3.7

性能参数(基于热面 27℃)

半导体制冷、制热片弥补了压缩机热泵的一些不足,近年来发展很快,功率和性能都得到很大的提升,应用场合不断扩展,有些已经取代了常规的压缩机热泵系统,发展前景看好。

第三章 空气能热泵热水器的主要部件和性能

图 3-1 是一个比较完整的空气能热水器的系统部件组成图,它包含了一台基本的空气能热水器主系统的工作部件。 对这些部件的结构和原理作进一步的了解,有利于该产品的设计、制造、使用和维修。

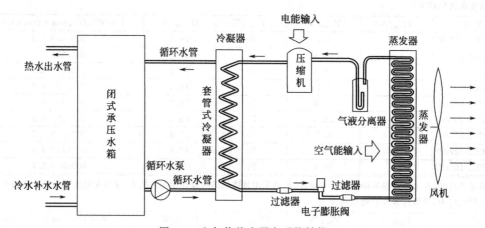

图 3-1 空气能热水器主系统结构

第一节
压缩机

要把一种低品质的能量变成高品质的能量,方法有好几种,比如蒸气压缩式、吸收式、吸附式、喷射式等。 但目前比较实用的就是压缩式,在空气能制热领域,压缩式热泵是常用的形式。 这种形式的主要部件就是压缩机。

图 3-2 是一个简洁的蒸气压缩制冷的原理图。 该图主要包括电动机部分和压缩机部分,蒸发器中的低温、低压工质蒸气被压缩机吸入并压缩成高温高压的蒸气,然后输送到冷凝器释放热量,自身逐渐液化成为高温、高压的液体,经过节流阀降压后成为低温、低压的液态工质,再在蒸发器中吸热气化,重新被压缩机吸入,再次被压缩为高温、高压的气态工质,如此不断地循环,实现热量从蒸发器向冷凝器的不断转移。 如此反复循环,即可以达到制热和制冷的目的。

空气能压缩机主要由电动机驱动部分和蒸气压缩机部分组成。

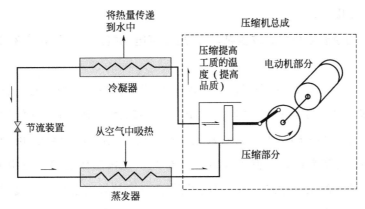

图 3-2　空气能热泵压缩制冷原理图

一、电动机驱动部分

空气能压缩机主要由电动机作为驱动源，压缩部分在电动机的驱动下对蒸气进行压缩，电动机有单相电动机和三相电动机，一般压缩机的电动机是异步电动机，转速都是固定的，常用的有 1500r/min、960r/min。为了进一步提高系统的效率，目前还出现了可以调节转速的变频电动机，主要用在制冷方面，在制热方面的应用还比较少。

1. 三相交流电动机

一般三相电源的频率是 50Hz，对于 4 极的电动机，每分钟的转速是 1500 转，而实际的转速大概在 1440 转左右。

三相电动机的接法比较简单，一般是星形接法，有的可能是三角接法，如图 3-3 所示。电动机的旋转方向与接线顺序有关，接线后，要注意旋转方向，如出现反转只要对调其中两个接线线头就可以了。有很多的空气能产品装有相序保护器，在相序不对的情况下，压缩机是不会启动的。

图 3-3 和图 3-4 为三相压缩机的接线和带相序保护器的接线。

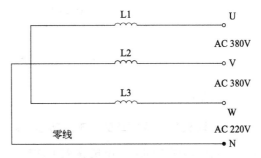

图 3-3　三相供电的压缩机接线（Y 形接法）

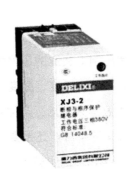
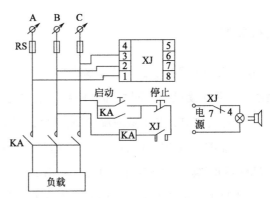

图 3-4　相序保护器接线

2. 单相交流电动机

单相电动机的原理和结构比较复杂。但是单相电动机大量应用在家庭中，所以我们更应详细地了解它。

单相电机接线布局如图3-5所示。从图中可以看到，在定子中加上一个"启动绕组"，启动绕组要串接一个容量合适的电容。启动后，待转速升到一定时（如达到额定转速的80％），借助于一个安装在转子上的离心开关或其他自动控制装置将启动绕组断开，电动机依靠转子的惯性产生的惯性磁场就可以继续旋转了。正常工作时只有主绕组工作，因此，启动绕组可以做成短时工作方式。但这样做要加上一个旋转离心开关。这个开关质量要求很高，所以对容量不大的电动机，启动绕组并不断开，这样做可以提高电动机的可靠性。我们称这种电动机为电容式单相电动机，热泵压缩机多数使用该种电动机。

单相电动机的接线方式比较复杂，如图3-5，应该对它有一个比较清楚的了解。目前各个品牌的压缩机的标识不一样，本书也把它标出来，供参考。

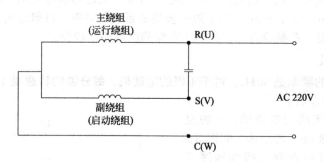

图 3-5　单相供电的压缩机电机接线

3. 直流电动机

交流电动机受电源频率的影响，转速一般只能在 1500r/min 以下，为了提高压缩机的输出能量，人们选用 4000r/min 的直流电动机，这样可以缩小压缩机的体积，使热泵系统小型化，目前也是压缩机的发展方向之一。

二、压缩机类型

压缩机是热泵热水器的心脏，其基本结构、功能和工作原理与制冷装置的压缩机基本相同。但是由于热泵压缩机一年四季都要使用，工作时间长，工作环境温度、湿度和浮尘情况变化极大，工作温度高，冬季蒸发温度低，热泵冷热端的工作温差大，运行条件较差，所以热泵热水器对压缩机应该有更高的要求。但是由于热泵热水器行业目前还是要从空调行业中选择元器件和配套件，专门为热泵设计制造的专用压缩机较少，价格也较高，所以，只能在热泵系统设计时，更多的是对各种不利工况进行考虑并采取相应的对策，使用时需注意不能超过其部件及材料的耐温、耐压极限。

1. 工作原理分类

根据压缩机压缩气体提高其压力的原理，热泵压缩机可分为容积型和速度型两大类。

（1）容积型压缩机

容积型压缩机是将一定容积的气体吸入一个气缸内，然后低压气体在气缸中直接受到压缩，原有体积被强制缩小，使单位容积内气体分子数目增加，从而达到提高压力的目的。压力提高的同时，气体的温度也升高了。低压气体经过容积的改变以高压和较高温度的方式从压缩机中排出。其结构形式有往复式和回转式两种。其中往复式压缩机有各种形式的活塞式，回转式压缩机有滚动转子式、滑片式、涡旋式和螺杆式等形式，都是靠转子在气缸中旋转而引起气缸容积变化，从而实现对工质气体的压缩。

（2）速度型压缩机

速度型压缩机中，气体压力的提高是由气体的速度转化而来，气体的动能变为势能，从而使气体的压力得到相应的提高。速度型压缩机主要有离心式和轴流式两种形式。

容积式压缩机的吸排气过程是间歇进行的，是不连续和不稳定的。但容积式压缩机的工艺性好、性价比高，比较适用于小型构造，在目前的空气能热泵热水器中得到广泛应用。目前市场上的空气能热泵全部采用容积式压缩机，其中滚动转子式和涡旋式两类应用最多。速度式压缩机的压缩过程是可以连续、平稳进行的，单位体积下输出量大，整机的运动零件少。但它的主要缺点是转动速度比较高，制作要求高，容易引起气流的喘振等问题，部分负荷工况下效率较低，一般用在大型的（1500kW 以上）空调和热泵系统中。

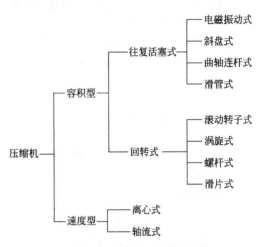

图 3-6　常用压缩机的基本分类

常用压缩机的基本分类如图 3-6 所示。

常用压缩机的适用范围如表 3-1 所示。

表 3-1　常用压缩机的适用范围

压缩机类型	常用制热量范围/kW	基本特性
活塞式压缩机	0.3～500	应用广泛、适应性好、结构复杂、运行振动较大，供气间歇性明显
转子式压缩机	0.5～15	可靠性好、零部件较少、加工难度大、运行环境要求高、运行振动小、供气连续性较好
涡旋式压缩机	3～100	可靠性好、零部件少、加工要求高、耐液及耐杂质性好、运行振动小、供气连续性较好
螺杆式压缩机	100～1500	可靠性好、零部件少、加工要求很高、耐液和耐杂质性好、供气连续性好
离心式压缩机	＞300	零部件少、结构简单、供气连续性好。适合大制热量,工况稳定时效果好

2. 按压缩机的密封形式分类

（1）全封闭式压缩机

压缩机和电动机封闭在一个壳体内，壳体的两个部分焊接在一起，无法再打开。 其结构紧凑、无工质泄漏危险，但压缩机或电动机出现故障时维护难度很大。

（2）半封闭式压缩机

压缩机和电动机封闭在一个壳体内，壳体的两个部分通过螺栓紧固在一起，可以打开。其结构紧凑，基本无工质泄漏危险，压缩机或电动机出现故障时可维修。

（3）开启式压缩机

压缩机的驱动轴伸出其壳体外，再与电动机等驱动装置通过联轴器连接，对工质和驱动装置具有良好的适应性，压缩机的驱动轴与压缩机壳体之间需采用适宜的轴封结构，但不能完全防止热泵工质的泄漏。

目前，随着工艺水平的提高，压缩机运行的故障率不断降低。 由于全封闭压缩机在密封方面的优越性能，基本排除了制冷剂泄漏的可能。 因此在空气能热泵热水器中，几乎全部采用全封闭式压缩机。

三、常用压缩机的基本特性

由于目前市场上空气能热泵热水器主要是配套转子式压缩机和涡旋式压缩机，所以本书仅对这两种压缩机做重点介绍。

1. 活塞式压缩机

（1）活塞式压缩机和压缩的基本过程和原理

人们要将气体压缩，首先想到的是活塞式压缩结构。 活塞式压缩机是最早产生的压缩机，它的一般的结构如图 3-7 所示。

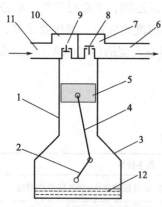

1—气缸体；2—曲轴；3—曲轴箱；
4—连杆；5—活塞；6—排气管；
7—排气腔；8—排气阀；9—吸气阀；
10—吸气腔；11—吸气管；12—润滑油
图 3-7　往复活塞式压缩机示意

由图 3-7 可见，压缩机的机体由气缸 1 和曲轴箱 3 组成，气缸中装有活塞 5，曲轴箱中装有曲轴 2，通过连杆 4 与活塞连接起来，在气缸顶部装有吸气阀 9 和排气阀 8，通过吸气腔 10、排气腔 7 分别与吸气管 11、排气管 6 相连。 当曲轴被电动机带动而旋转时，通过连杆的传动，活塞便在气缸内做上下往复运动，在吸、排气阀的配合下，完成对工质蒸气的吸入、压缩和输送。12 为润滑油，通过飞溅等形式对曲轴和气缸等部件进行润滑。

往复活塞式热泵压缩机是应用曲轴连杆机构或其他方法，把原动机的旋转运动转变为活塞在气缸内作往复运动而压缩气体。 根据将旋转运动变为往复运动的方式，可分为曲轴连杆式、滑管式、斜盘式和电磁振动式等形式。

（2）活塞式压缩机的特点

① 能适应较宽的压力范围和较大范围的制热量要求。

② 热效率较高，单位制热的耗电量较少，特别是在偏离设计工况运行时优点更为明显。

③ 对材料要求低，多用普通钢铁材料，加工比较容易，造价也最低廉。

④ 技术上较为成熟，生产、使用均已积累了丰富的经验。

⑤ 应用系统比较简单。

同时也存在一些不足。

① 转速受到限制。 单机输气量大时，机器显得笨重，电动机体积也相应增大。

② 结构复杂、易损件多、维修工作量大。

③ 运转时有振动。

④ 输气不连续、气体压力有波动等。

活塞式压缩机的上述特点使它较适宜于中小热泵机组，制热量较大的热泵机组可选用螺杆式压缩机或离心式压缩机，它们具有结构简单紧凑、振动小、易损件少、维修方便等优势。

在空气能热泵热水器产品中的全封闭压缩机系列中，活塞式压缩机的应用很少，主要是由于活塞机进行往复运动，所以在振动、噪声和效率等方面的表现不如旋转式的全封闭压缩机。 热泵行业选择的大部分是旋转式的滚动转子式和涡旋式全封闭压缩机。 但活塞式压缩机功率在 600W 以下的，由于价格较低、体积较小、高度合适，在家用电器中又得到广泛的应用，如家用干衣机、家用干燥机、一体式洗澡机和壁挂式空气能热水器等。

为配合本书的内容，特载录 R22 的数据表，读者在实践中可以参见各个压缩机厂的产品技术数据，选出合适的压缩机型。

表 3-2 为典型 R22 活塞式压缩机的制热量和功率，表 3-3 为典型的 R134a 活塞式压缩机的制热量和功率表。

表 3-2　典型 R22 活塞式压缩机的制热量和功率

序号	冷凝温度/℃	蒸发温度											
		10℃		5℃		0℃		−5℃		−10℃		−15℃	
		Q_H	W_C	Q_H	W_C	Q_H	W_C	Q_H	W_C	Q_H	W_C	Q_H	W_C
A	40	6.9	1.2	5.6	1.2	4.6	1.1	3.7	1.1	2.9	1.0	2.2	0.9
	50	6.2	1.4	5.1	1.3	4.1	1.3	3.3	1.2	2.6	1.0	2.1	0.9
B	40	9.1	1.6	7.7	1.6	6.3	1.5	5.2	1.4	4.2	1.2	3.2	1.1
	50	8.3	1.8	7.0	1.8	5.8	1.6	4.6	1.5	3.7	1.3	2.8	1.1
C	40	11.8	2.1	10.2	2.1	8.7	2.0	7.3	1.9	6.0	1.8	4.8	1.6
	50	11.1	2.4	9.5	2.4	8.1	2.2	6.7	2.1	5.5	1.9	4.3	1.7
D	40	13.3	2.5	11.4	2.4	9.6	2.3	8.0	2.2	6.6	2.0	5.3	1.9
	50	12.4	2.9	10.6	2.8	8.8	2.6	7.3	2.4	6.0	2.2	4.8	1.9
E	40	15.1	2.9	13.0	2.7	11.1	2.6	9.4	2.4	7.8	2.3	6.3	2.1
	50	14.1	3.3	12.1	3.1	10.3	2.9	8.6	2.7	7.1	2.4	5.7	2.2
F	40	16.4	3.1	14.2	3.1	12.2	2.9	10.3	2.8	8.5	2.5	6.9	2.3
	50	15.9	3.7	13.6	3.6	11.6	3.3	9.6	3.1	7.8	2.8	6.2	2.5
G	40	17.7	2.9	15.0	2.8	12.8	2.8	10.6	2.7	8.7	2.5	6.9	2.2
	50	16.3	3.4	13.8	3.3	11.6	3.2	9.5	2.9	7.6	2.6	5.9	2.3
H	40	20.1	3.2	17.2	3.2	14.5	3.1	12.0	2.9	9.8	2.7	7.9	2.5
	50	18.5	3.8	15.7	3.7	13.2	3.5	10.9	3.3	8.7	2.9	6.9	2.6

序号	冷凝温度/℃	蒸发温度											
		10℃		5℃		0℃		−5℃		−10℃		−15℃	
		Q_H	W_C	Q_H	W_C	Q_H	W_C	Q_H	W_C	Q_H	W_C	Q_H	W_C
I	40	22.6	3.7	19.1	3.5	16.1	3.4	13.5	3.2	11.2	3.0	9.2	2.8
	50	20.7	4.4	17.5	4.1	14.8	3.9	11.5	2.7	10.3	3.4	8.5	3.1
J	40	25.8	4.2	21.9	4.1	18.4	3.9	15.4	3.7	12.8	3.5	10.5	3.2
	50	23.7	5.0	20.2	4.8	16.9	4.5	14.1	4.2	11.6	3.8	9.6	3.5
K	40	29.4	4.9	25.0	4.8	21.0	4.6	17.5	4.3	14.4	4.0	11.7	3.6
	50	27.1	5.8	22.9	5.5	19.3	5.2	16.0	4.8	13.2	4.4	10.7	3.9
L	40	33.5	5.7	28.3	5.5	23.8	5.3	19.8	5.0	16.2	4.5	13.2	4.1
	50	30.9	6.7	26.1	6.4	21.9	6.0	18.1	5.5	14.7	4.9	11.9	4.4
M	40	39.1	6.6	33.1	6.5	27.8	6.3	23.0	6.0	18.9	5.6	15.6	5.1
	50	35.8	7.7	30.2	7.4	25.2	7.0	20.8	6.5	16.9	6.0	13.5	5.4

注：表中 Q_H 为制热量，kW；W_C 为功率，kW；工质在蒸发器出口处的过热度为 11℃，在冷凝器出口处的过冷度为 8℃，环境温度为 35℃。

表 3-3　典型 R134a 活塞式压缩机的制热量和功率

序号	冷凝温度/℃	蒸发温度											
		20℃		15℃		10℃		5℃		0℃		−5℃	
		Q_H	W_C	Q_H	W_C	Q_H	W_C	Q_H	W_C	Q_H	W_C	Q_H	W_C
A	40	6.7	0.8	5.6	0.8	4.7	0.8	3.9	0.8	3.2	0.8	2.5	0.7
	50	6.0	1.0	5.0	1.0	4.2	1.0	3.4	0.9	2.8	0.9	2.2	0.8
B	40	8.6	1.0	7.2	1.1	6.0	1.0	4.9	1.0	3.9	0.9	3.2	0.9
	50	7.7	1.3	6.5	1.2	5.4	1.2	4.4	1.1	3.5	1.0	2.8	0.9
C	40	11.0	1.4	9.1	1.4	7.5	1.3	6.1	1.3	4.9	1.2	3.9	1.1
	50	10.0	1.7	8.3	1.6	6.8	1.5	5.5	1.4	4.4	1.3	3.5	1.2
D	40	12.8	1.7	10.7	1.7	8.9	1.7	7.3	1.6	5.9	1.5	4.7	1.4
	50	11.7	2.0	9.8	2.0	8.1	1.9	6.5	1.7	5.3	1.6	4.1	1.4
E	40	14.1	1.9	12.0	1.9	10.1	1.8	8.5	1.8	7.0	1.7	5.7	1.5
	50	13.1	2.3	11.1	2.2	9.4	2.1	7.8	2.0	6.4	1.8	5.3	1.7
F	40	14.0	2.0	12.1	2.0	10.5	2.0	8.9	1.9	7.5	1.8	6.3	1.7
	50	13.3	2.5	11.5	2.4	9.9	2.3	8.3	2.1	7.1	2.0	5.9	1.8
G	40	17.7	2.2	14.9	2.3	12.3	2.2	10.1	2.1	8.2	2.0	6.6	1.9
	50	16.1	2.7	13.4	2.6	11.1	2.5	9.1	2.4	7.4	2.2	5.9	2.0
H	40	20.5	2.6	17.2	2.6	14.2	2.5	11.7	2.4	9.5	2.3	7.6	2.1
	50	18.6	3.1	15.6	3.0	12.9	2.9	10.6	2.7	8.5	2.5	6.8	2.3
I	40	22.7	2.9	19.1	2.9	15.8	2.8	13.1	2.7	10.7	2.6	8.6	2.4
	50	20.8	3.5	17.4	3.4	14.4	3.2	11.8	3.0	9.6	2.8	7.6	2.5
J	40	25.7	3.3	21.6	3.3	18.0	3.2	14.7	3.0	12.6	2.9	9.6	2.6
	50	23.2	3.9	19.79	3.8	16.3	3.6	13.4	3.4	10.8	3.1	8.6	2.8

2. 转子式压缩机

人们通过最直接、结构最简单的活塞式压缩机实现了热泵的功能，在使用中也发现了活塞式的一些不足，在活塞式的基础上又设计了滚动转子的压缩机，弥补了这些不足。

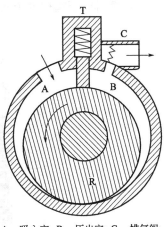

A—吸入室；B—压出室；C—排气阀；
T—隔片；R—偏心滚动活塞

图3-8　滚动转子压缩机原理

(1) 滚动转子压缩机的原理

滚动转子的原理如图3-8所示，一个偏心的滚动转子R，围绕中心点O旋转，滑片D在弹簧E的作用下保持与偏心转子R的密切接触，在图示的反时针方向上旋转（实际产品可以任意方向旋转），右侧的腔体体积不断缩小，气体被压缩，压力提高，当压力高于排气口外的压力时，排气阀片C开启，气体被压出右侧腔体；而当其运行时，左侧腔体的容积开始增加，气体被吸入，然后再次被挤压至右侧并压缩。如此往复循环，实现气体的不断压缩过程。

(2) 滚动转子压缩机的特点

流动转子压缩机有以下优点。

① 结构简单、体积小、重量轻。同活塞式压缩机比较，体积可减少40%～50%，重量也可减轻40%～50%。

② 零部件少，特别是易损失件少，同时相对运动部件之间的摩擦损失少，因而可靠性较高。

③ 仅滑片有较小的往复惯性力，旋转的惯性力可以完全平衡，因此振动小、运行平稳。

④ 没有吸气阀，吸气时间长，余隙容积小，并且直接吸气，减少了吸气有害过热现象，所以效率高，大概提高了20%～30%。

转子式压缩机的主要不足如下。

① 密封线较长，密封性能较差，泄漏损失较大。

② 零部件配合间隙要求严格，装配要求高。

③ 气缸容积的利用率低，在高温环境（如43℃以上）或用于中高温工况时性能下降。

④ 要求系统内具有较高的清洁度。对现场总装的系统，当杂质处理不彻底时，装置长期运转后可能效率下降，且修复困难。

滚动转子压缩机的剖面图如图3-9所示，实物剖面如图3-10所示。

由于转子式压缩机的优点，在家用热泵热水器中的小型全封闭压缩机部分采用这种滚动转子式的压缩机，由于电动机均置于高温的排气气体中，在当前的热水器额定最高出水温度55℃的条件下，排气温度要在60℃以上，甚至在某些特殊情况下，排气温度会比压缩机要求的排气温度高得多，经常超过100℃甚至更高，给热泵的可靠运行带来隐患。因此在设计和使用这种压缩机时要重视这个问题。 表3-4为定转速转子式压缩机的性能表。

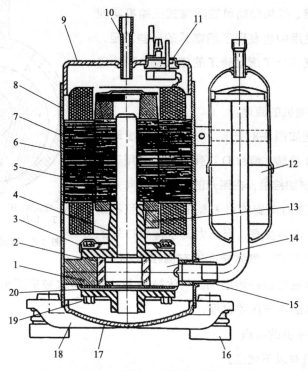

图 3-9 滚动转子压缩机剖面

1—气缸；2—滚动转子；3—消音器；4—上轴承座；5—曲轴；6—转子；7—定子；8—机壳；
9—顶盖；10—排气管；11—接线柱；12—储液器；13—平衡块；14—滑片；15—吸气管；16—支撑垫；
17—底盖；18—支撑架；19—下轴承座；20—滑片弹簧

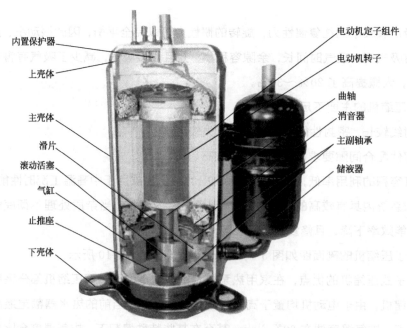

图 3-10 滚动转子压缩机实物剖面图

表 3-4 定转速转子式压缩机的性能数据

机型	热泵工质	制热量/W	输入功率/W	电容/μF	净重/kg
机型 1	R22	3200	900	40	11.8
机型 2	R22	3450	950	40	11.8
机型 3	R22	3650	1000	45	11.8
机型 4	R22	3850	1100	45	12.5
机型 5	R22	4150	1150	45	12.5
机型 6	R22	4350	1200	45	12.5
机型 7	R22	4500	1250	45	12.5
机型 8	R22	5450	1550	45	17.5
机型 9	R22	5900	1650	50	17.5
机型 10	R22	6100	1750	50	17.5
机型 11	R22	6900	1950	50	18.3
机型 12	R22	8000	2150	60	21.5
机型 13	R22	9800	2600	60	23.0
机型 14	R22	10250	2700	60	23.0
机型 15	R22	10650	2800	60	23.0
机型 16	R134a	1919	500	15	3.6
机型 17	R134a	2740	7000	35	4.0
机型 18	R134a	3930	1000	35	4.0
机型 19	R134a	5910	151	65	4.0
机型 20	R407C	2600	735	30	12.0
机型 21	R407C	2950	810	30	12.0
机型 22	R407C	3050	860	30	12.0
机型 23	R407C	3250	920	30	12.0
机型 24	R410A	2250	670	20	9.6
机型 25	R410A	3050	880	30	11.5
机型 26	R410A	3750	1090	30	12.0
机型 27	R410A	4000	1150	35	16.0
机型 28	R410A	5100	1400	40	17.0
机型 29	R410A	6300	1700	50	18.0
机型 30	R410A	7000	1850	50	18.0
机型 31	R410A	7700	2050	60	20.0
机型 32	R410A	8600	2250	60	21.0
机型 33	R410A	9300	2450	60	21.0

3. 涡旋式压缩机

人们在滚动转子压缩机的使用中，发现在输气的连续性、平稳性方面还存在一些不足，因此在滚动转子压缩机的基础上又设计了性能更先进的涡旋式压缩机，进一步提高了压缩机的性能。

(1)涡旋式压缩机的原理

涡旋式压缩机的工作室是由两个涡旋体啮合而成的，其中一个是固定的，叫涡旋定子；另一个是可动的，叫涡旋转子。涡旋体一般采用圆的渐开线。压缩机工作时，利用涡旋转子与涡旋定子的啮合，形成多个压缩室。随着涡旋转子围绕涡旋定子中心做半径很小的平面移动、转动，低压气体从涡旋定子上开设的吸气口进入工作室，通过各压缩室的容积不断变化来达到压缩气体的目的。经压缩的空气最后再由涡旋中心处的排气孔排出。压缩机周期性重复该过程，完成吸气、压缩、排气过程。

由于在涡旋式压缩机中，涡旋有若干层(如3层)做小圆周的短距离的旋转运动，吸气、压缩和排气等过程同时在不同层的压缩室内进行。 一个压缩室容积的空气从吸气到完成排气，要经过若干周运转才能够完成。 在外部的压缩室，曲轴每旋转一周就完成一个吸气过程。 而接近中心部位，压缩室则不断进行排气过程，压缩室和相邻压缩室的压力差更小，故转矩基本相同，运转平稳、内部泄漏小、容积效率高、工作也更加可靠。

涡旋式压缩机的原理见图 3-11，实物剖面见图 3-12。 它是由一个固定的渐开线涡轮盘和一个呈偏心平动的渐开线运动涡轮盘组成的可压缩容积的压缩机。

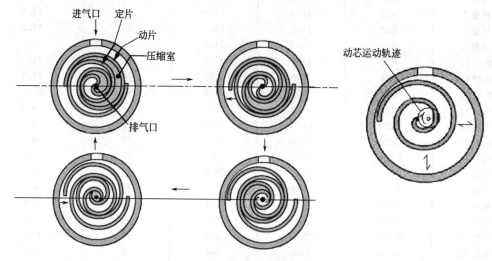

图 3-11　涡旋式压缩机的原理

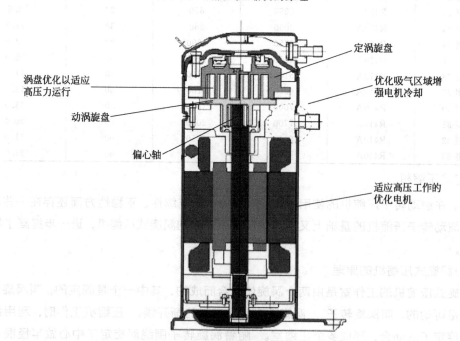

图 3-12　带回气功能的涡旋式压缩机的实物剖面图

（2）涡旋式压缩机的特点

涡旋式压缩机有如下优点。

① 无吸气阀，也可不带排气阀，气体的流动损失小，适于变速容量调节。

② 输气系数高，容积效率高(可达 90%～98%)，且工况适应性好。

③ 摩擦损失小、力矩变化小、振动小、噪声低、偏心轴可高速旋转。

④ 轴向和径向采用柔性机构，密封效果好，部件磨损对压缩机的性能影响小。

⑤ 允许少量液体和杂质进入压缩腔。

⑥ 结构简单、运动零部件少、易损件少、可靠性高。

⑦ 易于采用中间补气循环适应较低的蒸发温度。

⑧ 与相同容量的往复式压缩机相比，其体积约小 40%、重量减轻 15%、噪声约低 5dB、效率约高 10%，且不随运行时间的增加而减小。

涡旋式压缩机存在如下不足。

① 涡旋式压缩机对加工精度和安装技术要求很高。 其运动机件表面多是呈曲面形状，这些曲面的加工及其检验均较复杂，有的还需要专用设备，因此制造成本较高。

② 其运动机件之间或运动机件与固定机件之间，常以保持一定的运动间隙来达到密封效果，气体通过间隙势必引起泄漏，这就使回转式压缩机难以达到较大的压缩比。

涡旋压缩机只能向一个方向旋转，对于三相电动机需要注意接线，防止电动机反向旋转。 当前的涡旋式压缩机，一般用于稍大功率(2400W 以上)的热水器中。 在家用系列中，因为尚无小型涡旋压缩机生产，所以在 3 匹以下的热泵热水器机型中还没应用。

涡旋式压缩机还分高压腔和低压腔两种，特点见表 3-5 和表 3-6。

表 3-5　两种类型的涡旋式压缩机性能对比

对比	高压腔涡旋式压缩机	低压腔涡旋式压缩机
优点	① 具有较大的排气缓冲容积，振动小、输气均匀； ② 吸气预热小，容积效率高(直接吸气)； ③ 润滑得到可靠保证(可以采用压力供油润滑)； ④ 压缩机中可以有较多的润滑油起良好的润滑、冷却及液体阻塞作用； ⑤ 直接吸气不存在液体制冷剂对润滑油膜的破坏作用； ⑥ 承受轴向气体力的能力较好，螺钉只起禁紧固作用	① 吸气段具有较大的缓冲容积； ② 电动机的工作环境较好(低温、低压)； ③ 壳体大部分低压，气密性及受力较好； ④ 抗液击的能力较强，对进入管道中的异物、杂质抵抗能力较强
缺点	① 较小的吸气缓冲容积，吸气消音效果较差； ② 抗液击的能力较差； ③ 高压壳体对气密性及强度要求较高； ④ 电动机工作环境恶劣，直接吸气容易因杂质、异物损坏压缩机	① 较强的吸气预热造成容积效率下降； ② 较小的排气缓冲容积，噪声、振动较大； ③ 压缩机中油量必须严格控制，润滑密封效果较差； ④ 液体制冷剂有可能破坏润滑油膜，造成轴承润滑恶化； ⑤ 壳体内高、低压腔的存在，增加了密封的难度

表 3-6　典型 R22 全封闭涡旋式压缩机的性能数据

机型	工质冷凝温度/℃	压缩机功率/W									输入功率/W	
		工质蒸发温度/℃										
		10	7.2	4.4	−1.1	−6.7	−12.1	−17.8	−23.3	−25	7.2	−12.1
机型 A (1.5HP)	32.2	6790	6110	5470	4350	3360	2530	1780	1160	990	1060	910
	43.3	5800	5190	4620	3610	2710	1970	1310	770	—	1300	980
	54.4	4870	4330	3820	2930	2140	1490	930	480	—	1500	1030
机型 B (2.0HP)	32.2	8370	7550	6780	5410	4210	3210	2300	1550	1390	1360	1140
	43.3	7170	6430	5740	4520	3450	2560	1750	1140	—	1680	1240
	54.4	6030	5380	4780	3720	2780	2010	1360	810	—	1960	1330
机型 C (2.5HP)	32.2	12510	11240	10040	7930	6050	4490	3070	1910	1590	1870	1520
	43.3	10600	9450	8360	6450	4750	3340	2080	1080	—	2270	1570
	54.4	8740	7710	6750	5040	3550	2320	1250	470	—	2570	1550
机型 D (3.0HP)	32.2	14250	12840	11520	9180	7110	5390	3830	2165	2200	2160	1770
	43.3	12150	10870	9670	7560	5690	4130	2750	1620	—	2640	1860
	54.4	10060	8920	7860	5980	4320	2960	1770	850	—	3030	1870
机型 E (3.5HP)	32.2	17040	15410	13880	11180	8800	6820	5030	3550	3140	2610	2160
	43.3	14660	13180	11810	9370	7220	5440	3830	2510	—	3210	2330
	54.4	12280	10960	9740	7580	5680	4110	2700	1590	—	3700	2420
机型 F (4.0HP)	32.2	19310	17400	15630	12480	9700	7370	5260	3520	3240	3080	2380
	43.3	16680	14940	13330	10470	7940	5830	3920	2370	—	3670	2570
	54.4	14110	12570	11120	8570	6310	4440	2770	1450	—	4140	2690
机型 G (5.0HP)	32.2	22070	19950	17970	14470	11830	8810	6470	4550	4020	3540	2840
	43.3	19190	17270	15480	12300	9500	7170	5060	3330	—	4250	3080
	54.4	16370	14660	13050	10220	7730	5660	3810	2300	—	4840	3240
机型 H (7.0HP)	32.2	32500	29300	21600	20300	15200	11000	7850	5770	5390	5360	3940
	43.3	27500	24500	21700	16500	12100	8640	6210	—	—	6190	4150
	54.4	22600	20000	17500	13000	9380	6650	—	—	—	6880	4180
机型 I (7.5HP)	32.2	35500	31900	28400	22000	16500	12000	8530	6300	5950	5890	4340
	43.3	29900	26600	23500	17900	13200	9430	6770	—	—	6810	4570
	54.4	24600	21700	19000	14200	10200	7240	—	—	—	7580	4610
机型 J (10HP)	32.2	46000	41300	36900	28700	21500	15600	11100	8170	7620	7900	5810
	43.3	38700	34600	30500	23300	17100	12200	8790	—	—	9130	6120
	54.4	31900	28200	24700	18400	13200	9410	—	—	—	10100	6160
机型 K (12.5HP)	32.2	52700	48100	43400	34600	26900	20200	14600	10400	9380	10200	7390
	43.3	46000	41300	37200	29300	22300	16500	12000	—	—	11500	7940
	54.4	39000	34900	31100	24000	18100	13300	—	—	—	12900	8240
机型 L (13HP)	32.2	64500	58400	52600	42200	33080	25100	18450	12700	11030	12300	9870
	43.3	57200	51600	46300	36700	28400	21100	14900	—	—	13700	10500
	54.4	48600	43500	38800	30300	22900	16500	—	—	—	15200	11300

　　注：压缩机吸气过热度为 11.1℃，节流部件进口处工质液体过冷度为 8.3℃；制热量约等于由低温热源吸热量与输入功率之和（部件、管路及压缩机等无散热损失时）。

四、压缩机的选型和计算

1. 热泵压缩机的选用方法

　　① 确定热泵的工质、冷凝温度、蒸发温度、容积制热量、制热量、压缩机功率。

　　② 先考虑专用压缩机，如 R22、R134a、R410A、R407C、R744 等均有专用压缩机系列。

③ 如有专用压缩机，根据热泵的制热量、功率范围及当地能源情况，确定压缩机的型式。 如制热量不大，在 1.5kW 以下可考虑活塞式、旋转式压缩机；大于 1.5kW 一般采用涡旋式压缩机。

④ 压缩机型式确定后，选择生产该型式压缩机的制造商，查询压缩机的样本资料，根据制热量或由低温热源吸热量确定压缩机型号（压缩机制热量约等于其低温热源吸热量与功率之和再减去机组散热等热损失）。 设某热泵考虑选用活塞式压缩机，热泵工质为 R22，蒸发温度为 5℃，冷凝温度为 50℃，制热量为 10kW，由 R22 活塞式压缩机性能参数表，可选机型 D，在上述工况下其制热量为 10.6kW，满足该热泵要求，此时电动机输入功率 2.8kW。

⑤ 当热泵工质无专用压缩机时，可考虑与该工质相容的压缩机。 因压缩机内各种材料均是为某种工质专门设计的，换用其他工质时一定要慎重。 通常，选用工质相容压缩机时需考虑如下几方面。

a. 所选压缩机的润滑油要与工质相容。

b. 封闭式压缩机中的材料，如电动机绕组的绝缘漆等，要与工质相容。

c. 工质与材料相容的大致规律是，极性小的工质一般可与极性大的工质的配套材料相容，反之通常不可。 反映工质极性的主要参数为工质的偶极矩。

⑥ 压缩机的受力不应超过设计值。

⑦ 压缩机中各点的温度不应超过设计值。

⑧ 满足上述条件后，核算工质的热力循环性能。 此时压缩机一般在非设计工况下运行，原则上应使其负荷略低于设计负荷而不应超出。

⑨ 压缩机采用非原配工质长期运行时，需就上述内容进行实验和测试，满足各项要求后才能再使用。 选用示例如下：

设热泵所要求的制热量为 45kW，冷凝温度为 90℃，蒸发温度为 30℃，工质可选 R124。 由 R124 饱和热力性质表可知，其冷凝温度下的冷凝压力约为 19.44kgf/cm^2（1.95MPa），蒸发温度下的蒸发压力约为 4.45kgf/cm^2（0.445MPa），蒸发压力下饱和气体的比体积为 $0.036 \text{m}^3/\text{kg}$。 由于选用 R124 专用压缩机难度较大，可考虑与之性质相近、技术较成熟且价格相对低的常用工质压缩机。 由热泵工质的基础物性表可知，R124 的偶极矩约为 1.47D，R22 的偶极矩约为 1.46D，二者极性相近，可初选 R22 压缩机，R124 与 R22 全封闭式压缩机内的材料和润滑油相容的可能性应较大。

压缩机可按输气量初步选型。 由于制冷压缩机样本资料一般是按制冷量（即由低温热源吸热量）给出的，此处先按制冷量选型（制冷量相同时，制热量也基本相同），然后再核算制热量。 由 R124 热泵的循环参数可算得其单位容积制冷量约为 1900kJ/m^3；制热量为 45kW 时，按制热系数为 3 估算，其制冷量约为 30kW，需压缩机输气量约为 $0.0165 \text{m}^3/\text{s}$（$\approx 59.4 \text{m}^3/\text{h}$）。

当 R22 的压力为 1.95MPa 时，其饱和温度约为 50℃；压力为 4.5kgf/cm^2 时，饱和温度约为 -3℃，计算此工况下输气量为 $0.016 \text{m}^3/\text{s}$ 时的制热量（或由低温热源吸热量），并以此为参考，根据 R22 压缩机性能参数表或曲线初选适当机型，但必须等咨询生产商得到确认后再选用。

当压缩机采用非原配工质时，在压缩机长期运行前应进行工质与压缩机材料及润滑油间的相容性试验，并校核压缩机内部有无过压点、超温点、部件受力过载，掌握运行工况的范围及性能变化规律。

2. 压缩机的相关计算

压缩机的制热量

$$Q_C = m_w c_w (t_H - t_C)$$

式中 Q_C——热水加热所需要的热量，即压缩机的制热量，kW；

　　　m_w——产水率，kg/s；

　　　c_w——水的比热容，一般用 4.2kJ/(kg·℃)带入；

　　　t_H——热水温度，℃；

　　　t_C——冷水温度，45℃。

【例题】 冷水温度为 15℃，热水温度为 45℃，热泵的产水率为 200L/h，求热泵的功率。 空气进蒸发器的温度是 10℃，出蒸发器是 6℃，工质蒸发温度是 0℃，工质的过热度为 2℃，工质的冷凝温度是 50℃。

$$Q_C = m_w c_w (t_H - t_C)$$
$$= (200/3600) \times 4.2 \times (45 - 15) = 7.0 (kW)$$

查本书 R22 压缩机的参数表，参考热泵的冷凝温度和蒸发温度，压缩机可选 C 型机，其制热量为 8.1kW，功率为 2.2kW，热泵的制冷量是 8.1-2.2=5.9kW。 （此处不考虑热泵的其他损失）。

第二节
冷凝器和热交换装置、过滤器

在热泵装置中，冷凝器和蒸发器都是热交换器，只是它的功能不一样而已。 空气能热泵热水器与普通空调器最显著的区别，就在于冷凝器的不同。

空调的冷凝器和蒸发器都是空气热交换器，它既可以作为蒸发器也可以作为冷凝器。 在制冷时，室外机的换热器就是冷凝器，室内机的换热器就是蒸发器。 当天冷要求空调制热时，它的室外机就变成蒸发器，室内机就变成冷凝器了。 它的换热介质是空气。 而空气能热水器的冷凝器也是水的加热器，它的换热介质是水。 在以热水为生产目的的热泵热水器中，冷凝器是较为独特的一个部件，与之相关的是成分比较复杂，侵蚀性很强的介质——水。 人类至今未能完全解决水的侵蚀性。 所以，在空气能热水器的制造和使用中，如何防止水的侵蚀成为一个最重要的问题。 为此，对空气能冷凝器的选型和设计必须十分重视。

空气能在进入实用阶段的十年来，对冷凝器的选择主要集中在以下几个类别上。

① 从冷凝加热的方式来看，对全部容积的水直接进行加热的容积式冷凝器，在结构上，用冷凝器铜管直接加热保温水箱内水的方式，又分为浸泡式和外缠绕式两种。

② 对全部的水进行循环加热的循环加热式冷凝器。

③ 一次性将水的温度加热到设定温度，再输送至保温水箱的直热式冷凝器（装配定温出水阀）。

一、保温水箱式冷凝器

1. 水箱内胆浸泡式冷凝器

沉浸式冷凝器也称水箱式冷凝器，通常由盘管和水箱组成。浸泡式直接将铜管浸泡在水中，这样的方式在传热方面有着较好的优势，结构极其简单，是早期国内热泵厂家在小型家用热泵热水器上采用得最多的形式，至今依然占有很大的市场份额。

浸泡式冷凝器的选择，主要是铜管外表面积的选择，对于同样直径的铜管，则为铜管长度的选择。冷凝器内外两侧，换热系数都不算高（相对于对流换热），由于水侧的水流速度太低，考虑到污垢形成后对换热能力的影响，一般其 K 值不宜取得过高。在工艺可实现的情况下，多安排一些铜管参加换热是有利的。

热泵工质在管内流动，通常上进下出；水在管外流动，为自然对流。通过搅拌，箱中水的流速为 0.2~0.4m/s 时，传热系数约为 200~400W/(m²·K)。

由于自来水中存在余氯和溶解氧，容易对铜管造成腐蚀。为防止或缓解这些现象，可以在保温水箱的入水口前端加装除氯装置，从而有效地防止余氯对铜管的腐蚀。在水箱中安装性质更为活泼的"镁棒"，当水中存在氯腐蚀性离子时，化学性质活泼的镁优先和其发生反应，生成性质较为稳定的镁盐，从而保护铜材料不受损害。水中还含有钙类物质和杂质，容易结垢。因此在我国的供水环境下，在水箱进水口处安装除垢过滤装置是十分必要的。

浸泡式冷凝器这种结构的优点是减少一个循环水泵，动力消耗少；有一定蓄能作用，具有极好的防冻性；结构简单、制造方便。但传热系数较低、占用空间较大、传热管材料消耗多；水箱重量较大，搬运、安装比较困难。其最大的隐患是一旦铜管被腐蚀进水，将造成压缩机的损坏，从而造成整台机组大部分损坏。对空气能热水器来讲，水箱和压缩机是最值钱的部件，一旦毁坏，可以说整台机组就没有使用的价值了。

目前，对于该种装置的铜管换热管的长短关注较多，下面通过一个例子来说明这个问题。

【例题】 1 匹的空气能热水器，选用 9.52mm 直径的铜管，紫铜管传热系数为 900W/(m²·℃)，假设它可以及时将热量传给水（在沉浸式水箱是达不到的），换热温差设定为 5℃，求铜管的长度。

从本章第二节公式 演变得到必需的换热面积 F

设空气能的制热量为 2700W，则有

$$F = \frac{Q}{\Delta t K} = \frac{2700}{5 \times 900} = 0.6 (\text{m}^2)$$

计算铜管的长度 L

$$L = 0.6 / (3.14 \times 0.00952) \approx 20 (\text{m})$$

因此，正常情况下，一匹机的铜管长度应不小于 20m。

浸泡式水箱的剖面图如图 3-13(a)所示。

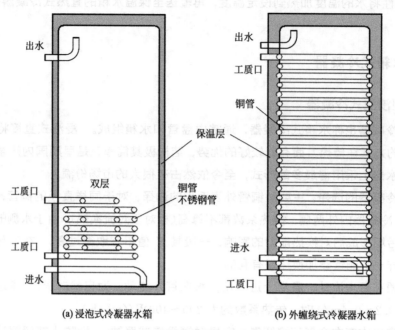

(a)浸泡式冷凝器水箱　　　　(b) 外缠绕式冷凝器水箱

图 3-13　热泵水箱的两种冷凝方式

浸泡式的换热器对铜管要求较高,特别要求整个管道不能有瑕疵,否则就容易在瑕疵处腐蚀,造成渗漏。所以目前有一部分厂家将铜管换成不锈钢管,不锈钢管耐腐蚀性很强,就不必担心"穿管"了。但不锈钢的导热性较差,仅仅是纯铜的 1/24,所以要想达到相同的导热效果,假设铜管的长度是 20m,则不锈钢的长度就要达到 480m。为了消除这一不利因素,厂商通过减少不锈钢管的壁厚来解决,一般减少到 0.3mm 左右,也就是相当于铜管的 1/3,也要适当增加管的长度。可以看出不锈钢管的浸泡式冷凝器的换热效果不如铜管,但使用上安全性较高。

目前市场上还出现了一种内外都带螺旋滚花纹的不锈钢波纹管,它的管壁可以做得更薄(滚花有加强筋的作用),换热面积更大,增加了扰动换热的效果,进一步缩短了与铜管的传热差距。价格也较低,具有很大的竞争力。还有一些厂家生产的经镀镍、磷合金处理的小直径铜管,它的换热效果和防腐蚀效果也比目前的 9.52mm 铜管要好一些。

浸泡式冷凝器和带浸泡式冷凝器水箱的照片见图 3-14 和图 3-15。

2. 水箱内胆外缠绕式冷凝器

从上面对浸入式的介绍,可以看出问题的关键就是铜管的耐腐蚀性差会造成"泵亡机废"的后果。如采用不锈钢管,机子内部没有足够的空间可以容纳那么长的管子,况且水箱内部还有压力,不锈钢管壁也不能做得太薄,否则会被工质压力撑破或被水压压扁。因此人们也考虑了另外一种针对热泵的新的传热方式——水箱外缠绕式冷凝方式。其结构图见图 3-13(b)。

外缠绕方式就是将冷凝器铜管缠绕在保温水箱的金属外壁上,实现铜管与水的完全"隔离",可有效杜绝铜管腐蚀现象的发生,提高小型家用热泵热水器的可靠性。但是,由于冷凝器的传热过程增加了热阻，铜管的表面积中只有少部分参加换热，为了减少接触热阻，铜管必须用较大的预紧力缠绕桶壁，或在铜管和水箱壁面之间涂抹导热膏。 但这种形式传热效果很差，对保温材料也有很高要求，否则会影响整机的效率。 目前出现了在水箱表面压制圆槽，然后将铜管压入圆槽的工艺。 这种工艺正在迅速普及，它虽然增加了制造的难度，但也带来了很多好处。 由于不考虑水压的破坏，铜管的壁厚可以减少1/2，这样虽然管道加长了，但成本和重量增加不多。 这种结构还可以增加水箱内胆的强度，降低内胆在水压变化下的弹性变形(这种变形是水箱被破坏的主要原因之一)，从而适当减少水箱内胆的壁厚，降低成本和减轻水箱的重量。

图 3-14　浸泡式冷凝器实物照片

图 3-15　带浸泡式冷凝器的水箱

尽管有以上的努力，但由于水箱材料不锈钢或搪瓷的导热性都比较差，也由于缠绕式冷凝器的换热条件较差，它在效率方面的表现仍不尽如人意。 要获得和同样功率相同的换热效率，它的铜管数至少应该增加2～3倍。 由于接触热阻和保温桶桶壁热阻的存在、结垢问题、冷凝温度和压力较高等因素降低了机器的效率。 不过由于它的可靠性较高，也为用户提供了一个新的选择。 目前带槽式内胆的空气能热水器的产量不断增大。

外缠绕式冷凝器水箱的实物图如图 3-16 所示。

二、循环加热式换热器(冷凝器)

由于浸泡式换热器等形式依靠自然环境，换热效率很低，所以人们就想到用强制换热的方式来提高换热的效率，循环式换热器就是其中最广泛使用的一种方式。 循环加热方式和其他加热方式最明显的不同在于它必须装有强制水循环流动的装置，最常见的是水泵。 保温水箱内温度较低的水在水泵的驱动下，不断经过冷凝换热器并带走热量，再返回水箱，直至温度达到设定温度值。 由于在换热效率和体积方面的优势，这种方式在热泵热水器中被大量地采用。 目前主要的方式有套管式换热器、板式换热器和管壳式换热器。

图 3-16　外缠绕式冷凝器水箱的整体和局部图

1. 套管式换热器

套管式换热器是循环式换热器中的一种。 套管式换热器还分为多束管式套管换热器和螺旋管式套管换热器。 这种冷凝器结构最紧凑、积蓄工质的量也最小。 一般由内外两根管子同心套装而成，工质在管间的环形空间里流动，水在内管中流动，通常为对流式（参考前面内容）。 外管采用无缝钢管或铜管，内管多用铜管。 依水流速度的不同，套管式冷凝器的传热系数为 $520 \sim 1500 \mathrm{W} / (\mathrm{m}^2 \cdot \mathrm{K})$。 一般的套管取 $1000 \mathrm{W} / (\mathrm{m}^2 \cdot \mathrm{K})$ 左右，对于多束套管等做了进一步改进的换热器，可以适当增加换热器的数值。

（1）多束管式套管换热器

多束管式套管换热器是用数根较细的铜管，放置于一根直径较大的铜管或钢管内，封闭两端并用分液头将细铜管并联起来制成的。 冷凝器中水侧换热系数高，为提高效率，一般让水从面积较小的细铜管内通过，热泵工质运行于外管和细铜管之间。 这种换热器的优点是换热效率较高、制造简便，但是水流阻力较大。 如果用薄壁铜管制造容易造成"穿管"和"压扁"等故障，同时结垢和杂质堵塞也会造成它的效率下降甚至报废。 同时它的外壳的钢管最好是不锈钢的，因目前已出现很多用普通钢管的套管换热器生锈腐蚀造成穿孔的故障。 多束管式套管换热器如图 3-17 所示。

图 3-17　多束管式套管换热器

（2）螺旋管式套管换热器

由于小管径的易造成堵塞，所以最好是管径大一点，但又不减少换热面积。 前面章节已经介绍了，使交换介质扰动造成紊流可以提高热交换效率。 所以后来又发明了螺旋管式换热方式，将单支直径较大的铜管预制成螺旋管后，套入直径更大的铜管或钢管内，封闭两端并配置各自的进出口，在螺旋管中，首先螺旋的形状增大了铜管的热交换面积，其次流体的流动状态变得更加复杂，不单有沿轴向的流动，还有沿外径旋转的旋转运动。 这些扰动可以强化换热、提高换热系数，达到较好的换热效果，弥补单管换热面积小于多管的不足，同时克服了多管孔径小的缺点。 实践证明这种方式是可行的，同时降低了成本、简化了制作工艺，所以目前也被大量采用。 但是在相同的管长和外管径下，它的总换热面积还是小于多束管式套管换热器。

图 3-18 为螺旋管式换热器的实物图。

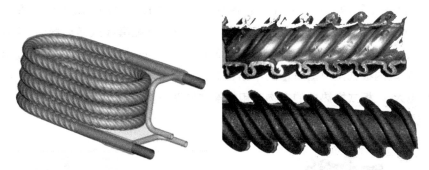

图 3-18　螺旋管式换热器的实物图

2. 板式换热器和过滤器

板式换热器是由一系列具有一定波纹形状的金属片叠成的一种新型高效换热器。 各种板片之间形成薄而狭窄的通道，相邻的两片进行热量交换。 由于流体在板间的流动受到极强的扰动，所以它与常规的管壳式换热器相比，在相同流动阻力和水泵功率消耗的情况下，其传热系数较高，在空气能热泵热水器中，应用仅次于套管式换热器。

板式换热器(图 3-20)的形式主要有框架式(可拆式)和钎焊式(全焊接)两种。 它们在热泵热水工程中都有应用，不过应用的场合却大不相同。 钎焊板式换热器可用作热泵系统的冷凝器；框架式板式换热器由于需要橡胶圈密封，不能承受高压和制冷剂的腐蚀，所以一般作为蒸发器的间接取热装备，应用于海水源、废水源和游泳池等热水工程中。 框架式板式换热器可以进行拆解和清洗，同时其损坏又不会危及热泵系统。 当前这种换热器用量不大，大量使用的是钎焊式换热器。 板式换热器承压能力一般不超过 4MPa，焊接板式(焊接＋胶垫密封)换热器使用温度为 −40～120℃，钎焊板式换热器使用温度为 −160～225℃。 热负荷和操作参数相同时，传热系数约为壳管式冷凝器的 1.1～1.7 倍。 工质储存量为壳管式冷凝器的 20%～40%，重量约为相同传热面积壳管式换热器的 25%，且结构紧凑、体积小、组合灵活、安装方便。 用板式换热器组装的热泵主机比较紧凑、体积也较小、重量也较轻。

但是也有其不足。

① 制造要求高，造价也较高。 但板式换热器的材料是比紫铜便宜一倍的不锈钢，单位

面积的用材重量也只有管式换热器的一半，造价较低。

②板片之间间隙较小、易堵塞。由于板片之间的通道很窄，一般只有几毫米，当水中含有较大颗粒或纤维物质时，很容易堵塞板间通道。笔者的经验是，对空气能热水器，尤其是板式换热器，一定要在进水口加装带有除垢功能的过滤器（过滤器外形见图3-19）。这种过滤器随着国内太阳能的普及，已经大量生产，价格极低。实践结果表明，加装过滤装置的板式换热器的空气能热水器，换热器5年内都没有出现故障。

③工作压力不宜过大、介质温度不宜过高。工作压力一般超过3.0MPa（30kgf/cm²）时，就可能出现被"压穿"的可能。这种压力在空调中出现的概率很少，但是在热泵中就比较容易出现。因为热泵在出水温度60℃左右时，对于那些换热情况不好的机组，比如循环泵停止运行，压力就可能比较接近这个限度。造成漏气甚至压缩机损坏。

正是由于板式换热器的这些不足，热泵设计师较少采用它。尤其是在采用环保工质的系统中，由于环保工质（如407C和410A）循环压力都比R22更高，就不适合采用板式换热器了，R134a在同等温度下，由于饱和压力较小，比较适合配套板式换热器。目前国内生产的不锈钢板式换热器，工作压力已经达到6.5MPa（65kgf/cm²），已经能够满足高温热源的换热要求。随着国内板式换热器质量的不断提高，由于其具有高效换热的优点，它的使用量可能会越来越大。板式换热器的实物图和内部结构图见图3-20和图3-21。

板式换热器的尺寸和相关数据见图3-22。

图3-19 带除垢功能的过滤器

图3-20 板式换热器实物

3. 管壳式换热器

管壳式换热器（图3-23）也称列管式换热器，由壳体、铜传热管束、管板、折流板（挡板）和端管箱等部件组成。这种换热器结构比较简单、操作可靠、流量大，由钢管、钢板和铜管等制造，在大型空调机组中应用广泛，在10匹（7.5kW）以上的空气能热泵中也有一定的应用。

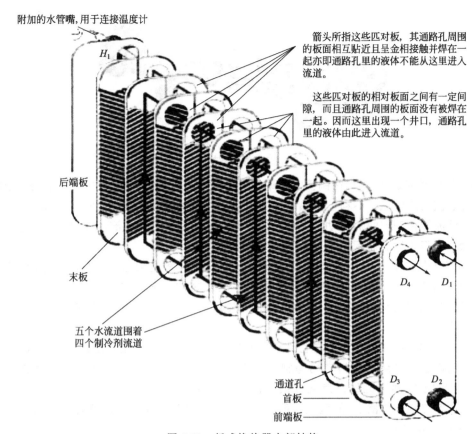

附加的水管嘴,用于连接温度计

H_1

后端板

末板

五个水流道围着
四个制冷剂流道

箭头所指这些匹对板,其通路孔周围的板面相互贴近且呈金相接触并焊在一起亦即通路孔里的液体不能从这里进入流道。

这些匹对板的相对板面之间有一定间隙,而且通路孔周围的板面没有被焊在一起。因而这里出现一个井口,通路孔里的液体由此进入流道。

D_4 D_1

D_3 D_2

通道孔
首板
前端板

图 3-21　板式换热器内部结构

EATB50钎焊板式换热器				
板片数	厚度A/mm	重量/kg	容积Q1Q2侧/Q3Q4侧/L	换热面积/m²
N	$2.76N+8$	$0.25N+2.5$	$0.14\times\frac{1}{2}N/0.14\times\frac{1}{2}(N-2)$	$(N-2)\times0.062$

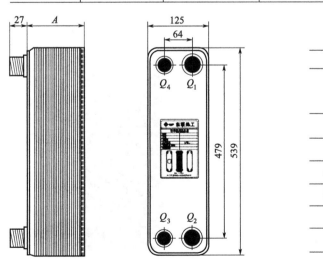

技术参数	
设计压力	30bar
	45bar
设计温度	$-180\sim200\,℃$
板片材料	316L
单片换热面积	0.062m²
每个通道容量	0.14L
最大板片数	150
换热量	5~100kW

图 3-22　板式换热器尺寸和相关数据

换热器结构壳体为圆筒形,内部装有铜管束,管束两端固定在管板上,通过胀管使铜管

图 3-23　管壳式换热器

和钢制的管板紧密结合。 水在铜管内流动，制冷剂在壳内和铜管之间流动。 由于壳内流体行程较短、流动速度低，不利于传热系数的提高，为改善这一状况，通常在壳体内安装若干折流板，使流体在壳内曲折流动，提高壳程流体的流动速度，迫使流体按规定路程多次横向通过管束，增强流体湍流程度。

为提高管内流体速度，还可在两端管箱内设置隔板，将全部管子均分成若干组，这样流体每次只通过部分管子，因而在管束中往返多次，这称为多管程。 同样，为提高管外流速，也可在壳体内安装纵向挡板，迫使流体多次通过壳体空间，称为多壳程。 多管程与多壳程可配合应用。

管壳式换热器的主要优点是单位体积所具有的传热面积大、流通性好、传热效果好、结构坚固，可以选用的结构材料容易得到，故适应性强、规格范围广，适用于大型装置。 但与其他品种的换热器相比较，管壳式换热器的缺点是传热效率较低。 例如，对于水-水换热，传统的管壳式换热器 K 值范围一般为 $1150\sim2230\mathrm{W}/(\mathrm{m}^2\cdot℃)$，而板式换热器的 K 值为 $1800\sim4500\mathrm{W}/(\mathrm{m}^2\cdot℃)$。

4. 新型的螺旋壳管式热交换器

这是一种外形与管壳式散热器相似的散热器，由于制作工艺简单、换热效果好、抗水垢和抗杂质能力强，所以目前正大量应用于小型的空气能热水器中。

它的外形如图 3-24 和图 3-25 所示。 水在铜管内流通，制冷剂在钢壳内流动，盘管路程

图 3-24　用于泳池的壳管式换热器

图 3-25　普通的壳管式换热器

较长，增加了它的换热面积。盘管的外壁形成一个个半圆的通道形状，使得换热的工质处于一种被扰动状态，提高了换热的效果。同时铜管的直径也可以做得较大，这样就不容易堵塞。壳子形状简单，不像套管式那样弯曲，只要用圆柱形的钢管甚至铸铁就可以了；可以采用较厚的壁厚，这样也不容易被工质腐蚀击穿。钢管壳起一定的储液器作用，但是降低了冷凝效果。

这种换热器选材容易、用材价格低廉、制作工艺简单，所以配套价格较低，同时换热效果较好，故障率低于套管式、板式换热器，所以受到很多热泵制造厂家的欢迎。

表 3-7 是各种换热器的特性表，供参考。

表 3-7　典型冷凝器的传热系数和热流密度推荐值

热交换器形式	热流密度 /(W/m²)	传热系数 K /[W/(m²·K)]	相应工质	相应条件
管壳式（卧式）	5000～8000	800～1200	R22、R134a、R404A	水温升 4～6℃ 传热温差 7～9℃ 水流速 1.5～2.5m/s
套管式	7500～10000	800～1200	R22、R134a、R404A	传热温差 8～11℃ 水流速 1～2m/s
	8000～12000	1050～1450	R22	传热温差 8～11℃ 水流速 2～3m/s
板式		1800～2500	R22、R134a、R404A	钎焊板 板片为不锈钢片 水流速 0.2～0.6m/s
水箱内置盘管		200～400	R22、R134a	水流速 0.2～0.6m/s
水箱外盘管式		150～250		
壳管式		1150～2230		效果和管式相当
翅片管式换热器用作冷凝器	35		氟利昂	风速 2.5～3m/s
翅片管式换热器用作蒸发器	40		氟利昂	风速 2.5m/s

三、选型和计算

1. 选择冷凝器应考虑的一般原则

① 价格成本。尤其是空气能热水器，民用的占绝大部分，所以价格成本是考虑的第一因素。

② 维修和维护方便。构造要简单，维修中易于发现故障，更换容易等。

③ 外形美观。体积上、形状上要和电器的布局相容，要符合产品的美观设计原则。

④ 温差和压力合适。冷凝器的冷凝温度与被加热体的最终温差一般在 5～10℃ 范围内，最高压力一般要控制在 30kgf/cm² 以内，才不会造成冷凝器的损坏。

⑤ 加接过滤器。由于水质不理想，在冷凝器进水端一定要加接过滤器，这样才能保证冷凝器的效率和寿命。据长期观察，加接过滤器的空气能热水器冷凝器的寿命是不加接的 3～5 倍。冷凝器一般每年要进行清洗，如不清洗寿命也就在 3 年左右，到时更换也很麻烦，客户往往就将空气能热水器报废换新的了，造成很大的浪费。

基于以上几点，目前空气能热泵热水器产品主要采用的是水箱自然对流式换热器、新型螺旋管壳式换热器、板式换热器、蛇管式换热器。壳管式换热器一般用在较大型热泵热水器中。前面 3 种换热器都是近年来产生的,所以其换热系数等技术数据还有待补充完善。

2. 选用的步骤

① 根据已知的热泵工质和载热介质,确定冷凝器的型式。

② 确定换热器的热负荷,这种负荷可能一次达不到,经载热介质多次循环才能达到,一般是考虑每小时的制热水量,从而求出换热器的实际热负荷。

③ 确定换热器的传热系数。传热系数可根据公式计算(确定热泵工质侧表面换热系数、传热管壁导热、污垢系数、载热介质侧表面换热系数等,再根据冷凝器结构布置得出管内外换热面积比,即可得到冷凝器的传热系数),但比较复杂,一般通过查表得到经验数据,根据冷凝器的运行参数大致选取。

④ 确定冷凝器的平均传热温差。可根据热泵工质与载热介质进出口温度及流程布置计算得出。

⑤ 确定冷凝器的传热面积。

$$F_C = \frac{Q_C}{k_C \Delta t_M}$$

式中　F_C——冷凝器传热面积,m^2;

　　　Q_C——冷凝器的热负荷,W;

　　　k_C——传热系数,$W/(m^2 \cdot ℃)$;

　　　Δt_M——平均传热温差,℃。

⑥ 根据得出的传热面积和载热介质、工质特点和长宽高要求从生产商提供的产品样本中选取适宜的型号并留有一定的裕量。

⑦ 对载热介质强制流动式冷凝器,还需计算载热介质流过冷凝器时的压力降和载热介质流量,确定与冷凝器配套的泵或风机功率及型号。

3. 计算

在上一节的例题中,选用套管式冷凝器,选用对流换热,

经查表得: $k_C = 1000 W/(m^2 \cdot ℃)$

对流换热的(对数)平均温差的计算公式:

(1)逆流换热

$$\Delta t_A = T_{HI} - T_{LO}$$

$$\Delta t_B = T_{HO} - T_{LI}$$

$$\Delta t_{max} = max(t_A, t_B)(两者选大的)$$

$$\Delta t_{min} = min(t_A, t_B)(两者选小的)$$

$$\Delta t_{M逆} = \frac{\Delta t_{max} - \Delta t_{min}}{\ln \dfrac{\Delta t_{max}}{\Delta t_{min}}}$$

(2)顺流换热

$$\Delta t_{M顺} = \frac{(T_{HI} - T_{LI}) - (T_{HO} - T_{LO})}{\ln\left(\dfrac{T_{HI} - T_{LI}}{T_{HO} - T_{LO}}\right)}$$

式中　T_{HI}——热流体的进口温度，℃，冷凝温度是 50℃；

　　　T_{HO}——热流体的出口温度，℃，出口温度是 45℃；

　　　T_{LI}——冷流体的进口温度，℃，冷水进口温度是 15℃；

　　　T_{LO}——冷流体的出口温度，℃，热水出口温度是 45℃。

由于逆流换热优点多，本例选用逆流换热方式

$$\Delta t_A = 50 - 45 = 5(℃)$$

$$\Delta t_B = 45 - 15 = 30(℃)$$

$$\Delta t_{max} = \max(t_A, t_B) = 30(℃)$$

$$\Delta t_{min} = \min(t_A, t_B) = 5(℃)$$

$$\Delta t_{M逆} = \frac{\Delta t_{max} - \Delta t_{min}}{\ln \dfrac{\Delta t_{max}}{\Delta t_{min}}} = \frac{30 - 5}{\ln \dfrac{30}{5}} = \frac{25}{1.7918} = 13.9524(℃)$$

带入求冷凝器面积，得

$$F_C = \frac{Q_C}{k_C \Delta t_M} = \frac{8100}{1000 \times 13.9524} = 0.5805(m^2)$$

求出面积后可以查找各厂家的冷凝器的品种和参数，选用所需的冷凝器。

第三节
蒸发器和风机

我们说空气能热水器是热能量的搬运工，它将空气中的热量吸收进水中。而要实现这个目的，它必须借助蒸发器，通过蒸发降温的形式，将空气中的热量吸收到空气能热水器中。蒸发器的形式和品种是多样的，但目前空气能热水器中的蒸发器，全部选用翅片管式换热器，空气换热温度以 10℃ 为适中。

一、蒸发器原理

参看图 1-1，从冷凝器过来的工质，经过减压后进入蒸发器，它是一种工质气体和工质液体的混合物，在蒸发器的管子内流动。由于蒸发器处于较热的环境中，热量通过翅片和铜管传递给工质，使得工质的温度提高，工质将进一步气化。工质在气化过程中又要吸热，造成工质和周围温度的降低，然后工质又从翅片和铜管中吸收热量，如此反复进行，液体不断变成气体。该批工质到达蒸发器出口时，已经全部变成气体了。

为了避免工质液滴进入压缩机气缸，蒸发器靠进出口的一小段，工质蒸气继续吸收一部分热量，以达到稍过热的状态，一般取过热度为 8～15℃。

空气式蒸发器也可分为自然对流和强制对流两种形式。目前绝大部分是强制对流，但也有少量小功率的产品采用自然对流的形式。蒸发器多采用翅片管式结构，由套有铝片的铜管组成。翅片的作用是增大换热器的传热外表面积，传热系数随翅片结构、翅片间距、

空气速度、温度和湿度的不同而变化。

空气能蒸发器与空调式冷凝器虽然外形和结构基本一样，但主要功能却不一样。一个是以吸热为主，一个是以散热为主，明显不同之处是空气能蒸发器外可能析出水滴（温度高于0℃时）或结霜（温度低于0℃时）。析出水滴时一般可强化空气侧的换热，结霜或结冰较厚时会妨碍蒸发器从低温热源中吸热。通常在环境空气温度≤7℃时结霜严重，因此需要融霜。

热泵热水器的蒸发器由于经常处于湿润的状态，为提高外表面的换热系数，有利于冷凝水的流动，消除翅片间的"水桥"现象（水滴将相邻的两个翅片连接起来，这样就容易结霜），蒸发器的铝翅片采用"亲水铝箔"制造。亲水铝箔是指普通铝箔，经过脱脂、水洗、干燥等工艺处理后，在其表面涂装了亲水膜，经过烘干冷却后，使其成为一种具有亲水性和耐腐蚀的材料，一般呈淡蓝色。铜管可以布置为单排、双排和多排，换热器的片距、管间距、翅片表面形状、通道数皆有不同，其设计的要求是保证足够的换热能力。由于热泵热水器产业是从空调产业中衍生出来的，目前其部件多从空调产业中借用。如蒸发器，基本上是按空调的风冷冷凝器形式制造的，大部分就是用空调机的蒸发器代用。其优点是制造工艺成熟、成本低；缺点是翅片片距小，仅为1.8～2.2mm，抗污垢能力和抗结霜能力差，容易沾上灰尘和颗粒，也容易形成"水桥"，造成结霜。目前，已经有部分工厂采用较大片距的蒸发器了，特别是一些较高档次的产品。

与空调机不同的是，空调机进口的温度较高，压缩机—降压—蒸发吸热成温度高的热气，气体流畅性好；空气能为压缩机—冷凝—降压，温度低，工质处于液气状态，工质流动性差。所以应分成几路，改善它的蒸发环境。为了减少蒸发器内制冷剂的流动阻力，减少流动损失，一般蒸发器会分若干路并联进入蒸发器。如图3-26所示，制冷剂由分液头分为8路进入蒸发器，为保证各路制冷剂的流量尽量相同，分液头之后的铜管要等长、等距、等径、同程。分的路数与管径有关，每路管路的长度也不宜过长，要使管内出口处形成8～15℃的过热工质蒸气为好，在ϕ9.52mm管径的蒸发器中，单路的长度应该在8m以下。

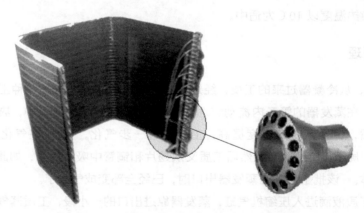

图3-26　并联蒸发的U形蒸发器和分液头

在蒸发器管翅片的布置上，可以采用多种形式，可以为U形、V形、W形、L形、弧形和方形排列，设计时根据产品的不同要求采用不同的结构形式。如图3-27所示。从目前使用的情况看，L形、U形布置空间比较合理，器件安装空间比较大，但气流强度分布比较不均匀，吸热效果稍差，一般用于空间比较紧张的小型机组；V 形、W 形布置的风向比较明确，效果较好，一般用于 15 匹以上的机组。

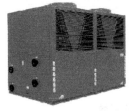

W形蒸发器顶吹机组   V形蒸发器机组   L形蒸发器

侧吹机组

图 3-27　部分蒸发器和机组的外形

蒸发器铝片片距的间隔过窄是不利于热泵低温工作的，但是大多数厂家限于模具成本方面的考虑，还是没有将片距增大，另外还有一个重要的原因是片距增大后，为了保证有足够的翅片面积，蒸发器的外形也需要加大，随之主机的外壳也要加大，成本就会增加。这也是目前大间距翅片蒸发器没有普及的原因。但是，随着空气源热泵热水器产量的增加，相应的配套部件也会逐步完善。

在理想的蒸发器工况中，制冷剂经历以下状态的变化：过冷液→饱和液→气液共存→饱和过热蒸气。气态部分的换热系数对整个蒸发器的影响是很明显的，但是由于沸腾部分的换热系数较高，所以，限制蒸发器换热能力更多的是管外的空气侧。由于空气侧的换热系数仅为 $20 \sim 50 W/(m^2 \cdot ℃)$，所以一般用计算管外翅片的总换热面积来校核蒸发器的选用是否合理。

二、蒸发器的计算和选用

如果考虑到热泵热水器将在更低的温度下工作，一般将其换热温差确定得更小一些，如 $5 \sim 6℃$。根据实验，热泵的风冷式蒸发器的换热系数，一般为 $40 \sim 50 W/(m^2 \cdot ℃)$，那么它的换热面积的选择计算为：

$$F_E = \frac{Q_E}{k_E \Delta t_E}$$

式中　　F_E——换热面积；

　　　　Q_E——换热量；

　　　　k_E——换热系数；

　　　　Δt_E——对数平均换热温差。

由于蒸发器的对流方式是交叉对流方式(见上一章内容)，对流平均换热温差公式可以采用近似计算公式计算。

$$\Delta t_{M交叉} = \Delta T_{HL} - a \Delta T_1 - b \Delta T_2$$

$$\Delta T_{HL} = T_{HI} - T_{LI}$$

$$\Delta T_H = T_{HI} - T_{HO}$$

$$\Delta T_{\mathrm{L}} = T_{\mathrm{LO}} - T_{\mathrm{LI}}$$

$$\Delta T_1 = \max(\Delta T_{\mathrm{H}}, \Delta T_{\mathrm{L}})$$

$$\Delta T_2 = \min(\Delta T_{\mathrm{H}}, \Delta T_{\mathrm{L}})$$

式中　ΔT_{HL}——热流体的进口温度与冷流体的进口温度之差，℃；

ΔT_{H}——热流体的进出口温度之差，℃；

ΔT_{L}——冷流体的进出口温度之差，℃；

a, b——修正系数，见表3-8。

表 3-8　换热器平均传热温度近似计算中的修正系数

冷流体的流动方式	a	b	说明
顺流	0.65		
逆流	0.35	0.65	
交叉流	0.425		冷流体和热流体在换热时无混合
	0.5		冷流体和热流体在换热时混合

在第一节【例题】中，已知热流体的进口温度为10℃,冷流体的进口温度为0℃,热流体的出口温度为6℃,冷流体的出口温度为2℃(过热度为2℃),

求得

$$\Delta T_{\mathrm{HL}} = T_{\mathrm{HI}} - T_{\mathrm{LI}} = 10 - 0 = 10(℃)$$

$$\Delta T_{\mathrm{H}} = T_{\mathrm{HI}} - T_{\mathrm{HO}} = 10 - 6 = 4(℃)$$

$$\Delta T_{\mathrm{L}} = T_{\mathrm{LO}} - T_{\mathrm{LI}} = 2 - 0 = 2(℃)$$

$$\Delta T_1 = \max(\Delta T_{\mathrm{H}}, \Delta T_{\mathrm{L}}) = 4(℃)$$

$$\Delta T_2 = \min(\Delta T_{\mathrm{H}}, \Delta T_{\mathrm{L}}) = 2(℃)$$

$$a = 0.425, \ b = 0.65$$

$$\Delta t_{\mathrm{M交叉}} = \Delta T_{\mathrm{HL}} - a\Delta T_1 - b\Delta T_2 = 10 - 0.425 \times 4 - 0.65 \times 2 = 7(℃)$$

蒸发器吸收热量为热泵输出功率－热泵输入功率，也就是减掉压缩机发热的这部分热量，实际上这些热量是有损失的，这里暂时不计。

$$Q_{\mathrm{E}} = Q_{\mathrm{C}} - Q_{\mathrm{W}} = 8.1 - 2.2 = 5.9(\mathrm{kW})$$

从表3-9取蒸发器的换热系数为 $k_{\mathrm{E}} = 35\mathrm{W}/(\mathrm{m}^2 \cdot ℃)$，蒸发器的面积

$$F_{\mathrm{E}} = \frac{Q_{\mathrm{E}}}{k_{\mathrm{E}} \Delta t_{\mathrm{E}}} = \frac{5900}{35 \times 7} = 24(\mathrm{m}^2)$$

表 3-9　典型冷蒸发器的传热系数和热流密度推荐值

热交换器形式	载热介质	热流密度 /(W/m²)	传热系数 K /[W/(m² · K)]	相应条件
蛇管式(盘管式)R22	水	1700～2300	350～450	有搅拌机
	水		170～200	无搅拌机
	盐水		115～140	

热交换器形式	载热介质	热流密度 /(W/m²)	传热系数 K /[W/(m²·K)]	相应条件
管壳式(卧式)R22	盐水		500～750	光铜管 传热温差 4～6℃ 载热介质流速 1～1.5m/s
	水		800～1400	水流速 1.0～2.4m/s 低翅管,翅化系数≥3.5
干式 R22	盐水	5000～7000	800～1000 以外表面积计算	光铜管 φ12mm 传热温差 5～7℃
	水	7000～12000	1000～1800 以外表面积计算	传热温差 4～8℃ 水流速 1～1.5m/s 带内翅芯铜管
套管式 R22、R134a	水	7500～10000	900～1100 以外表面积计算	水流速 1～1.2m/s 低翅管,翅化系数≥3.5
板式 R22、R134a	水		2300～2500	钎焊板
	盐水		2000～2300	板片为不锈钢片
翅片管式	空气	450～500	30～40 以外表面积计算	蒸发管组 4～8 排 迎面风速 2.5～3m/s 传热温差 8～12℃
自然对流盘管	空气	70～110	8～12	光铜管 传热温差 8～10℃

有了蒸发器的面积数据,就可以寻找相应的生产厂家。 一般来讲,蒸发器的换热系数,生产厂家会提供,尤其是已经改变传统尺寸的蒸发器产品,厂家会提供比较准确的数据。 如果厂家不能提供,就要进行比较精确地计算,这在后面第七章的内容中会进一步探讨。

三、风机的选用

要提高蒸发器的效率,除了在蒸发器的结构方面考虑外,还有一个重要的因素就是风机的选用。 合理的选用风机可以提高蒸发器的效率,减少蒸发器的结霜现象,提高整机的效率。

除了足够的换热(翅片)面积外,足够的风量也是蒸发器换热能力的必需条件。 风量的提高,会大幅度提高换热器表面的换热系数值。 在散热面积固定的情况下,风量的加大主要依靠流过该表面风速的提高。 但是换热系数也不是随着风速的提高而相应提高的,随着风速的提高,散热器的散热效果的提高就不那么显著了,同时风速电机的功耗也会提高。 从经验和实验的结果来看,风速低于 1.5m/s 和高于 3.5m/s 都是不可取的。 为增强机组冬季抗霜冻能力,流经翅片的风速应不低于 2m/s,过低的风速会使蒸发器吸热减少,蒸发器的温度下降,造成蒸发器结霜。 即使在春秋季节,如果风速过低也会出现结霜现象。 风速的提高,对结霜有极大的影响,高风速会显著延迟霜的形成和发展过程,但是噪声会增大。风速超过一定限度后,对霜层的影响开始减弱,所以过分增大风速来减缓结霜过程也是不可取的。 为提高热泵热水器在低温环境下的工作能力,还需要加大翅片的间距、加大换热面积、提高蒸发器的换热面积和容霜能力。 从这几个方面统筹考虑,才能较好地解决空气能热泵在低温下的效率问题。

空气通过蒸发器的速度，在蒸发器各个局部区域是有很大的差别的，高低差别可达到一倍以上（如 5 匹的顶出风热泵机组）。在冬季工作时会使风速较低的区域容易结霜，而结霜的部分风速将更低，又会促使结霜加剧。这一点在设计时需要注意，要尽可能使各个区域的风速相同。同时还要指出，过高的风速还会将翅片上的水滴吹走，使得结露过程的相变能散失。

目前市售的空气能热水器中，一般小型家用机的翅片层数都不会超过 2 层。但是在较大型和专用的热泵热水装置中，由于考虑到体积和风量等方面的问题，也有的用 3 层以上的排列方式，如在一体式家用机上大量采用三层以上的蒸发器方式。要注意的是层数越多，排管的翅片间距要越大。在严寒地区工作的空气源热泵热水器系统中，其翅片的间距甚至可以加大到 6～12mm。多层排列的翅片有利于提高空气的热利用率。

风扇布置的方向和个数也可以有很多种布置形式。如气流方向，可以是顶吹、侧吹和斜吹；风扇个数可以有 1 个、2 个或者 4 个；可以是单速或多速风机；不同的风扇布置形式，会对热泵的性能有一定的影响。总的原则是：要使蒸发器得到足够的风量。风在蒸发器各个部位的速度应尽量相同，以使热泵有较高的效率和较好的低温工作性能。顶吹机型的成本低，但是雨水容易渗入机内，系统内的电线、压缩机、阀件和保温材料容易老化。当机组整体高度过高时，在蒸发器翅片上的风速差别较大，底部风速较低，容易形成结霜。尤其是有些机子风机密封不好，造成雨水渗透到电机内部，造成漏电引起线路漏电开关跳闸，建议安装在上方有遮雨的地方，或者给机器搭建顶棚。侧吹式的大多数器件封闭在一个小空间内，不易受到风雨侵蚀，但成本略高。在机身高于 1m 以上的机组，维修方面顶吹的比较直观、维修方便；侧吹维修时可能要移动蒸发器和风扇的其中一个，会比较困难。在制造工艺上，顶吹比较简易，侧吹比较繁琐；对周边的干扰，则顶吹比较小，侧吹由于吹风方向在人的活动高度内，干扰比较大。从吹风效果来看，侧吹优于顶吹。目前小功率的家用空气能热泵一般都采用侧吹方式，功率大于 3kW 以上的机组都采用顶吹的方式。

为提高风量，选用低噪声的风扇也是一个很好的选择。一般是 4 极电机的，标准转速 1400r/min，转速较快，噪声相对也大。如果外壳安装位置允许，可以选较大功率但转速较慢的风机，如选用 960r/min 的，这样风量加大了，噪声并没有增加；反之，如果安装环境允许，也可以将原来 960r/min 的风机改装成 1400r/min 的，这样它的结霜现象就会大大减少。

有关风机选用的简单计算见例题。

【例题】 1 匹的空气能热水器，需要从空气中得到 2100W 的功率，计算它应该配备风量为多少立方米的风机。

已知：空气的平均定压比热容为 1.005kJ/kg。

设定：蒸发器与空气的温差为 5℃。

那么每分钟需要的供气量为：

$$\frac{2100 \times 60}{1005 \times 5} = 25.07(\text{kg})$$

空气的密度为 1.29kg/m³。

则每分钟的风扇的排气量为 25.07/1.29＝19.43(m³)

结论：应该选用每分钟排气量大于 20m³ 以上排气量的风扇。

由于空气能的普及，相当一部分的居民小区安装了统一的太阳能供热系统，空气能热泵作为辅助加热系统也被广泛采用。但反馈的信息是普遍反映空气能噪声较大，影响居民休息。所以建议为空气能热泵加设降噪隔音房，可以有效地减低噪声的强度。一般空气能的噪声都在 60dB 以下，如利用备用发电机的技术，可以将 120dB 的噪声降低到 50dB 以下，那么将 60dB 的噪声降到 30dB 应该不是问题。

第四节
节流装置

当工质从冷凝器出来时，温度下降了，压力却没有改变。如果要系统重新吸热，就必须较大幅度的降低温度。我们知道，物质在蒸发时要大量吸热，它周围环境的温度就会急剧下降；那么物质如何才能蒸发呢？降低自身的压力就是其中的一种办法。降低压力就是让物体经过减压阀，节流装置就是减压阀的形式之一。热泵工质经过节流装置，压力下降到一定低值，到达蒸发器内，这时如果蒸发器内部温度超过其蒸发温度，它就会蒸发成气体，在蒸发过程中就要大量吸热，造成蒸发器自身的温度急剧下降，这就为蒸发器吸收空气中的热量创造了条件。

节流装置是制冷和热泵系统重要的部件之一，起着调节制冷剂流量，建立系统高、低压力差的重要作用。节流装置的结构可以极其简单，如毛细管；也可以相对复杂，如热力膨胀阀、电子膨胀阀和膨胀机等。

理想的节流部件应满足如下要求：

① 调节性好。调节幅度大，温度的控制精度高，反应速率快。

② 稳定性好。被控温度的波动小，机组不产生振荡。

③ 适应性好。对不同工质和蒸发器均有较好的适应性。

④ 对压缩机的保护性好。在开机、停机及工况调整时，可较好地保证压缩机供气的温度、压力及流量。

⑤ 回收高压液体所蕴含的能量。

⑥ 价格低，可靠性好。

当前常用的节流部件有毛细管、节流阀(主要有热力膨胀阀和电子膨胀阀)、膨胀机等。毛细管、节流阀不能回收高压液体所蕴含的功，但价格相对低、简单可靠，多用于中小型机组；膨胀机可回收膨胀功，但结构相对复杂、价格较高，目前只限于少量大型装置等。

一、毛细管

当气体或者液体通过一个狭长的通道时，由于管道壁的摩擦阻力和其他的阻滞因素，工质的压力会逐步降低，毛细管的作用就是这样产生的。毛细管一般内径为 0.7～2.5mm，长为 0.6～3m，适宜于冷凝压力和蒸发压力较稳定的小型热泵装置。其外形如图 3-28 所示。

图 3-28　毛细管

1. 毛细管的优点

① 由紫铜管拉制而成，结构简单、制造方便、价格低廉。

② 焊接在冷凝器和蒸发器之间，没有运动部件，本身不易产生故障和泄漏。

③ 具有自补偿的特点，即工质液在一定压差下(冷凝压力和蒸发压力之差)，流经毛细管的流量是稳定的。当热泵负荷变化导致压差增大时，工质在毛细管内的流量也变大，流动的阻力也相应加大，这样就防止压差忽然加大对系统的冲击，并使压差平稳的达到一个新的稳定值。但这种补偿的能力较小。

④ 压缩机停止运转后，系统内的高压侧(冷凝器侧)压力和低压侧(蒸发器侧)压力使得系统高低压差依然存在。由于毛细管管道是互通的，所以毛细管还能够保持一定的流量，使系统两端的压力趋于一致，有利于压缩机的再次启动。

毛细管的这些优点，使它在中小型的热泵热水装置上得到了广泛的应用。

2. 毛细管的缺点

① 当机组中工质的充注量较多时，需在蒸发器和压缩机之间设置气液分离器，以防止工质液体进入压缩机气缸，避免出现液击。

② 毛细管的调节能力较弱，当热泵的实际工况点偏离设计点时，热泵效率就要降低。此外，采用毛细管作节流部件时，要求工质充注量要准确无误，同时要考虑到环境温度的影响，天热时工质压力大，管要长一点；反之，要短一点。两者要兼顾。

③ 当工质中有异物时，或当蒸发温度低于 0℃而系统中有水时，易将毛细管的狭窄部位堵住，发生"脏堵"或者"冰堵"。

3. 毛细管长度的计算

毛细管一旦焊入系统就无法调整，所以正确地选择毛细管是十分重要的。一般可以凭经验或用对比的方法来确定。在热泵制造工厂，一般会预制大量不同管径和管长的毛细管，两端装有方便拆装的锁母，在进行新型热泵的试制时，可以用多个不同的毛细管进行试验，以确定合适的毛细管参数。另外，也可用经验公式进行估算。有关毛细管选用的计算公式如下。

① 对 R22 的近似计算公式为

$$m_R = 5.44 \times \left(\frac{\Delta p}{L}\right)^{0.571} \times D^{2.71} \times 1000$$

② 对 R134a 的近似计算公式为

$$L = 16.3 \Delta p D_I (\Delta T_{SC} + 10.25) \left(\frac{1.62 \times 10^{-3} - \dfrac{e}{D_I}}{m_R^2}\right)$$

式中　L——毛细管的长度，m；

　　Δp——毛细管两头高、低压力差，MPa；

　　D_I——毛细管的内径，m；

　　ΔT_{SC}——工质在毛细管进口处的过冷度，℃；

　　m_R——工质流过毛细管的质量流量，kg/s；

　　e/D_I——毛细管内壁的相对粗糙度（一般为 $3.2 \times 10^{-4} \sim 3.8 \times 10^{-4}$），无量纲。

　　其中 m_R 的求法

$$m_R = \frac{Q_E}{H_E}$$

$$H_E = H_O - H_I$$

式中　H_O——毛细管出口处工质的焓，可查表得到；

　　H_I——毛细管进口处工质的焓；

　　Q_E——蒸发器的换热功率。

这里假设：$H_O = 127.2 \text{kJ/kg}$，换热器功率 3300W。

所以热泵工质的质量流量。

$$m_R = \frac{Q_E}{H_E} = \frac{3300}{127.2} = 25.94(\text{g/s}) = 0.02594(\text{kg/s})$$

对于 R407C \ R410A

可选用公式

$$m_R = C_1 D_I^{C_2} L^{C_3} T_I^{C_4} 10^{C_5} \Delta T_{SC}$$

该公式也适用于 R22 和 R134a，可以用两种算法对照一下。

式中　T_I——工质在毛细管进口处的温度，K；

　　$C_1 \sim C_5$——为方程参数，见表 3-10。

表 3-10　方程参数取值

热泵工质	C_1	C_2	C_3	C_4	C_5
R22	0.249029	2.543633	-0.42753	0.746108	0.013922
R134a	0.123237	2.498028	-0.41259	0.840660	0.018751
R407C	0.226647	3.544032	-0.41953	0.755385	0.013678
R410A	0.406125	2.589643	-0.45475	0.696669	0.011865

　　在市场采购的毛细管，每一批的内径都有微小误差，都会影响产品的性能。所以在估算后，还应该通过试验来确定毛细管的参数。一旦毛细管长度确定后，尽量不要更换生产厂家。

二、热力膨胀阀

毛细管作为节流部件，最大的不足就是调节能力弱，不能准确地给出工质的输出量，所以人们就研发了可以根据热泵使用状况进行手动和自动调节的节流器——热力膨胀阀。

1. 热力膨胀阀的特点

热力膨胀阀安装在蒸发器进口处，由感温包测知蒸发器出口处工质的过热度，由此判断工质流量的适当与否(过热度较大时，说明工质流量不足；过热度较小时，说明工质流量过大)，并通过调整阀的开度控制工质的流量。

热力膨胀阀适宜应用在中小型热泵中。热力膨胀阀主要分为内平衡式热力膨胀阀和外平衡式热力膨胀阀，两种类型。

(1)内平衡式热力膨胀阀

内平衡式热力膨胀阀的结构及安装示意图如图 3-29 所示。

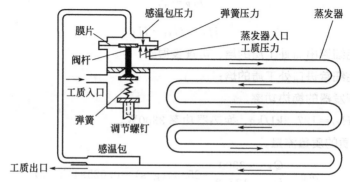

图 3-29　内平衡式热力膨胀阀

在内平衡式热力膨胀阀中，来自感温包(感温包贴在蒸发器出口处，其中装有感温介质，蒸发器出口处工质蒸气的温度变化时，感温介质的压力按一定规律变化)的蒸气压力作用在膜片的上侧，蒸发器入口处的工质压力和弹簧压力作用在膜片的下侧。膜片与阀杆连接，当蒸发器出口处工质的过热度变化时，感温包压力变化，驱动膜片带动阀杆调节阀的开度，使工质的流量发生变化。通过调节螺钉，可调整阀中弹簧的压力，对热力膨胀阀的设定参数进行微调。

内平衡式热力膨胀阀适用于工质流经蒸发器时压力降不大的情况。当蒸发器管路较长，导致阻力较大时，宜采用外平衡式热力膨胀阀。

(2)外平衡式热力膨胀阀

外平衡式热力膨胀阀的结构和安装示意如图 3-30 所示。与内平衡式热力膨胀阀相比，该阀多了一条外部平衡管，该管下方与蒸发器出口处的工质相连通，上方接膜片下部的空间，从而使膨胀阀所提供的过热度与蒸发器出口处的饱和温度相适应，而不受因蒸发器压力降所引起的工质饱和温度变化的影响。为了保证阀的正常工作，膜片下的空间与蒸发器入口处隔绝，膜片的运动通过密封片传递给阀杆。

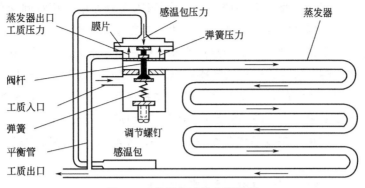

图 3-30　外平衡式热力膨胀阀

2. 热力膨胀阀安装的注意事项

热力膨胀阀安装示意图如图 3-31 所示。

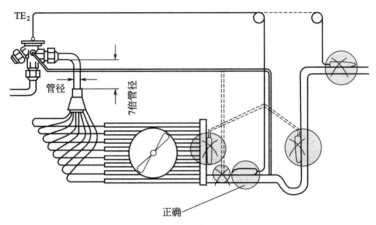

图 3-31　热力膨胀阀安装示意图

① 感温包应水平安置。 感温包应安装在蒸发器出口管的上方不受积液和机油影响的位置，保持和蒸发器出口铜管的良好接触。 为尽量准确反应蒸发器出口处的温度，感温包应做适当的保温，如压缩机吸气管需抬高时，抬高处需有弯头，而感温包应安装在弯头前，如图 3-31 所示。

② 膨胀阀的调节。 一般出厂时已调好，并标注了可以适应的制冷剂功率范围和对应的制冷剂，选用时必须注意是否适用。 必要时可根据工质和压缩机工作的要求对热力膨胀阀的设定参数进行微调。 调整过程要慢，每次调 1/4 或 1/2 圈，调整后要等待系统稳定后再判断是否需要再次调整。 维修调整时要标记起始调整点，记住调整的圈数，以便调乱时恢复原来的状态。

③ 进出口。 膨胀阀安装接管时注意口径小的一端为进口，大的一端为出口。 进口处一般有过滤网，安装时勿损坏。

④ 外平衡的平衡管安装。 平衡管与蒸发器的连接位置应位于感温包附近。

图 3-32　热力膨胀阀的实物

热力膨胀阀适用于中小型热泵系统。 热力膨胀阀还分为单向和双向两种，利用四通阀除霜的热泵热水器，除霜时需要制冷剂逆向流动，应该选用双向膨胀阀。

　　一些采用新型工质或混合工质的热泵热水器可能在市场上无法买到相应的热力膨胀阀，可根据其热力性质，购买规格比较接近的膨胀阀，然后通过试验确定其规格型号。

　　采用热力膨胀阀，系统的功能提高了，效率也提高了，但可靠性却下降了。 它的内部比较复杂，制造精度要求很高，许多制造诀窍国内的制造厂还没有掌握。 所以购买热力膨胀阀要十分注意购买质量过关或者国外名牌的产品，才能保证产品的质量。 图3-32为热力膨胀阀的实物图。

　　表 3-11 为 R22 内平衡式热力膨胀阀规格参数表。

表 3-11　典型 R22 工质内平衡式热力膨胀阀规格参数

标称直径/mm	适用温度范围/℃	蒸发器热负荷（标准工况）/kW	连接螺纹/mm		接管规格/mm		外形尺寸（长×宽×高）/mm
			进口	出口	进口	出口	
0.8	−70～10	1.9	M16×1.5	M18×1.5	φ10×1	φ12×1	108×55×150
1.0	−70～10	2.3	M16×1.5	M18×1.5	φ10×1	φ12×1	108×55×150
1.2	−70～10	2.9	M16×1.5	M18×1.5	φ10×1	φ12×1	108×55×150
1.5	−70～10	3.6	M16×1.5	M18×1.5	φ10×1	φ12×1	108×55×150
2.0	−70～10	4.8	M16×1.5	M18×1.5	φ10×1	φ12×1	108×55×150
3.0	−70～10	10.0	M16×1.5	M18×1.5	φ10×1	φ12×1	108×55×150
4.0	−70～10	17.5	M16×1.5	M18×1.5	φ10×1	φ12×1	108×55×150
5.0	−70～10	21.5	M16×1.5	M22×1.5	φ10×1	φ16×1.2	108×55×150
6.0	−70～10	26.3	M16×1.5	M22×1.5	φ10×1	φ16×1.2	108×55×150
7.0	−70～10	30.2	M16×1.5	M22×1.5	φ10×1	φ16×1.2	108×55×150

　　注：标称直径近似为热力膨胀阀的通孔直径，可调节关闭过热度均为 2～8℃，阀质量均为 1.4kg；标准工况定义为工质在蒸发器中的蒸发温度−15℃，压缩机吸气温度 15℃，工质在冷凝器中的冷凝温度为 30℃，工质在膨胀阀入口处的温度为 25℃。

　　表 3-12 为 R22 外平衡式热力膨胀阀规格参数表。

表 3-12　典型 R22 工质外平衡式热力膨胀阀规格参数

标称直径/mm	蒸发器热负荷/kW	连接螺纹/mm		接管规格/mm		外形尺寸（长×宽×高）/mm
		进口	出口	进口	出口	
5.0	15.7	M16×1.5	M22×1.5	φ10×1.0	φ16×1.5	130×80×130
6.0	26.2	M18×1.5	M22×1.5	φ12×1.0	φ16×1.5	130×80×130
7.0	36.6	M18×1.5	M22×1.5	φ12×1.0	φ16×1.5	130×80×130
8.0	47.1	M22×1.5	M27×2.0	φ16×1.5	φ19×1.5	130×80×130
9.0	57.6	M22×1.5	M27×2.0	φ16×1.5	φ19×1.5	130×80×130
10.0	68.0	M27×2.0	M27×2.0	φ19×1.5	φ19×1.5	140×80×130
11.0	78.5	M27×2.0	M30×2.0	φ19×1.5	φ22×1.5	140×80×130
12.0	94.2	M27×2.0	M30×2.0	φ19×1.5	φ22×1.5	140×80×130

　　注：标称直径近似为热力膨胀阀的通孔直径，阀质量均为 1.3kg；外平衡管尺寸均为 φ6mm×1.0mm。

三、 电子膨胀阀

　　尽管热力膨胀阀的调控性能比毛细管有较大的改进，但由于控制信号是通过感温包感受蒸发器出口处工质过热度变化，再由感温介质传到膜片处，由于时间滞后、控制精度不高，且由于膜片的变形量有限,调节幅度不大。 为此,人们发明了电子膨胀阀,如图 3-33 所示。

电子膨胀阀是通过电子感温元件测知蒸发器出口处工质过热度的变化,并通过电动执行机构驱动阀杆运动,具有感温快、调节范围大、能够十分精确地控制工质流量,从而精确地控制蒸发温度。 电子膨胀阀的开度可在 0～100％的范围内进行精确调节,从全闭到全开态可在极短时间内完成,反应和动作速度快,开闭特性和速度均可在控制程序中设定,适宜不同工况和工质的要求。 在结霜程度不严重的地区,如北方地区,可以用膨胀阀全开的方式进行旁通除霜。 电子膨胀阀还有一个优点,就是可以双向减压,这样对于热泵的自动控制非常有利,可以简化控制回路,提高控制系统的可靠性和灵活性。 这些在后面的章节会有介绍。

图 3-33　电子膨胀阀

1. 电子膨胀阀的特点和功能

　① 调节范围大;

　② 信号收集比较多、比较完善、调节精确、调节效果好;

　③ 调节及时;

　④ 可设定调节程序,实现智能调节;

　⑤ 在空气能热泵中,对于较冷环境的工作控制是一种比较简单有效的方法。

2. 电子膨胀阀的分类

(1)电磁式

电磁式电子膨胀阀通常用电磁线圈带动阀杆运动。 通过调节电磁线圈的电压,产生不同的电磁力,控制阀的开度。 原理见图 3-34。

(2)电动式

电动式电子膨胀阀一般由步进电动机驱动阀杆运动。 根据电动机与阀杆的连接方式可细分为直动型和减速型两种。 图 3-35 为电动式电子膨胀阀。

3. 电子膨胀阀的参数

(1)型号规定

电子膨胀阀的型号规定为 DPF□□—□,其中 DPF 表示电子膨胀阀(中文电膨阀的第一个字母);第一个□表示阀的公称口径,单位为 mm;第二个□表示适用工质类型,A 表示 R22,B 表示 R407C,C 表示 R410A 等;第三个□表示生产企业系列顺序号,用阿拉伯数字表示,如 DPF1.8A-2,表示用于 R22 工质的电子膨胀阀,公称通径为 1.8mm,是企业系列产品中的第 2 个产品。

(2)适用要求

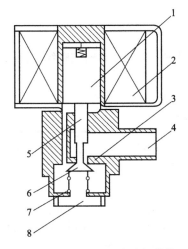

图 3-34　电磁式电子膨胀阀结构

1—柱塞;2—线圈;3—阀座;

4—入口;5—阀杆;6—针阀;

7—弹簧;8—出口

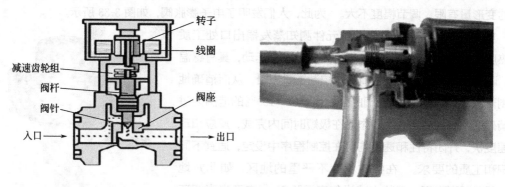

图 3-35　电动式电子膨胀阀(直动型和减速型)

① 工质温度。　通常为 −30～70℃(通电率 50%以下)。

② 使用压力随工质不同而有所区别，对 R22 为0～3.0MPa，对 R407C 为 0～3.3MPa，对 R410A 为0～4.2MPa。

③ 工质流动方向。　正向和反向均可。

④ 额定电压。　不大于直流 36V，优选电压为直流 12V、直流 24V，波形为矩形方波，脉冲频率由企业与用户协商。

(3)性能参数

① 最大动作压差。　在 90%的额定电压，规定的励磁方式、励磁速度等条件下，阀能够可靠动作的最大动作压力差，R22 为 2.26MPa、R407C 为 2.48MPa、R410A 为 3.43MPa。

② 逆向开阀压力差。　应不小于 1.471MPa(不带关闭功能的产品除外)。

③ 阀口泄漏量(不带关闭功能的产品除外)。　当阀口径不大于 2.4mm 时，泄漏量应不大于 600mL/min；当阀口径为 2.4～4mm 时，应不大于 1000mL/min。

④ 电气性能。　阀线圈引线与阀体间的绝缘电阻不小于 100MΩ；阀线圈引线与阀体间能承受交流 500V、1min 或交流 600V、1s 的电气强度试验，无击穿或闪络现象(整定漏电流值为 5mA)；线圈温升不大于 60℃。

⑤ 噪声。　不大于 45dB(A)。

⑥ 寿命。　阀经 10 万次开闭动作试验，仍可满足相关要求；关闭止动器在阀经 3 万次全闭动作后仍可满足相关要求。

本文选载国内应用比较广的三花牌电子膨胀阀的参数表(表 3-13)，供参考。

表 3-13　三花牌电子膨胀阀参数表

规格型号	通径/mm	R22 名义容量/kW(U.S.R.T)	全开脉冲	最大动作压差	阀口泄漏	最高使用压力	线圈温升	噪声	寿命
DPF(O)1.3	1.3	5.28(1.5)	2000	2.26MPa(R22)2.48MPa(R407C)3.43MPa(R410A)	≤600mL/min(阀口径≤Φ2.4)≤1000mL/min(阀口径＞Φ2.4)	3.0MPa(R22)3.3MPa(R407C)4.2MPa(R410A)	≤60K	≤45dB(A)(300mm)	5 万次
DPF(O)2.0	2.0	8.8(2.5)							
DPF(O)2.4	2.4	10.56(3.0)							
DPF(O)3.2	3.2	14.1(4.0)							
DPF(O)3.2	3.2	17.6(5.0)							
DPF(O)4.0	4.0	21.2(6.0)							
DPF(O)5.2	5.2	28.1(8.0)							
DPF(O)6.4	6.4	35.5(10.0)							

4. 使用电子膨胀阀要注意的问题

① 它是近些年来开发的技术，目前尚处于逐步成熟阶段，各个标准还不够完善。

② 由于它的控制涉及多种传感器和数量较多的电子元器件，因此可靠性比较差，所以应尽量选用技术比较成熟的厂家或国外名牌的产品。

③ 由于它内部有比较大的磨损量运动和易于老化的电子零部件，所以寿命比较短。 对于变化比较频繁的制热环境，就要考虑 3 万次左右的运动次数可以使用多长时间。 同时应该充分注意到灰尘、潮湿和腐蚀气体，尤其是雨水等环境因素对它造成的失灵或损害。

④ 价格比较高，相应的控制部分的成本也比较高，维修的难度和成本也较高。 这对于竞争激烈的家电市场是必须充分考虑的问题。

空气能热泵热水器使用的电子膨胀阀，一般由吸气过热度进行调节，由压力传感器和温度传感器提供信号，控制器执行调节动作；工作时，压力传感器将蒸发器出口压力信号，温度传感器将压缩机吸气温度信号传给控制器，有的产品只有其中一个传感信号。 控制器将信号处理后，输出电脉冲作用于电子膨胀阀的步进电机，将阀调节到所需的位置。 电子膨胀阀可通过事先预制的程序，在各个工况下精确地控制节流状态，提高系统的能效比和可靠性。 对于热泵热水器这种工作温度范围广的装置，如果仅从性能这方面考虑，采用电子膨胀阀是最合适的，尤其是在北方或者 10℃ 以下的低温天数较多的地区。 在选配时应对各种规格的产品，在各种工况下做充分的匹配实验，得出最佳的型号和最合适的控制方案。同时要和控制板厂充分沟通，才能制造出性能最好的空气能热泵。 随着电子膨胀阀技术的不断成熟，它越来越多的被空气能热泵采用，实践证明，采用电子膨胀阀可使热泵的性能得到较大的提高。

还有一些节流装置，比如膨胀机等，由于中小型系统使用较少，就不介绍了。 表3-14列出 3 种常用节流器件的性能对照表，供参考。

表 3-14 3 种常用的节流装置性能对照表

比较项目	毛细管	热力膨胀阀	电子膨胀阀
工质与阀的选择因素	限制较少	由感温包充注决定	限制较小
工质流量调节范围	小	较大	大
流量调节机构	管的内径和长度	阀开度	自动调节阀开度
流量反馈控制的信号	无	蒸发器出口过热度	蒸发器出口压力和压缩机进口温度
调节对象	蒸发器	蒸发器	蒸发器
蒸发器过热度控制偏差	较大	小,但蒸发温度低时大	很小
流量调节特性补偿	无	困难	可以
过热度调节的过渡过程特性	差	较好	优
允许负荷变动	小	较大,但不适合于能量可调节的系统	大,也适合于能量可调节的系统
流量前馈调节	轻微	困难	可以
对于整机效率的提高	作用小	有一定的作用	效果较好
低温环境下的制热能力	较差	有一定的改善	有较大的改善
部件的可靠性	好	较好	一般
价格	很低	较低	较高

空气能热泵在运行中，根据空气能的要求和主机部件的需要，还要配有一部分辅助装置，以保证设备的正常运行，这里作简要的介绍。

1. 干燥过滤器

在热泵压缩机的运行中，总是会有机械磨损的金属残屑、系统装配时留在系统内的杂质、工质受热质变的聚合物、焊接时铜管的氧化皮等，如果进入压缩机内，会对系统产生不良影响，加剧压缩机的磨损，甚至导致节流装置发生脏堵，使系统无法运行。另外还要防止在生产过程中进入的水分(比如凝露)对系统产生的不利影响。由于系统最容易堵塞的部位是节流部件(膨胀阀或毛细管等)，所以在节流部件前要设置干燥过滤器，用于洁净工质，使其不含水分、酸和固体杂质。在这些污染物被干燥过滤器清除之后，系统就比较安全。

在热泵系统中，干燥过滤器的作用是吸收制冷系统中的水分，以及阻挡系统中的杂质使其不能通过，防止系统管路冰堵和脏堵。因此干燥过滤器通常安装在冷凝器和节流装置之前，品种有干燥过滤器和过滤器两种。

干燥器中所用干燥剂有粒状硅胶、无水氯化钙、分子筛等类型，干燥剂吸水量达一定值时，可取出通过加热的方法再生，如图 3-36 所示。但应注意温度不能太高。液态工质在干燥器中的速度应在 0.013～0.033m/s 之间，流速太大时易使干燥剂粉碎。

图 3-36 加热再生过滤器

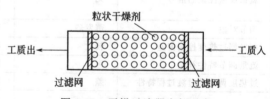

图 3-37 干燥过滤器内部示意

过滤器一般为与工质及润滑油相容的金属细网，氟利昂过滤器滤气时用网孔为 0.2mm 的铜丝网，滤液时用网孔为 0.1mm 的铜丝网，过滤网脏后可拆下用汽油清洗。

干燥器和过滤器通常组合在一起，简称为干燥过滤器。干燥过滤器两端有金属铁网或铜网、纱布或脱脂棉等，防止干燥剂入管路系统中。干燥过滤器的结构示意图如图 3-37 所示。

安装在吸气管上的干燥过滤器应在压缩机之前，干燥过滤器中气态工质通过滤网的速度应在$1\sim1.5$m/s之间，液态工质通过滤网的速度应小于0.1m/s。

2. 储液器

空气能热泵运行的是一些在常温下迅速挥发的工质，整个运行系统是密封的。 但不管这些密封的措施多么严密，泄漏还是不可避免的。 系统越大、工作时间越长，泄漏的可能性就越大。 所以我们要给它安装一个补充部件，对泄漏的工质进行补充。 当然，这个部件同时也产生一些其他有用的功能。

储液器外观如图3-38所示。

储液器通常安装在冷凝器之后，一般适用于功率较大、系统管道较长、部件较多、工质需求量较大的机组，用来储存冷凝器的工质液体，以适应工况变化和减少补充工质的次数。 它的作用相当于一个蓄水池，对工质的供应起调节补充的作用。

其主要作用如下。

① 补偿系统的漏损，防止停机后液体制冷剂流入蒸发器，造成再次启动时可能发生的压缩机液击现象。

② 维持蒸发和冷凝间的制冷剂平衡。

③ 使进入蒸发器前的制冷剂有一定的过冷度。

④ 防止冬季工作时出现液击。

当压缩机内有大量液态制冷剂时，启动压缩机可能将导致压缩机"带液启动"，过量的液态制冷剂还会稀释冷冻机油，冲刷轴承上的机油并使机油不能形成有效的油膜，

图3-38 储液器

所以在系统设计和制造时，要防止制冷剂的"回液"。 如果这些措施还是不能保证防止回液时，还可以在系统中设置"抽空循环"，或在吸气侧配置气液分离器。 吸气端气液分离器在系统启动、运行和化霜时为压缩机提供防止过量制冷剂返回的保护，为低压侧增加额外的容积，防止压缩机吸入液态的制冷剂造成故障。 它的容积应该容纳全系统$35\%\sim50\%$的制冷剂。

小型的热泵热水器，如俗称的"一匹"家用机，可以不设储液器，在冷凝器出口处的管路，做一定的延长处理，起到一定的储液作用。

在实际的热泵系统中，它很容易和气液分离器混淆，判断的方法是储液器是布置在冷凝器之后、干燥过滤器之前，在蒸发器的前端；而气液分离器是在蒸发器的后端、压缩机的前端。 一般的较小型的压缩机都自带气液分离器。

图3-39为干燥过滤器和储液器的安装示意图，供参考。

3. 气液分离器

从蒸发器出来的工质，理想的状态是以过热蒸气的形式存在，但并非都是如此。 如果工质在蒸发器中不能完全蒸发，那么工质就有可能以气液混合的状态进入压缩机，这样就会造成压缩机产生"液击"现象。 所以必须在工质进入压缩机气缸前将液体分离出来，气液

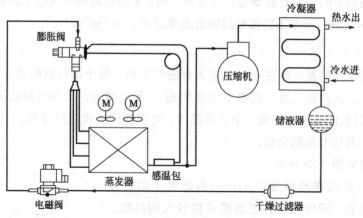

图 3-39 干燥过滤器和储液器的安装示意

分离器就是这种装置。

为防止液态制冷剂吸入压缩机，在热泵的吸气口前要设置气液分离器，利用制冷剂气液状态不同时的重力差来实现气液分离。 一般小型滚动转子式压缩机直接将气液分离器设置在压缩机机体的吸气管上，称为管道型气液分离器。

气液分离器的功能是将从蒸发器出来即将进入压缩机的工质气流中的液滴分离出来，主要用于工质充注量较大、压缩机进气可能带液且压缩机对湿压缩较敏感的情况。

气液分离器一般通过降低气流速度和改变气流方向使蒸气和液滴分离。 制冷剂在气液分离器内流动方向发生转变，流动速度也急剧降低，液滴被分离出来沉积在分离器的底部，在低压状态下继续吸收热量成为过饱和蒸气后再吸入压缩机。 在吸气管较低位置设有回油的小孔，供分离出来的润滑油返回压缩机。 设计和使用时，蒸气在气液分离器内的流速不应大于 0.5m/s。 气液分离安装在蒸发器之后、压缩机之前。 大型的压缩机气液分离器体积较大，一般另外配置。

4. 油分离器

在热泵系统中，压缩机要安全工作，必须有效地防止液击和润滑油缺乏现象的发生。机油在压缩机内起润滑、冷却和密封作用，缺乏机油将会对压缩机造成严重的损坏；机油过多的沉积在冷凝器和蒸发器，还会造成换热器的换热效率下降，影响整台设备的效率，在较大型的热泵装置中，要设置油分离器。

油分离器具有从制冷剂气液混合物中将润滑油分离出来的能力，使进入冷凝器的机油减少，从而促使热泵系统更高效地运行。

油分离器可分为过滤式、离心式和填料式等。 维修时可按原配置的型号购买更换，制造时多选用过滤式油分离器。

过滤式油分离器的原理是气态工质进入壳体后，速度突然下降并改变气流方向，并通过金属丝网等作用将气体所携带的润滑油分离出来，主要用于小型氟里昂装置中。

填料式油分离器是靠气流在壳体内速度降低、转向且通过填料层的作用而分离。 填料可为小瓷环、金属切削条或金属丝网（如纺织的金属丝网）。 以金属丝网的效果最好，分离效率可达 96％～98％，但阻力也较大。 适于中小型热泵装置。

离心式油分离器的原理是气流沿切线方向进入油分离器，沿螺旋状叶片自上向下旋转运动，借离心力作用将滴状润滑油甩到壳体壁面，聚积成较大的油滴，使油从工质蒸气中分离。适宜于中等制热量的热泵装置。

过滤式、离心式油分离器的分油效率均很高。选择油分离器时，一般以进气、出气管径为参考，一般进气管内气流速度为 10～25m/s；此外，也可根据筒体直径选择(过滤式油分离器气流通过滤层的速度为 0.4～0.5m/s，其他型式的油分离器中气流通过筒体的速度不应大于 0.8m/s)。

在外形上，油分离器和气液分离器较为类似，在维修中应注意区别：油分离器安装在压缩机排气口之后，而气液分离器安装在压缩机进气口之前。

对于工质管路较长、低温工作以及存在内部回油问题的热泵系统，应设置油分离器。

油分离器和储液器连接位置如图 3-40 所示。

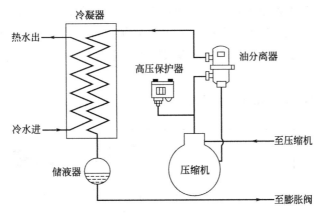

图 3-40　油分离器和储液器连接位置示意

5. 阀

(1)四通换向阀

空气能在制热时必须通过蒸发器降温吸收外界的热量，一般要求蒸发器与外界气温保持 15℃左右的温差，才能吸收足够的热量。那么当外界温度(实际就是空气的温度)降到 15℃以下时，空气能蒸发器的温度必须降到 0℃以下才能正常工作。此时如果蒸发器翅片有水，就要结霜了。霜的加厚将使得蒸发器的吸热效果下降，甚至不能工作，所以要除霜。除霜的办法很多，最直接的就是改变工质的运动方向，将蒸发器和冷凝器对调，这样压缩机出来的高温的气体就直接进入蒸发器，蒸发器身上的霜就自然融化了，也就是通常所说的"除霜"。要达到这个目的，就要借助四通换向阀。

四通阀是热泵热水器系统进行除霜时，用以改变工质流动方向的部件。

在热泵热水器正常制热时，四通阀线圈不通电(注意，这一点和空调机是相反的。空调机制冷时间最长，所以制冷时不通电，这样设置系统的可靠性较高；空气能绝大部分时间是制热，制热时不通电是最合适的设置)。工质正常进行循环，当系统进入除霜工况时，电磁阀线圈处于通电状态，使压缩机的排气进入室外机蒸发器，冷凝器此时被迫成为吸热部件，蒸发器获得高温、高压的制冷剂，形成除霜循环。

选用四通换向阀的容量应与机组的制热量、制冷量相匹配，其接管 1、3 应与压缩机的排气、吸气管相匹配。所选四通阀容量过大时,会造成功能切换困难;所选四通阀容量过小时,会使工质流过四通阀阻力过大,影响机组性能。

四通阀上共有 4 个接管,空气能制热水时,一般控制线圈不通电,接管 1 与接管 3 连通,接管 2 与接管 4 连通,接管 1(通常用字母 D 标注)接压缩机排气管,接管 4(通常用字母 S 标注)接压缩机吸气管,接管 3(通常用字母 E 标注)接冷凝器,接管 2(通常用字母 C 标注)蒸发器,这点与空调是相反的,一定要注意。当机组除霜时,四通阀通电,接管 1 连接 2,接管 3 连接 4,也就是 1、4 不变,2、3 对调。

当四通阀安装时,需用焊接方法与压缩机和换热器连接,应设法控制四通阀在焊接过程中的温升,否则会造成四通阀损毁。一般采用湿毛巾包住四通阀的进管和出管处,再进行焊接。

四通阀在空调中大量应用在制冷和制热的转换中,在空气能中应用也比较多。四通阀是空气能热泵热水器在寒冷季节进行除霜的重要部件,采用其他方式如旁通除霜、电化霜和自然除霜的机组上,可以不设置四通阀。采用直热加热方式的空气源热泵装置。如果未设置循环加热水泵,由于没有办法向冷凝器提供热源,也不宜采用能四通阀,可采用旁通方式除霜。

四通阀的外形和安装方式如图 3-41 所示。

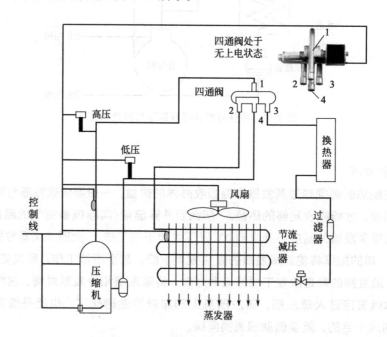

图 3-41 四通阀外形和安装方式

(2)直通阀

随着空气能热泵新产品的开发,控制的环节也越来越多,这时,控制阀门的使用就不可避免了,直通阀门的种类可能比较多,但经常用到的就是常开和常闭的阀门,它的外形如图 3-42所示。

对于电磁阀的使用要求如下。

① 质量要好,不会泄漏;

图 3-42　电磁阀

② 可靠性要高，不会轻易损坏。

电磁阀虽然小，但要求高，是热泵设备故障多发的部件。 相当长的时间里，国产的电磁阀还不能达到使用的要求，虽然近年来这种情况有所改善，但建议目前还是使用进口名牌为好。 在设计管路中尽量减少电磁阀的数量，以减少设备的故障率。

6. 水泵

水泵和风机一样，在空气能热泵中都是为了提高换热速度而设立的。

目前常用的水泵主要是离心式水泵，它比较可靠、价格较低、效率也相对较低。 目前空气能配套的水泵主要是德国威乐牌的，它体积小、重量轻、噪声低、可靠性高，受到热泵厂家的欢迎。 对于较大功率的空气能热泵一般使用国产的离心式循环水泵。

各种水泵的用途不同，对空气能热泵用的水泵，主要是选用流量大、扬程低的水泵，因为空气能用的水箱一般都在 3m 以下。 可以参考它们的技术参数和性能曲线图来选用合适的水泵，具体可以参考本地水泵供应商提供的水泵资料来选用合适的水泵。 作为循环泵，必须根据产品的制热量来确定水泵的型号，同时还要考虑一定的余量。

第四章　空气能热泵的自动控制
原理及控制器

空气能热泵热水器的自动控制器，是热泵的重要部件，主要作用是正确地管理热泵机组各器部件的工作。　控制器就像热泵的大脑，能根据热泵工作过程中碰到的一些问题，以及人们预先设定的程序来指挥热泵完成工作任务。　由于热泵在国内是一个刚刚形成的市场，人们对它的了解还不多，还缺少大量用户使用的反馈信息，所以故障率比较高。　而这些故障 50％以上是控制部分的故障，或者是控制不当引起的故障，很多太阳能经销商和小工厂都在这方面碰到麻烦，不少太阳能经销商和工厂因为处理不了空气能工程的故障，或者承受不了巨大的维修成本而采取了逃避的方法。　这不但给支持节能减排的用户带来麻烦，也对自身声誉也造成损害。　所以对空气能热泵的自动控制要引起重视。　在热泵的设计、购买、使用中采取正确的选择是十分重要的。　事实证明，只要方法得当，自动控制系统的故障问题是可以减少和避免的。　要达到这个目的，就要对热泵的控制过程有一个基本的了解。　由于空气能热泵的用途比较多，不能一一叙述，本章只介绍空气能热泵热水器的控制器。

第一节
空气能热泵的自动控制

一、自动控制的必要性

目前的空气能热泵热水器，都要求具有自动运行的功能，来替代人工的管理，使机器在无专人看守的条件下，仍然保持在最佳状态。　自动控制系统对机器实行温度控制、时间控制、除霜控制和保护控制，使用户能及时得到热水或者热源。

自动控制装置还能够按预定的时间安排机组的工作。　在用电分时计价地区，在峰谷时间运行，会成倍地降低用户的成本。　在人们不需要提供热水时，它会停止工作，减少自身保温散热的消耗。

自动控制装置在低温环境下，能自动除霜，保证机器提供热源；自动控制装置还能在机器出现故障时报警，提示人们准确地排除故障。

自动控制装置还会将机器目前的一些主要的工作状态用显示器的形式告知用户，使用户放心使用。　用户也可以随时给控制器发出指令，使它适合当前的使用环境，达到用户的使用要求。

目前还出现了可以远程控制的空气能热水器，人们通过电脑甚至手机微信就可以了解空气能的运行状况，发现它的故障，可以随时启动或者关停机器。 对于生产厂家或者维护中心，可以通过远程了解每一台空气能的运行状态，及时维护和维修这些设备。 对宾馆、学校、医院、企事业单位宿舍等，这些功能显得尤其重要。 总之，空气能热泵的自动控制技术给人们带来了极大的方便，目前空气能热泵已经全部安装自动控制装置。

二、自动控制的可靠性

1. 可靠性的重要性

由于目前空气能热泵的使用者基本不具备机械、电器方面的基础常识，所以各空气能热水器工厂提供的产品基本都配上比较完善的自动化系统，一般都能自动运行。 空气能热泵本身是一个新的产品，它的许多规律还不为人们所认识，往往产生较多的故障，这就要求配套的控制系统故障要低，这样整体的故障率才能控制在一个较低的数值下。 作为一个自动运行的系统，如果经常出故障，将给用户带来很大的麻烦，也增加了机器提供商的维修成本。 为此，要尽量减少热泵系统的故障。 实践经验表明，空气能热泵做到自动控制并不难，难的是热泵可靠的自动控制。 只有实现了可靠的自动控制，空气能热泵才是一个完整的、合格的机器。 在产品生产的准备阶段，就要做一个比较周全的计划。 在比较方案时，有些方案在控制、体积或者外观等方面并不占优势，但它的可靠性优于其他方案，那么还是要考虑选择该方案。 因为只有实现了系统可靠的运行，才谈得上系统的自动化。 目前在空气能热泵的制作和控制部件的选购上，最重要的就是系统的可靠性。

2. 可靠性和功能之间的辩证关系

一般实施热泵自动控制的元器件分为机械式、电气式和电子式三类。

从历史发展来看，机械式最早，其次是电气式，最后才是电子式；从功能上看，电子式最多，电气式次之，机械式功能较少；但从可靠性来衡量，则是机械式最强，电子式最差。上一段已经说过可靠性是空气能热泵工程最重要的因素，所以，在控制元器件选用方面，特别是执行器件和过电流器件，应尽量选用机械式元件和电气式元件，电子元器件则尽量用在智能控制和信号处理方面。 随着电子产品的不断成熟，由于其强大的功能，它的可靠性也在不断提高，在热泵控制器中的比重也不断增加。

3. 自动控制设计原则

在热泵工程中，50％的故障是由于电器和自动控制部分的故障造成的，设备的维护和维修是不可避免的。 设计不合理的控制系统往往使得维护和维修人员无法在较短的时间内排除故障，甚至无法修理，工作十分困难。 为此，对控制部分进行合理设计和布局，让使用者能够自行排除简单的故障，让维修人员能较快地判断控制系统的故障点，是一个值得重视的问题。 笔者在长期从事自动设备的制造过程中，总结了一套行之有效的设计原则，并且在实际应用中取得较好的效果，即"四可理论"：可观察、可互换、可插拔、可旁路，还要易于采购。

(1)可观察

在控制部件中，尽量选用通过肉眼可以观察到状态的元器件，比如，透明的小型继电器，透过外表可以看到内部接触点、电极片、线圈的状态，就可以很容易地看出这个原件是否有问题。还有一些带有指示灯的部件，通过指示灯的亮或不亮就可以判断该器件的好坏和工作状态。导线的连接点最好套上线标，关键的执行部件要贴上说明其作用的标签。通过以上的方法，控制板上要标上中文的接线标记，尽量少用和不用英文的。由于控制板的外接插座较多，所以不同的插座尽量使用不同颜色的插接头，使得调试维修人员能够在较短时间内，比较方便地完成调试维修工作。如图4-1所示。

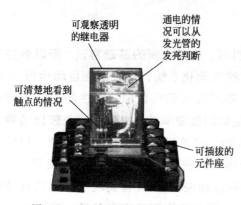

图 4-1　可观察、可插拔的小型继电器

（2）可互换

在热泵控制系统运行中，部件的故障是时有出现的。如果故障找出来了，需要的部件却采购不到，这样就影响了系统的工作。如果此时能够将一些不重要的功能去掉，将它的执行部件替代重要的、已经损坏的部件，使系统能够正常运行，那就方便多了。为此提倡在控制系统的筹划中，考虑容易出故障部件的可互换性。比如，小型中间继电器、温度传感器等，尽量选用相同型号和规格的。通过这种可互换的因素的设计，使得系统的运行更顺利。如某厂生产的控制器，它的温度传感器 7 个，都是用 $10\text{k}\Omega$，B 值 3470 的负温度系数的热敏电阻，并在控制柜上标明，这样就给用户维护提供了很大的方便。

（3）可插拔

上面已经提出了可互换的观点，那么，在排除故障中，有些部件要旋下螺钉，有些要用电烙铁去掉焊锡，给工作带来不便，为此建议在控制部件中尽量采用带插拔的部件，这样可以容易的将故障部件拔掉，立即换上替代部件，减少排除故障的时间。事实上部件的可插拔对于系统的调试也提供了方便。当然，对于较大的系统，或者工作环境较差的地方，可插拔的部件会带来成本的提高和可靠性的下降，需要慎重考虑。由于热泵控制系统比较简单，部件较少，工作环境也比较好，为此建议尽量采用可插拔的方案。

（4）可旁路

一些执行重要工作的部件，它的故障往往造成系统无法运行，如果无法互换的，建议考虑加上旁路功能。比如，电加热接触器，由于大电流通过，在热水系统中容易损坏，经常无法正常工作，可以考虑旁路安装一个手动空气开关，一旦接触器或者电加热系统故障，无法正常加热，在人工判别不会造成系统更大损坏的情况下，就可以手动合上开关，使得系统能够正常工作。再比如在供水系统中，采用电磁阀给系统定时供水，一旦电磁阀损坏，整个系统供水停止，就无法提供热水了。所以一般都在管道上装上带开关的旁路回路，这个回路一般情况下是关着的，一旦需要就可以打开它，系统运行不会受到影响。如图4-2所示。

热泵控制器中有好几个模拟量和开关量控制接口，这些接口的设计要合理，一旦这个接口的传感器出现问题，如果人在现场可以监控到，应该可以将它短路或开路，该点就应输出该项检测合格信号，这样尽管当某一传感器失灵或者控制部件这一部分故障，但其他部分完好时，整个系统在现场有人监控的情况下还能使用。

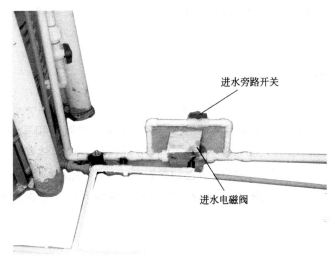

图 4-2　带旁路功能的进水系统

（5）易于采购

自动控制设备在运行中，发生故障是难免的。自动设备的元器件在使用中，经常由于环境、人为失误、设计中的失误、执行中的干扰造成元器件的损坏，要想在短期内用较少的成本获得更换件的补充，在自动工程的设计中就要挑选常用的、易于采购的元器件，特别是关键部件和容易损坏的部件，使得用户在当地就能采购到备用部件，及时修复故障，这也有利于提高设备提供商的信誉。

以上这些方法，都是为了可以及时排除设备故障，减少用户的损失，在实际应用中证明效果很好。只有供应商提供的设备少出故障和出故障时能够以最快的速度排除，不给客户造成大的损失，才能赢得市场，也才能降低成本，这个在热泵工程的制作中是十分重要的。

（6）易于用户操作控制

这个问题在热泵的使用中比较突出，由于热泵的控制比太阳能、空调的控制范围要大，人们对它也比较陌生，因此早期的控制器面板的控制方式，就连经常和太阳能、空气能打交道的工人和技术人员都很难搞清楚，更别说用户了。经常出现这种局面：用户动了控制面板，机器就不能使用了；用户使用情况变化了，需要调整相关参数，他们自身调整不了，维护人员就要上门去帮他调好，非常费工费时。所以要采用用户比较容易接受的人机对话方式来解决这个问题。最近几年，在总结用户使用的基础上，一些厂家推出了一些比较适合的人机界面控制器，本书着重介绍它们。

（7）主机应设有总控开关，方便安装和检修。

第二节
用于空气能热泵控制的基本元件

人走路要靠眼睛和脚，如何走要靠大脑指挥，空气能热泵的工作原理也一样：大脑相当于控制板，眼睛相当于传感器，脚相当于执行元件，依靠这三者来辅助完成工作任务。 了解这些控制板、传感器和执行元件的性能、作用、特点，是了解热泵控制的要点。

一、开关量和模拟量

为了让读者更好地了解热泵热水器控制器的功能，这里先介绍一下开关量与模拟量。实行自动化控制，它的信号主要来自传感器，传感器就像人的眼睛和耳朵，以及人体的感应能力。 但控制器的能力没有人那么强大，不可能接受各种各样的信号，所以为了让控制器读懂传感器送来的信号，在自动控制中将它归类为开关量和模拟量两种，一切外界的感应都归类在这两种中的一种。 控制器接收到这两种信号，根据人们对它设定的条件，对它进行分析，做出相应的判断。

1. 开关量

传感器向控制板发出信号，"断开"或是"接通"，只有两种状态。 通过这两种状态来告知传感器探测对象的状态，比如是"好"还是"坏"。 它的动作就像一个开关，所以称为"开关量"传感。 它所传递的是一种定性的信号。 空气能热泵的大部分高、低压传感器，给出的就是开关量信号。 比如高压传感器，它所接受的压力可能在一个范围，但它给出的就是正常（接通）还是不正常（断开）的一组信号。 控制器就会对这组信号做出判断，当高压开关接通时，压缩机正常运转；如果不通时，压缩机停机。

2. 模拟量

模拟量传感器向控制部分发出的是连续的数字信号，通过它来告知探测对象的情况。一般模拟量的信号是电阻值，也有半导体导通信号（实际也是电阻值），还有一些是电流信号等，其中电阻信号应用最广，性能最稳定。 空气能热泵热水器的温度信号就是电阻信号，它是通过热敏电阻在不同温度的阻值变化来确定探测对象温度的。

模拟量信号是一种定量的信号。 比如空气能热水器的热水温度信号，就是模拟信号。如设定空气能的加热温度最高是 55℃，空气能热泵运转加热，当它的水温传感器：一个 10kΩ 的热敏电阻的阻值在 4kΩ（见图 4-9）时，空气能热水器得到这个信号，认为水温已经达到设定温度 55℃，就停机了。 随着热水的消耗，以及保温水箱的散热，热水的温度会逐步下降，这时热敏电阻的阻值也对应上升，当它上升到 4.2kΩ 时，水温也下降到 47℃ 左右。 这时，空气能又按照设定的回差值（3℃）启动了。 如果没有回差值，那么空气能热水器就会在 55℃ 上下频繁启动，对机器是很不利的。 所以对模拟量的控制往往对应着回差值，这是模拟量传感控制的特点之一。

二、高压低压开关

空气能热泵是利用工质的压力、温度的转换来获取热量的，压力的变化是机器运转的主要参数。 通过压力的测试，可以知道机器运转正常不正常，来判断机器是否能够继续工作。 这个任务由热泵中安装的高压和低压传感器来完成。 它们的外观如图 4-3 所示。

工作原理：当压力系统内的介质（液体或气体）压力高于或低于额定的安全压力时，系统内碟形金属膜片瞬时跳跃，通过连接推杆，推动开关触点断开，当压力降至额定的恢复值时，碟片瞬时复位，开关自动复位。 在装配时如需采用焊接工艺，应采用水冷保护，用毛巾裹住后焊接。

图 4-3　空气能高、低压开关

1. 高压传感器

热泵的循环往往从压缩机开始，压缩机吸入低压的工质，通过压缩将它变成高压的工质，一般热泵高压工质的压力范围应该在 $0.5 \sim 3.3 MPa$ 之间，压力的范围随工质的不同，有一定的变化，所以不同工质的热泵选用不同的高压传感器。 比如 CO_2 工质的压力可以达到 $9MPa(90kgf/cm^2)$ 以上，那就要选用较高压力范围的高压传感器。 压力传感器的内部结构如图 4-4 所示。

这种压力传感器就相当于一个开关，当压力正常时，压力传感器的开关是闭合的，也就是我们所说的接通。 如果压力超出传感器的范围，则压力传感器开路。 当控制器接到这个信号时，就知道机器压力超过正常范围了。 高压开关一般安装在压缩机的出口处的管路上，一般用焊接。高压超标经常出现在冷凝器换热不良的情况下，造成热量积压，为了传出这些热量，压缩机就要提高它的出口温度，温度高了压力也就高了。 某产品的高压开关的范围是 $2.2 \sim 2.8 MPa$。 如图 4-5(a)所示。

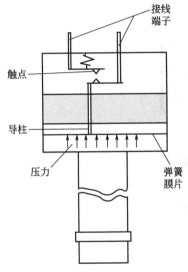

图 4-4　压力传感器内部结构

接线端子

触点

导柱

压力

弹簧膜片

2. 低压传感器

低压开关的作用是检测热泵低压侧的压力是否正常，一般安装在冷凝器的出口处，即将进入压缩机气液分离器的这一段管路上，一般是焊接。 低压超标一般是管道漏气、工质泄漏造成的。 某产品的低压开关的范围是 $0.05 \sim 0.15 MPa$，当开关为闭合时，低压为正常。 如图 4-5(b)所示。

3. 高低压指示表传感器

常用的高低压仪表带有压力指示功能，直接焊接在工质管道上，除了指示热泵当前的压力外，同时给出接通和断开的信号，这种仪表式传感器一般应用在功率比较大的空气能热泵机上。 有些仪表还带有压力调整功能。

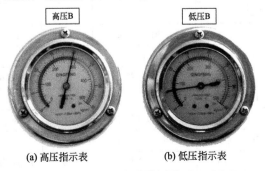

(a) 高压指示表　　　(b) 低压指示表

图 4-5　压力指示表

表 4-1 列出了常用工质的压力范围，供参考。

表 4-1　热泵工质的压力范围表　　　　　　单位：kgf/cm²

项目	R22	R407C	R134a	R404A
高压侧工作范围	10.9~27.7	10.5~29.1	6.7~20.2	12.7~32
低压侧工作范围	1.4~6.9	1.1~6.4	0.6~3.9	2~2.73
高压控制器设定最大值	28	29.5	20.5	32.5
低压控制器设定最小值	0.2	0.2	0.2	0.2
抽空循环设定最小值	1.3	1.0	0.5	1.8

4. 可以调整的高低压传感器

如图 4-6 所示，它是一种可以调整的开关式压力调节开关，一般用在大型的空气能机组上，控制信号输出也是开关量，它的性能如表 4-2 所示。这种可调高低压开关比较精密，一般都是进口的产品。其安装尺寸如图 4-7 所示。

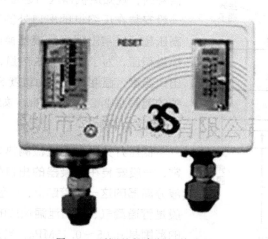

图 4-6　可调整的高低压传感器

表 4-2　可调整的高低压传感器技术参数　　　　　　单位：kgf/cm²

型号	压力	调定范围		开关压差		工厂设定		气密实验压力	质量
		最小	最大	最小	最大	关(开)	开(关)		
JC-306	低压侧	−50cmHg	6	0.6	4	2	3	16.5	
	高压侧	8	30	大约以4固定		20	16	40	
JC-306M	低压侧	−50cmHg	6	0.6	4	2	3	16.5	
	高压侧	8	30	手动重接		20	手动重接	40	0.61
JC-606	低压侧	−50cmHg	6	0.6	4	2	3	16.5	
	高压侧	8	30	大约以4固定		20	16	40	
JC-606M	低压侧	−50cmHg	6	0.6	4	2	3	16.5	
	高压侧	8	30	手动重接		20	手动重接	40	

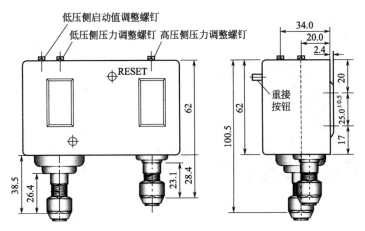

图 4-7　可调整的高低压传感器安装尺寸

设计和维修空气能热泵，要注意高低压开关的常开或者常闭的初始状态，要与控制器配套。 一般来讲，高压开关以常开为合理，低压开关以常闭为合理。 应注意，低压开关在开机后一小段时间是常闭的，等机子开动起来，管道内有了一定压力时才改为常开的。 这点在维修判断管道是否有压力时要注意。

三、热敏电阻及其温度传感器

1. 模拟信号温度传感器

目前空气能热泵的传感器主要是温度传感器，是模拟量传感器。 主要有以下几种。

① 环境温度传感器。

② 化霜温度传感器。

③ 热水温度传感器。

④ 水箱温度传感器。

⑤ 压缩机排气温度传感器。

⑥ 压缩机机油温度传感器。

⑦ 其他的有化霜管道传感器、北方地区的冷凝器温度传感器等。

这些传感器都是由相同阻值的热敏电阻做成的，但也有部分厂家的产品，它的阻值有两种。 我们建议还是统一，这样今后的维修、维护就比较方便。 从当前的趋势看，各控制器厂已经逐步走向统一。

2. 温度传感器和热敏电阻

温度传感器采用的热敏电阻，目前比较统一的标准是 $R_t = 10k\Omega$ 的 NTC(负温度系数，温度越高阻值越低)电阻，B 值为 3470 左右，精度在 3% 左右。 温度传感探头一般是做成防水的，放在热泵各个测试部位，吸收了那个部位的温度。 热敏电阻就给出相应的电阻值，控制器根据这些电阻值算出该点的温度，从而做出动作的判断。 图 4-8 是一种常用的温度传感器外形。 图 4-9 是温度传感器的温度曲线。

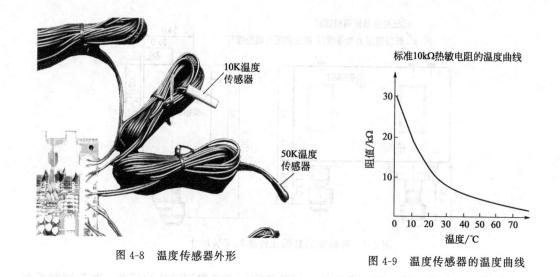

图 4-8　温度传感器外形

图 4-9　温度传感器的温度曲线

第三节
空气能热泵控制系统的组成

目前，虽然空气能热泵的控制器有十几个生产厂家，但经过了十年左右的市场考验，不断研发，已经基本形成了比较统一的功能和设计方案。所以只要对一个型号的空气能热泵的控制部分详细了解，就基本上能够掌握其他品牌的控制器情况，可以做到不同品牌的控制器之间进行互换。这为空气能热泵的推广和使用提供了很大的方便。

一、空气能控制系统的组成

目前空气能热泵的控制器款式很多，但是变来变去也基本在图 4-10 所示的范围内。一般都是其中的一部分或者全部组成了热泵的控制系统。

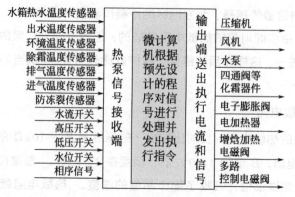

图 4-10　空气能热泵的系统简图

二、控制主板及要求

1. 控制主板

控制主板是空气能热泵的重要部件，是机器的大脑。 主板设计的好坏，直接影响到热泵的使用和今后的维修。 由于技术的发展，目前空气能的控制主板都采用进口大厂的控制芯片，可靠性都很高，使用中自身的故障并不高。 但是在细节处理上还是有差别，并且直接影响到它的使用。 根据目前存在的问题，我们对控制主板提几点要求。

① 尺寸越小越好。 这样可以减少占用空间，有利于降低空气能热水器的占空比。 这一点在家用机里比较明显。 目前有一部分厂家采用双面印刷电路板制作控制主板，其面积只有原来的 1/2。

② 尽量用中文标识。 除了出口的以外，应该尽量采用中文标记。 由于各个厂家对产品的部件的编码没有统一，所以造成控制板的接线代码没有说明书辅助而无法确定，给产品的维修造成很大的麻烦，有的机器就因为找不到说明书而报废了。 所以，如果工艺条件允许，尽量采用中文和电工手册中规定的英文符号来标记各个接口。 尤其是热敏电阻的阻值要标出来，这样维修时就比较便捷。

③ 要有好的兼容性。 产品的改进要有系统性，新产品的部件基本参数，尽量与老产品一致，使得新产品可以替换老产品，如果不一致要在新的产品说明书中说明。 传感器选用目前比较通用的规格，这样就为后期的使用和维修、维护提供了方便。

④ 要有好的绝缘防水性能。 目前反馈的情况是，主控板自身故障很少，但外围环境如结露、灰尘、水淹是造成控制板大量被腐蚀损坏的主要原因。 这是由热泵本身的结构和运行状态引起的。 控制器失效往往造成机器停止使用，一直到更换新的控制板为止。 在这个问题上，除了对用户安装提出要求外，控制板本身也要改进，比如灌注环氧树脂，使其达到防护级别 IP65，这是最理想的。

⑤ 接插口一一对应，识别容易。 主板外插件比较多，容易混淆，给后续维修带来不便，所以各接入口的规格尽量分开，如果数量较多，对规格一致的接入口，要用颜色加以区分。

图 4-11 和图 4-12 是比较好的单机、双机控制主板图，供参考。

2. 显示面板

显示面板是空气能热水器人机对话的工具。 通过它可以了解机器的基本状态，同时可以将使用者的控制意图传递给机器，使它按照使用者的意愿来工作。 近十年来，随着空气能热泵的普及，控制面板的一些性能得到很大的改进，逐步克服了以前的缺点，从"天书板"到"改进板"到"完善板"，进入比较完善的阶段。

根据使用的经验，将显示面板的一些要求总结如下，供参考。

(1)易于安装和连接

显示面板家用机一般安装在家庭里，要求美观大方，易于安装。 目前一些采用与房间电源开关相同尺寸的控制面板比较受欢迎，它既可以暗装，也可以明装，安装方便又美观大方。

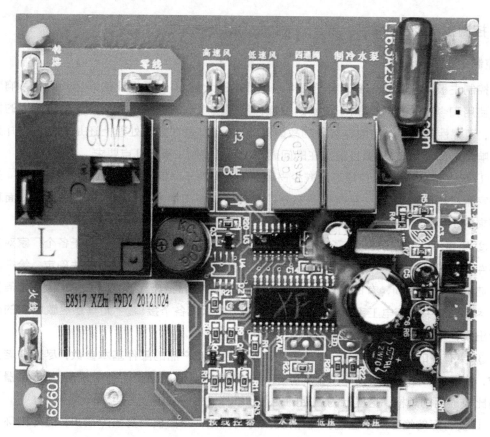

图 4-11　单机运行的控制主板

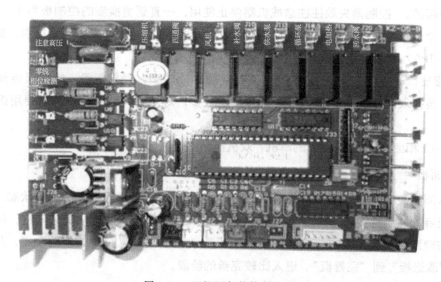

图 4-12　双机运行的控制主板

　　工程机由于受到控制柜安装的限制，很多安装商往往就将控制面板装在机内。笔者的建议是尽量安装在机外的电控制柜内，因为空气能热泵机柜内的环境很差：由于采用风扇排风换热，灰尘比一般的安装多几百倍；由于热泵吸热，周围经常结露；结露水滴下或者聚集，都会损害控制面板。所以如果一定要放在机内，要做好密封工作。同时在引线和接线端子等方面的设计要方便更换更长的导线，并且不会对控制信号造成干扰等。

（2）操作简单，尽量用中文标示

很多控制面板厂采用英文、电工符号或者图案来标示，往往给用户带来很大的麻烦，所以早期人们称空气能控制面板为"天书"。 有的控制面板即使是专业安装人员都搞不懂，客户就更难操作了。 因客户不懂操作，要求维修单位派人解决的次数占维修量的70％以上。所以面向国内使用的控制面板除了要操作合理外，尽量用中文标示。

（3）要具有防水、防潮、防尘的性能

上面提到安装时做好机器的防尘、防露、防水工作，对控制面板生产方来说也应该提高面板的防护等级，达到IP65最好。 这样即使安装环境不好，也不会出现故障。 现在很多产品已经将控制部分独立封闭，提高了控制器的可靠性。

（4）多段时间控制功能

当前，有一部分空气能控制器具有多段时间控制功能，但大多数的空气能热泵控制器没有这个功能，只设定一段定时开、定时关的功能，这显然是不够的。 要使人们自如地运行热泵，用水之前才开动热泵，这样可以减少热泵开机时间，减少保温水箱的热能损失，大大节约电能。 在太阳能行业中，没有多段时间控制的控制器是很难销售的。 不过已经有不少控制器厂认识到这个问题，后续的产品中已经出现三段运行时间的功能。 按经验应该设：早上、中午、晚上、机动四段最好。 尤其是晚上，仅一段时间设定对大多数工矿企业来讲根本不够用，四段时间设定比较合理。 对于没有多段时间控制功能的控制器，可以采用定时器加控制器来实现多段时间的功能。

（5）操作的改进

① 要简单易行尽量减少组合键、多次键，尽最大可能减少控制单元的数量。

② 要有复位的功能。 用户调乱面板时可以恢复到出厂原始状态，机组可以立即恢复运行，相关的设定可以等维修人员到达后再恢复。

③ 要有手动操作的功能。 客户在不明机器设定规则的情况下，可以一指按下某些功能键，如电加热键，机器还能工作，不影响客户的使用。

三、总的控制部分的组成

1. 控制器的概况

图4-13是一个控制功能较多的双热泵系统控制器的基本组成。

2. 控制器的安装示意图

图4-14是双机控制器的控制示意图，比较全面地反映了空气能热泵热水器的控制全貌。

3. 集中控制和远程控制

（1）多台集中控制

对较大规模的制热工程，可以采用多台空气能热泵联合制热，这样可以较好地使用热泵，使它的效率达到最理想的状态。

图4-15和图4-16就是多台热泵联机工作的示意图。

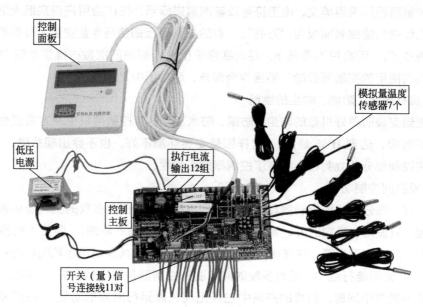

图 4-13 双机多功能控制器的基本组成

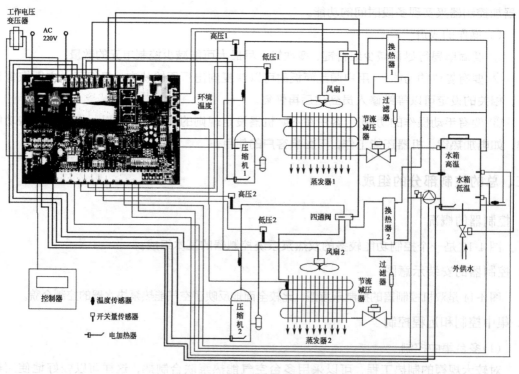

图 4-14 双机控制器的控制示意

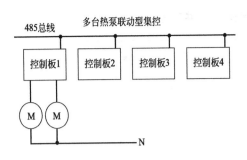

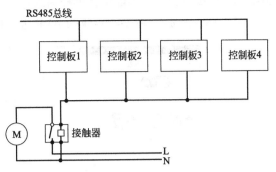

1. 公用水路。水泵只需要接到1#机组，工程施工方便。
2. 各台机组和1#机组的水泵联动。
3. 任一台机组故障，不影响其他机组运行。
4. 1#机组不能控制水路，则可以设定其他任一台机组为1#机组。

图 4-15　多台热泵联动型集控

1. 集控1~16台机组，可定制更多机组。
2. 各机组独立运行。
3. 任一机组的故障，不影响系统运行。

图 4-16　多台并联型集控

（2）远程控制

这也是目前很多热泵控制器厂研发的方向，这种装置大都用在比较多的单位使用相近设备的情况下，或者是人不易长期守候的地方。而热泵机组一般都是独立的单位使用，是人们天天要用的设备，远程联机的意义并不是很大，不过如果在成本不是增加很多的情况下，利用远程控制，帮助客户调整数据，恢复被用户调乱的控制器，是可以考虑的。图 4-17 就是一个企业远程控制器的概况。

图 4-17　热泵工程的远程控制

采用远程监控，应尽量采用图像监控，包括相关设备的数字显示，也尽量用图像形式表达，因为图像监控信息量大，现场实物状况清楚，易于维修更换。如采用远程数字显示工作状态，应以利用本机控制器自身内部传感数字信息为好，尽量避免重复加设传感器和增加外部采集接线，使得系统复杂化，造成故障点增多和维修、维护难度增加。对会引起人身事故或机器损坏的控制信号，不能实行远程监控。

图 4-18~图 4-20 就是某企业的 APP 远程控制画面，供参考。

图 4-18 手机显示的（APP）图像

图 4-19 后台显示的空气能热泵状态

图 4-20 后台记录的空气能热泵运行情况

第四节
空气能热泵的控制形式

一、基本的控制功能

目前，各种空气能热泵的控制器比较多，各厂家的设计和思路不尽相同，所以生产的控制器在功能方面有一些差别。但是由于空气能热泵的控制实际是源于空调机的控制，而空调机在国内已经广泛使用了二十几年，控制技术比较成熟，控制方法也比较一致。因此空气能许多控制元件都来自空调配件。其控制的方法与空调基本一致，但转变成专业加热控制为主，也就多出了一些新的功能。随着近十年空气能热泵的发展，各个控制器工厂在产品投入使用中，逐步总结经验，产品的性能控制更接近空气能控制的实际状况，因此，各厂的控制器质量不断提高，控制手段、配套元件也逐步趋于一致，为空气能热泵的使用和维修带来很大的方便。

下面要介绍的就是大部分控制器厂家产品所采用的控制功能，也代表了笔者在实践中对这些控制项目一定的认同。

1. 时间控制功能

几乎所有制造热水的空气能热泵的控制器都设有时钟，在使用时才开动，不用时就关掉，有以下几点原因。

① 空气能热泵一般都带有储能的水箱等，这些储能部件本身会产生能耗，比如储热水箱，尽管它是保温的，但还是有散热存在。它储藏的水温度越高，散热就越快。所以在不用水时，就不必要老是开着补充热能，而是等到需要时再启动热泵加热。

② 热泵尽管是机器，但是也不宜一直运行，要最大限度地减少热泵工作的时间，以延长它的使用寿命。一般行业有个共识，热泵一天的工作时间不超过12h。

③ 一般的控制器都设有手动开机和每天自动定时开机和关机的功能。但是人们发现这还不够理想，借鉴太阳能热水器的控制使用经验，现在相当部分的热泵控制器都设有三段时间开机的功能，甚至多段功能。

2. 温度控制功能

主要控制热泵制热水的最高温度，这个温度用户可以自行设定，但根据热泵的特点，一般不得高于60℃，建议用户设定在55℃以下。虽然一些厂家声明可以达到70℃以上高温，除了 CO_2（二氧化碳）工质外，其他的一些工质也可以达到60℃以上的高温，但是目前国内配套件还不齐全，过高的温度一定伴随着过高的压力，这种工况极易造成热泵的损坏并大大缩短热泵的使用寿命，同时制热温度越高热泵 COP 值越低。

控制温度的规则是，当水温达到设定的水温时，压缩机停机，制热停止；当水温降到重新开机的温度时，热泵恢复制热。这里提到的回差温度是：

重新开机温度＝设定的供水温度－设定的回差温度

如果没有回差温度，那么水温就会在设定的最高温度值上下频繁变化，造成热泵压缩机频繁启动，不利于压缩机使用。所以要设定回差温度，可以避免这一现象的发生。回差温度一般设定为2～5℃。

3. 压力控制功能

过高的压力，会造成压缩机的损坏，过低的压力，造成机器效率低下，必须采取相应措施(见后面的内容)。控制系统通过电子调压阀和膨胀减压阀的调整来控制系统的压力，使其达到最佳状态。

4. 除霜控制功能

目前除霜的方法最常用的有两种。

(1)停止压缩机化霜

一般来讲，热泵工作环境低于14℃，就可能引起热泵蒸发器的结霜。这种天气环境在我国大部分地区都会出现。针对这种情况，热泵可以采用停机的方式，利用环境空气的温度，将霜化掉。热泵机组工作一段时间后，停机一段时间，利用环境温度和风机驱动下的空气将蒸发器上的霜带走或者融化。这种方法适用于热泵工作在3℃以上的环境里，低于3℃热泵就不能这样做了。

(2)改变制热方向

将冷凝器和蒸发器对调。热泵压缩机出来的高温空气首先进入蒸发器，将蒸发器的霜融化，而冷凝器就变成蒸发器，从储热方获取热量。这个过程主要依靠四通阀交换管道改变工质流向来完成。

这种方式对四通阀的质量提出了很高的要求。这里要指出的是空气能热泵四通阀的用法与空调机的用法不同，空调在制冷时四通阀是不通电的，只有制热时才通电；而空气能热泵相反，制热时不通电，化霜时(实质是制冷)才通电。这种方式已经在大部分热泵热水机上采用，主要是为了保证机器在大部分时间内处于不通电状态，提高了系统的可靠性，节约了电能，所以在维修时要特别注意辨别四通阀的通电方式。

(3)采取旁路除霜

通过在减压器两头并联一个旁路电磁阀，压缩机的热工质就直接对蒸发器加热，既能达到除霜的目的，也避开了减压器蒸发后对冷凝器大量吸热的缺点，简化了线路。如果在旁通阀一头串联一个电加热器效果更佳。这种方法的除霜速度比四通阀化霜会慢一点。

(4)其他的一些化霜形式

还有一些其他的化霜形式，但是由于一般的空气能热泵控制器并不支持这些方式，所以工厂自己特制控制器配套，但这样又会对今后维修造成困难。

① 电加热除霜。主要在蒸发器上装上电热丝，通过电加热将蒸发器上的霜除掉。

② 远红外发热除霜。通过远红外发热发射将蒸发器的霜融化。

③ 加热压缩机的进气温度。如喷气增焓(工质一部分加热后回到压缩机)、工质蒸发吸热后(全部或一部分)经过冷凝器再加热后回到压缩机等。这种办法只能解决压缩机进气温度低，造成出口压力不够、温度不够的矛盾，同时提高了蒸发器的蒸发温度，在一定程度上

可以减缓结霜速度，但对结霜的克服效果不大。目前，喷气增焓方式已经被部分控制器厂列入控制功能内，国外的一些压缩机厂也生产出较大量的具有该功能的压缩机，比如美国的谷轮、日本的日立等，该项技术得到较快的发展。

④ 对于0℃以上的环境，加大风机的排风量也是一种办法，这可以加快换热速度，同时也使得即将冷凝的露珠在翅片上挂不住，被强风吹走。但是加大风速将带来较大的噪声，对一般的家庭环境不适用，在工业环境下可以尝试。

5. 保护功能

空气能热泵的保护功能是应用最多的，主要是为了在无人监控的情况下机器能可靠地工作，当机器出现故障时能及时报警，或者自身采用某些补救措施。这些保护功能都是通过开关信号，高压、低压开关；模拟量信号，温度电阻的阻值来监控和判别机器的工作情况，一旦变换或者阻值超标，就立即报警，或者采取停机等措施。

(1)水箱水温度过高保护

水箱最高温度保护：这个温度一般设定在60～62℃之间，因为过高的温度会使得压缩机等部件损坏。目前一般使用的工质绝大部分是R22，而R22的临界温度较低，为96.15℃；同时R22在65℃时的饱和压力已经达到2.7MPa(27kgf/cm²)，这么大的压力已经对压缩机和其他部件造成破坏性威胁。目前大部分的热泵配件都是用空调机配件代替的，而空调机的最大压力来自于冬天空气的制热，压缩机出口温度低于45℃，也就是它的压力在1.73MPa(17.3kgf/cm²)以下，增加了10kgf/cm²就难说了。在65℃以后R22的焓值逐步下降，这时压缩机排出的气体处于过热蒸气状态，其传热系数远低于凝结换热，这使得冷凝器的换热能力显著降低，系统由于换热不良，会增加换热温差以增大换热量，使排气温度经常高于临界温度，压缩机和电动机都处于极端恶劣的工作环境中。高温导致润滑油黏度下降，摩擦和润滑条件恶化，有机物中的碳被游离出来，造成不可逆的裂解，甚至使氟里昂成分发生变化等，造成压缩机损坏。

对于循环加热式热泵，由于工质的物理性质，无论哪种压缩机都不适合过高的温度。对于以R22为工质的热泵热水器，加热温度建议不超过55℃。以R134a为工质的热泵热水器温度可以稍微高一些(R134的临界温度为101.06℃)，但是最好也不要超过60℃。合理的降低加热温度，不但使机组运行更加稳定可靠，而且效率也会明显提高。

(2)排气温度保护

由于热泵热水器中的大部分采用小型全封闭式压缩机，而大部分又采用空调机的低温压缩机代用，在当前的热水器额定最高出水温度55℃的条件下，排气温度会比压缩机要求的排气温度高得多，经常超过100℃，使压缩机在很高的温度和压力下工作，极易损坏。因此部分控制器带有压缩机排气保护功能，一般将传感器安装在压缩机排气口处，温度值设定为105℃，这时压缩机内部温度大概在120℃以上。这种情况频繁出现，压缩机就要停机。保护过程如下：排气温度大于105℃，压缩机停机保护；温度降到设定值后压缩机延迟3min重新启动；每小时出现3次(可调)时，控制器锁住该故障，相应压缩机不再重新启动，需人为断电开机才能启动。

(3)压缩机延时启动保护

这个功能人们比较熟悉，就是压缩机一旦停机，由于压缩机出口管道中工质的压力还很高，压缩机这时再启动，造成启动电动机的启动力矩很大，启动电流也很大，造成电动机"堵转""过流"，容易烧毁电动机。一般的控制是，无论何种情况开机，压缩机都不立即启动，而是延时 3min 启动。

(4) 压缩机低温启动保护

对于较大型的压缩机，在北方的寒冷气候下，润滑油变稠，流动性变差，此时如果启动压缩机，润滑油会供应不上，机器润滑不良，造成压缩机部件的损坏。在这种情况下，要先将压缩机底部加热到一定温度压缩机才能启动。这个温度设定在 5℃左右。

(5) 高压保护

① 高压保护是空气能热泵最常见的保护之一，因为热泵制热都是在它的最高制热能力范围内，所以，超压现象经常出现，尤其是当空气能冷凝系统换热不良时，就会出现高压保护现象。热泵在开机时，它的高压还没有建立，所以高压保护有一段延时。高压保护的过程：高压压力开关断开持续 3s (可调)，压缩机停机保护，在高压压力恢复后压缩机延迟 3min 重新启动。这种现象在每小时超过 3 次(可调)时，控制器锁住该故障，相应压缩机不再重新启动而不管高压压力开关是否复位，需要断电后才能恢复。高压保护的真正范围是由热泵生产厂选购(设定)高压保护开关时定下的。

② 有一部分价值比较高的空气能热泵热水器，还采用了一些机械式泄压阀，当压力超过设定值时，机械式泄压阀自动泄压，保证机器的压力不会太高，而损坏压缩机等部件。对于以 R22 为工质的热泵热水器，设定的泄压值在 2.2～2.55MPa 之间。

(6) 低压保护

低压保护也较常见，往往出现在工质泄漏后。蒸发器吸热不够或减压器件故障都可能造成压力偏低。机器内部压力达不到低压设定的范围，就要进行保护。低压保护的过程：低压压力开关在压缩机启动 3min 后开始检测，开关断开持续 3s，压缩机保护，在低压压力恢复后压缩机延迟 3min 重新启动。这种现象在每小时超过 3 次(可调)时控制器锁住该故障，相应压缩机不再重新启动而不管低压压力开关是否复位，需断电才能恢复。低压保护范围也是由热泵生产厂选购(设定)低压保护开关时定下的。

(7) 低水位保护

热泵热水器在无水状态下工作，容易造成机器的损坏，所以控制器要设定一个低水位开关，当水位低于水位传感器设定的位置时，告知热泵停止工作。

(8) 水泵循环时冷凝器无水流保护

当发现出现无水换热的情况，就要停机。过程是这样的：循环水泵工作 60s，控制器持续 10s 检测到水流开关断开后，关闭所有负载进行水流开关保护。由于对水的控制是国际难题，所以水流开关也是常见的故障点之一。

(9) 冬季防冻保护功能

空气能热泵的主机由于是放置屋外，所以在冬天就存在冻裂的问题。一部分控制器设有防冻保护功能：环境温度低于 2℃且连续关机时间超过 30min，水箱温度小于 5℃时，则启动系统制热，当水箱温度高于 10℃时停机，关闭所有设备，进入待机状态。对于全年气温都在 0℃以上的热带地区，就不需要该功能。

(10) 三相相序保护

有些热泵控制器还设定了相序保护功能。 当发现热泵相序不对，出现反转不制热时，指示安装者对调三相电源其中两相的接头，使机器正转。 更重要的是，当机器电源出现断相时，可以及时停机保护，以免造成压缩机烧毁。

(11)压缩机电流过流保护

少数控制器还设有压缩机过流保护功能。 当压缩机电流超过自身的极限时，停机保护。 一般的压缩机本身就带有过流、过热保护功能，控制器加上这个功能似乎多余，但是压缩机是热泵机器最重要的部件，实行多重保护也是可以的。

6. 故障告警功能

(1)保护信号告警

一般在热泵出现保护时，都同时出现告警信号。 由于保护告警的信号比较多，告警信号多以编号的形式告知用户。

(2)传感部件故障告警

传感器是空气能热泵的眼睛，如果眼睛出了故障，那么热泵的正常工作就无从谈起了。 很多热泵控制器都对机器的传感器进行检测，一旦发现传感器的物理量或者开关量超过它的正常标准，就给予告警，提示维护者进行更换。

(3)通信故障告警

很多空气能热泵的控制分成两部分：一部分负责显示，设定参数；另一部分负责电脑控制和执行，它们之间是要经过通信来掌控全局的。 它们之间也会出现故障，比如传递信号断线等，在出现这种情况时，给予告警。

7. 密码保护功能

有一部分控制器具有保密功能，使用户便于维护。 设密的方式多种多样，用户可以参看说明书后确定。

8. 表盘显示控制功能

早期的控制器界面都是以字符或者形象图来显示机器状态的。 控制机器按键布置和设定也比较混乱，组合键(一键多功能)也比较多，给用户和经销商造成很大麻烦。 但随着空气能热泵的推广，很多控制器厂家从用户反馈中得到信息，不断改进。 所以目前的控制器表盘的显示功能和合理性得到提高。 很多生产商将原来的字母和图形改成中文，这样用户容易操作，维修更换部件也方便，达到比较理想的效果。

9. 参数设定功能

除了个别家用机控制器的参数不能改动外，多数空气能热泵控制器都有参数修改功能，使得机器更适应于使用环境。 不过这些参数用户修改的比较少，建议生产厂家尽量减少参数的修改项目，以提高系统的可靠性。

二、其他特殊的控制功能

1. 电子膨胀控制功能

对采用电子膨胀阀的厂家，就要提供适用于该膨胀阀的控制器，电子膨胀阀一般情况下设定一个原始的开口,然后由控制器根据压缩机出口温度(压力)、进口温度来控制膨胀阀的开口。 开口的大小主要通过输出给膨胀阀的脉冲频率来控制。 某品牌的控制器电子膨胀阀的最大脉冲为 500 次/s。 该功能的开口也可以手动控制。

2. 进水控制功能

多数的热泵控制器带有进水控制功能,当水箱没有水时,打开电磁阀或者水泵,给水箱补水,直到补满为止。 一般的加水位设定为满水位、补水位和最低水位,当水位低于最低水位时,机器停止工作,只有补充水位到最高水位时才重新开机。 有一部分控制器没有设置此功能。 当水箱是承压运行的类型时,就不要使用进水功能了。 应该指出的是,让水位传感器可靠的工作是一个世界难题,一般的控制器厂家并不具有这方面的技术,建议不设置此功能,而让安装的经销商选用独立的水位控制元件来控制水位,这样一旦出了故障,也比较好排除。 已经设立水位功能的控制器,也要兼容其他的水位传感器,这样即使控制器原装的传感器出现故障,使用者也可以方便地更换。

3. 直热式控制功能

对于直热式热泵,就要采用直热供水功能。 这个任务主要通过控制恒温阀(手动恒温阀和电子恒温阀)来实现,它们的作用就是控制热水流出流量的大小,使得流出的热水达到一定的温度要求。 控制器控制的恒温阀是一种电子定温出水阀,同样是利用步进电动机对阀门开度大小的控制来达到恒温出水的目的。 某品牌的控制器规定,这种电子恒温阀的最大开口脉冲值是 1500 次/s。 机械式恒温阀较可靠,但目前仅有国外知名厂家才能生产运行可靠的机械式恒温阀。

4. 电加热(辅助加热)控制功能

多数的控制器具有电加热功能,当环境温度下降到某一范围,空气能效率下降甚至停止工作时,应该及时启动电加热功能,这样可以保证用户一年四季的热水供应。 电加热功能一般只是输出一组电源信号,用户要借助接触器将大电流引到电加热器上,也可以用于驱动燃气热水器向水箱供热。 目前空气能热泵热水器在低温下工作困难是公认的,在有效办法没有出来之前,辅助加热功能是不能省略的。

5. 增焓控制功能

一般控制器将电加热开启信号作为增焓功能开启信号,同时对增焓的电磁阀等器件发出动作信号,同时机器内部设定增焓项目。 一般设定环境温度 12℃左右为增焓开始温度,但环境温度高于增焓设定温度 3℃时,增焓停止。

6. 管道循环功能

只有极少部分的控制器厂家提供了管道循环功能,当管道温度低于某值时,启动管道循环泵循环。 管道循环温度传感器的位置由用户确定。 随着人们对供水的要求越来越高,循环功能也越来越需要。 部分厂家在循环功能方面还提供了定时和定温的控制接口,进一步提高了供水质量。 但是一个控制系统,太多的控制功能不一定好,建议循环功能独立较好。

7. 循序开机功能

对于两个回路的空气能热泵,控制器设定了循环开机的功能。 延时开机阶段,一般先启动循环水泵;延时结束后,再开第一台机;在第一台机运行之后再开第二台机。有的控制器还有温度判断功能,当温度接近设定的最高温度时,只开一台机;只有当温度离设定温度较远时,才开两台机。有的控制器在某一台机运行 1h 后,开动第二台机,同时关闭第一台机,轮流交换制热,达到保护机器的目的。在正常关机时也是一台一台逐次停下来,最后才关闭水泵。

8. 复位功能

这在家用和小型的空气能热水工程中很重要。当用户自行调整设定值时,由于经验不足,经常会出现调乱的现象,给维修单位造成很大的麻烦,加大了维修的工作量。这时如有复位功能,客户就能及时处理,不影响设备的使用。

9. 备用开关功能

随着空气能热泵用户群的扩大,人们对热泵的了解不断加深,各种新的应用不断产生,对热泵的控制方式也逐渐多样化,各种新的器件也不断产生,如热泵用闪蒸器等,要求控制器要具有一定的灵活性,尤其是冷、热、热水三联供空气能热泵等产品的产生,大量用到电磁阀一类的控制元件。因此,控制器如加设 1～3 个备用开关及相应的启动条件,将大大扩大其适用范围。

10. 远程监控功能

随着互联网和移动通信的普及,对热泵状态和使用现场的数字监控和图像监控已经不成问题,而且成本低廉,一些厂家已经生产出可以远程监控的控制仪,而且在不断地完善中。但是,远程监控本身也存在着较频繁的维护问题,虽然为用户和维护人员提供了方便,但也制造了麻烦。从目前的技术来看,远程控制还处于摸索阶段,远程监视比较成熟,对设备没有危害的可能,随着监控图像清晰度的提高,建议远程监控以现场图像观察,包括仪表数字,远程以主机开关控制为主。

第五节
典型的空气能热泵热水器控制器

目前市面上的空气能控制器比较多,功能各有不同,也各有长处。虽然初期的控制器存在许多缺陷,但经过近十年的使用实践,不断改进,已经越来越适应客户的需要了。下面举出一些比较合适的控制器调试面板和技术规范,供参考。

一、家用控制器技术规范

家用控制器的技术规范应该简洁明了,尽量定性,控制部分应该集中在最主要的部分。

1. 主要功能

① 制热温度控制。

② 手动操作。

③ 单台压缩机控制运行。

④ 运行模式：制热。

⑤ 温度设定范围：20~60℃。

⑥ 定时开机、定时关机时段设置。

⑦ 液晶显示功能。

⑧ 温度传感器故障自检功能。

⑨ 高/低压保护功能。

⑩ 掉电记忆功能。

⑪ 手动除霜功能。

2. 系统结构

由操作显示板、电源主板组成。

3. 按键操作及设置

省略。

4. 运行功能说明

(1)制热运行控制（$T_{水箱}$—水箱温度，$T_{回差}$—回差设定值，$T_{设}$—设定温度）

当 $T_{水箱} \leqslant T_{设} - T_{回差}$ 时，启动压机；当 $T_{水箱} \geqslant T_{设} + 1℃$ 时，关闭压机。

注：压缩机的开始运转或停止运转受制于最低停顿时间的保护功能。

(2)室外风机的控制（OUT3）

压缩机启动前 5s 风机开；压缩机关时，风机延时 5s 关。

化霜时运行控制。

(3)循环水泵的控制（OUT4）

压缩机开启的前 20s 开启，压缩机关闭后 30s 关闭。

(4)四通阀的控制（OUT2）

四通阀在化霜、手动除霜、回收工质时开，其他时候关闭。

(5)电加热控制（OUT1）

① 电加热工作条件

a. 压缩机已运行 1min；

b. $T_{盘管}$ < 电加热限制设定温度 P_8；

c. $T_{水箱} \leqslant T_{设} - T_{回差} - 2℃$。

同时满足以上条件，才能开启电加热。

② 电加热关闭条件

a. 压缩机关闭（包括手动关机、故障关机、设定温度关机）；

b. $T_{盘管} \geqslant$ 电加热限制设定温度 $P_8 + 5℃$；

c. $T_{水箱} \geqslant T_{设}$。

符合以上任一条件，电加热停止工作。

(6)高压开关控制功能（IN1）

高压开关在压缩机启动的前 20s 不检测，之后进入正常检测阶段，在这个阶段中如果高压开关连续断开 3s，则高压故障保护，关闭系统，显示故障代码。 由于热泵系统在工作中经常出现瞬间高压超标的情况，仅仅凭一次超标信号就停机不一定合理，所以控制系统一般当一小时内出现三次高压故障，才锁定故障，显示故障代码"E05"。 此故障不可再复位，需断电再开机才能恢复。

(7)低压开关控制功能(IN2)

低压开关在压缩机启动的前 60s 不检测，之后如果低压开关连续断开 10s，则低压故障保护，关闭系统，显示故障代码，故障排除后才可开机，否则不可再开机。

当一小时内出现三次低压故障，则本机锁定故障，显示故障代码"E06"。 此故障不可再复位，需断电再开机才能恢复(化霜时不检测低压开关)。

(8)化霜控制

进入化霜条件(两条都满足才能进入)。

① 压缩机连续工作时间≥进入化霜间隔时间。

② 化霜传感器温度≤进入化霜设定温度。

进入化霜运行：满足进入化霜条件后，压缩机、风机立即停，50s 后四通阀开，5s 后开压缩机，进入化霜运行。

退出化霜条件(满足条件之一即可退出化霜)。

① 化霜传感器温度≥退出化霜设定温度。

② 化霜时间≥退出化霜运行时间。

退出化霜运行：达到退出化霜条件时，压缩机立即停，50s 后关四通阀，5s 后风机开，5s 后压缩机开，恢复制热运行。

(9)排气保护控制功能

上电后，如果排气温度升到≥110℃时，关闭系统，面板和主板显示故障代码，故障排除后才可开机，否则不可再开机。 当排气温度降低到≤80℃时，恢复正常工作。

(10)传感器故障保护功能

① 热水温度传感器故障：停止所有输出。

② 化霜温度传感器故障：停止所有输出。

③ 排气温度传感器故障：停止所有输出。

(11)压缩机的延时保护功能

在压缩机关闭后，至少需要 3min 延时保护，才能重新启动。 压缩机无最小运行限制时间。

(12)定时开关机功能

当设定时间开和设定时间关的时段不同时，则本机处于时段控制，此时本机的开和关受控于所设置的开机和关机时间。

当设定时间开和设定时间关的时段相同时，则本机的开关机不受时段控制，只受控于开/关机键的控制。

(13)主板指示灯的运行指示功能

正常工作时长亮；故障时，间隔 3s 闪烁的次数与面板的故障代码相对应；通信故障时一直闪烁。

5. 设置功能

设置功能见表4-3。

表4-3　设置功能

设置参数序号	参数名称	调整范围	默认值
P1	水箱设定温度	20~60℃	50℃
P2	回差设定温度	1~20℃	5℃
P4	进入化霜隔间时间	20~90min	45min
P5	进入化霜设定温度	−15~10℃	0℃
P6	退出化霜运行时间	3~15min	10min
P7	退出化霜设定温度	2~25℃	14℃
P8	电加热限制设定温度	−5~30℃	15℃
P10	恢复系统默认值	0,不恢复;1,恢复	0

6. 保护功能及故障显示、报警功能

报警功能见表4-4。

表4-4　保护功能及故障显示、报警功能

序号	输入端口	故障描述	代码	主板故障指示	故障处理
1	TH1	热水温度传感器故障	E 01	间隔3s闪烁1下	
2	TH2	化霜温度传感器故障	E03	间隔3s闪烁3下	
3	IN1	一小时内三次高压故障	E05	间隔3s闪烁5下	
4	TH3	排气温度传感器故障	E16	间隔3s闪烁16下	关闭所有输出
5	///	锁机(超过使用时间)	E21	间隔3s闪烁6下	
6	///	一小时内三次排气超温故障	E14	间隔3s闪烁14下	
7	IN2	一小时内三次低压故障	E06	间隔3s闪烁6下	

通过闪烁来告知故障,可以使控制器更简单,减少成本,提高可靠性。

7. 家用机控制器接线图

家用机控制器接线如图4-21所示。

二、工程用控制器技术规范范例(单机)

1. 概述

(1)本控制器适用于热泵热水系统,并配有线控液晶触摸按键操作面板,采用RS485通信,增强抗干扰能力,加长通信距离,减少了连接线,方便了用户的安装。

(2)电控板的控制信号

① 压缩机×1　单压缩机系统(220V);

② 外风机×1　单风机(220V);

③ 电加热×1(220V);

④ 曲轴加热×1(220V);

⑤ 四通阀×1(220V);

⑥ 温度感温控头热敏电阻阻值(水温15kΩ、外盘管15kΩ、外环境15kΩ、排气50kΩ);

⑦ 操作面板通信(线控);

⑧ 保护开关×2(高/低压保护开关"常闭")。

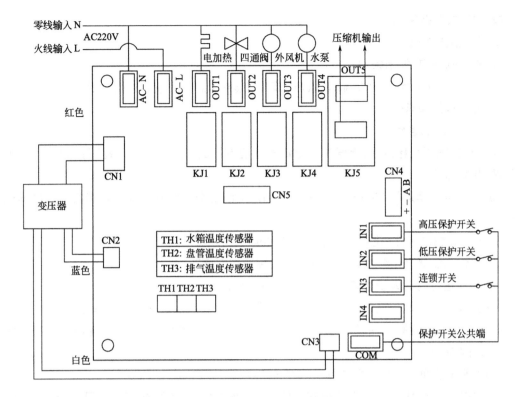

图 4-21　家用机控制器接线

2. 功能说明

（1）上电后

待机状态　显示当前北京时间，不检测低压保护；

断电重开　原已开机，上电后则恢复断电前模式及设置；

压缩机 3min 保护　压缩机开/停有 3min 延时；断电前为开机状态则延时 3min 开压机，否则满足压缩机开启条件后立即开启压缩机。

（2）温度可设定范围为 15～60℃；温度默认为 45℃。

（3）制冷功能

按住"开/关"键 10s 转模式，冷水→热水→冷水……

① 系统"强行制冷"运行，（压缩机、外风机、四通阀启动）此时液晶屏上有相关的指示"制冷"，不设时间限制，按"开/关"键关机。

② 运行的条件。　开机状态。

③ 压缩机开启/关闭条件：

$$T_设 \leqslant T_水 - T_{回差}，重开机组；T_设 \geqslant T_水 - T_{精度}，关闭机组$$

④ 当检测水温 $T_出 \leqslant 5℃$ 并持续 10s 时，机组自动转换到"制热"模式，无故障显示，压缩机 3min 延时，机组重新启动。

⑤ 不检测低压保护。

（4）制热

① 系统"热水"运行（压缩机、外风机启动），此时液晶屏指示"热水"，不设时间限

制，按"开/关"键关机。

② 有电加热功能。

③ 压缩机开启/关闭条件：

$$T_设 \geqslant T_水 + T_{回差}，重开机组；T_设 \leqslant T_水 + T_{精度}，关闭机组$$

④ 传感器化霜运行

a. 进入化霜的条件

(a)当室外蒸发器盘管温度低于"化霜条件温度"时，开始计时，直至计时大于或等于"化霜间隔时间"。

(b)压缩机连续运行 15min。 系统同时满足上面两个条件则进入化霜运行，液晶屏显示化霜。

b. 退出化霜的条件(化霜时间不能少于 60s)

(a)室外蒸发器盘管温度大于或等于"化霜结束温度"。

(b)化霜运行时间大于或等于"化霜运行时间"。

60s 后检测，满足上面任一个条件即退出化霜运行，液晶屏化霜显示消除。

c. 化霜运行流程。 在"热水"模式中，满足化霜条件，进入化霜运行——压缩机停——(延时 50s)

四通阀 A 接通——外风机关闭——(延时 5s)压缩机启动。

d. 化霜退出流程。 满足退出化霜条件——压缩机停——(延时 55s)外风机启动——四通阀 A 关闭——(延时 5s)压缩机启动。

⑤ 定时化霜运行。 当蒸发器盘管温度传感器故障时，转环境温度低于 10℃后进入定时化霜；如果环境温度也同时出现故障，直接按定时化霜键化霜。

压缩机连续运行 45min，则进入化霜运行，液晶屏显示化霜。

其他同传感器化霜。

(5)曲轴加热输出 [×1(220V)] (待机、制冷、制热)

曲轴加热启动/关闭条件

① 当环境温度＜10℃时，压缩机停，曲轴加热开，压机启动 3min 后曲轴加热关闭。

② 当环境温度≥15℃时，曲轴加热关闭。

(6)四通阀的输出 [×1(220V)] (制冷、制热)

在压缩机启动前 30s，四通阀开启，25s 后(即压缩机启动前 5s)四通阀关闭(制冷则不关闭)。

(7)电加热启动/关闭的条件(制热、化霜、防冷冻)

① 当环境温度≤$T_电$时，才开始检测电加热开关的条件($T_电$的调节范围是 0～40℃)：

当 $T_水 < T_设 - T_D$，电加热启动(T_D 的调节范围是 0～15℃)；

当 $T_水 \geqslant T_设 + 1℃$，或当 $T_水 \geqslant T_停$，电加热关闭；此时按电加热键无输出，指示灯闪烁。

② 按"电加热"键一下，强行启动一次电加热，直到温度达到要求(不检测环境温度条件)：

$T_水 < T_设$，电加热启动；

当 $T_水 \geq T_设 + 1℃$，或当 $T_水 \geq T_停$，电加热关闭。

③ 电加热强制停止运行条件：

当 $T_水 \geq T_停$ 时，电加热停止运行（$T_停$ 的调节范围是 25～65℃，默认为 60℃）。

④ 在机组化霜、防冷冻时，电加热强制启动。

⑤ 在"参数设定"中有一个"电加热"的选择功能，选择 1 为"有"、0 是"没有"，经"增/减"键来调节，出厂设定为 1。

(8) 压缩机 [×1(220V)]

单系统中的"压缩机"跟随着"压缩机"的启停原则。

(9) 风机 [×1(220V)]（制冷、制热、化霜、防冷冻）

① 制冷、制热、防冻保护。 跟随压缩机而启动/停止，当压缩机排气口温度传感器 ≥105℃时关闭，≤100℃时重开。

② 化霜时，风机的启停参考上面"化霜运行"。

(10) 高压保护开关

① 当检测到高压保护开关断开并持续 10s，则机组停；当检测到高压闭合，机组开（压缩机必须要满足 3min 延时的要求）。

② 当高压保护在 1h 内检测到 3 次或连续断开超过 1h，则进入机组保护状态，显示故障 E5，需重新上电恢复。

(11) 低压保护开关"常闭"

① 当检测到低压保护开关断开并持续 10s，则机组停机，可以恢复；但是在压缩机刚启动 3min 内，和在制冷、化霜、防冻保护期间，系统不检测；当检测到低压闭合，机组正常开机（压缩机必须要满足 3min 延时的要求）。

② 当检测到低压保护在 1h 内出现 3 次，显示故障 E6，需重新上电恢复。

(12) 压缩机排气口保护

① 当压缩机出气口温度传感器短路或者检测到温度≥排气口设置保护温度时，则进入压缩机高温保护，显示故障 E4，整机停机休息 1h，或者重新上电恢复。

② 该功能可以选择设置或不设置。

(13) 防冻保护功能

机组在待机状态时，当检测到温度 $T_水 \leq 10℃$ 并持续 5s，则机组启动热水模式，电加热强行启动，液晶显示"热水"闪烁；此时，除"高压保护""水温传感器故障"和"通信故障"外的其他故障均不检测，面板操作无效。

退出条件：

① 运行时间 > 5min。

② 检测到温度 $T_出 \geq 20℃$ 并持续 10s。

同时满足以上两个要求时，或水温传感器出现故障时，组机才能退出加热模式，回到待机状态。

(14) 温度精度渐变要求

温度精度调节为 N，调节范围为 0～15℃；42℃以上才开始生效。

精度＋水温 > 设定温度＝停机条件。

（15）时间设定

① 时钟调节。 长按"＋"键10s后，蜂鸣响，时钟闪烁，按减键调小时，按"＋"键调分钟。

② "定时"键

a. 若未设置定时，在开机时按一下后，进入定时关，时间设置定时符号点亮，原时钟位置闪烁显示定时时间，按"＋"键调节定时分钟，按"－"键调节定时小时，再次按定时键则确认，若已设置定时，此时按定时键则退出定时功能（循环定时除外）。 如是在关机时按定时键则为定时开设置。 设置步骤同定时关。

b. 在开/关机的状态下，长按"定时"键10s，则开启"循环定时"功能。

③ 每天循环定时开/关机。

a. 当完成了"时间"的调整，就可以设置定时开或定时关或定时开/关机功能。

b. 长按"定时"键10s，开启循环定时，再长按"定时"键10s则取消循环定时。

（"循环定时开关机"是指每天的定时开关机功能执行完后，第二天重复执行，第三天……周而复始重复执行）

c. 按开/关键则取消循环定时功能。

（16）"查询"键

按此键一下，进入参数查询状态，显示C1（水温）；再按此键一次，显示C2（环境）温度；再按此键一次，显示C3（外盘管）温度；再按此键一次，显示C4（压机排气口）温度；再按此键一次，退出查询。

（17）"设置"键

按住此键10s，进入管理级参数设置状态，再按"定时"键转换设置项目，按＋/－键调整设置参数；长按温度键恢复出厂设置，见表4-5。

表 4-5　参数设定表

参数编号	内容	调节范围	出厂设置	参数编号	内容	调节范围	出厂设置
P01	回差温度	2～15℃	4℃	P08	排气口传感器	0—没、1—有	1
P02	温度精度	0～15℃	0℃	P09	电加热		1
P03	化霜条件温度	−9～5℃	0℃	P10	电加热条件	0～40℃	12℃
P04	化霜结束温度	5～15℃	15℃	P11	电加热温差 T_D	0～15℃	10℃
P05	化霜间隔时间	30～60min	45min	P12	压机排气口保护	80～120℃	110℃
P06	化霜运行时间	3～10min	6min	P13	电加热停止	25～60℃	50℃
P07	断电重开功能	0—没、1—有	1	P14	—	—	—

注：10s后不操作则退出；设置完后立即执行改变后的设置。

（18）故障显示

① 出水温度"E1"：机组停机，可以恢复。

② 环境温度"E2"：忽略，可以恢复，面板只显示故障代码，其他不变。

③ 盘管温度"E3"：忽略，可以恢复，面板只显示故障代码，其他不变。

④ 压缩机排气口故障"E4"：机组停机，重新上电恢复。

⑤ 3次高压保护"E5"：机组停机，重新上电恢复。

⑥ 3次低压保护"E6"：机组停机，重新上电恢复。

⑦ 通信故障"E10"：机组停机，重新上电恢复。

热水机电控板示意如图 4-22 所示。

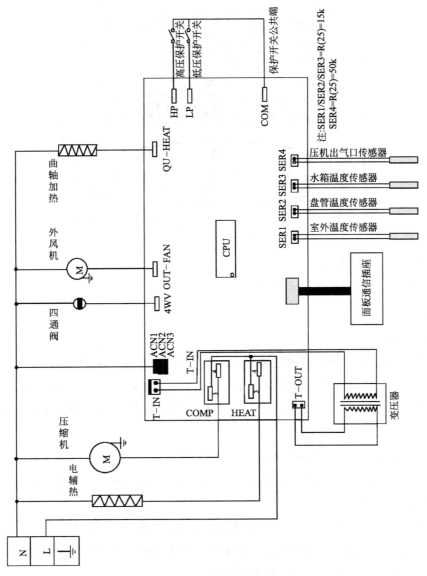

图 4-22　热水机电控板

三、家用控制器显示器范例

合理的显示可以降低客户的操作难度，可以减少售后服务的工作量，是一个不可小视的技术问题。 在这方面举两个例子供参考。 图 4-23 为家用空气能控制屏。

1. 操作面板功能键介绍

① （power）键。 主机开关机功能。

② 水温"＋／－"键。 可将水箱水温设置在 28～60℃。

③ 功能键。 选择各项菜单功能进行设定。

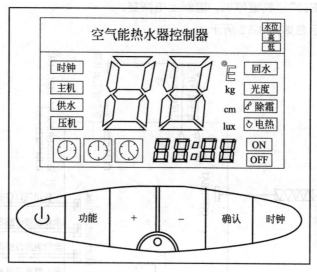

图 4-23　家用空气能控制屏

④ 确认键。 确定进入某项功能。

⑤ 时钟键。 时间或定时开 / 关设置。

2. 操作指南

(1)开机和关机

① 开机之前，请确保水箱内已装满水，然后按下"⏻"键，控制面板液晶显示屏灯亮，显示当前水温。 首次开机水泵延时 10s 运行，压缩机和风机延时 1min 运行。 若中途有停机现象，水泵延时 2 分 30 秒运行。 压缩机、风机延时 3min 后开始运行，水泵延时 2 分 30 秒后运行。

② 在开机状态下，关机只需要按一下"⏻"键即可，反之亦然。

③ 当要设定定时开 / 关机、化霜、电热功能时要在开机的情况下才能进行设定。

(2)设定热水温度

开机后，按"＋／－"键，液晶显示屏上温度数值开始闪烁，再每按一下，温度上升或下降 1℃，设定好温度后，等待约 10s 后温度显示停止闪烁，并回到显示当前水箱水温。 水温的设定范围为 28～60℃，最高设定水温为 60℃。

(3)设定时钟

① 按"时钟"键进入时间设定功能，此时显示屏时钟显示闪动，按"确认"可对小时参数进行调整，按住"＋／－"键，小时数字可上下调整。

② 完成小时设置后，再按"确认"键，进入分钟数设置，按住"＋／－"键，分钟数可上下调整。 再按"确认"键，时钟设定完成。

3. 菜单功能选择和确定

(1)菜单功能选择

按"功能"键，可进行定时开 / 关主机、除霜参数设定、电加热开启温度三项功能选择。 要进行功能选择时，在开机状态下将"功能"键长按 5s 进入功能选择，确定选取功能完成后，不再操作控制板时，10s 后自动退出功能选择。

（2）主机定时设定

本机可以设定三个定时段，供用户选择。

① 开启定时功能。 进入功能选择后，按一下"功能"键，显示屏"主机"菜单闪烁，定时 1 闪烁，进入主机定时功能。

② 选择定时段。 按水温"＋／－"键可对定时时段进行选择和查询。

③ 定时开。 选择好定时段后，按一下"时钟"键，定时开（ON）闪烁，同时时钟区闪烁，按水温"＋／－"键，可调整定时时间（设定精度为 30min），再按"确认"键，定时设定完成。

④ 定时关。 按两下"时钟"键，定时关（OFF）闪烁。 设定方法与定时开一样。

⑤ 取消。 按三下"时钟"键，取消该段定时设定。

当未退出定时功能时，连续按"时钟"键，第一次按"时钟"键设置定时开，第二次按"时钟"键设置定时关，第三次按"时钟"键，取消设置定时，可以进行下一段定时。

（3）化霜设定

① 进入功能选择后，按两下"功能"键，显示屏"除霜"菜单闪烁，时钟区显示"01"，进入化霜功能设定。 按水温"＋／－"键后进入除霜条件设定功能，可选 01～04 项。

② 选定项目，按"确认"键后，按水温"＋／－"键可调整对应的化霜参数。 具体化霜参数见表 4-6。

（4）进入功能选择后，按三下"功能"键，显示屏"电热"菜单闪烁，并显示启动电热条件的最高环境温度要求，按"确认"键后，可用水温"＋／－"键对环境启动温度进行调节（0～35℃）。

以上控制面板，是作者在实践中认为比较理想的，但还是有一些不足的地方，比如对时间的设定就比较繁琐。

四、工程用控制器显示范例

1. 面板操作键

主板操作键如图 4-24 所示。

2. 操作

（1）按键解锁

用手指触摸非开关的任意键，持续超过约 3s，听到"嘟"声后移开手指，按键被解锁。

（2）开关机器

用手指触摸"开关"键，开机，再按关机，交替进行。 关机时面板不显示水温和设温。

（3）水箱设置温度调节

在常态显示下触摸"＋／－"键可以直接调节水箱设置温度，调节过程中面板上"设置"符号会闪烁，且面板上设置温度会随着按键调节改变数值。

（4）参数查询

开机状态下，按"功能"键可查询机器运行参数（表 4-6）。

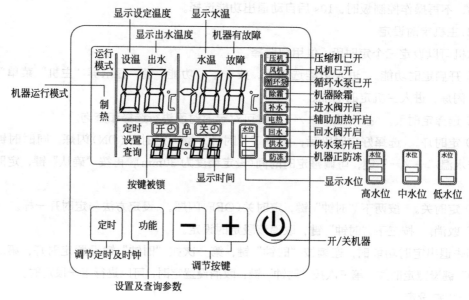

图 4-24   主板操作键

表 4-6   机器运行参数

参数	设定的项目
d0	环境温度
d1	水箱温度
d2	吸气温度
d3	系统1除霜温度
d4	排气温度
d5	回水温度
d6	出水温度
d7	压缩机电流
d8	恒温阀开度/8
d9	电子膨胀阀开度/4

若恒温阀是手动模式，则显示 d8 时，用户直接按上下键便可以操作恒温阀开度，恒温阀的最大开度是 1500 脉冲。

若电子膨胀阀是手动模式，则显示 d9 时，用户直接按上下键便可以操作电子膨胀阀的开度，电子膨胀阀的最大开度是 500 脉冲。

3. 参数设置

用手指持续触摸"设定"键 10s 以上，当听到"嘟"声后移开手指，进入参数设置方式，再用手指触摸"设定"键，则进入到下一个参数的设置，接着按"＋/－"键可以调整参数，10s 没有操作则自动退出。参数设置见表 4-7。

表 4-7   参数设置表

参数	功能	设定范围	单位	默认值
P0	循环水温设定	0～60	℃	55
P1	恒温器设置温度	45～60	℃	55
P2	进入化霜时间	20～90	min	40
P3	除霜进入温度	−15～−1	℃	−4
P4	除霜退出温度	−5～30	℃	12
P5	回差设定	2～3	℃	3

参数	功能	设定范围	单位	默认值
P6	电流基准	0～30	A	15
P7	机型选择	0:循环机 1:直热+循环机		1
P8	相位保护	00:不保护 01:保护		01
P9	恒温阀 控制方式	1:自动 0:手动		1
C0	排气、水温差	9～50	℃	32
C1	过热度	-5～7	℃	2
C2	恒温补水温度	0～60	℃	50
C3	回水泵启停温度	0～60	℃	45
C4	供水泵定时	0～23	h	0
C5	供水泵定时	0～23	h	0
C6	供水泵定时	0～23	h	0
C7	供水泵定时	0～23	h	0
C8	供水泵定时	0～23	h	0
C9	供水泵定时	0～23	h	0
H0	恒温阀最小开度	20～99		35
H1	最高设置水温	30～99	℃	60
H2	恒温阀调节间隔	10～90	s	30
H3	电加热启动环境温度	0～60	℃	12
H4	备用			32
H5	备用			28
H6	备用			25
H7	水箱温度校准	-9～+9	℃	0
H8	线控器选择	0:触摸 1:按键		0
H9	电子膨胀阀控制方式	1:自动 2:手动		1

注：当 P5 等于 30 时，才能调节 H4～H9 参数。

参数查询和参数设置示意如图 4-25 所示。

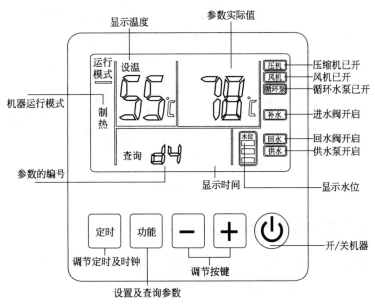

图 4-25 参数查询和参数设置示意

4. 定时时间设置

用手指触摸"定时"键，进入定时设置方式。首先调整的是第一段定时的定时开机"时"，再用手指触摸"定时"键，则调整第一段定时的定时开机"分"，再用手指触摸"定时"键，则调整第一段定时的定时关机"时"，再用手指触摸"定时"键，则调整第一段定时的定时关机"分"，再用手指触摸"定时"键，则进入到第二段定时的定时开机"时"设置……直到所有定时时间设置完后退出设置方式。当所有定时时间设置完成退出设置方式后，相应定时开关标记点亮。

定时的取消：持续按"定时"键3s，则会取消所有定时。

（1）时钟设置

在没有定时的情况下，用手指触摸"定时"键且超过约8s，当听到"嘟"声后移开手指，进入时钟设置方式。首先调整的是时钟的"时"，此时按"＋/－"键调整"时"，再用手指触摸"定时"键，则调整时钟的"分"，5s没有按键则自动退出。

（2）强制化霜

当系统开机且压缩机启动后，用手指触摸"－"键且超过约8s，当听到"嘟"声后移开手指，则系统进入化霜，当盘管温度到或化霜时间到退出化霜。

图4-26所示为定时操作。

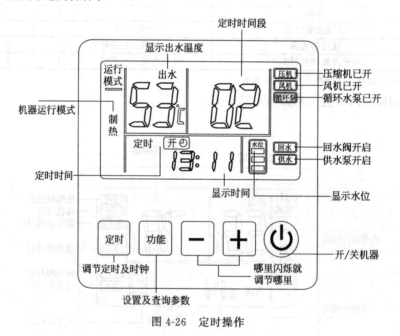

图4-26　定时操作

五、双机、多机用控制器的技术规范

尽管在使用中，这种控制器还有不尽如人意的地方，但由于配套的产品不少，功能比较齐全，所以把它列出来，供读者参考。

1. 概述

DF2FR-G5控制器适用于风冷式热水机组，控制器由室外主板（1～8块，每块可以控制单台或两台压缩机)和室内线控器组成。

2. 控制器功能

① 液位(可选配);

② 下循环(可选配);

③ 压缩机过流保护功能(可选配);

④ 模块组合功能(可选配);

⑤ 可显示回水温度、设置温度及液位高度,具有查询功能;

⑥ 掉电自动记忆各种参数;

⑦ 压缩机均衡运行及分时启动;

⑧ 三相缺相,逆相保护;

⑨ 具有完善的保护功能及显示;

⑩ LED 背光(可选配);

⑪ 具有联动接口;

⑫ 选用飞思卡尔高性能芯片,抗干扰性能达到最好;

⑬ 具有定时开关机功能;

⑭ 具有催款功能。

3. 面板操作

室内线控制面板如图 4-27 所示。

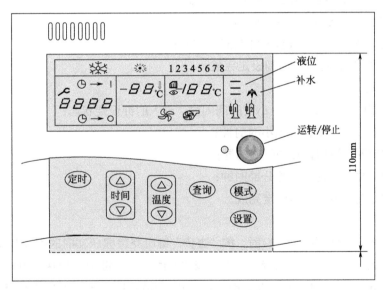

图 4-27　室内线控制面板

(1)开关机

① 按"运转/停止"键,机组开机,指示灯亮。

② 再按"运转/停止"键,机组关闭,指示灯灭。

③ 开机、关机均存储数据。

(2)模式转换

按"模式"键,选择所需的模式(电加热自动模式或电加热强制模式),电加热自动模式显示制热符号(太阳图标),强制模式制热符号闪烁。

(3)定时开关机

① 设置"P2"设置为0时是组合定时(设置请参阅下面设置章节)

a. 开机状态下,按"定时"键,定时关机;

b. 关机状态下,按"定时"键,定时开机;

c. 按"定时"键后,小时时间闪显;

d. 按"时间▽△"键,调整小时定时时间;

e. 再按"定时"键后,分钟时间闪显;

f. 按"时间▽△"键,调整分钟定时时间;

g. 再按"定时"键,定时设定完成;

h. 再按"定时"键,则取消定时。

② 设置"P2"设置为1时是循环定时

a. 按"定时"键后,小时时间闪显,开始设定定时开时间;

b. 按"时间▽△"键,调整小时定时开时间;

c. 再按"定时"键后,分钟时间闪显;

d. 按"时间▽△"键,调整分钟定时开时间;

e. 再按"定时"键,小时时间闪显,定时开的时间设定完毕,开始设定定时关时间;

f. 按"时间▽△"键,调整小时定时关时间;

g. 再按"定时"键后,分钟时间闪显;

h. 按"时间▽△"键,调整分钟定时关时间;

i. 按"定时"键,定时关时间设定完成。

③ 时钟设定

a. 按住"定时"键5s键后,小时时间闪显,进入时钟设定状态;

b. 按"时间▽△"键,调整小时时钟;

c. 再按"定时"键后,分钟时间闪显;

d. 按"时间▽△"键,调整分钟时钟;

e. 再按"定时"键,时钟设定完成。

(4)查询

① 循环定时("P2"设置为1)时,按"查询"键可交替显示实时时间及各模块告警。

② 按"查询"键,进入参数查询状态,按"时间▽△"键选择模块,再按"温度▽△"键可查询d1、d2、d3、d4、d5、d6、d7、d8、d9、dA、E1、E2、E3、E4、E5、E6、E7、E8、F1、F2的参数,再按"查询"键退出查询状态。 分模块数据显示有10s左右的延时。查询分模块参数时,压缩机运行等参数也来自分模块。

d1—出水温度;d2—水箱温度;d3—室外空气温度;d4—盘管温度1;d5—盘管温度2;d6—排气温度1;d7—排气温度2;d8、d9、dA—下循环水温度;E1～E8—各模块告警;F1—压缩机1电流;F2—压缩机2电流;E1～E8—各模块告警在时钟的位置交替显示。

(5)参数设置

① 用户级参数设置(设置温度设置)

a. 按"设置"键进入用户级温度设置,显示"P1"及参数,接着按"温度▽△"键可设定 P1(制热设置温度)的参数;

b. 再按"时间▽△"键,则显示"P2"及参数,接着按"温度▽△"键可设定 P2(组合定时/循环定时选择)的参数;

c. 再按"设置"键,则退出用户级参数设置。

设置温度见表 4-8。

表 4-8　温度设置表

参数名称	单元序号	出厂设置	最大值	最小值
制热温度	P1	55	b8	5
组合定时/循环定时选择	P2	0	1:循环定时(每24h 循环运行)	0:组合定时(24h 内一次有效)
水箱低位水的温度^①	P3	40	热水设置温度-"bE"	5
低位水的回差温度	P4	5	8	2

① 水箱的水温是上高下低,这是因为水温高的水密度低于水温低的水,低水位的水温设定就是我们需要的热水的温度。

② 管理级参数设置

a. 按"设置"键达 10s 以上,进入管理级参数设置菜单(密码进入);

b. 按"查询"键,可选择"系统功能设置菜单""保护温度时间菜单""除霜参数菜单"或"密码菜单";

c. 按"时间△"或"时间▽"键可选择具体菜单中的设置项;

d. 按"温度△"或"温度▽"键可调整具体的参数;

e. 按"设置"键,存储数据并退出。

密码登录见表 4-9。

表 4-9　密码登录表

维修者密码确认前两位	S1	××
维修者密码确认中两位	S2	××
维修者密码确认后两位	S3	××

S3 后按"查询"键,如密码符合维修者密码,则进入表 4-10 维修者密码修改,如符合工厂密码则进入工厂密码修改;不正确则重新显示"S1"项,需重新输入;维修者密码修改:如无需修改密码,直接按"查询"键,进入表 4-10 菜单。

表 4-10　维修者密码修改

维修者密码修改前两位	A1	××
维修者密码修改中两位	A2	××
维修者密码修改后两位	A3	××
重新确认密码前两位	A4	××
重新确认密码中两位	A5	××
重新确认密码后两位	A6	××

维修者默认密码为 555555;设置结束后按"查询"键,如果修改的密码和重新输入的密码一致并按"查询"键确认,则密码修改成功,进入下一菜单;否则修改无效,重新显示

"A1"项，需重新输入。工厂密码修改见表 4-11。

表 4-11 工厂密码修改

工厂级密码修改前两位	A7	××
工厂级密码修改中两位	A8	××
工厂级密码修改后两位	A9	××
重新确认密码修改前两位	AA	××
重新确认密码修改中两位	Ab	××
重新确认密码修改中两位	AC	××
保护时间	Ad	00

厂家默认密码为 654321。

设置结束后按"设置"键，如果修改的密码和重新输入的密码一致并按"查询"键确认，则密码修改成功，进入下一菜单；否则修改无效，重新显示"A7"项，需重新输入。系统功能设置见表 4-12。

表 4-12 系统功能设置

参数名称	单元序号	出厂设置	01	00
液位选择	b1	1(0~1)	有液位	无液位
电加热选择	b2	1(0~1)	有	无
下循环水泵选择	b3	1(0~1)	有	无
模块上载停止点	b4	1(0~1)	P1	P1-bE
防冻水流检测	b5	1(0~1)	检测	不检测
锁定保护次数	b6	3(1~7)		
过流检测延时	b7	5(2~15)s		
"P1"设置最高点	b8	55(25~80)		
相位保护选择	b9	1(0~1)	保护	不保护
压缩机数量	bA	2(1~2)		
模块数量	bb	5(1~8)		
模块上载时间	bC	1(1~8)min		
水温温度补偿	bd	0(−10~+10)	(防冻时不补偿)	
压机回差温度	bE	2(2~8)		
室外高温时设置温度限制	bF	45(25~80)		

表 4-13 保护温度时间参数

参数名称	单元序号	出厂设置	最大值	最小值
制热出水温度过高保护	C1	63℃	95℃	40℃
低速风室外温度（单风速风机选 0）	C2	20℃	35℃	0℃
停风机排气温度	C3	90℃	125℃	70℃
开停风机回差温度	C4	8	15	5
停压缩机排气温度	C5	100℃	125℃	100℃
压缩机低温限制温度（无限制选−20℃）	C6	−20℃	10℃	−20℃
压机 1 过流保护设定值	C7	99A	99A	5A
压机 2 过流保护设定值	C8	99A	99A	5A
压缩机启动保护	C9	3min	15min	3min
压缩机运行满足时间	CA	3min	10min	1min
屏蔽低压压力检测时间	Cb	3min	60min	0min
保护条件持续时间	CC	3s	10s	1s
水流开关持续检测时间	Cd	10s	60s	1s
过流保护调整 1	CE	0	5	−5
过流保护调整 2	CF	0	5	−5

表 4-14　化霜参数

参数名称	单元序号	出厂设置	最大值	最小值
化霜压机方式选择	d1	1	1:停	0:不停
首次进入化霜压缩机工作累计时间	d2	40min	99min	5min
化霜最长时间	d3	8min	15min	2min
进入化霜室外温差	d4	5℃	15℃	2℃
退出化霜室外盘管温度条件	d5	15℃	30℃	0℃
进入化霜室外盘管温度条件	d6	−3℃	5℃	−5℃
强制化霜时间	d7	5min	20min	1min

　　在开机且主模块压缩机开启制热水状态下，按住"温度下降键▽"达 8s 进入强制除霜，"d7"为除霜时长。 除霜时雪花符号闪显。 强制除霜中可按"温度下降键▽"退出除霜。保护温度时间及化霜参数见表 4-13、表 4-14。

4. 室外主控板

　　接口定义见表 4-15。

表 4-15　接口定义

名称	序号	端口标记	功能	说明	备注
模拟输入	1	A01	出水温度	温度范围　−30～80℃	$L=5m$
	2	A02	水箱温度	温度范围　−30～80℃	$L=5m$
	3	A03	外环境温度	温度范围　−30～80℃	$L=2m$
	4	A11	盘管温度1	温度范围　−30～80℃	$L=2m$
	5	A12	盘管温度2	温度范围　−30～80℃	$L=2m$
	6	A21	排气温度1	温度范围　0～130℃	$L=1m(50K)$
	7	A22	排气温度2	温度范围　0～130℃	$L=1m(50K)$
	8	A31			
	9	A32			
	10	L1	压机1电流		
	11	L2	压机2电流		
	12	I62	下循环水温	温度范围　−30～80℃	$L=5m$
开关量输入	1	I01	联动控制	干触点输入信号	闭合正常
	2	I02	水流量开关	干触点输入信号	
	3	I03	下水流开关	干触点输入信号	
	4	I11	1系统高压	干触点输入信号	
	5	I12	1系统低压	干触点输入信号	
	6	I21	2系统高压	干触点输入信号	
	7	I22	2系统低压	干触点输入信号	
	8	I31	联锁开关1	干触点输入信号	
	9	I32	联锁开关2	干触点输入信号	
	10	I41	高液位开关	干触点输入信号	
	11	I42	中液位开关	干触点输入信号	
	12	I51	低液位开关	干触点输入信号	

名称	序号	端口标记	功能	说明	备注
驱动电源输出	1	001	水泵	220VAC/20A	
	2	002	辅助电加热	220VAC/20A	
	3	01A	1#压缩机曲轴	220VAC/5A	
		011	1#压缩机	220VAC/5A	
	4	01B	2#压缩机曲轴	220VAC/5A	
		012	2#压缩机	220VAC/5A	
	5	021	外风机低速风	220VAC/5A	
	6	022	外风机高速风	220VAC/5A	
	7	031	四通阀	220VAC/5A	
	8	041	补水阀	220VAC/5A	
	9	042	下循环水泵	220VAC/5A	
通信	1	线控通信	按 7.5m 标准配线,加长须换线径 4 芯 0.5~1mm²		

机组控制板跳线 1,2,3,设置 ON＝1,OFF＝0(见表 4-16)。

表 4-16　跳线开关选择功能

开关 1	开关 2	开关 3	地址编码	控制器编号
OFF	OFF	OFF	000	1#模块(主模块)
OFF	OFF	ON	001	2#模块
OFF	ON	OFF	010	3#模块
OFF	ON	ON	011	4#模块
ON	OFF	OFF	100	5#模块
ON	OFF	ON	101	6#模块
ON	ON	OFF	110	7#模块
ON	ON	ON	111	8#模块

5. 控制器系统组成

DF2FR-G5 户型/商用空气能热泵控制器系统由 1~8 台控制器和一个线控操作器组成。各部分都通过 RS485 通信接口连接。 图 4-28 是系统的组成结构框图。

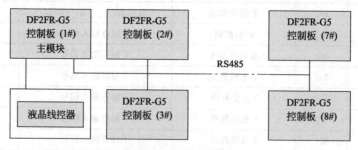

图 4-28　组成结构框图

6. 功能描述

(1)温度控制对象

温度控制对象为主模块水箱温度控制,"b8"为水箱设置温度"P1"的上限。

(2)液位选择

液位选择由表 4-12 设置项"b1"来决定,"b1"参数为"1"时为有液位控制功能,为"0"时为无液位控制功能。

（3）电加热选择

电加热选择由表 4-12 设置项"b2"来决定,"b2"参数为"1"时为有电加热,为"0"时为无电加热功能。

（4）模块上载停止点选择

设置项"b4"参数为"1"时为水箱温度达到"P1"时模块停止加载。

设置项"b4"参数为"0"时为水箱温度直到"P1"-"bE"时模块才停止加载。

（5）联动功能

线控器处于关机时,联动接通开机,联动断开关机。

线控器处于开机时,联动接通无效,联动断开关机。

联动控制只在主模块上有效。

（6）定时开关机功能选择

通过线控器可以选择定时开、定时关、组合定时、循环定时。 组合定时在 24h 内一次有效,循环定时则一直有效。 当"P2"参数设置为"0"时,选择组合定时;为"1"时,选择循环定时。

（7）相位保护功能

相位保护选择"b9"设置为"1"时,具有缺相逆相保护功能,为"0"无保护功能。

（8）水温温度传感器补偿

在一些特殊应用场合,如果传感器引线太长或受安装位置限制,需要对传感器的测量温度进行补偿修正。 这个功能可以通过调整"bd"参数实现。 防冻时不补偿。

（9）制热运行出水温度过高保护

出水温度持续 10s 大于"C1"设定值在("b6"次/h)内时,系统压缩机保护,恢复后压缩机延迟"C9"min 重新启动。 在超过("b6"次/h)时控制器锁住该故障,压缩机不再重新启动。

（10）压机低温限制

当室外温度小于"C6"设定值时,不能启动压缩机,只能使用电加热。

（11）压缩机排气高温保护

排气温度大于"C5"设定值在("b6"次/h)内时,压缩机保护,恢复后压缩机延迟"C9"min 重新启动。 在超过("b6"次/h)时控制器锁住该故障,相应压缩机不再重新启动。

（12）压缩机运行和停机延时保护

为了保护压缩机,当压缩机停机后,需要经过"C9"min 后才能再次开机。

当压缩机开机运行后,除非关机或因故障停机,需要经过"CA"min 后才能停机。

（13）压缩机高压保护

高压压力保护(高压压力开关断开持续"CC"s)在("b6"次/h)内时,压缩机保护,在高压压力恢复后压缩机延迟"C9"min 重新启动。 在超过("b6"次/h)时控制器锁住该故障,相应压缩机不再重新启动而不管高压压力开关是否复位。

（14）压缩机低压保护

低压压力保护（低压压力开关在压缩机启动"Cb"min 后开始检测，开关断开持续"CC"s）在（"b6"次/h）内时，压缩机保护，在低压压力恢复后压缩机延迟"C9"min 重新启动。 在超过（"b6"次/h）时控制器锁住该故障，相应压缩机不再重新启动而不管低压压力开关是否复位。 需断电才能恢复。

（15）水流开关保护

循环水泵工作 60s 后，控制器持续"Cd"s 检测到水流开关断开后，关闭所有负载进行水流开关保护。 循环水泵工作 60s 后，控制器持续 10s 检测到管道水流开关断开后，关闭循环水泵。

（16）压缩机过流保护

压缩机启动"b7"s 后电流 F1 大于"C7"（1♯压机）或 F2 大于"C8"（2♯压机）设定值在（"b6"次/h）内时，压缩机保护，恢复后压缩机延迟"C9"min 重新启动。 在超过（"b6"次/h）时控制器锁住该故障，相应压缩机不再重新启动。"C7""C8"的保护值根据正常运行时未保护的最小值，适当增加余量。"C7""C8"等于 99 时无保护功能。

（17）压缩机电流补偿修正

这个功能可以通过调整"Ce""Cf"参数实现。

（18）联锁保护

联锁开关断开，停止相应压缩机，在联锁开关恢复后压缩机延迟"C9"min 重新启动。

（19）负载分时顺序启停功能

在系统中，有许多大功率的用电设备，如压缩机、外风机或辅助电加热等。 为了避免这些大功率设备的启停对电网造成冲击，所以控制器按照设定的顺序分时控制它们的启停。

（20）压缩机平衡磨损运行

在模块机运行过程中，按照先开先停，顺序循环启停压缩机，以达到所有压缩机运行时间平衡。

7. 控制方法

（1）制热运行

选择制热模式→开机→水泵运行→水流开关检测→电加热运行→风机→运行第 1 台压缩机→运行第 2 台压缩机。

实测水箱温度≤设定水箱温度－压缩机回差温度"bE"，压缩机开机，不同压缩机开机间隔时间为 10s，不同模块间隔"bC"min，上载直至实测水箱温度≥（"b4"参数设置为"1"时上载直至实测水箱温度）设定水箱温度－"bE"。 实测水箱温度≥设定水箱温度，压缩机卸载，不同压缩机卸载间隔时间为 5s。

设定温度与室外空气温度的关系如下

① 室外温度≤23℃，最高设定水箱温度＝"b8"。

② 23℃＜室外温度＜26℃，保持。

③ 室外温度≥26℃，最高设定水箱温度＝"bF"。

注：分模块水泵全部不开启。

（2）除霜运行

① 进入除霜的条件(强制除霜无需满足)

a. 压缩机初次开机制热运转(累计)运行时间大于等于进入除霜时间设定值 "d2",或上次除霜结束后,压缩机再启动制热运转(累计)运行时间大于等于进入除霜时间设定值 "d2"。

b. 如果室外蒸发器盘管温度连续 5min 满足下面条件。 $T_{盘管} <$ "d6"。

c. 如果室外蒸发器盘管温度与室外空气温度之间的关系连续 5min 满足下面条件。

$T_{盘管} < T_{空气温度} -$ "d4"。

两个压缩机系统只要一个压缩机系统同时满足上面 a. b. c 三个条件则进入除霜,则另一个压缩机系统也同时进入除霜。"d1"=1 时进入和退出化霜,压缩机要停;"d1"=0 时压缩机不停,四通阀直接换向。

② 退出除霜的条件(强制除霜无须满足)

a. 在室外蒸发器盘管温度 ≥ "d5" 时。

b. 除霜时间 ≥ 设定时间 "d3" min。

满足上面任一条件的压缩机停机等待其他压缩机退出,所有压缩机满足退出条件后,共同进入制热运行。

(3)电加热运行(电加热只在主模块上有效)

a. 5℃ ≤ $T_{设置} - T_{水箱}$,开电加热。

b. 5℃ > $T_{设置} - T_{水箱}$ > 2℃,保持。

c. $T_{设置} - T_{水箱}$ ≤ 2℃,关电加热。

① "b2" 电加热设置为 0 时,模式不能转换。

② 电加热自动模式与强制模式的区别在于自动模式在室外温度 > 12℃ 时禁止运行,而强制模式下不管室外温度如何只按上面的条件运行。

(4)补水阀运行 "b1"=1 有液位模式时,无液位时补水阀关闭;只在主模块上有效。

① 当中液位开关断开或当高液位开关断开且 $T_{水箱} > T_{设置} - 2℃$,开补水阀。

② 当高液位开关闭合或当中液位开关闭合且 $T_{水箱} ≤ T_{设置} - 4℃$,关补水阀。

(5)外风机运行条件

压缩机运行时

① 当室外温度 > "C2" 设定值,或排气管温度 > "C3" 设定值 - "C4"/2 时,运行低速风,否则运行高速风。

② 当排气管温度 ≤ "C3" 设定值 - "C4" 设定值,启动外风机;当排气管温度 ≥ "C3" 设定值,关闭外风机;压缩机关闭和除霜运行时外风机关闭;停压缩机方式,除霜退出时风机运行约 1min 后关闭。

(6)自动防冻

冬季待机为防止水管 水泵冻裂,机组满足以下条件时自动进入防冻工作中。

① 当环境温度低于 0℃ 时连续关机时间超过 30min,或环境温度高于等于 0℃ 低于 2℃ 且连续关机超过 60min,或水箱温度低于 3℃,启动水泵 90s 后。 如果此时水箱温度低于 3℃,则启动系统制热,当水箱温度高于 10℃ 时停机,关闭所有设备,进入待机状态。

② 当环境温度 ≥ 10℃ 时,不防冻。

③ 当水流开关输出故障信号时，即使"b5"＝0，还是继续防冻。

④ 防冻时，水温温度不补偿。

（7）下循环水泵运行条件

① 当下循环水温度＜"P3"设定值－"P4"值时，开启。

② 当下循环水温度≥"P3"设定值时，关闭。

8. 系统故障保护及代码

控制器自动判断系统在运行中出现的各类故障，并根据这些故障的类型，进行相应地保护处理，并显示相应故障代码，故障代码在时钟（88：88）的位置显示 E×：××

$$E \quad × \quad : \quad ××$$

故障　　　×＃模块　　　故障代码

故障分为系统故障和机组故障。系统故障见表 4-17，机组故障见表 4-18。

表 4-17　系统故障（表涉及参数均为 1＃主模块的参数）

故障原因	故障代码	进入条件	保护措施	恢复条件
出水温度传感器损坏	E1：11	传感器短路或断路	系统关机	维修更换传感器后
水箱温度传感器损坏	E1：12	传感器短路或断路	系统关机	维修更换传感器后
空气温度传感器损坏	E1：13	传感器短路或断路	系统关机	维修更换传感器后
相位保护	E1：01	"b9"为"1"，缺逆相	系统关机	维修后
水流开关断开	E1：02	主模块水流开关持续断"Cd"s	系统关机	维修后
液位开关故障	E1：03	低液位开关断开， 而较高液位开关闭合	系统关机	维修后
制热出水过热	E1：04	制热出水温度高于"C1"值	系统关机	（"b6"次/h）维修后
低液位开关断开	E1：05	低液位开关断开	系统关机	维修后
水流开关断开	E1：10	水流开关持续断开	停下水泵	维修后
水流循环传感器损坏	E1：20	传感器短路或断路	停下水泵	维修更换传感器后

表 4-18　机组故障

故障原因	故障代码	进入条件	保护措施	恢复条件
出水温度传感器损坏	EX：11	传感器短路或断路	停 X＃机组	维修更换传感器后
水箱温度传感器损坏	EX：12	传感器短路或断路	停 X＃机组	维修更换传感器后
空气温度传感器损坏	EX：13	传感器短路或断路	停 X＃机组	维修更换传感器后
盘管 1 传感器损坏	EX：14	传感器短路或断路	停 X＃机组 1＃压机	维修更换传感器后
盘管 2 传感器损坏	EX：15	传感器短路或断路	停 X＃机组 2＃压机	维修更换传感器后
排气 1 传感器损坏	EX：16	传感器短路或断路	停 X＃机组 1＃压机	维修更换传感器后
排气 2 传感器损坏	EX：17	传感器短路或断路	停 X＃机组 2＃压机	维修更换传感器后
相位保护	EX：01	"b9"为"1"，缺逆相	停 X＃机组	维修后
制热出水过热	EX：04	制热出水温度高于"C1"值	停 X＃机组	（"b6"次/h）维修后
Y＃排气故障	EX：2Y	排气过热故障	停 X＃机组 Y＃压机	（"b6"次/h）维修后
Y＃高压故障	EX：3Y	高压压力开关断开	停 X＃机组 Y＃压机	（"b6"次/h）维修后
Y＃低压故障	EX：4Y	低压压力开关断开	停 X＃机组 Y＃压机	（"b6"次/h）维修后
Y＃联锁故障	EX：5Y	联锁故障	停 X＃机组 Y＃压机	维修后
Y＃压机过流	EX：7Y	压缩机电流过大	停 X＃机组 Y＃压机	（"b6"次/h）维修后
通信故障	EX：99	X 模块通信失败		

注：请定时更换电池。（X—模块号；Y—压机号）。

六、　单台热水机组控制板接线图

一般 10 匹以上的单台机组，往往内部是由两套热泵系统组成的，优点是单机功率小、成本较低、维修方便。单台热水机组控制板接线如图 4-29 所示。

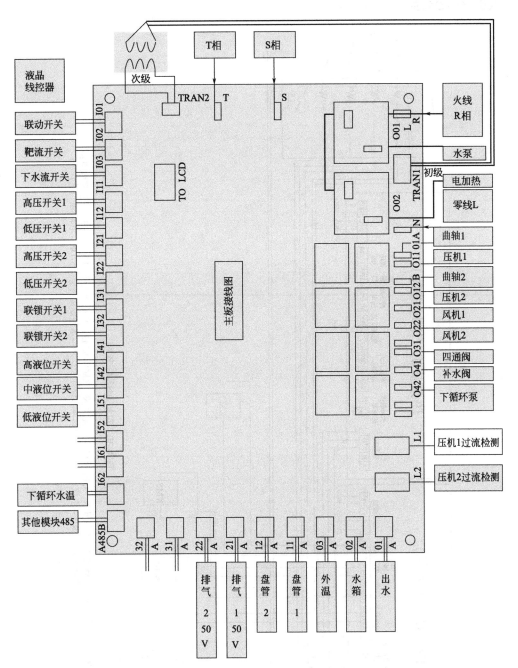

图 4-29 单台热水机组控制板接线

七、双机接线参考图

双机接线参考如图 4-30 所示。

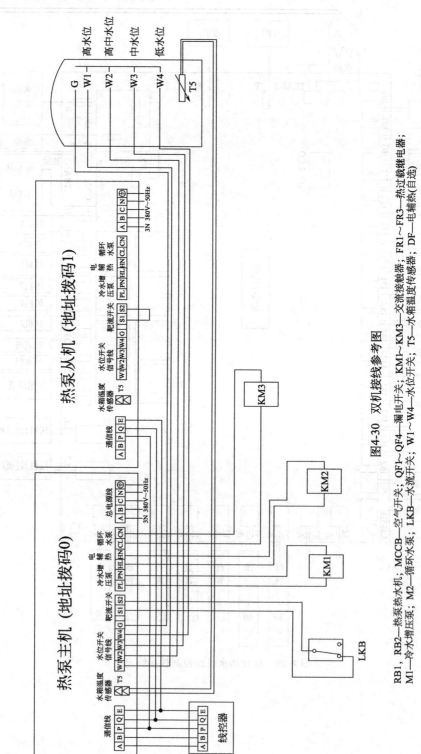

图4-30 双机接线参考图

RB1，RB2—热泵热水机；MCCB—空气开关；QF1~QF4—漏电开关；KM1~KM3—交流接触器；FR1~FR3—热过载继电器；
M1—冷水增压泵；M2—循环水泵；LKB—水流开关；W1~W4—水位开关；T5—水箱温度传感器；DF—电辅热(自选)

八、目前空气能热泵控制的新动向

(1)远程监控技术得到进一步发展，图像现场监控已经不成问题，而且价格低廉。控制途径有网线、WIFI、3G、4G、5G，可以下载APP软件、微信用于监控。监视器可以是电脑，也可以是手机和普通电视机。

(2)由于存储器容量的扩大，一部分控制器的运行状态已经由代码改为直接文字描述机器的运行状态和故障情况，有的还包括故障的原因和原理解说。

(3)控制器的兼容性增强，除了一般对制热水的控制外，还适用对冷气、暖气、热水三联供，烘干机、泳池机、低温制热机组、直热机等的控制。

(4)控制的灵活性加强，控制器往往多设开关量和相应的动作条件，适合用户扩大热泵的使用范围。

(5)为了系统的可靠性和维修、维护的便捷，分布式控制方法也正逐步在工程热泵中推广。

(6)产生了一些与太阳能热水器、太阳能热水工程、阳台式太阳能热水器、家用空调制热与制热水一体机、宾馆大型空调＋制热水等普及型节能方式配合的控制器。

(7)以干燥为目的空气能热泵设备逐渐面市，如干衣机，药材，食品干燥机等。

(8)以取暖为目的空气能机组在北方大量普及，并产生了与当地条件相适应的产品。

以上的新方式、新方法正在试用中，结果如何还要接受时间和实践的考验。

第五章 空气能热泵热水系统的设计

第一节
主系统设计的要点

一、系统确定前考虑的问题

1. 提出客户能够接受的基本方案

业务人员接到热泵工程的需求信息，就要与客户一起将工程方案定下来。

(1)家用型的三种常规选择方案

① 氟循环型。 这是目前安装最多的。

② 水循环型。 安装维修方便、故障率低。

③ 一体式。 安装非常方便、正在逐步普及。

(2)目前一些正在试用的新产品

① 供暖型。

② 冷气、暖气、热水三联供。

(3)工程型的选择方案

① 一般商用型。

② 直热商用型。

③ 特别功能型。 如泳池、寒冷地区取暖等。

④ 地源热泵。

⑤ 干燥类型的。

(4)热泵功率的选择

经验配比是 1 匹空气能热水器每天产 55℃的热水 1t，这个数字是以热泵每天工作 12h 左右为基准的。 因为热泵不能连续工作，不然很快就会损坏。 规模在 5t 水以下的热泵功率要大一点，供水水温较低。 具体如何配套，也要参考各供应厂提供的技术资料，详细计算过程本书第八章有介绍。

确定哪种机型，一是看实际安装的环境；二是根据客户的观点取向；三是实际设计者根据经验判断。 热泵的性能比较见表 5-1、表 5-2。

表 5-1 三种家用常规机型的性能比较

项目	A	B	C	评价
	水循环	氟循环	一体式	
理论节能率	70%			相同
换热效率	可以采用高效率的换热器,效率高	水箱换热器,换热率低	载热管道短,换热效率较高	A＞C＞B

项目	A	B	C	评价
	水循环	氟循环	一体式	
安装	安装比较容易,只要会水电安装就可以	安装难度大,要经过培训的安装人员才会安装	安装很方便,插上电源,装好水管就行了	C好于A、A好于B
维修	脱机方便,维修比较容易	维修困难。脱机维修需要收回工质或者修理后还需灌注工质,离不开专业人员	没有脱机问题,维修也比较方便	A好于C、C好于B
应用灵活性	灵活。可以和电热水器、燃气热水器、太阳能热水器配合使用	只能单独使用	只能单独使用	A好于B、C
环保	工质泄漏机会较少	维修时,往往造成工质泄漏,不利于环保。平时由于工质管道长、外露,容易造成泄漏	工质泄漏机会较少	A好于C、C好于B
产品的适应性	可以与电热水器、燃气热水器配合,克服低温下空气能供热不足的缺点	可以采用电加热方式,克服低温下空气能供热不足的缺点	可以采用电加热方式,克服低温下空气能供热不足的缺点	A好于B、C
制造成本	由于增加了水泵等配件,成本稍高	成本较低	成本稍高	从表面上看,A>C>B;实际上考虑制造成本,B>A、C

表5-2　工程型典型热泵机型的性能比较

项目	A	B	C	评价
	商用循环机	直热型机	地源热泵	
理论节能率	70%			相同
换热效率	可以采用较高效率的换热器,效率高	直接出热水,几乎没有热损失	热源稳定,换热效率较高	C>B>A
安装	比较容易,只要会水电安装就可以安装		专业安装公司安装	A、B好于C
维修	比较容易		工作量大	A、B好于C
应用灵活性	灵活,可以和电热水器、燃气热水器、太阳能热水器配合使用		相同	
环保	一般			相当
产品的适应性	可以与电热水器、燃气热水器配合,克服低温下空气能供热不足的缺点	全年正常运行		C好于A、B
制造成本	成本最低	为了保证出温度较低热水,功率要加大,成本较高	成本很高,往往是A、B的数倍	C远大于A、B,B>A
比较适合的使用场合	一般场合和定时集中用水的单位,如工厂、学校等	随时需要用水的单位、医院、宾馆等	制冷、制热水、北方冬天的暖气供应	

2. 方案确定的综合考虑

(1)规模的性价比

1t规模以下的工程,如果按照工程型考虑,性价比较差。因为"麻雀虽小五脏俱全",小工程和大工程使用的很多材料是一样的。工程越大,其单位价格就越低。根据笔者的经验,1t规模以上用工程型方案较好,1t规模以下采用家用型方案较好。

（2）系统的可靠性

要根据客户对产品可靠性、维护及时性、维护成本等方面的要求来考虑方案。 可靠性较好的依次是家用型、商用型、直热型、专用型。 要求最高的用户是宾馆旅社、居民住宅，一般的是学校、工厂。 还有维修的响应时间，离工厂维修点较近，响应时间短，可以选用可靠性低一点的；离维修点远，响应时间较长的，要选用可靠性较高的。 另外还要估量用户的自维护能力，比如用户是工厂，维修维护能力较强，就可以选用可靠性低一点的方案。

（3）环境的影响

对产品安装地点平均气温较高的地区，选用一般商用型和家用型可靠性较好，控制系统比较简单。 但空气能热泵低温运行效果较差，在气温较低的地区集热效果不好，且容易出现结霜、效率低、不制冷的情况。 一般来讲，在福建以南地区(福建、广东、广西、海南)使用一般的空气能热泵较好；福建以北地区，平均气温较低，容易出现霜冻，应选用具有低温制热功能的机组，同时还要辅以辅助加热装置。 当然，随着热泵性能的改进，低温地区的使用量也在逐步增加。 近年来北方地区空气能取暖得到大面积的试用，有了不少经验，技术上也取得了较大的进步，使得北京以北地区的供暖，长江以南地区的供热水已经不成问题。

（4）产品的成本

随着热泵的普及，它的成本也发生了很大的变化。 成本由高到低依次是家用型、商用型、直热型、特殊功能型。 选型可以根据用户的经济承受能力和实际环境来定。

（5）某些特定的条件

① 用户场地比较狭小，没有地方安装一体机的，可考虑安装占地少的分体式机。

② 要安装分体式机，但安装和维修条件不好，存在危害安装维修人员人身安全隐患的，一律不能安装，改用其他机型。

③ 一些安装的楼面强度不够，无法在一定的位置上安装一定吨位的水箱，这时应该考虑用多个水箱来代替一个水箱的方案。 如果多个水箱楼面仍承担不起，只能考虑多台小型机组合方案或改用直热型机。 不能确定的安装建筑，建议请建筑设计公司进行确认。

④ 不能占用消防通道。

⑤ 运输和搬运条件。 有些地方，搬运条件极差，体积较大的保温水箱没有安全、可靠的人工起吊的位置。 改用吊车时又没有吊车进来的道路和起吊设备需占的地盘，无法起吊。 如请专业搬运公司成本很高，此时就要考虑采用多台小型机组合的方案。

二、结合实际情况需考虑的一些问题

1. 现场布局

一旦确定了工程的基本方案，就要考虑实施的细节。 根据楼面情况，确定主要部件的安装地点。

（1）合适的水箱容量

水箱的成本大概占总成本的25％，水箱容量大，成本就高。 一般情况下，水箱容量以每天总用水量的80％来确定，每天水的需求不一定是100％，热泵在供水的同时可以产生一部分热水。 与太阳能工程的配套也采用太阳能热水器产水量和水箱容量为总供水量的80％，辅助型热泵产水量按每吨水0.6匹来考虑。 这是笔者的经验总结，具体的还要根据实际情况做一定的修正。

（2）合理的水箱位置和热泵机组的分布

要尽量使热泵集热循环的距离最短，减少循环过程的热量损失；同时也要考虑供热水的路线，不能太长。

（3）适合现场情况的进水方式和合理的出水方式

① 水源。 有自来水、楼顶水箱供水两种。 在自来水压力小时应采用自吸泵供水，如果水压正常，则打开电磁阀就可以供水了。 楼顶水箱由于压力不够，一般要用水泵供水。 但如果水塔很高，水面高出储热水箱3m以上，则可以采用电磁阀开关供水的方法。

② 进水方式。 对可靠性要求较高的用户，尽量选用及时补水的供水方法，如机械式浮球进水阀门。 但是当自来水水压不足以给屋顶水箱供水时，要借助水泵供水，采用机械式浮球进水就会使系统变得复杂。 此种情况下，还是采用检测水位补水的方法较好。

③ 进水的位置。 一般的规则是，热水从水箱上端进入，因为根据水的分层原理，水箱的高温部应该在水箱的上方，所以热泵进入水箱的水是从上端进入的；同理，冷水一般是从水箱底部进入的。

④ 相当一部分的控制器都带有水位控制的功能。 但水位控制是一个世界性难题，目前热泵控制器生产厂不如太阳能控制器生产厂对其熟悉，所以往往都是水位控制出问题造成系统无法工作，同时摸排故障也很困难。 建议自动进水还是采用独立的进水装置，把水位控制与主控制回路分开来，更容易排除故障。

⑤ 更详细的内容见第五节水箱的专门介绍。

（4）考虑振动和噪声的影响，为减振和降噪处理留下余地。

2. 辅助加热方案

空气能的加热方法值得考虑，这也是系统能否良好运行的重要问题。 笔者的经验是，不管空气能热泵的效能如何，在低温下都要加装辅助电热装置。 它的作用一是在低温下空气能效率下降时给予加热补充；二是当热泵发生故障时保证系统制热水的功能。 很多供应商在空气能热泵工程中不装辅助加热装置，给客户带来很大的麻烦，供应商自己的信誉也受到很大的损害。

加热方法一般是电加热、燃气加热和油炉加热。 空气能热泵工程大部分采用前两种方法。

（1）电加热

电加热是用得最广的加热方法。 它的特点是投资较少、简单易行；缺点是耗电较大，加热速度较慢，加热成本高。 在投资较少的工程中使用电加热作为辅助加热方法比较合适。 如果拉线成本较大，可以采用临时电缆拉线的办法，一旦温度上升，就将电缆收藏，来年再用。

（2）燃气加热

其特点是加热速度很快，能在较短时间内达到用户的需求，但投入较大，是电加热的数倍，还必须在能够供气的场合。

（3）电加热的功率和时间

加热时间一般考虑用水的需要，加热时间控制和计算在其他章节介绍，这里不再重复。

表5-3给出常用电加热器的加热速度，供参考。

表5-3　电加热器加热1t水上升10℃所需要的时间

功率	3kW	6kW	9kW	12kW
加热所需的时间/h	3.48	1.74	1.16	0.87

注：1t水上升10℃需要热量10000kcal，1kW·h的发热量为860kcal，电加热的效率为90%。

3. 供热水时间考虑

空气能热泵一般采用预加热的供水方式，这样可以减少投资。如需要时，在出水口安装电磁阀，控制用水时间，保证用户主体都能用上热水。

4. 旁路应急措施

旁路措施实际是一种应急的方案。在工程的布局中，对影响全局的一些部件，应该采取旁路的安装形式。一旦该部件出现问题，需要通过人工打开旁路开关，使系统可以临时工作，不影响热水的及时供应。工程中主要应考虑以下两点。

① 电气回路中供热接触器的旁路。

② 水回路中供热水电磁阀、增压水泵的旁路；进水电磁阀的旁路等。有条件可采用一用一备方式，虽成本增加，但使用寿命延长，系统可靠性增加。

第二节
系统规模的估计

本节将估算系统的规模，确定系统的大小。

一、系统总的用水量估算

一个用空气能热泵的热水工程，首先就要对它的用水量进行估算，在这个基础上才能进行选型和配套。表5-4就是根据经验总结的热水用水定额表（GB 50015—2003）。

表5-4　热水的用水定额表

序号	用水场所	用水情况	用水单位	用水定额/L	供水时间/h	备注
1	住宅	自备淋浴设备	每人	40~80	24	
2	单身宿舍、学生宿舍、一般旅馆、招待所、培训中心	公用盥洗室	每人	25~40	24	
		公用盥洗室和淋浴室	每人	40~70		

序号	用水场所	用水情况	用水单位	用水定额/L	供水时间/h	备注
3	宾馆	淋浴	每人	70～100	24	
		浴盆		120～150		
4	医院、疗养院	盥洗室	每个位	30～100	24	还要考虑陪护人员的盥洗
		公用淋浴室		70～130		
		单独卫生间	每床	110～200		
5	养老院		每人	50～70	24	
6	幼儿园、托儿所	有住宿	每位儿童	20～40	24	
		无住宿		10～15	10	
7	公共浴室	淋浴	每位顾客每次	40～60		
		浴室淋浴		60～80	12	
		桑拿浴(淋浴、按摩池)		70～100	12	
8	理发室、美容院		每位顾客每次	10～15	12	
9	洗衣房		每千克衣服	15～30	8	
10	餐饮、娱乐场所	营业餐厅	每位顾客	15～20	10～12	
		快餐店、食堂		7～10	11	
		酒吧、咖啡厅、茶座、卡拉 OK 房		3～8	18	
11	办公楼		每人每班	5～10	8	
12	体育场馆	健身中心	每人每次	15～20	12	
		运动员淋浴		25～35	4	
13	会议厅		每次每位	2～3	4	

注：热水温度为 60℃。

以上列出了比较标准的各种用户的用水水量表，可以根据该表估算出用户的日用水量需求。

二、空气能热泵功率的确定

空气能热泵功率的确定应该考虑如下几方面。

1. 机器台数的确定

空气能热泵的配套台数尽量考虑在 2 台以上，这样即使有一台故障，还有另一台可以供水，应付急需。

2. 机器工作时间

机器工作时间不能太长。空气能热泵热水器与人相似，也需要休息，工作时间过长，机器故障率就高，业内的经验是每天运行不超过 12h 最好。这样可以得出空气能热泵功率的匹配量。

选择机组时，还要考虑加大一些，因为以上所说的每小时的产水量是在一定的情况下获得的(进水温度 15℃，环境温度 20℃)。事实上，在南方的冬天，北方的春、秋、冬季也有很大部分时间水温和环境温度是低于如上检测环境的。所以为了能够保证冬天热水的供应，还要适当加大空气能热泵的匹配功率，最好再加一台空气能热水机组，冬天热水产量下降时，再开动备用机组，保证供热(水)效果不变。

三、其他需要考虑的问题

1. 单台水箱容积的初步确定

空气能热水工程可以由数台机组配一个大水箱，也可以每一台机组配一台水箱。从控制的角度考虑，每台机组配一个水箱更适合于控制器的控制。多台机组的控制比较复杂，需要控制器的串联运行，所以还是单机配单一水箱，水箱之间进行串并联，通过开关阀门进行调控更好。

由于空气能热泵在任何时间都可以制热，在客户用水时空气能热泵还可以制热。为了节省开支，一般水箱都可以设计得小一点。这样空气能热水器也能较快地将水箱水温提升到指定温度。

2. 辅助加热方式的确定

尽管目前市面上已有不少标明−20℃环境下都能工作的空气能热水器，但是我们还是要正视这样的状况，没有进行专门设计的空气源热泵，在冬季会大幅降低性能，甚至完全丧失制热能力。当环境温度较低时，热泵的 COP 较低，排气温度较高，压缩机工作环境恶化，故障倾向加重。系统设计者要注意这一点，为热水系统设计合理的电、燃气、油辅助加热装置。

3. 加热方式的确定

一般在热水工程中，有两种选择，采用循环式机组或是直热式机组。

补充水直接进入保温水箱的循环加热系统，从效率和系统的简洁方面肯定不如直热式热泵热水装置。因为直热式热水机组没有热水在管道反复流动造成的热量损失，也节省了一个比较贵重的热水循环泵。但是循环式系统比较简单，运行也比较可靠。

直热式热泵热水系统要注意解决出热水后热水降温的问题。同时直热式机组由于水流速度较慢，容易在管壁沉积污垢，这种情况下可以设置起冲刷作用的循环水泵来解决，所以直热式比较适合那种 24h 不停供应热水的系统采用。即使这样对储热水箱的辅助加温装置也不能少，以保证热水的及时供应。为了保证温度低的环境下出水的温度，直热式要选用功率大一些的配置方案，同时在储热水箱的水源上还要增加一个供水点，以备直热式供水量不足时进行补充。

对于需要定时供应热水的系统，比如学校，只要在使用时间前加热足够量的热水就可以了。因为使用时间集中，不必采用热水回水。对于这样的使用方式，采用直热式和循环加热式在效率上几乎没有差别。

因此在温度比较高、全年气温都在 15℃以上的地区、24 小时供水的场合，选用直热式机组比较合适；在其他情况下，选用循环式机组比较稳妥。

4. 家用机的型式的选择

表 5-1 中已经列出了三种机型的特点，可以根据实际需要进行选择，在大面积使用家用

机的情况下，要特别重视它的可靠性和维修的成本。

5. 太阳能热水器、电热水器加装空气能热水器

利用空气能热泵作为太阳能热水器的辅助加热装置，是目前节能效果最好的方法之一，理论节能率达到 94%。同时在安装热泵的制热系统时，也可以考虑安装太阳能热水器，达到最佳的节能目的。

第三节
空气能热水工程系统的设计

一、常规的空气能热泵热水系统图

本书选择一些比较典型和完善的空气能热泵系统图，供参考。

1. 单台空气能热泵的系统图

图 5-1 为一般单台空气能热泵和单个水箱的实物系统图，图上的一些配套部件可以根据实际情况取舍。

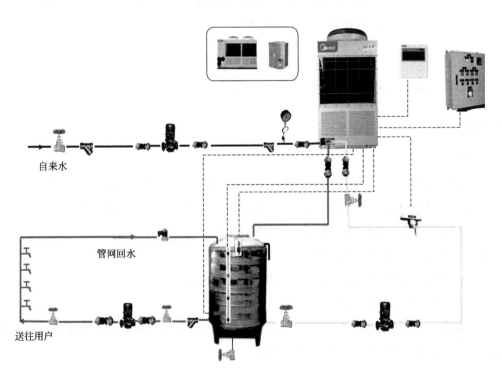

图 5-1　单台空气能热泵和单个水箱的实物系统示意

2. 多台空气能热泵多台水箱结合系统(图 5-2)

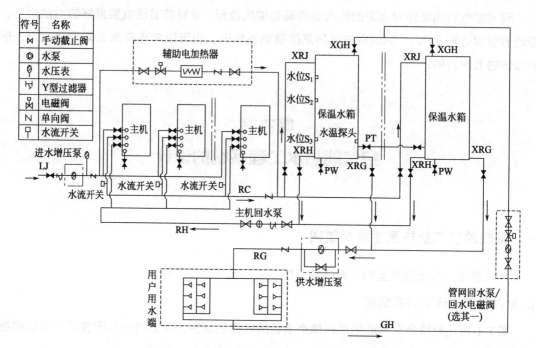

图 5-2 多台空气能热泵机组多台水箱结合系统

LJ—冷水进水总管；RC—主机出水总管；RH—主机回水总管；RG—热水供水总管；GH—管网回水总管；

XRJ—水箱热水进水管；XRH—水箱热水回水管；XGH—水箱管网回水管；

XRG—水箱供水出水管；PW—水箱排污管；PT—水箱旁通管

二、空气能和太阳能等加热设施结合的安装图

1. 工程的系统

(1)基本的系统图

目前，相当部分的太阳能热水工程都配套空气能热水器，使太阳能热水器在阴雨天可以正常工作。 从理论上讲，在太阳能工程中太阳能加空气能的节能率基本能达到 80％以上。

工程上安装空气能热水器比较简单，如图 5-3 所示。

(2)采用其他加热方式的系统图

采用其他方式加热的与太阳能结合的热泵工程系统图如图 5-4 所示。

(3)比较复杂的太阳能热泵加热系统

为了提高本书的实用性，再提供一套已经在实际中应用并已被证明可行的系统图和它的电器图，分别如图 5-5～图 5-7 所示，供参考。

2. 家用的系统

在空气能热水器之前，已有大量的太阳能热水器、电热水器、燃气热水器进入千家万

户，它们能与空气能热泵进行有效的结合，经简单改造，达到进一步节能的目的。 空气能热泵不仅能和太阳能达到有效地配合，达到理论节能 94％以上的节能效果，还能和电热水器、燃气热水器结合，经试验证明也能达到节能 50％以上的效果。

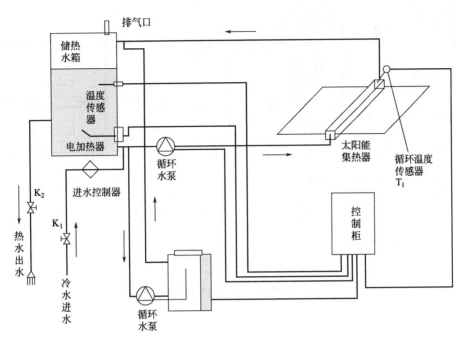

图 5-3　与太阳能结合的空气能热水器系统图(以太阳能为主)

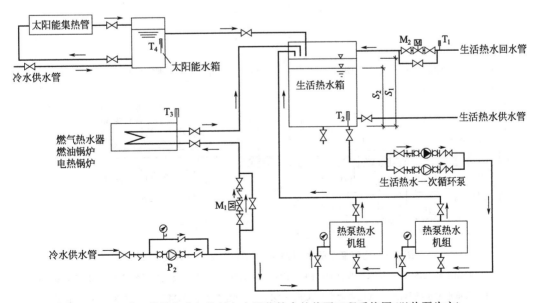

图 5-4　采用其他方式加热的与太阳能结合的热泵工程系统图(以热泵为主)

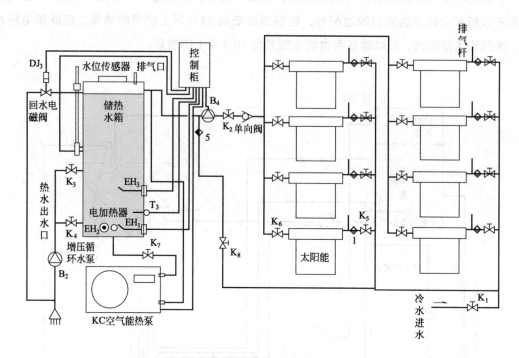

图 5-5 比较复杂的太阳能与空气能热泵工程系统图

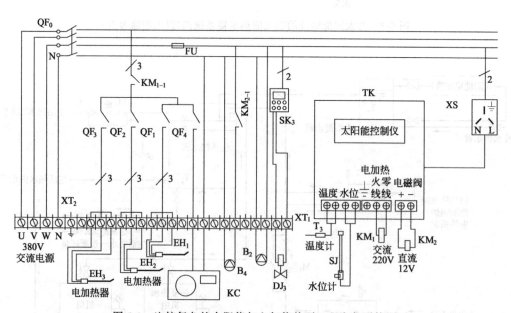

图 5-6 比较复杂的太阳能与空气能热泵工程电气系统图

T_3—水箱温度传感器；B_4—供水水泵；$EH_3/EH_1/EH_2$—电加热器；KM_1—交流接触器；DJ_3—220V 电磁阀；
SJ—水箱水位传感器；B_2—气压自动水泵；$QF_0 \sim QF_4$—三相空气开关；KM_2—小型继电器；XS—插座；
FU—保险丝；SK_3—多段定时器；XT_1—接线端子；KC—空气能热水器

图 5-7　与热泵结合的太阳能热水工程

（1）与家用太阳能热水器的结合

家用太阳能热水器和热泵结合的系统如图 5-8 所示。

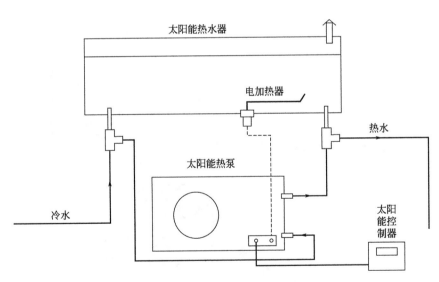

图 5-8　家用太阳能热水器和热泵结合的系统

这类太阳能热水器与热泵的集合系统，大多数用在已经安装太阳能热水器的用户中，这种俗称"太空能"的热水器，节能效果显著，维修维护方便，受到广大城乡用户的欢迎。

图 5-9 是热泵电气控制线路，它可以和太阳能控制器连接起来，达到一起控制的目的。图 5-10 为太阳能热泵热水器的实际安装图。

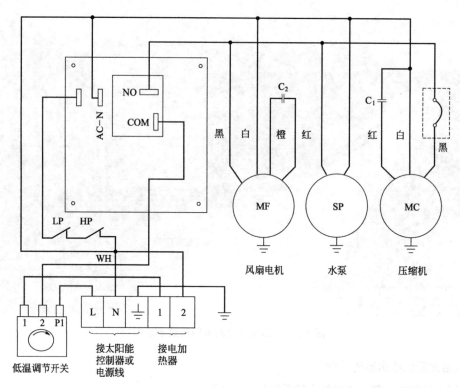

图 5-9　与太阳能结合的空气能热泵电气接线

图 5-10　太阳能热泵热水器的实际安装图

（2）与电热水器的结合

图 5-11 是空气能和电热水器的安装示意图，图 5-12 是实物安装图，图 5-13 是环境温度

控制旋钮。

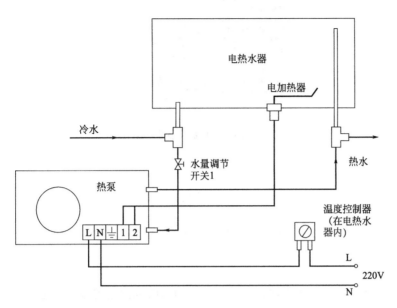

图 5-11　空气能和电热水器的安装示意图

图 5-12　空气能与电热水器的安装实物图

同理，空气能热泵和储水式燃气热水器、阳台式热水器等热水设备也是非常容易结合的。

图 5-13　环境温度控制旋钮

第四节
较大型的泳池类空气能热泵系统设计

在游泳池实施空气能热泵加热，实现一年四季都可以使用的恒温泳池，从目前来看是最经济的手段之一。用热泵加热，其能效比 COP 可以达到 5 以上甚至更高。其中最常用、最简单的方法就是采用空气能热泵加热。本节通过对泳池空气能热泵系统设计的介绍，使读者进一步了解大型热泵系统的设计。

一、泳池用空气能热泵加热的要求和特点

1. 恒温泳池的要求

游泳池的池水温度，可根据游泳池的用途，按下列数值进行设计：

(1)室内游泳池

① 比赛游泳池：24～26℃；

② 训练游泳池：25～27℃；

③ 跳水游泳池：26～28℃；

④ 儿童游泳池：24～29℃。

注：旅馆、学校、俱乐部和别墅内附设的游泳池，其池水温度可按训练游泳池水温数值设计。

(2)露天游泳池的池水温度不宜低于 22℃。

① 游泳池的初次充水时间，应根据使用性质和城镇给水条件确定，一般采用 24h，但最长不宜超过 48h。游泳池的补充水量应根据游泳池的水面蒸发、排污、过滤设备反冲洗和游泳者带出等所损失的水量确定，一般可按表 5-5 的数据选用。

表 5-5　游泳池的补充水量

游泳池类型和特征	比赛、训练和跳水用游泳池		公共游泳池		儿童游泳池幼儿戏水池
	室内	露天	室内	露天	
占池水容积的百分数/%	3～5	5～10	5～10	10～15	≥10

② 比赛游泳池水宜采用逆流式和混合循环。露天游泳池池水宜采用顺流式循环。游

泳池池水如采用混合式循环时，从游泳池水表面溢流回水量，不得小于循环水量的50%。

③ 游泳池水的循环周期，应根据游泳池的使用性质、游泳人数、池水容积、水面面积和池水净化设备运行时间等因素确定，一般可按表5-6采用。

表5-6 游泳池水的循环周期

游泳池类别	循环周期/h	循环次数/(次/天)
比赛池	6～10	4～2.4
跳水池、私用游泳池	8～12	3～2
公共池	6～8	4～3
跳水、游泳合用池	8～10	3～2.4
儿童池	4～6	6～4
幼儿戏水池	1～2	24～12

④ 循环给水管内的水流速度，不宜超过1.5m/s；循环回水管内的水流速度宜采用0.7～1.0m/s。

游泳池循环水在进入净化设备之前，应向循环水中加投下列药剂：

a. 混凝剂：宜采用铝盐，设计投加量采用5～10mg/L。

b. pH值调整剂：采用纯碱或碳酸盐类，设计投加量采用3～5mg/L。

c. 除藻剂：采用硫酸铜，设计投加量不大于1mg/L。

⑤ 游泳池水加热所需热量应为下列热量的总和(泳池热负荷计算方法)：水面蒸发和传导损失的热量、池壁和池底传导损失的热量、管道的净化水设备损失的热量。

2. 游泳池热泵热水器的特点

(1)机组功率大、台数多

标准的游泳池(50m×25m)的出水量大，达到2500t以上，每天水温近似降低17.83℃，则需要增加热量：

$$2500t×17.83℃×1000kcal/(t·℃)=44575000kcal$$

设COP=5，每度(kW·h)电发热量860kcal。

① 每天的维持功率为：

$$44575000/(24×860×5)=432(kW)$$

② 如果要求在48h内完成初始加热，设原始水温为15℃，需加热到27℃，则要求的功率为：

$$2500×(27-15)×1000kcal/(48×860)=727(kW)$$

则需要热泵的功率为：727/5=145(kW)

通过以上粗略估算，可以看出泳池所需机组的功率较大，为了提高系统的可靠型，也要求要配置多台的机组。

(2)机组工作环境好，效率高

一般游泳池的水温在26～30℃，热泵提供额定水温也在30～33℃之间，所以非常适合热泵工作，在环境温度20℃的环境下，效率一般可以达到550%，即COP=5.5。如果能够对外排的热水(洗澡水、换水)、空气(水蒸气)进行处理，则效率还会大大提高。

(3)水质对冷凝器的腐蚀性

由于泳池要经常消毒，定期投加氯和硫酸铜等消毒剂，这些消毒剂都对金属有很强的腐蚀性。 因此，与泳池配套的机组，都要装配泳池专用的冷凝器，这些冷凝器都是采用抗腐蚀性好的钛合金和铜镍、铜铝合金材料制成的，外壳为工程塑料。

（4）冷凝器的流量大

一般的热泵换热器，要求5℃以上的换热温差，有的更高，这不适合对泳池换热。 泳池换热要求一般在3℃以内，否则会造成泳者的不适和偏离比赛的标准水温。 这就要求提高水流侧的水流量，因此泳池热泵大都采用水流动性好的管壳式换热器，不采用常规的套管式换热器。 如条件要求采用套管式换热器，应加大水泵的配套规格，才能达到泳池的要求。

（5）其他注意事项

根据经验，一般营业性的泳池，水温要维持在29～30℃范围，否则一般以嬉水或锻炼为目的的泳者会感到水温不够，影响游泳池的经营。 同时，在泳池的周围，也要进行保暖和增加暖气设施。 这就要求恒温泳池不能造得太深，一般在1.8m以下最好，这样才能创造一个舒适的娱乐和锻炼环境。

二、泳池空气能热泵系统的设计

以福建泉州某游泳池为例，进行泳池空气能热泵系统的设计。 设计泳池温度是27℃，全年恒温运行。

1. 情况了解和有关数据的确定

（1）该地区年平均气温20℃，最热月份平均气温达29℃，最冷月份平均气温为9℃。

（2）原始水温15℃；泳池水温27℃。

（3）泳池水面风速，参照当地地面平均风速，结合泳池所处环境和地理位置，参照标准，做一个估值：0.2m/s。

（4）泳池的表面积1250m²，水容量2500t。

2. 计算

（1）计算泳池表面的散热量

计算公式

$$Q_z = \alpha \gamma (0.0174 v_f + 0.0229)(p_b - p_q)A\left(\frac{760}{B}\right)$$

式中　α——热量换算系数 $\alpha = 4.1868$kJ/kcal；

　　　γ——与游泳池水温相等的饱和蒸汽的汽化潜热：581.9（kcal/kg）；

　　　v_f——游泳池水面上的风速：0.2m/s；

　　　p_b——与游泳池水温相等的饱和空气的水蒸气分压：26.7mmHg；

　　　p_q——游泳池环境空气的水蒸气压力：16mmHg，一般泳池的平均空气湿度为60％；

　　　A——游泳池的水表面面积：1250m²；

　　　B——当地的大气压力：760mmHg。

代入计算：

$Q_z = 4.1868 \times 581.9 \times 1250 \times (0.0174 \times 0.2 + 0.0229) \times (26.7 - 16) \times (760/760)$

　　$= 859605$（kJ/h）

（2）计算游泳池的水表面、池底、池壁、管道和设备等传导所损失的热量：

$$Q_e = 20\% Q_z = 0.2 \times 859605 = 171921（kJ/h）$$

（3）计算游泳池每天补充水加热所需要的热量

计算公式

$$Q_b = \alpha q_b y \frac{t_r - t_b}{t}$$

式中　α——热量换算系数　$\alpha = 4.1868 \text{kJ/kcal}$；

　　　q_b——游泳池每日补充的水量；$L = 2500 \times 10\% = 250\text{t}$；

　　　y——水的密度，1kg/L；

　　　t_r——游泳池水的温度，27℃；

　　　t_b——游泳池补充水水温，15℃；

　　　t——加热时间，24h。

代入计算

$$Q_b = \alpha q_b y \frac{t_r - t_b}{t}$$
$$= 4.1868 \times 250000 \times 1 \times (27 - 15)/24$$
$$= 523350 (\text{kJ/h})$$

（4）计算游泳池总的热量

计算公式

$$Q = Q_z + Q_e + Q_b$$
$$= 859605 + 171921 + 523350$$
$$= 1554876 (\text{kJ/h})$$

（5）求出所需配套机组的功率

$$P = \frac{Q}{3600}$$

$$P = \frac{Q}{3600} = 1554876/3600 = 431.91 (\text{kW})$$

3. 初次加热的配套功率估算

经过估算和分析，确定机组的配套功率。

（1）加热功率的估算

加热时间一般为 48h 内，从本节一、中 2. 部分相似例题可得到：本例所需加热功率为 727kW。

（2）由于加热过程仍然存在水面蒸发和管道等散热的情况，必须考虑在内。可以得出维持功率不大于：$(859605 + 171921)/3600 = 286 (\text{kW})$

（3）总功率和配套功率

$$总功率 = 286 + 727 = 1013 (\text{kW})$$

设　　　　　　　　　　　　　$COP = 5$

$$配套功率 = 1013/5 = 202 (\text{kW})$$

结论：选用 DBT-R-25HP/Y 机组，单台输入功率 19.5kW，10 台制热功率 800kW，COP 取 4.1，考虑本例南方使用，故效率取 5，所以有：

$$总制热功率 = 19.5 \times 10 \times 5 = 975 (\text{kW})$$

可见基本满足本项目的要求。如果在实际使用时发现制热量不足，可以再增加机组，但在设计时，要考虑给新增机组留下空间。游泳池的空气能热泵加热系统图如图 5-14 所示。游泳池热泵设计的有关参数见表 5-7。

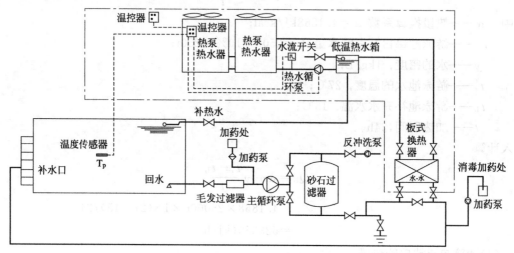

图 5-14　游泳池的空气能热泵加热系统图

表 5-7　游泳池热泵设计的有关参数

温度/℃	饱和蒸汽的汽化潜热/(kcal/kg)	饱和空气的水蒸气分压/mmHg	环境空气的水蒸气分压/mmHg(相对湿度 60%)
26	2439.6	25.21	15
27		26.74	16
28	2435	28.35	17
29		30.04	18
30	2430.2	31.82	19

注：未标数字请用插值法或估算得出。

第五节
空气能热泵工程配套系统的设计和计算

一、电气配套系统的计算

1. 电流的测算

在空气能热水工程中，用到很多用电器，如空气能热泵、电加热器、水泵、仪表等，它们的用电功率是我们选用控制开关元件和电缆的依据。在小功率情况下（30kW 以下）采用估算就可以了。但如果功率继续加大，开关的价格成倍上升，就要比较精确地估算它的电流值了。

（1）估算

最大电流＝（热泵输入功率＋辅助加热设备功率）×2

比如，工程需要 5 匹空气能热泵 2 台，同时加 2 只电加热器，每只功率 6kW，求它的最大电流值。

查该机种的输入功率为4.7kW,2台为9.4kW。 2只电加热加起来功率为12kW,其他用电器估算为1.5kW。

那么该项目估算的总电流＝(9.4＋12＋1.5)×2＝45.8(A)

(2)三相电流的确定

如果功率较大,就要详细计算。

如下公式得到三相电路其中一路的电流值：

$$I_3 = \frac{p_3 \times 1000}{\sqrt{3} \times 380 \times \cos\varphi}$$

式中　I_3——三相电流最大值,这是作为选用开关等元器件的重要依据,A;

p_3——所要计算容量的开关控制的最大负载功率,kW;

$\cos\varphi$——用电器的功率因素,一般取0.8,如果该开关仅仅控制普通的电加热器,属于电阻性负载,该数值可以取1。 对于单独的电感负载,水泵,电磁阀、空气能热泵等电感性的负载,一般取0.65左右。 对于混合型的负载,比如总开关,它的负载有水泵、接触器等电感性负载,又有电加热器、指示灯等电阻性负载,可取标准值0.8。

(3)单相电流的确定

如下公式得到单相电路其中一路的电流值：

$$I_2 = \frac{p_2 \times 1000}{220 \times \cos\varphi}$$

式中　I_2——单相电流最大值;

p_2——所要计算容量的开关控制的最大负载的功率。

2. 电线线径的确定

计算出了电流,就可以确定重要的数据,那就是电源的外接电力线,控制柜内电源的导线。 它的线径大小,也关系到工程的正常运行和成本。

(1)导线线径的确定

表5-8就是工程中常用电线的安全电流的参考数据,供读者确定电线的规格。

表5-8　电力电缆埋设时安全载流量(A)

标称截面/mm²	橡皮或塑料绝缘电力电缆(500V)					
	铜芯			铝芯		
	单芯	二芯	三芯	单芯	二芯	三芯
2.5(1.5)	48	39	34	38	30	26
4(2.5)	64	49	44	50	37	34
6(4)	80	62	53	64	49	41
10(6)	111	94	80	87	71	62
16(6)	148	120	102	115	94	80
25(10)	191	156	134	150	120	102
35(10)	232	187	160	182	143	125
55(16)	289	236	200	227	183	156
70(25)	348	285	245	273	218	187
95(35)	413	344	294	323	262	227
120(35)	471	396	344	369	302	263

注：标称截面一栏,各括号内数字为四芯电力电缆中中性线的截面积。

（2）电源线规格的测算

① 由于导线的成本较高，所以对于大电流的导线，通过计算得出电流值再确定导线规格，可以节省成本。

② 上段列出了不同规格的导线可通过的最大安全电流的数据，但如果导线太长，就要考虑它的电压降。如果电压降太大，就要考虑加大一个规格的导线。对于铜线来说，三相电源线长超过100m，单相电源线长超过20m，铝线三相电源线长超过60m，单相线长超过12m，就要考虑这个问题。

③ 中线直径也是施工和设计中要考虑的一个问题，应该指出的是，对于工程总电源是单向电源的，它的导线、火线和零线的直径应该相同。

3. 实例计算

一个空气能热泵工程，采用三相电源供电。工程有 2 台 10 匹的空气能热泵、2 个 12kW 的电加热器，还有 1 台 750W 的水泵、1 台 230W 的集热循环泵、2 个 200W 的电磁阀。求总开关的容量和每个电加热所要匹配的空气开关容量以及电加热接触器的容量和选型、电力导线规格的选择。

（1）求出总功率、总电流和总开关的容量。

查出 10 匹的空气能输入功率是 9.5kW

总功率：
$$p = 9.5 \times 2 + 12 \times 2 + 0.75 + 0.23 + 0.2 \times 2 = 44.38 (kW)$$

已知公式
$$I_3 = \frac{p_3 \times 1000}{\sqrt{3} \times 380 \times \cos\varphi}$$

计算它的总电流：
$$I_3 = \frac{44.38 \times 1000}{\sqrt{3} \times 380 \times 0.8} = 84.29 (A)$$

（此时是电阻和电感用电器混合状态，$\cos\varphi = 0.8$）

已知控制系统总的电流是 84.29A，选用的空气开关容量为额定容量的 1.5 倍，即

$$84.29 \times 1.5 = 126.44 (A)$$

求出的电流值仅仅是主要用电器的电流，还有其他的用电器也要消耗一定的电量，不过比较小，选择电流量相近的开关，比如 125A 的三相空气开关。选用 DZ-41-100 型空气开关；额定电流是 125A 的单相空气开关 1 个，严格选用的话，可以选用规格更大的空气开关型号，比如 DZ20C-125A 型的，额定电流是 125A 的，更为妥当一点。

（2）求出每个电加热器的空气开关的容量

由于电加热器容易烧毁，所以应在每一个电加热器线路上设立开关，这样才不会影响整个系统的运行。

$p_2 = 24kW$，$\cos\varphi = 1$，由于电加热器是电阻式负载，所以该值取 1。

已知三相电流的公式是：

$$I_2 = \frac{p_2 \times 1000}{\sqrt{3} \times 380 \times \cos\varphi}$$

代入已知数据

$$I_{21} = \frac{12 \times 1000}{\sqrt{3} \times 380 \times 1} = 18.23(A)$$

选用的空气开关容量为额定容量的 1.5 倍，即 $18.23 \times 1.5 = 27.34(A)$。 查电工手册，选用 DZ-41-45 型空气开关，额定电流是 32A 的空气开关 2 个，作为单个电加热器的控制开关。

（3）电加热接触器的确定

一般电加热接触器是控制所有电加热器的供电。

已知

$$I_{23} = I_{22} \times 2 = 27.34 \times 2 = 54.69(A)$$

结论：选用 60A 左右的接触器比较合适，选用 CJX2-63(A) 的接触器比较经济合算，体积也较小。 如要增加可靠性，可以选用更大规格型号的。

（4）求出空气能开关的容量

$$I_1 = \frac{p_1 \times 1000}{\sqrt{3} \times 380 \times \cos\varphi} = \frac{9.5 \times 1000}{\sqrt{3} \times 380 \times 0.65}$$

$$= 22.21(A)（空气能热泵属于电感性负载，\cos\varphi = 0.65）$$

（5）电力导线的规格

通过计算知道线路的电流

$$I_{22} = 84.29(A)$$

查表 5-8 电力电缆埋设时安全载流量(A)，确定外界引入的电力导线的线径为 16mm² 的铜芯线或者是线径为 25mm² 的铝芯线。 零线的线径是铜线 6mm²，铝线 10mm²。

二、工程水箱的设计和布置

1. 水箱的安放和布置

图 5-15 为一个保温水箱的内部示意图。

2. 保温水箱容量的确定

热泵热水工程的保温水箱的容积主要取决于每天需要热水的数量，一般来说，它的容量等于它每天要供应的水量。 比如要做一个日供水量 5t 的太阳能热水工程，它的保温水箱一般为 5t。 但有些情况下保温水箱可以适当缩小。 设供应对象为客满率为 60% 左右的旅馆，由于空气能热泵可以在节能的同时不断制造热水，所以保温水箱就不要做成可以供客户一整天的用水量那么大，可以适当缩小，比如做成 4t 的。 在一般情况下，每天供应 4t 以下的热水就行了。 如果碰到客满，可以通过空气能热水器进行加热，这样制造成本比较低。 水箱做小一点，空气能加热速度也会快一点，效果比较好。

3. 保温水箱数量的确定

在热水工程中，水箱往往不是一个，而是多个。 设定水箱个数应该从用户的使用要

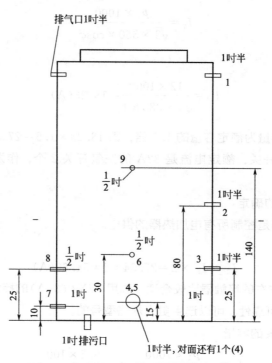

图 5-15　空气能水箱内部结构示意

（1吋＝2.54cm）

1—空气能热泵热水进水；2—高位出水；3—低位出水；4,5—电加热或备用；6—温度探测；
7—冷水进水和空气能热泵循环冷水出口；8—水位探测或备用；9—电加热或水位探测

求、空气能的数量和大小、安装场所的情况、热水的产量、水箱的制造难度、运输安装条件来考虑。

① 从制造水箱的成本考虑，3t 以下的热水工程一般采用一个水箱。

② 3t 以上的工程一般采用 2 个及 2 个以上的水箱，比如 10t 的工程，也可能用 3 个水箱。

③ 在供水要求比较高的场所，比如旅社、宾馆等，往往采用 2 个作用不同的水箱。 一个的主要任务是集热，另一个的主要任务是恒温供水，保证供水的质量。 在这个水箱里往往配辅助加热的功能，以保证各种环境情况下的热水供应。

④ 大部分的空气能水箱都装在楼面上，而大部分楼房在建设时都没有考虑热水工程的承重。 一般的设计，楼面每平方米的承重是 400kg，但是由于种种原因，往往达不到这个承重量。 所以在楼面承重状态不好的情况下，水箱不能做太大，对楼面局部的压力不能太大，应该进行合理的分布。

⑤ 小型工程的水箱一般都是外加工的，一般又都放在楼面上，有的楼房可高达几十米，这种情况下，必须考虑运输和起吊条件。 在对安装地点考察时就应该注意可个问题：水箱能不能运到安装地点；需要上楼的，吊车能不能开进来；有没有停车起吊的位置；如果采用人工拉上楼，水箱一般不能超过 3t 等。

4. 水箱安放位置的确定和基础处理

小型太阳能热水器，一般安装在已经建成的楼房顶上。 上面已说过，这些楼房在建设中往往没有考虑到热水工程的承重，所以要在顶层楼面安放重达 3t 以上的水箱，必须选好安装位置，要充分考虑到楼面的承重能力。如果安装不当，可能造成楼面塌陷、裂缝、渗水的危害。所以必须引起安装者的重视。楼面安装一般考虑如下原则。

① 水箱的中心应选择在立柱和梁的上方，如图 5-16 所示。

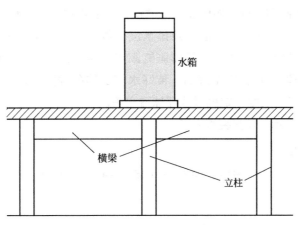

图 5-16　水箱位置示意图

② 3t 以下的水箱，一般不要做基础；超过 3t 的水箱最好做水泥基础。基础一般的厚度在 10cm 以下，主要是增加基础表面的硬度，避免水箱金属底座压塌楼面。基础不能做得太大，以减少楼面的承重。对不易做水泥墩的水箱，要做不锈钢或者角钢的支架，对角钢支架要注意防腐。

③ 在情况差的楼面安放水箱时，必须进行地基处理，一般采用的是安放钢梁的办法。应该说明的是，这种办法可以保护楼面，但并不会减少整座建筑的承压，应尽量避免使用。安装示意如图 5-17 所示。

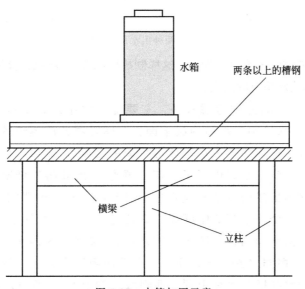

图 5-17　水箱加固示意

④ 保温水箱一般应设计有盖子，如出现漏水故障时可以修补，同时也方便平时观察水箱的水位情况。以笔者多年的经验，全封顶的水箱虽然保温好，但存在许多不便，尽量不

要采用。

5. 水箱的固定

水箱安装在钢支架上或者水泥墩上最好，水泥墩比钢支架好，但可能会增加楼面的承重。钢支架最好由不锈钢构成，如果没有不锈钢，一定要做好防锈和排水。做好防锈和排水，一般支架的寿命在 10 年以上，但如果排水没有做好，一般 4 年左右就要塌下，这时将对楼面设备和水管造成损坏。水箱要用膨胀钉固定在楼面上，如果不能采用膨胀钉，也要采用拉钢丝等办法处理。水箱固定好后，装好水箱上的各种部件，如电加热器、温度传感器、水位传感器等，有的还要固定机械式浮球进水箱。

这些工作做好后，就可以安装管道了。

6. 水箱出水口的布置

出水管口和进水管口的布置，空气能工程一般采用两种出水方案，如图 5-18（a）、图 5-18（b）所示。

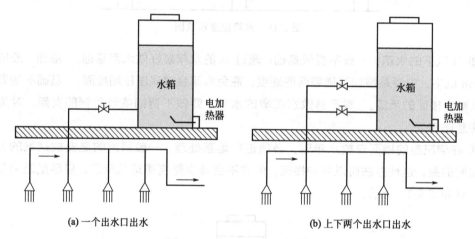

(a) 一个出水口出水　　　　　　　　　(b) 上下两个出水口出水

图 5-18　两种出水口的方案

（1）空气能热泵的进水温度以低为好，这样制热效率高。所以，换热器的进水端接水箱的底部为好，加热后从水箱上部进入。

（2）热水工程对出水的方式考虑较多，主要是热水出水口的高低对系统运行的影响。早期的储水箱出水口都在水箱的最下面，这样容易造成系统的完全无水，引起空气能高压保护和损坏、电加热器干烧废坏等故障的发生。随着人们对太阳能、空气能工程应用经验的积累，对出水口进行了一定的调整。比如将最低出水口设计在高于电加热器的安装孔，这样虽然减少了一点水量，但保证了电加热器的正常运行。还有设置两个出水口，其中一个在水箱的中间偏下的位置，一个在水箱的最下端。通过开关来调节它们的大小，使水箱始终保留一定的水量。采用了这种设计后，空转和干烧事故几乎可减少到零。根据水的分层原理，当人们使用了水箱上部的热水后，系统可以及时进水，进来的冷水会把热水往上顶，顶到水箱的上方。所以水箱中间的出水口照样会将全部的热水送出去。

（3）总结上面所言，给出如下的建议。

① 工程水箱以中段出水为好。

② 集热循环以水箱下端出水为好。

③ 出水孔高于热泵循环出水口为好。

④ 所有工程形式出水口都要高于电加热，以免电加热器损坏，造成较大的故障(比如电线烧毁等)。

7. 进水的控制方案

进水方案的确定是热水工程需要慎重考虑的问题，因为工程故障经常就是供水不足造成的。 这方面的内容已经在前面的章节介绍过，很多控制器也包括不少的进水方案，现在把它归类一下。

(1)副水箱浮球式机械进水

这是热水工程采用最多的方案，如图 5-19 所示。 该方案的特点是运行可靠，极少出现故障。 缺点是在用水时不断进行补水，会减少热水的供应量。 虽然人们想了许多的办法，利用水的分层原理来提高热水的供应量，但还是会损失部分热水。

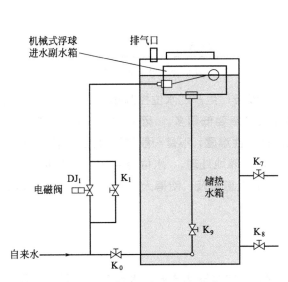

图 5-19　带副水箱的进水方式

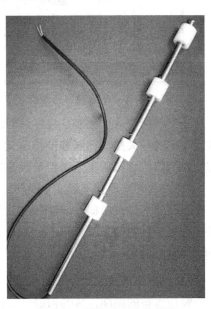

图 5-20　浮子式水位传感器

与电磁阀自控进水相配合也是当前的一种趋势。 最简单的办法就是采用时间控制器控制进水、用水的时间，在少用水时段打开进水电磁阀，在大量用水时段关闭进水电磁阀，这样可以最大限度地使用白天得到的热水。

(2)水位控制器控制电磁阀(水泵)进水

这也是空气能工程采用最多的方案之一。 它的控制主要由水位传感器提供信号，然后由空气能热泵控制仪给出进水的信号，启动进水装置进水，比如启动电磁阀、水泵等。 这种进水方法的关键是可靠性，可靠性又取决于它的水位传感器。 目前采用的有如下几种。

① 浮子式的水位传感器。 其外形如图 5-20，原理如图 5-21 所示。 这种传感器寿命较长、比较可靠，受水质的影响较小，如果被污泥卡住也比较容易清除恢复。

② 导电式水位传感器。 其基本形式如图 5-22 所示，一般带有此功能的控制器都配有传感器。 这种传感器的缺点是容易受水质的影响，寿命较短。

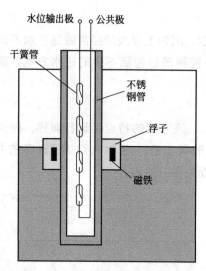

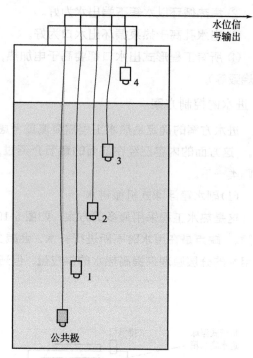

图 5-21　浮子式水位传感器原理　　　　　　　图 5-22　导电式水位传感器

对于空气能的水位控制，最好选购水位专用设备厂生产的水位控制器，或者是利用它的开关点输出的开关量与热泵控制器联动，这样故障率要低得多。因为水位控制，特别是低价的中温水位传感器的制造是目前尚未解决的世界性难题，不是一般的热泵控制器厂能解决的。但开关量的处理并不难，一般的控制器都能可靠地处理。水位控制也可以引进一些太阳能热水器的水位传感器。国内太阳能热水器的大量普及，使得太阳能行业的水位传感器制造技术处于世界领先的水平。

8. 热泵集热循环进出水

（1）集热循环的出水口

一般在水箱的底部，有的和进水口连在一起。独立的比较好，水箱的底部是水箱温度的最低点。

（2）进水口的位置

进水口放在水箱的上方，一般有两种方法：

① 一种是进水口放在水箱最高水位线的上方。这种安装形式比较合理，不会对换热器内部产生压力，但水流入水箱有一段暴露在空气中，热量有所损失。

② 一种是放在最高水位线的下方，进水口被水淹没。这种安装方式热量损失少，但水流出时受到水箱内部水的阻力，使管道中产生一定的压力，也会使换热器内部受到一定的压力。尽管这种压力比较小，但也会造成太阳能真空管被顶出等现象，所以与太阳能结合的热泵热水工程采用这种方式时要注意。

三、管道循环的几种方式及特点

为了保证用户及时得到热水，一般的工程都有考虑管道循环的装置，包括目前家用空气能热水器大部分都考虑了管道加热循环。 但是，由于大部分的空气能制造厂都是空调厂转产的，对热水的供应并不十分熟悉，尤其是对及时供应热水缺乏措施。 针对这一点，笔者将太阳能热水供应的一些经验应用到空气能中来。

1. 循环的三种常用的方式

（1）定时循环方式

在用户用水前，进行循环，将管道中冷水置换成热水。 可以借助定时器，在一天设定的时段内，进行循环。 目前常用的 316 系列定时器，可以在一天的时间段内，设置多达 12 段的时段进行循环。 定时循环一般用在太阳能工程中较多。

定时循环基本线路如图 5-23 所示。

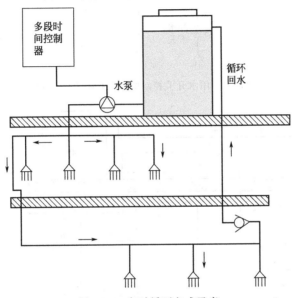

图 5-23 定时循环方式示意

（2）即时循环的方式

当用户打开供热水管道的任意一个开关时，安装在管道上的水流开关或气压开关给特制的循环控制器一个信号，循环控制器通知循环水泵工作。 这时，即使用户关上阀门，循环水泵仍然工作一段时间后再停止，这时管道中已经充满热水了。 此时打开水龙头，就可以很快得到热水了。 即时循环的基本情况见图 5-24。

（3）定温循环的方式

就是在热水管的某一段，安装一个温度传感器，当该点的温度低于设定温度时，温度控制器通知循环水泵动作直到水温上升到设定温度为止。 这种方案适合要求比较高的供水单位，如宾馆、别墅等。 它的特点是供水质量较高，但热水的损耗也较大，基本情况见图 5-25。

（4）定时定温循环

定温循环热水损耗较大，如果采用定时定温循环，就可以减少不用水时段循环的能耗，目前应用逐步增多。 由于多了一种控制设备，将会降低系统的可靠性，但由于循环的故障并不会中断供热，所以该方案还是可行的。

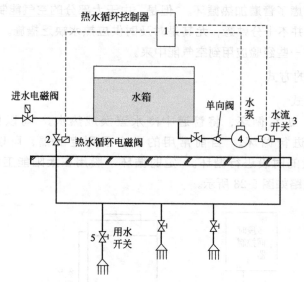

图 5-24 用水开关控制的即时循环方式示意

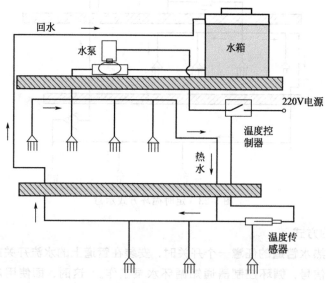

图 5-25 定温(管道温控)循环方式示意

2. 循环的回水点安装考虑

(1)回水点的选法

回水点一般有两种选法。

① 热水管从外墙(或建筑内管道井)下楼到达使用层面的最底层,即将进入墙内进行水平安装的线段。一般回水采用较小口径的水管,在5t以下的小型热泵工程中,选用直径为20mm(4分)的水管较合适。

② 热水管从热水管道的末端引出。

第一种方案比较经济,安装比较简单,但效果不如第二种。一般集体工程采用第一种较多。

(2)防止回水管冷水回流

注意在回水管的最低点安装单向阀,可以防止流过最低点的冷水利用自身的重力回流,这样可以提高循环的效率。回流示意如图 5-26 所示。

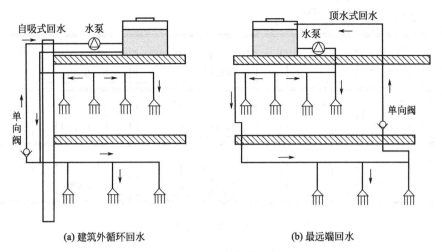

图 5-26　回水管道示意

（3）循环水泵的安装方式和选用

① 循环水泵的安装方式分成自吸式和顶入式两种。

a. 自吸式。就是将水泵安装在循环管道的末端，水泵将末端管道内的水抽入水箱。由于水泵的吸程有限，一般都在 1～6m，不可能将多达十几米深的水吸上来，但是根据同水位的原理，在末端水被水泵吸走后，末端管道内水位下降，水箱出水端的水就会自动补充上来，这样循环就形成了。安装方式如图 5-26(a)所示。

b. 顶入式。水泵通过自身的压力，将水箱的热水泵入管道，将管道末端中的水顶入水箱，经过一定的时间，水管中就充满了热水。安装方式如图 5-26(b)所示。

② 根据以上不同的安装方式，选用不同的水泵。自吸式的水泵功率可以小一点，在小工程中一般为 400W 左右，功率小，循环的时间就长一点。顶入式的水泵功率要大一些，一般在 750W 以上。在空气能热泵工程中，往往将增压水泵也作为循环水泵使用，这时只有考虑顶入式的方案了。

四、热水工程的管道配套工程的设计

1. 水管的管道设计

（1）空气能热泵工程，一般主要管道安装在楼面上。楼面上一般布置大口径的管道，因为楼面安装，施工比较容易。布置管道最难的是往下布置，图 5-27 就是一个小型旅馆单间供水的热水管布置图，图 5-28 是一个两边供水的工厂宿舍的水路布置图，图 5-29 是一个学校集体浴室的供水示意图，供参考。

（2）布管方案应根据实际情况来确定，最好是在建筑建好后，与水电安装同时进行。如果房子已经建好，但没有考虑热水管的安装，需要加装热水管道，这时就要根据建筑的具体情况来安排管道的走向，而这个方案应该以操作者的安全为前提。所以下管的位置必须是操作容易、操作者安全的位置。一般来讲，下管的地方是一个还是几个，以及采用一条管还是数条管，应从经济成本和热水供应的角度考虑。管道布置还有一个重点就是循环回水的返回点，一般有建筑外回水和最远点回水两种常用的方案。建筑外回水就是热水管从外

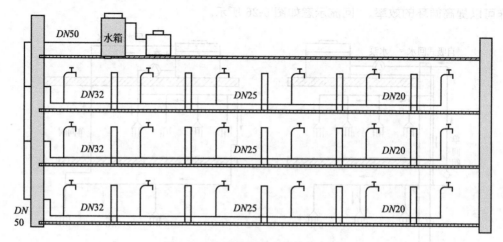

图 5-27　小型旅社热水管供水布置

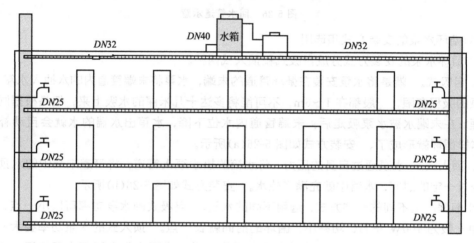

图 5-28　工厂热水供水管道布置

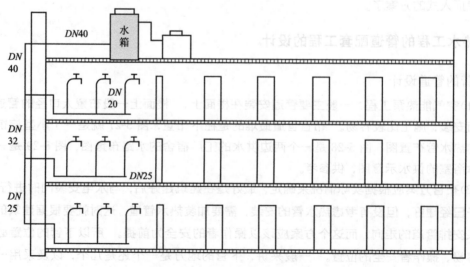

图 5-29　学校浴室热水管道布置

墙下去后，在进入建筑物之前回水，见图 5-29。这种方案一般都用在补装热水管的工程。

最远点回水用在建筑预埋管之前，根据实际应用的情况看，最远点回水的效果好，特别是在旅馆等服务要求高的用户中。

（3）下水管一般选用管径小的热水管，管径为 20mm、25mm、32mm、40mm 为好。 为了减少水管中冷却水的容量，下水管道不能太大，以免造成管中冷水储水太多。 对于考虑采用管道循环的用户，可以加装回水管。 回水管的管径一般为 20mm，不要太大。

2. 水管流量的估算

管的流量一般是通过管的截面积来估算的。 表 5-9 列出了常用管道截面积和一般配比表。

用常用水管内径的有效截面，乘以一定的估算系数就可以了。

管的截面积
$$S = \frac{3.14 \times D^2}{4}$$

式中　S ——按常规需要的本段水管的截面积，以及后端水管截面积的总和；

D ——水管管径。

在实际应用时，管的截面积还受到一些外界条件的影响。

实际管的截面积
$$S_T = S \times \frac{K_2}{K_1}$$

式中　K_1 ——水的流动损失，水在流动中存在损失，管道越长，损失越大，所以必须加大水管的截面积，一般取 $0.85 \sim 0.9$；

K_2 ——用水的频度系数，在同一管道的分支管道中，多个用水器同时用水的情况。 一般情况下，在同一管道中，出现同时用水的现象较少。 如果按同时用水来计算管道配比成本较高，所以可以适当减小水管的截面积，一般取 $0.2 \sim 0.5$。同时使用的可能性越高，该系数越大。

表 5-9　常用管道的截面积和一般配比表

管道直径/mm	15	20	25	32	40	50	70
管道截面积/mm²	176	314	490	803	1256	1963	3847
与15直径管道的截面积相差倍数	1	1.78	2.78	4.56	7.14	11.15	21.85

【例题】　某旅馆有 18 个房间，每间装一个热水龙头和淋浴器，请估算它的安装管道直径。

$$S = \frac{3.14 \times D^2}{4}$$

变换为
$$D = \sqrt{\frac{4 \times S}{3.14}}，那么同理 D_T = \sqrt{\frac{4 \times S_T}{3.14}}$$

$$S_T = S \times \frac{K_2}{K_1} \quad 代入上面公式：$$

$$D_T = \sqrt{\frac{4SK_2}{3.14K_1}} = \sqrt{\frac{4 \times 18 \times 176 \times 0.5}{3.14 \times 0.8}} = 50(mm)$$

根据以上情况，总水管选择直径为 50mm 的水管比较合适。 对于其他段的水管，在总水管的基础上做一定的估算就可以了。

相关管道、水泵流量和扬程的确定,可以参见本书作者所著《小型太阳能热水工程的安装、使用与维修》(化学工业出版社,2013 年出版)一书。

第六节
空气能供暖系统的设计

前几节讲的是空气能供应热水,供应热水和供暖存在一定的差别:首先是工作环境的差别,前者一般是在 5℃ 以上的环境中工作,后者是在 −10℃ 或者更低的温度环境下工作,环境要恶劣得多,其次在这种环境下,热泵获取空气中的热量困难得多,因此所配套的功率相差比较大,后者功率往往是前者的 3 倍或者更高。所以它们的选型和设计有很大的不同。

一、供暖的设定条件选定

1. 供暖终端的最终温度选定

表 5-10 提供了一个舒适度表,供设计者选定。

表 5-10　空气能供暖的条件选定

级别		气温/℃	人体感受	湿度/%	服装厚度/mm	备注
2		≥25	热舒适		0~1.5	活动后稍热
3		≥23	较舒适		1.5~2.4	薄外套、牛仔裤等
4	1	≥21	舒适		2.41~4	春秋过渡装
	1	≥18	凉舒适		4~6	薄套装,老弱额外加马甲
5		≥15	湿凉		6~7	衬衣/薄毛衫+夹克衫

一般房间温度在 18℃ 左右比较合适,温度过高耗能将加大,这对低温环境下制热的空气能热泵将大大增加电耗。

(1)供暖的热负荷计算和热泵机组功率的确定

只有估算出热负荷,才有办法确定供热机组的功率。热负荷计算的影响因素很多,不容易准确,业内比较认可的是按照供热房间的地面面积来计算,一般按国家建筑标准设计的住宅房间,按每平方米 25W 功率来配套功率(供暖温度 18℃ 为准,节能建筑可低至 20.6W),但对于乡村的自建房和办公室,应该在 50W 左右来确定,保温好的,可少一点;保温差的还要加大,建议房间高度应在 3 米以下。目前国内外对保温膜,保温漆的研发取得很大进展,可以采用在内墙、窗户贴保温膜或保温漆的方法,来提高房间的保温等级,这样也相当于按国家标准建设的住宅的保温水平。

(2)实例

比如住房实际面积是 100m²,那么配套功率是:

$$100m^2 \times 25W/m^2 = 2500W$$

还要考虑到热量传递过程的热损失,一般要达到 20%,所以计算出来的配套功率还要增加一部分：2500/0.8＝3125W。

也就是要选用在用户端最低温度条件下输出功率大于 3.2kW 的空气源热泵供暖机组。 对于外界温度低于－15℃地区使用的机组，最好采用装有喷气增焓或者双级压缩(变频)增焓的压缩机机组，效果比较理想，但价格较高。 另有一种办法就是采用一般压缩机机组，在极低温度时(比如－5℃以下)，改用电加热器辅助加热，这样费用可能会节约一点，尤其是在实行峰谷供电政策的地区，效果比较明显。 当然配套的电力系统也要跟上。

也可以通过表 5-11 进行实体估算。

表 5-11　一些实体材料的传热系数

材料	传热系数/W/(m²·K)	说明
砖墙	1.5	240mm 墙
砖墙	1.0	370mm 墙
砖墙	0.5	经过保温处理,如涂料、膜、漆
彩钢板	0.5～0.6	发泡板
混凝土墙	1.28～1.6	根据厚度和结构判断
玻璃板	0.76	普通玻璃

2. 终端形式的选择

(1)地暖方式

地暖是公认最舒适的家庭采暖方式，采暖温度均匀，暖热从脚生，比较符合人的感受，噪声较少；地板采暖所需的热水温度一般在 40℃左右，这个温度制热机组效率较高。 系统储热量高，停机后放热时间较长，也就是比较节能。 缺点是地暖的前期安装比较复杂，初装成本较高；加热慢，需要提前预热。 图 5-30 为地暖加热中的盘管布置实物图片。

(2)暖气片式

暖气片所需要的热水温度一般要求达到 55℃以上，优点是即开即热，升温较快；安装简单、价格低廉；可以明装，不受地板影响。 缺点是加热慢，热量不均匀，对热水温度要求高，造成空气能热泵主机负荷大，制热效率低，在环境温度较低而且采暖热负荷较高的地区节能采暖效果不佳。

图 5-30　地暖加热中的盘管

(3)风机盘管

这是一种主要的传热方式，以对流换热为主。 其优点是体积小，换热速度快，效果好，制冷制热可交替使用，可以附加空气净化的功能等；缺点是制热场所温差较大，舒适性比较差。

以上三种制热方式各有所长，从舒适度衡量：地暖最好，风机盘管最差。 地暖适合供暖要求较高的场所，比如宾馆，高级住宅；暖气片适合旧房改造，办公场所，以及可以局部供热的场所；风机盘管适合一般民用场所，办公场所，会议室和公共场所，比如体育馆、车站等。 现在出现一种活动的地暖机，可以从地板表面吹暖风，是介于地暖和风机盘管之间的一种设备，使用效果也不错。

二、空气能热泵供热取暖费的计算

北京的供暖期为 123 天，山西太原的供暖期是 150 天，各地都不一样，现在以北京 100m² 住房为例计算一年的供暖费用。

已知选型机组是 3.2kW，实际负荷是 3.125kW：

北京住宅的平均耗热指标为 25W/m²，北京白天 16 个小时的电价是 0.5 元/度，晚间 8 个小时是 0.1 元/度（谷电 0.3 元/度，政府两级补贴 0.2 元/度）。白天能效比为 2.5，晚上能效比为 1.5。

每平方米白天的耗能费用＝0.5 元×3.125kW×16h×123 天×1/2.5＝1230 元

每平方米夜间的耗能费用＝0.1 元×3.125kW×8h×123 天×1/1.5＝205 元

纯用空气能热泵的开支为 1230＋205＝1435 元

如果配合电加热采暖运行费用如下：

白天不变＝1230 元

夜间采用电加热＝3.125kW·h×8×0.1 元/kW·h×123 天×1/1.5＝205 元

空气能热泵＋电加热的开支为 1230＋205＝1435 元

两种方式的结果一样，但如果没有峰谷计费，则采用第二种方式将加大开支。

三、工作环境

1. 注意事项

由于考虑到机组是屋外安装，着重考虑的是冻裂问题，尤其关注的是管道、水箱、冷凝器、水泵等。

① 产品设计时，要考虑到环境温度对设备的破坏影响，重点是结冰胀裂。

② 控制系统电路板，要有能在低温下自动无故障运行的功能。

③ 在可能的情况下采用防冻液充注的水系统，可以用市售的汽车水箱防冻液替代，或者采用加注 30%～40%乙醇（酒精）＋5%～10%甘油也可。

④ 可考虑选用分体式结构的热泵系统，冷凝器部分放在室内，蒸发器放在室外，这种方式可以有效地防止冻裂和降低机组故障，提高机组效率。

⑤ 在室外尽量采用一体机形式，将水箱放在机箱以内，对机箱壁进行保温处理，所有的管道都要进行保温处理，必要时还要加装电热带的发热设备或者防冻裂温控循环系统。实践证明，水箱放在机箱内可以有效地防止系统冻裂，工作效果优于分体室外安装。

⑥ 排水道要特殊处理，不然会被冰堵死，可以加装电热带等方式进行处理。

⑦ 蒸发器要求放在通风良好的地方，最好可以照到阳光，排列时应错开，不要超过三排。

2. 终端供暖

要认真考虑终端供暖的供热效果，注意以下几点：

① 供暖管道是否流畅，是否造成供暖温度不均匀，甚至出现死角。

② 水系统设计是否得当，要注意循环水泵前端可能出现气堵的情况，造成水泵不供水；

应在水泵前端做一个 U 型管道，保证水泵开动后能迅速形成水密封状态。

③ 实践证明：不设中间水箱直接由热泵机组供热是不行的。

④ 供水压力应该可以调节，应平衡末端的流量与前端基本一致，管道设计时就要考虑，一般以手动为好；如果管道能力不足，不管主机及末端如何配置，都无法达到理想的效果。

⑤ 地暖的排列，前后的温差，管道下端的隔热，管道与地面的接触是否紧密，间隙是否过大。

终端处理是供热系统效果的重要环节，设计时要充分重视。图 5-31 为盘管地暖截面图。

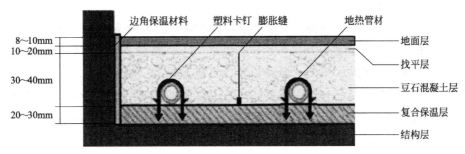

图 5-31　盘管地暖截面图

四、比较完整的供暖系统图

图 5-32 是一个比较完整的空气能供暖系统图。

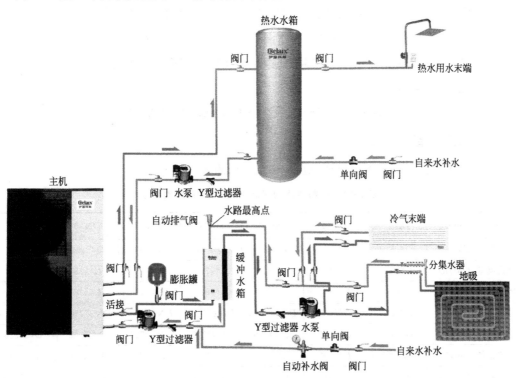

图 5-32　比较完整的空气能供暖系统图

五、计算参考材料

1. 暖气片的实际估算

一般暖气片厂会提供暖气片的相关散热数据，但还要根据实际情况做一些修正。

暖气片能力的修正

一般空气源热泵机组供回水温为55℃/50℃，而常规暖气片选型时，民用取80℃/60℃进出水，工业95℃/70℃进出水，在水温远低于额定选型温度时，选型暖气片需对其能力进行修正。近似修正公式为：

$$（平均供回水温－室温）÷（额定平均供水温－室温）×额定能力×0.9$$

以某品牌的四柱760铸铁散热器为例，在供水76℃，温差20℃，室温18℃时，10片暖气能力约为918W，则在供水60℃，温差20℃，室温18℃时，能力约为：

$$[（60×2－20）÷2－18]÷[（76×2－20）÷2－18]×918×0.9＝551W$$

查散热器选型表，在当前工况下散热器能力为547W，计算结果接近。

2. 风道制热的修正公式

风机盘管能力修正

任何设备的额定能力都是在规定工况下测定，非实际运行工况。目前风盘的制冷量为进水7℃，室温27℃的能力；制热量为进水60℃，室温21℃的能力，当室内温度要求发生变化，可按下列公式进行近似能力修正：

$$制冷修正——[（进水温度＋出水温度）/2－室温]/20×额定能力×0.92$$

$$制热修正——[（进水温度＋出水温度）/2－室温]/39×额定能力×0.92$$

某厂家卧式暗装风机盘管的额定供热量为9.8kW，那么当室温为10℃，水温为40℃时，风机盘管的实际制热量为：

$$[（40＋35）/2－10]/39×9.8×0.92＝6.36kW$$

3. 管道流量和热量对照表

表5-12为不同规格的保温管道流量和热量的对照表。

表5-12　不同规格的保温管道流量/热量对照表

管道直径/mm	DN20	DN25	DN40	DN50	DN65	DN80	DN100
热量/kW	$Q≤5.0$	$Q≤7$	$Q≤29$	$Q≤49$	$Q≤97$	$Q≤163$	$Q≤262$
开式流量/(m³/h)	$L≤0.6$	$L≤1.0$	$L≤4.0$	$L≤7.0$	$L≤15$	$L≤25$	$L≤40$
闭式流量/(m³/h)	$L≤0.8$	$L≤1.2$	$L≤5.0$	$L≤8.5$	$L≤17$	$L≤28$	$L≤45$
管道直径/mm	DN125	DN150	DN219×6	DN273×7	DN325×8	DN377×8	DN426×9
热量/kW	$Q≤435$	$Q≤668$	$Q≤1315$	$Q≤2212$	$Q≤3712$	$Q≤5006$	$Q≤7216$
开式流量/(m³/h)	$L≤66$	$L≤102$	$L≤205$	$L≤320$	$L≤510$	$L≤700$	$L≤950$
闭式流量/(m³/h)	$L≤75$	$L≤115$	$L≤226$	$L≤380$	$L≤640$	$L≤860$	$L≤1250$

注：传热温差为5℃。

4. 地暖供热和热损失表

表 5-13 为 PE-RT 管单位地面面积的散热量和向下传热损失表。

表 5-13　PE-RT 管单位地面面积的散热量和向下传热损失/（W/m²）

[地面层为地毯：热阻 $R=0.15$（m²·K/W）]

平均水温	室内空气温度	加热管间距									
		300		250		200		150		100	
℃	℃	散热量	热损失	散热量	热损失	散热量	热损失	散热量	热损失	散热量	热损失
35	16	53.8	25.0	56.2	25.4	58.6	25.7	60.9	26.3	62.9	26.8
	18	48.6	22.8	50.8	23.2	52.9	23.5	54.9	23.9	56.8	24.3
	20	43.4	20.6	45.3	20.9	47.2	21.2	49.0	21.7	50.7	22.1
	22	38.2	18.4	39.9	18.7	41.6	19.0	43.2	19.3	44.6	19.8
	24	33.2	16.2	34.6	16.4	36.0	16.7	37.4	17.0	38.6	17.4
40	16	68.0	31.0	71.1	31.6	74.2	32.1	77.1	32.7	79.7	33.3
	18	62.7	28.8	65.6	29.3	68.4	29.8	71.1	30.4	73.5	31.0
	20	57.5	26.7	60.1	27.1	62.7	27.6	65.1	28.1	67.3	28.7
	22	52.3	24.6	54.6	24.9	57.0	25.3	59.2	25.9	61.2	26.4
	24	47.1	22.3	49.2	22.7	51.3	23.1	53.2	23.5	55.0	23.9
45	16	82.4	37.3	86.2	37.9	90.0	38.5	93.5	39.2	96.8	40.0
	18	77.1	35.1	80.7	35.7	84.2	36.3	87.5	37.0	90.5	37.6
	20	71.8	33.0	75.1	33.5	78.4	34.0	81.5	34.7	84.3	35.5
	22	66.5	30.7	69.6	31.2	72.6	31.8	75.4	32.4	78.0	32.9
	24	61.3	28.6	64.1	29.1	66.8	29.5	69.4	30.1	71.8	30.8
50	16	97.0	43.4	101.5	44.2	106.0	44.9	110.2	45.7	114.1	46.7
	18	91.6	41.4	95.9	42.0	100.1	42.7	104.1	43.5	107.8	44.5
	20	86.3	39.2	90.3	39.9	94.3	40.5	98.0	41.3	101.5	42.1
	22	81.0	37.0	84.7	37.7	88.5	38.3	92.0	39.0	95.2	39.8

注：供水参考温度45℃，高低作适当增减。材料不同作适当增减。

5. 缓冲水箱

由于热泵的供暖能力受白天黑夜的影响起落很大，仅靠热泵机组直接供热是不行的，必须要设立适当的缓冲水箱。

① 根据供热工程的大小，缓冲水箱应不小于日供水量的20%，越大越好。大了可以白天工作蓄热，晚上供热，在实行峰谷用电制度的地方，也可以晚上蓄热白天使用。缓冲水箱还可以用来化霜。

② 水箱最好放在室内，放在室外应采取保温和防冻裂措施。

③ 水箱进出水管要分开，上出下进。

④ 建议水箱要加装辅助加热装置，根据热泵供热情况，及时辅助加热，这样才能保证正常的供暖。

以上计算和估算是供暖所必需的，根据设备提供方反馈，目前北方供暖机组本身出现问题较少，故障主要出现在供暖终端部分，这些方面估计不足造成了供暖不理想甚至失败。

第六章　空气能热泵热水器的安装、维护和维修

一般来讲，作为空气能热泵工程的实施者，备件都是采购来的，空气能工程的核心就是它的安装。如何安装，如何安装得好，就是本章研究的问题。

第一节
安装准备

一、安装中应注意的问题

1. 空气能热泵安装前应注意的问题

① 安装工作最好由有一定经验的专业人员承担。有一定钳工、电工、家用太阳能热水器安装基础的人员，或有一定动手能力的人，只要严格按照本书指导的方法，都可以装好热泵热水工程。

② 要仔细阅读空气能热泵的说明书，对照安装现场的情况做好布置。

③ 对机组的重量和体积要事先了解，对未完工的建筑，要考虑机组的搬运途径，如何搬运，楼梯、电梯、门是否能满足搬运的要求。楼梯的拐角、门的尺寸太小可能是造成最终搬运成本升高甚至成倍上升的原因。对于层高在 14 层以上的建筑顶层的安装更要重视，因为这是一般吊车无法到达的高度。如果搬运受到阻碍，就要拆除部分建筑体，成本就会很高。

④ 准确确定设备搬运、安装的时间，以使安装成本最低。

2. 安全

设备安装前要对安装现场的安全做一个评估。

① 在管道施工中，操作者应有安全的操作站立位置，操作体应处于施工者顺手的操作位置。在站立存在危险的情况下要系上安全带，同时腰上还要系上保护绳，施工时要有人拉住保护绳才可以作业。

② 重物搬运应考虑起吊条件是否具备，绳缆是否会断、重物下方是否有人、重物坠落是否会砸坏下方的建筑物、作为起吊的支撑墙体是否牢靠、会不会在起吊过程中倒塌、倒塌后会不会引起拉吊者坠楼等。

③ 任何对维修拆卸人员造成潜在危险的地方都不能安装。

总之，安全安装是热泵工程的重中之重，应该摆在一切工作的首要位置。

二、安装前的准备工作

1. 安装前情况判断及最可靠的安装布局方案确定

一个好的安装工程首先要求安装者确定一个好的安装方案。 一般情况下空气能热泵的最大缺陷就是故障率较高，所以一切安装布局都应考虑选用最可靠的方案。 按照可靠性来排列，手动操作的安装方法最可靠；其次是机械式自动设备；电子、电气部件安装后可靠性最差。 从使用方便来衡量，电子、电气控制的安装方法最方便；其次是机械式的。 应该结合用户的情况来决定安装方案，一般的原则如下。

① 维修条件差的，比如远离城市和维修点，用户本身使用电器水平不高的，应该尽量采用最可靠的安装方法，比如手动控制结合自动控制的方案，有条件的可以加装远程监视。

② 维修条件中等的，尽量采用机械式控制占多数的方案。

③ 对维修条件好的，如在城镇、离工厂的保修点近、用户本身有一定机电常识的，可以采用带电子、电气控制仪的安装方案。

2. 管道的布置和导线的预先安装

在热泵热水器安装前，用户要在房子装修时将管道和线路安装好，可以请经销商进行实地指导，并提出管道预先安装（预埋）方案。 管道的设计方案可参考第五章管道设计的有关内容。

3. 搬运起吊工作

在空气能热泵热水工程中，水箱的起吊比较困难，所以先介绍起吊方法。

① 起吊的绳索一般用麻绳和较好的用棉纱绳，如果找不到，用塑料绳也可以。 这些绳子必须要有足够的强度，一般直径都应大于10mm，水箱的重量一般应低于150kg，超出此重量就要请专业起吊队伍才行。

② 吊绳上拉时一般都要借助女儿墙的支撑体，必须对支撑体的强度做一个估计，考虑到在上拉的过程中是否会倒塌，造成人身危险。 如果倒塌，补救措施是什么。 水箱在起吊过程中水箱下方不得站人。 总之，安全因素是第一考虑因素。

③ 起吊时绳索的捆绑要牢靠，并且要做翻墙拉绳设计，如图6-1所示，否则水箱拉到顶上就进入上升的死角，翻墙就非常吃力和危险。 一般80kg以上的水箱需要6人以上才能拉上来，8人以上比较保险。 对已经用过的水箱进行吊放和吊上要加强绳索的强度（绳索直径要达到原来的1.5倍，也就是至少15mm），因为水箱保温层已经进水，水箱的重量增加了1倍以上。 水箱的吊装最好雇请吊车吊装，尽量少用人工吊装。

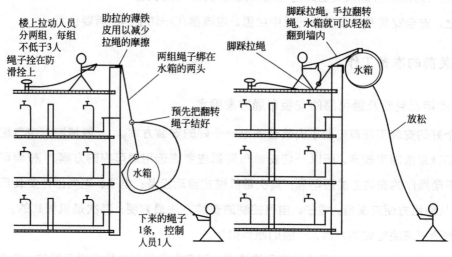

图 6-1　水箱的手工吊装示意

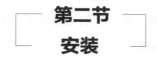

一、安装的具体步骤

安装的具体步骤如下：

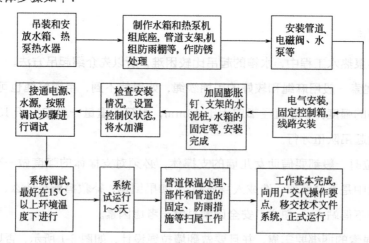

二、实际安装

1. 安装环境

空气能安装对环境有如下要求。

① 主机可安装在外墙、屋顶、阳台、地面上。 如与太阳能热水器配合，则安装在太阳

能水箱下方或边上最理想，但是出风口应避开迎风方向。

② 选择足以承受机组重量，不会产生太大振动和噪声且通风良好的位置，并确保直立水平安装，用地脚螺栓固定。 另外，需在主机脚与支架间垫上 5mm 的橡胶用于减震。

③ 主机在安装时应留出一定的通风、维修空间，要求周围至少要留出 20cm 的排气空间，在机器正面至少要留出 1m 以上的维修空间。 对上吹式的机组，上方至少要留出 1.5m 的排气空间。

④ 避开存在或可能存在的腐蚀性气体、可燃性气体、油雾及冷气较多的场所。

⑤ 主机在工作过程中产生的冷凝水较多，安装时要考虑机器下端排水的方便。

⑥ 安装地点和位置要有利于维修，有利于拆卸，任何对维修、拆卸人员造成潜在危险的地方都不能安装。

⑦ 如果需要装设雨棚以防止机组遭受外部环境的影响，请注意保证主机换热器的进出风不受阻碍。 虽然机器是可以露天安装的，在有条件的情况下，尽量安装雨棚，这样可以延长机器的寿命。

2. 主机的基本安装方法

(1)挂墙式支承架的安装

① 选择固定墙面。 墙面应平整、结实、没有风化现象，且不易引起共振，同时要尽量避开污染源。

② 找水平。 用水平仪在墙上画出水平线。

③ 标定膨胀螺钉的钻孔位置。 将支承架按水平画线位置贴在墙上，按其上的螺钉孔在墙上标注钻孔位，若支承架是分开的，则应注意两支架的放置距离应等于主机底盘上两托架的安装孔距离。

④ 钻膨胀螺钉孔。 用冲击钻钻出膨胀螺栓的插入孔(应该采用 M10 以上的不锈钢膨胀螺栓)。

⑤ 固定支承架。 用膨胀螺栓将支承架与墙面牢固地连接起来。

(2)落地式底座的固定

① 当主机需要落地平装时，其离地面高度最小保持在离地高度 $H \geqslant 15cm$，以免雨水侵蚀；若主机放置在楼顶上，因有时会遇到大风，故底座一定要牢固。

② 主机落架固定。 将主机放在支撑架上或者水泥底座上，对齐螺钉孔，用螺栓将主机紧固在支撑架上。 安装主机之前务必在支承架和固定螺栓之间使用减震橡胶垫。

(3)其他注意事项

① 安装和太阳能配套等非承压水箱时，空气能的主机进水口应低于水箱的出水口，以免出现抽空现象，造成热泵冷凝器无法热交换，导致温度升高，机器损坏。

② 安装时水箱位置要高于主机位置，两者高低位置相距不超过 6m，水平安装不超过 20m。 这是由于管道太长会造成热量的损失。 如果使用水泵循环换热，超过水泵的扬程就无法循环。

③ 工程用的水箱一般都比较大，因此必须制作基础。 可以采用水泥或槽钢，基础必须在楼面的承重梁上。 如第五章图 5-16 所示。

一般商用机的安装情况如图 6-2 所示，主机的固定如图 6-3 所示，循环水泵的安装如

图 6-4所示，现场安装情况如图 6-5 所示。

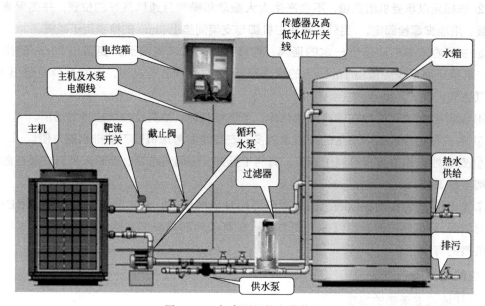

图 6-2　一般商用机的安装情况

图 6-3　主机的固定

图 6-4　循环水泵的安装

图 6-5　现场安装的情况

三、分体机的安装

一般的空气能热泵都是内部自我循环的，只有家用的分体机是外部循环的，安装比较复杂，所以要单独进行介绍。

1. 分体机的安装示意图

(1)氟循环分体机　氟循环家用分体机的安装如图 6-6 所示。

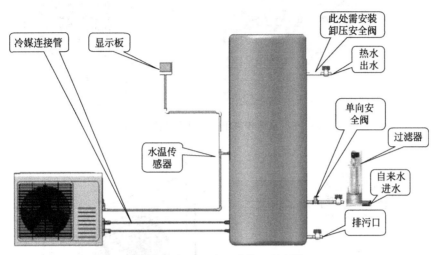

图 6-6　氟循环家用分体机的安装

(2)水循环分体机　水循环家用分体机的安装如图 6-7 所示。

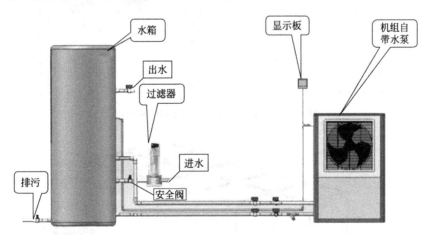

图 6-7　水循环家用分体机的安装

(3)氟循环家用分体机安装注意事项如图 6-8 所示。

(4)水循环家用分体机安装的注意事项如图 6-9 所示。

(5)多台商用分体机的安装　如图 6-10 所示。

2. 主机的安装

① 热泵主机的安装与空调器室外机安装要求相同。可安装在外墙、屋顶、阳台、地面

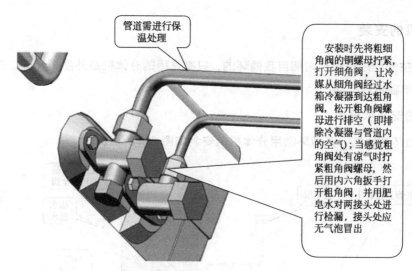

图 6-8　氟循环家用分体机安装注意事项

管道需进行保温处理

安装时先将粗细角阀的铜螺母拧紧,打开细角阀,让冷媒从细角阀经过水箱冷凝器到达粗角阀,松开粗角阀螺母进行排空(即排除冷凝器与管道内的空气);当感觉粗角阀处有凉气时拧紧粗角阀螺母,然后用内六角扳手打开粗角阀,并用肥皂水对两接头处进行检漏,接头处应无气泡冒出

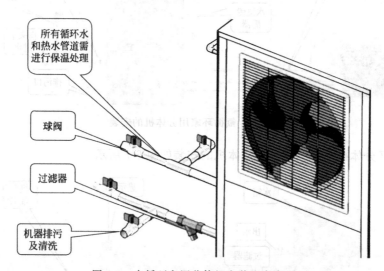

所有循环水和热水管道需进行保温处理

球阀

过滤器

机器排污及清洗

图 6-9　水循环家用分体机安装注意事项

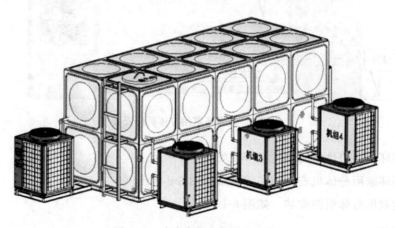

图 6-10　多台商用分体机的安装

上。 出风口应避开迎风方向。

② 主机与储水箱之间距离不得大于 5m，标准配置为 3m。

③ 主机与四周墙壁或其他遮挡物之间距离不能太小，应不小于 30cm。

④ 如果安装防雨棚保护主机以防止风吹日晒，则应注意保证主机换热器的吸热散热不受阻碍。

⑤ 主机应安装在基础坚实的地方，并确保直立安装，并用地脚螺栓固定。

⑥ 显示板不要安装在浴室，以免因潮湿影响正常工作。

3. 储水箱(保温)的安装

① 储水箱可随热泵室外机安装在室外，如阳台、屋顶、地面等，也可安装在室内。储水箱必须坐地式安装，安装场合基础坚实，必须能承受 500kg 的重量，不可挂在墙壁上。

② 储水箱附近以及自来水管和热水管的接口上装设阀门。

③ 水箱热水出口的安全阀卸压口有滴水是卸压现象，起保护作用，接一根排水软管就行。

4. 水路连接

① 将出水接口用 PPR 管按图与储水箱相接，并用生料带密封。

② 将止回阀的一端与自来水管相连，另一端与储水箱进水口接管相连。

③ 打开自来水进水阀及热水管中出水龙头。开始注水，直至出水龙头有水溢出时方为注满，关闭出水龙头。储水检漏，确保不漏水即可。

注意：第一次使用，插电源前必须确保储水箱中水已注满。

5. 制热管连接

① 在储水箱与热泵主机之间有隔墙时，在墙上钻一个 $\phi70mm$ 的管道孔，孔应稍微向外侧倾斜。将连接管及一定长度的电缆用塑料扎带包扎好，穿过打好的管道孔，两边套上穿墙管护套。

② 取掉水箱粗细连接管上的封头盖帽，分别将粗细连接管与储水箱粗细连接管上的接头连接，用扳手拧紧。

③ 拧下主机高压阀和低压阀的粗细连接管口的封头盖帽，将粗、细连接管的另一端连接水箱的工质进口，工质出口对应的粗、细连接管的管口，用扳手拧紧，粗管为走气管，为热管，接水箱的上接头，细管为走液管，接水箱下接头。

注意：尽量不要使铜管弯曲，即使扭曲也不要使铜管折瘪或折裂。

6. 工质管路连接

整个过程应严格参照产品说明书的要求连接，最好由具有相关知识的技术人员操作，如果连接失败，请参照后面维修环节介绍、重新充入工质。

7. 电气的连接

① 所配插座必须可靠接地。

② 所配电源插座容量应符合主机的电流功率要求。

③ 机组电源插座周边不要安放其他用电设备，以免引起漏电保护插头跳闸。

注意：电源插座必须可靠接地。

④ 将水温传感器探头装进水箱中部的探头管内，并加以固定。

总之，分体机的安装是比较复杂的，一般的安装人员难以胜任，推荐安装人员需有丰富的空调安装经验。

四、热泵工程的安装

1. 进水水箱和进水管道的安装

（1）进水水箱的安装

进水浮球水箱是热水工程常用的一种进水方式，也是一种可靠的自动进水装置，物美价廉，在小型工程中大量采用。其固定方法很多，最简单的就是将它固定在水箱壁上，这样水管也非常容易连接。

（2）进水管道的布置

进水管道的布置见图 6-11。一般的空气能热泵工程的进水，除了自动进水外，还要考虑个别情况，比如进水控制出现故障；进水速度比较慢时，现场管理人员可以打开手动进水开关，及时补充冷水，使得系统不会因为进水原件的故障造成热水供应停止。

图 6-11　水箱的固定和进水管道的安装

进水系统布管详图见图 6-12。该布管方案为自动、手动，电子控制和机械控制都可以兼用的进水装置。自来水通过电磁阀进入水箱，水箱的水位由可靠的机械式浮球副水箱控制。电磁阀是由时间控制器控制进水的。该控制回路也可以打开 K_1，实现连续进水。具体采用哪种方法好，可以在试用阶段确定。该回路也可以直接打开 K_0 手动进水，这样速度快，在使用中用户可以根据实际情况进行调节。当手动进水时，K_9 要关闭，否则水会从副水箱冲出来。副水箱就是厕所常用的冲水水箱，物美价廉、运行可靠。不过要重视其在太阳下的老化问题，要做一定的遮挡，能做成不锈钢的最好，一劳永逸。

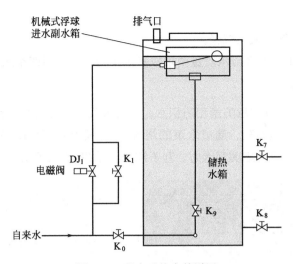

图 6-12　进水系统布管详图

2. 两个水箱的安装

本例是两个水箱的安装，其中一个水箱为循环水箱，另外一个水箱为恒温水箱，水箱与水箱之间用水管连接，由于通热水后水管会伸缩，所以要预先留下防伸缩的 U 形管道或伸缩活接连接两种形式。实际使用中，U 形管道由于不会出现漏水等故障，效果比较好，见图 6-13。

图 6-13　两个水箱的安装和它们之间的管道连接

在小型工程中，经常采用两个水箱的方案，原因有以下 4 点。

① 一个保温水箱，一个循环集热水箱（也有两个都加入循环的），分工比较明确。恒温水箱保证了供水质量。

② 恒温水箱的容量只有工程容量的一半，这样与电加热器、燃气炉等其他辅助热源配合较好，在水温达不到使用温度时，可以较快地提升水温。

③ 可以减轻楼面单位面积的压力，有利于建筑物的保护，防止水箱进水后楼面受压出

现漏水等故障。

④ 搬运起吊的工作量大大减轻。

所以一般 3t 和 3t 以上且用水质量要求较高的工程，都采用两个水箱的方案。

3. 水泵等部件的安装

① 水泵的安装要点是注意防雨和防积水，一般水泵应该比安装地面高出 100mm 以上，这样才不会因楼面积水被淹到，造成水泵的烧毁。水泵上方要装防雨罩，防雨罩设计成通风又防雨的形状，同时要考虑美观大方、利于维修。如图 6-14 所示。

图 6-14　水泵的安装和它的防雨罩

② 水泵功率要满足流量的要求，因阻力因素水泵功率应偏大，管路的管径和接口均应注意防止管径偏小和接口堵塞。

4. 管道的安装

① 水管、线管、主机、水箱、水泵的安装要注意防水。走向要美观，安装要稳固。

② 水质不好将影响空气能的使用寿命，现在发现空气能的故障有 30% 是由于水质不好造成的。实践证明，在空气能进水处安装过滤器，能有效地减少故障，延长热泵的使用寿命。因此，建议所有的空气能热泵的进水口，均安装过滤器，最好是带有除垢剂的过滤器。目前这种过滤器在太阳能行业大量应用，价格也很低。过滤器见第 3 章图 3-19。

工程的水管连接如图 6-15～图 6-17 所示，连接水管应采用耐热水管进行连接，并且水管外应包扎保温材料和防晒材料，防止热量的散失。外表面采用铝皮或薄镀锌钢板进行固定。由于铝皮包装的管道容易损坏，目前有些厂生产出不锈钢外壳保温管和塑料外壳的保温管，安装后比较美观，不易损坏，但由于不锈钢价格太贵，建议选择 PVC 管做外壳的保温管，但安装好后要涂上防晒漆，这样寿命会长一点。塑料保温管见图 6-18。

图 6-15　保温管道的端头

图 6-16　保温管道中间连接处理

图 6-17　中间处理的侧面

图 6-18　塑料保温管

③ 空气能热水工程的管件材料。 进水管可选用 PVC、PPR 冷水管、镀锌管，热水管可采用 PPR 热水管、镀锌管，镀锌管和 PPR 管在寒冷地区应包保温材料，管路越短越好。 对没有热泵、太阳能工程安装经验者，管路安装应严格按照安装示意图安装。 在寒冷地区，经销商反映采用 PPR 等软质的塑料管效果较好，由于这种管有一定的伸缩能力，水冻成冰时体积膨胀率很小，所以不会出现水管冻裂的现象，因此建议尽量使用这种材质的管件。在自然落水的情况下，管路走向应从高到低，不能出现反坡现象（见图 6-19），否则将造成"气堵"，使热水供水中断。

④ 为了方便调试和今后维修，防止外界用水设备对空气能的干扰，保证空气能的正常工作，在进水出水管道上应该装设开关、单向阀、过滤器。 在电磁阀、水泵等外部电气元件接入口处要装设活接，以便维修更换。

⑤ 水管的走向要垂直、平行、美观稳重。 为防止反坡现象，最好平行布管时保持 1°～2° 下降的坡度，有利于热水的输送。 对于水泵增压送水，不需要考虑反坡的问题。

⑥ 各种接头要接好，接口处松紧得当，不能存在跑冒滴漏的现象。

⑦ 各种管道要固定牢靠，要用电工胶布管码等将管道固定在支架上，不能有松动摇晃的现象，以提高防风能力。

⑧ 用 PPR 熔接时，要注意熔接处的熔化程度，不能熔化过头，熔接时变形严重易造成管道变窄堵塞，给后面的工作带来很大的麻烦。 在弯头处熔接，尤其要注意，没有经验的

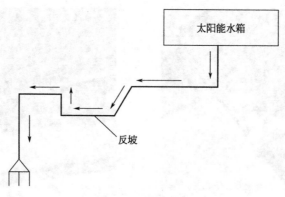

图 6-19　反坡现象

操作者往往会造成管道堵死。

⑨ 热水管道要包上保温材料，对不包保温材料的管道，要防止太阳曝晒造成断裂的故障。 可以在阳光照射到的地方裹上铝箔，这样管道的寿命会大大加强。 在保温材料包扎的尽头应用电工胶布捆扎，防止散开。

⑩ 北方地区、冬季室外温度低于 0℃ 地区，管道的保温层要大于或等于 20mm，室外管道要加装电热带，以保证管路安全越冬；电热带应有漏电保护（一般的太阳能控制仪都有漏电保护功能），电热带的接头最好长短错口连接，用电胶布密封。 保温层外面用锡箔缠绕包好，收口处用电工胶带封死。 最好隔一段就用电工胶带绕一圈，这样比较牢靠。

⑪ 冬季室外温度低于 0℃ 地区，保温水箱不设立进排气管道而改用单向进气阀和排气阀。 同时在控制系统要设立温控循环功能，当热泵的内部温度低于 5℃ 时，循环水泵工作，将水箱内的热水泵入冷凝器，防止冷凝器冻裂。 长期不用时，应排光水道中的水。

5. 安装过程的一点技巧

（1）造型的技巧

在熔接管的施工过程中，不一定是边接边安装，可以根据实际情况，量好转角和入墙孔洞的距离尺寸，在平地上先做好造型，然后再一段段地熔接好。

（2）安装保温管道的技巧

保温管内管一般用硬质聚苯泡沫管包装，目前也有用质地较硬的发泡橡胶制作的。 根据管径制成各种规格的泡沫保温管，用户可以根据热水管的规格选用。 保温层外部用 0.3～0.5mm 的铝薄板包住，外部扎紧一般采用铆钉拉住，也有用玻璃胶粘住的。 保温管包装的难点在于端头、拐弯、交叉的对接，以前还要将铝板剪成相贯线的形状，然后再包扎，这样使得包扎复杂化，一般人都缺乏相关的知识。 这里介绍简单的处理方法，供制作者参考。

① 一般的直管。 安装的要点是保温体要离开拐弯和交叉点 100～200mm，如图 6-20 所示；用铝板包住保温管体，用细铅丝扎紧；用手电钻钻孔，并铆上铆钉，拉紧；将保温体旋转 180°，将接合面旋到底部，光滑的一面朝上，一个连接保温体就完成了。

② 保温管和保温管之间的垂直连接比较复杂，它们连接的展开面应该是一个正弦波曲线，如图 6-21 所示。 要画出这个曲线很麻烦，况且还是在工地现场，最简单直接的办法是，找一张纸板，仿照正弦波的图样剪好，套在接口处试试，逐步修剪到合适为止。 然后

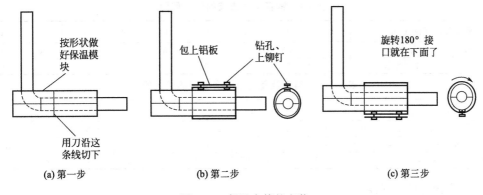

(a) 第一步　　　　　(b) 第二步　　　　　(c) 第三步

图 6-20　保温水管的安装

按照纸板的形状对铝板下料，之后按照图 6-20 的方法进行安装。

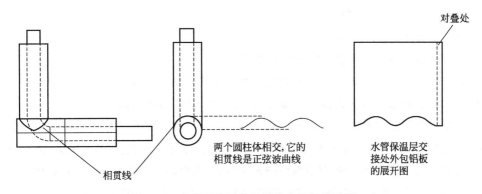

图 6-21　水管保温层的相贯线和铝板的展开

③ 端口处铝板定型一般用玻璃胶粘住，用铅丝扎紧，待玻璃胶干后就固定了。 端头顶部，可以剪一个圆片封住，然后端口处和直角交接处打上玻璃胶，管道保温工程就基本完成了。

（3）一般管道的保温

平均气温在 20℃以上的地区，比如福建以南，根据实际工程案例，在使用 PPR 塑料管道的情况下，由于塑料管道本身具有较好的保温功能，所以加不加保温层没有明显的差别，一般在集热循环的管道中加保温层比较合理。 用与管径相同的软保温套管套住塑料管，进行熔接，管道装好后用扎带扎好，扎带的终端处用塑料电胶布包好即可。

注：本书只举了常规的保温管安装方式例子，目前还出现一些带保温材料的保温管，具体连接方式见厂家的说明书。

6. 管道的安装规范

（1）管道支架的间距

管道施工中，在条件允许的情况下，管道布置尽量采用架空安装，这样不易造成楼面积水和积尘的现象。 管道架空的间距要恰当，如果太大，会造成管道部分下坠、不美观、易损坏，尤其是塑料管，如 PPR 管，这种现象经常出现。 管道架空间距太小，会造成成本较高。 表 6-1、表 6-2 给出了管道架空的最大间距数据表，供参考。

表 6-1 钢管管道支架的最大间距

管道公称直径/mm		15	20	25	32	40	50	70	80	100
支架的最大间距/m	保温管	2	2.5	2.5	2.5	3	3	4	4	4.5
	不保温管	2.5	3	3.5	4	4.5	5	6	6	6.5

表 6-2 塑料管及复合管管道支架的最大间距

管径/mm			14	16	18	20	25	32	40	50	63	75	90
支架的最大间距/m	立管		0.6	0.7	0.8	0.9	1.0	1.1	1.3	1.6	1.8	2.0	2.0
	水平管	冷水管	0.4	0.5	0.5	0.6	0.7	0.8	0.9	1.0	1.1	1.2	1.35
		热水管	0.2	0.25	0.3	0.3	0.35	0.4	0.5	0.6	0.7	0.8	

(2)管道安装的一些规则

① 管道安装应尽量符合现行的国家标准《建筑给水排水及采暖工程施工质量验收规范》(GB 50242—2016)。

② 冷热水管平行安装时应符合以下规定。

a. 上、下平行安装时,热水管应在上方;

b. 左右平行安装时,热水管应在冷水管的左侧。

③ 系统水平管路应有3‰～5‰的坡度,可以避免"气堵"现象。

④ 系统管路的最高点应设排气管或排气阀,最低点应设泄水阀。

⑤ 水泵出水端应该安装作用明显的截止阀,以便调整系统的压力。

⑥ 安装在室外的水泵、电磁阀等,都应有妥当的防雨保护措施。 结冰地区必须采取妥当的防冻保护措施,防冻保护层内壁应敷设防火保护层(铝板等),以防止保温材料着火。

⑦ 阀门、水泵、电磁阀等器件前后都应装上活接和开关,以便于更换。

⑧ 保温材料一般选用20mm以上厚度的优质保温材料;在冰冻地区,应采用50mm以上的保温材料,以防止水管冻裂。

⑨ 循环水泵出水口除了安装调整阀外,最好还要安装单向阀,防止热水倒流。

五、电气线路的安装

1. 一般的安装技巧

① 一般的家用空气能,不需设立控制柜,但对于供热量较大的热泵工程,最好设立一个供电的控制柜;对于还要加装电加热或者其他辅助加热的空气能工程,就一定要设立电气控制柜。 控制柜可以复制本书的参考线路图,请专业的电器商店加工,有经验的电工可以自己组装。

② 安装者在缺乏电气知识的情况下,最好雇请电工进行电气线路的安装,自己注意学习安装方法,以使自己可以早日独立安装。

③ 线路安装一般配合线管和线槽进行安装,小型的工程一般以线管为主。 要求线管布置整洁,线条平直,转弯应90°,尽量不要落地。 线管的末端,电线出口处要用胶布密封,防止雨水进入线管造成电线漏电损坏。

④ 空气能热泵所在的环境在屋外,所有的电线必须安装在线管里,不能裸露在外面。如果无法全部进入线管,也必须用胶布将电线包住,防止日晒雨淋,否则导线的寿命缩短。

⑤ 线管内导线传送一般的交流电，还传送几组弱电信号、低压信号，所以将它们一起放在线管中要避免互相干扰。特别是传感器的接线头，包在一起会产生爬电现象，造成控制器失灵，为此在布线时要将它们适当地分开。

⑥ 热泵控制器的安装也很重要，一般要将控制屏安装在开关柜里或者不会被雨淋的墙壁上，距离上最好不要增加控制线的长度。如放在主机内，要注意防雨、防震和防潮。因为蒸发器和铜管都会结露，实践中经常碰到控制板受潮被腐蚀的现象，这一点要注意。

⑦ 热泵的控制板一般都放在主机里面，在设计和安装时应该注意防尘、防水、防结露、防涝（水浸），否则将造成空气能热泵经常出故障。

2. 电加热器与温度传感器

(1)电加热器一般安装在离水箱底部100mm的地方，这样只要水位传感器正常，电加热就不会出现烧毁故障。为了保护电加热器，出水口最好设在电加热器上端的50mm处，这样水箱的水不会流尽，电加热器就不容易烧毁。参见第五章图5-18。

(2)温度传感器一般设在电加热器上端300mm处，这个地方水温较高，基本反映了水箱内部温度的情况。当然，也可以根据实际的情况对温度传感器的位置做一个调整，要考虑用水时温度传感器会出现悬空的情况。

空气能热泵的温度控制系统故障率比较低，温度传感器如果不腐蚀的话，一般不会出现故障。对电加热造成最大威胁的是干烧。这种现象往往出现在水位传感器故障（较常出现）时，水箱里已经没水或者水很少的情况下，水位传感器仍然给出水位正常的信号，造成控制器判断错误，继续进行电加热，造成加热器烧毁，这种现象称为"干烧"。很多电热器厂家声称具有"干烧"保护功能，实际往往不起作用。所以在热泵工程的实施中，要充分考虑电加热器的保护和更换问题。

(3)温度传感器的安装

一般的温度传感器，只要将传感元件（一般是二极管或是热敏电阻）用导线接出，装在传感器安装壳上，见图6-22，再安装在水箱上就行了，见图6-23。

图 6-22　传感器安装探头

图 6-23　水温传感器和电加热器安装情况

六、空气能热水工程的调试和调整

1. 基本调试

(1)通电

整个工程安装好后，进行通电试验，此时应观察控制柜中的各元件是否正常，其他用电器，如水泵、电磁阀、空气能有没有异常动作，有没有发烫等不正常的现象。 电加热的电流是最大的，几乎占全部用电的 90%，所以在通电前应关闭电加热开关。 防止电加热因干烧而损毁。

(2)进水

电气通电没有问题时，开始进水。 电磁阀(水泵)控制进水，可以打开旁路阀门，如是机械式进水，可以直接打开阀门，水可以进满。

(3)空气能通电

直接按下控制面板开关，商用型空气能水泵先启动，风机启动(有的是风机和热泵一起延时启动)；家用型的无动作，开机 3min 后，压缩机启动，观察温度表，可以看到温度的上升。 商用机的压力表，低压上升到 0.1MPa 以上，高压一般上升到 1.0MPa 以上，说明空气能已经工作了。 运行 5~10min，如果一切正常，说明空气能热泵正常，可以投入使用。

(4)调整数据

空气能的参数一般都已经设定了，如果现场没有什么特殊情况，就不做调整了。 接下来调整标准时间和设定开关机时间，有的控制器还可以设定 24h 内 3 段开关机时间，可以根据实际情况设定。

(5)电加热器加载

以上工作完成，空气能基本就能够正常工作了，接下来就是电加热加载。 这时水温一般都比较低，设定控制器集热温度高于当前的水温 5℃ 以上，通过定时器的手动设置功能，将控制器设置在加热时段，这时整个控制系统处在加热状态。 合上其中一个加热器的开关，加热开始。 此时可以通过钳形数字式万用表测量电流，应该有一定的数值。 这个电流要大于加热器本身的瓦数。 比如 3kW、电流大于 5A。 通电以后，应观察相关部件、导线有没有发热、发烫、冒烟等情况。 数分钟后，如正常，就可以合上另一个开关。 如此重复，将所有电加热都投入试用。

(6)开启空气能负载

此时将电加热卸掉(将每一路电加热开关关闭)，合上空气能开关。 空气能风扇启动，循环水泵启动，大约延时 3min，主机启动，可以触摸管道，热水出来后，管道温度上升，证明空气能系统正常。 设置好空气能的相关功能，空气能就可以工作了。 一般当气温在 10℃ 以上时，空气能都可以正常工作，电加热就不要启动了。 当气温在 10℃ 以下时，空气能效率低下，甚至结霜，此时可以拉下空气能的开关，合上电加热的开关。 某些时候，热水供应来不及，光靠空气能太慢，也可以合上电加热开关，提高加热的速度。 但是此时应该注意电负荷不能超过供电设备的容量。

(7)测试水泵

以上步骤做完，打开出水开关，到用水地点打开热水龙头，水管内的空气排掉以后，热水就流出来了。如果装有增压水泵的，此时水泵应该开始启动；当关掉水龙头后，水泵动作应该停止。

（8）管道循环

将管道循环时间控制器的时间设定在当前时段，使其启动循环水泵或是循环电磁阀，观察循环水泵的运动和循环管道的情况，如出现漏水应及时修补。记下热水到达管道的另一端口的时间，作为循环时段的参考。调整循环时间控制器的相关参数。

循环调整结束，调试即告一段落。此时整个系统就可以通电了，系统进入试运行状态。

2. 试运行

继续观察和调整。虽然系统已经投入使用，但还是要留心观察它的运行情况，必要时做一些小的调整，尤其要注意晚上供水的情况，根据水质量的好坏，对空气能和电加热时间做相应地调整，使用户满意。

3. 调试方框图

调试方框图见本章第二节具体的安装步骤（适用于热泵工程，家用机简单这里就不介绍了）。

七、空气能热泵工程的验收

1. 工程验收

工程结束，可据客户要求进行验收，可以根据如表6-3对照验收。

2. 验收项目明细表

（1）总的验收情况表　见表6-3。

表6-3　××××空气能热泵热水工程验收情况表

工程概况						
检查项目		工程要求	实际情况	检查结论	说明	备注
大项	分项					
系统安装部分	安装场所	空气通畅,不会形成气流返回现象,具有防涝的条件				
	机器安装状态	固定牢靠,不会轻易移动				
		周围留出1m以上的维修空间				
	安全	主机安装牢靠,一旦跌落不会造成人身或者其他财产的损失				
		安装、维修过程不存在导致人身安全的隐患			员工的人身安全第一位,员工事故可能导致企业的倒闭	

工程概况						
检查项目		工程要求	实际情况	检查结论	说明	备注
大项	分项					
支架和防雨棚	支架制造	安装和焊接牢固,无松动摇摆现象,角钢支架				
	防腐	防腐措施得当,对角钢支架,必须涂覆两道防锈漆和两道银灰面漆			对铝合金支架和不锈钢支架不需油漆,对镀锌角钢,在焊接处要涂上防锈漆和银灰漆	
		支架的落地部分应牢固安装在地面上,并做好水泥墩,防止雨水、积水腐蚀支架			如果无法用膨胀钉固定,则需要用钢丝绳固定	
水箱	位置	应摆放在楼面的承重梁上				
	底部支架	水箱支架最好是不锈钢的,如用角钢制作,底部最好做一个小平台,防止水箱支架受涝腐蚀,在支架边缘,最好做几个小水泥墩,防止支架腐蚀跌落时对屋面和管道造成损害				
管道	水质保证	应装过滤防垢装置			这是目前国内延长热泵寿命的唯一办法	
	密封	不能漏水			有条件的地方可以作打压试验	
	布置	管道布置应平整美观,支撑牢固			管道一般应离地 200mm 安装,如果要放在楼面上必须考虑到不影响楼面的排水	
	防止反坡	沿水流方向应有 1‰ 的向下倾斜坡度,不能出现反坡的现象				
	活接	管道中安装的部件,如水泵、电磁阀、单向阀等两头雨水泵连接的部件,均应在部件前后设置活接,保证这些部件的维修和更换				
	保温	需要保温的地方,要装好保温套管和保温防护层,尽量减少水管裸露的地方			安装塑胶保温管要扎好扎带,装硬质发泡保温层要包好铝板	
	防冻	对气温处于 −5℃ 的地方,要安装电热带,电热带要扎好,并与水管连在一起。要防止电热带芯外露等现象,控制器有防冻功能的要开启				

工程概况						
检查项目		工程要求	实际情况	检查结论	说明	备注
大项	分项					
控制部分	传感器	高温度传感器必须安装在能代表整个集热器(冷凝器、电加热等)最高温度处			如控制器有此功能	
		热泵循环温度传感器应安装在水箱下部适当位置,可以准确地探测到水箱的最低温度				
		水箱供水温度传感器应安装在水箱中部适当位置,可以准确探测到水箱的平均温度			注意不能太高,避免出现客户用水后,传感器出现悬空的现象	
		水位传感器应安装在适当位置,应与地面垂直或平行,不影响探测精度				
	线路	电源电线线径和材质应符合负载要求				
		线路均应安装在线管内,除接头外,不应有裸露在外面的现象,线路横过通道处应用铁管防护				
		接线接头必须牢靠,电工胶带要包裹到位,不能露出导体				
		整个线路和接头部位不能有超过45℃以上的发热点				
	开关箱	箱体干净平整,油漆正常,无脱落现象,箱门开启正常,锁和钥匙完好				
		应安装在便于操作的、防雨的干燥处				
		如不得不放在露天,应该加装防雨盖板				
		箱内接线必须清楚,接线排防护盖要盖好,箱内不得放其他杂物				

工程概况						
检查项目		工程要求	实际情况	检查结论	说明	备注
大项	分项					
防护措施	水泵、电磁阀等电器	应有可靠的防雨又通风的遮挡物,如"凳子"等				
	导线电线	导线外露处要适当固定,防止大风吹动摇摆造成内部导线断路				
		从地上跨过通道要用钢管作为防护,落地管道连接处要用胶水或胶布密封,防止雨水进入线管,造成漏电等事故				
	管道防冻	防冻带应敷在管道的正下方,接线处、接头必须使用防冻的专用接头。如采用防冻墙方法,防冻墙的厚度应大于 40mm				
	管道防老化	阳光照到的线管都要采用防老化措施			采用铝箔、扎带、保温层、防晒油漆等作为防老化方法	

(2) 工程调试表 (见表 6-4)

表 6-4 工程调试表(空气能热泵热水工程)

步骤编号	调试内容	具体要求	结果	说明
1	通电	把电加热(含空气能)的开关关闭。通电,观察电器各部件正常,没有异味产生		
2	进水	进水:调整定时器,打开进水开关,进满水		
3	试运行	合上空气能开关,观察水泵和空气能的运动情况,正常运行 10min		
4	观察和设置	观察各部件显示是否正常,设置加热最高温度、加热时间、进水时间、温差值等数值	高压、低压、温度等	
5	尝试辅助加热	人为设定辅助加热状态,此时控制系统通知加热器加热。手动合上一个加热器的开关,加热真正开始,如一切正常,再合上另外一个加热器。观察线路等,正常运行 10min。关闭加热开关		应详细阅读控制仪器产品说明书
6	通水排气	打开出水阀门,打开热水水龙头,在气体排出后应有热水流出,如加装增压水泵,增压水泵会动作,顶楼的热水出水应有压力		
7	管道循环	手动设定循环定时器在循环状态,循环水泵或者电磁阀应动作,并持续到设定时间段结束		
8	观察集热循环	观察水泵运行情况,估计热水的出水速度和温度(手测或温度计测)		
9	观察整体情况	观察热水管道的情况、热水温度的情况、各仪表现实的情况、电器开关的运行情况		
10	设置各种参数	观察各部件是否显示正常,调整、设置加热最高温度、加热时间、进水时间、温差值等数值		由于各部件的生产单位不同,应该详细阅读各部件的使用说明书
11	结束	热水工程初步调试结束,记录人签字		

比较规范的空气能热泵工程安装现场如图 6-24 所示。

图 6-24　比较规范的空气能热泵工程安装现场

第三节
空气能热泵热水器的使用和维护

一、 空气能热泵热水器的使用

1. 一般的使用方法

① 控制仪的温度应调整在 55℃以下。 因为空气能的最高温度在 65℃以下，在这个温度附近，空气能效率很低，机器内部压力很大，热水器的温度已经不可能升高，机器运行将浪费电力，同时存在机器损坏的隐患。

② 用空气能加热时，水箱内的水要保持一定的水位，要防止空气能无水运行，避免机器损坏。

③ 空气能热水器在环境温度很低时，效率很低，结霜严重，为此，在环境温度低于14℃时，就要十分注意空气能的运行情况，当环境温度低于设定温度(一般为 10℃)时，空气能将不能正常供应热水，不过取暖还是可以的。 这时要及时启动化霜程序，或者让机器自动转为电加热器加热。

④ 机器在运行中，如电源断开，不要立即重新开机。 由于压缩机在工作时压力较大，突然停机，压缩机压力还没降低，如这时开机，电动机启动电流很大，极易造成压缩机电动机烧毁。 虽然机器已经装有保护电路，但也应该尽量避免以上情况的出现。

2. 使用提示

① 可通过定时选择中午 12 点～下午 5 点的时间段开机制热，因为此时室外气温较高，

能够吸取的热量较多，可节省电力。

② 还可错峰用电（谷底用电），即在夜间电费便宜时开机制热。

③ 请根据实际用水时间、用水量选择开机时间、水温。 水箱虽然有保温效果，但仍然有热量损失，过长时间的保温易造成机器重复运行而多耗电。

④ 在承压使用的情况下，只需打开热水阀就会有热水流出，同时冷水会自动补加。

⑤ 长期不使用时，可关闭控制器开关并拔下电源插头。 但定时开／关机功能放置过久可能失效（因靠电池工作），再次使用时需要重新设定（部分机器有这个功能）。

⑥ 控制面板不要安装在浴室等环境湿度较大的场所，以免受潮而影响正常工作。

⑦ 水箱水温出厂前已设定在 55℃，水箱水温设置越高，机组运行时的能效比（COP 值）越低。

3. 特别警告

① 机组不得在水箱缺水的情况下运行；自来水手动进水闸在非维修期间不得关闭。

② 机组运行中，当蒸发器盘管温度降低到一定程度时，蒸发器可能会结霜，此时系统会自动除霜，同时液晶显示屏中"除霜"字样闪烁，除霜结束后自动恢复原来的运行状态（部分产品）。

③ 在较低温度下，热水器效率下降，还有结霜现象。 这时，应该调整低温控制器旋钮，使热泵停止工作，转为电加热器工作，见第五章图 5-15。

④ 另外，热泵热水器生产的热水不得作为饮用水使用。

二、空气能热泵的日常维护

热泵热水器在使用时请定期对机组进行维护、保养（须由专业人员进行）。 若能对机组进行长期有效的维护和保养，机组的运行可靠性和使用寿命都会得到有效的提高。

① 机外安装的水过滤器应定期清洗，以保证系统内水质清洁，避免机组因水过滤器脏堵而造成的损坏。

② 机组内部所有的安全保护装置均在出厂前设定完毕，切勿自行调整。

③ 经常检查机组的电源和电气系统的接线是否牢固、电气元件是否有动作异常，如有应及时维修和更换。

④ 经常检查水系统的补水、水箱和排气装置工作是否正常，以免影响机组的制热量和机组运行的可靠性。

⑤ 检查水管接头是否渗漏。

⑥ 机组周围应保持清洁干燥、通风良好。 请根据环境污染指数的不同来定期清洗（3～6月/次）空气侧换热器，以获得良好的换热效果。

⑦ 经常检查机组各个部件的工作情况，检查机内管路和接头处是否有油污，确保机组制冷剂无泄漏。

⑧ 若停机时间较长，请将机组水管路中的水放掉，并切断电源，套好防护罩。 再开机运行时，应对系统进行全面检查。

⑨ 机组出现故障，用户无法解决时，应联系产品生产厂在当地的特约维修点或经销商，

以便及时派人维修。

三、空气能热水器的定期清洗

1. 对蒸发器翅片进行清洗

蒸发器由于表面凝露的现象，碰到灰尘就容易沾上，所以空气能运行一段时间后，要对翅片进行清洗。目前比较常用的是购买空调翅片清洗剂，价格不高，用较高压力的水枪先冲洗翅片，将表面的灰尘先清掉，再喷上清洗剂，等到它反应后，再用高压水枪冲洗，如图 6-25 所示，清洗剂一般都带腐蚀性，所以要冲洗干净，否则会损坏蒸发器。

图 6-25　对蒸发器进行清洗

2. 对冷凝器进行清洗

冷凝器是换热装置，有大量的水流过它的内表面，水中的一些杂质容易黏附在它的内表面上，形成一层隔热膜，影响换热效果。还有一个重要的热阻就是结垢，这是热交换器的大敌，也是当前热交换器效率下降、寿命缩短的最大因素。解决这个问题，除了加装滤清除垢器外，还需要定期对冷凝器进行清洗，一般的清洗办法就是购买空调热水机组的清洗剂，在循环水道上加装开关和清洗泵，对冷凝器进行清洗。如图 6-26 所示，清洗一般一年

图 6-26　对冷凝器进行清洗

一次。 实践证明，每年定期清洗的热泵设备，故障率减少，使用寿命延长。

3. 定期更换滤清器

水质差是造成空气能热泵故障的重要原因之一，也是造成冷凝器报废和压缩机损坏报废的重要原因之一。 建议每 1～2 年更换滤清器一次，这样空气能的寿命会大大延长。

第四节
空气能热泵热水器的维修

空气能热水器的维修主要是控制部分和电器部分的维修、热泵主机的维修，即外围部件的维修。

空气能热泵维修的内容很多，限于篇幅，本书只能对最经常出现的故障、最重要的维修方法作重点介绍。

一、空气能热泵的主要故障

1. 压缩机排气压力过大，造成高压保护故障

在控制器一章提到进当空气能热泵出现压力过高，即每小时出现 3 次以上的现象时，控制系统启动保护功能，热泵完全停机。 在实际使用中，这种现象经常存在，给维护工作带来很大的麻烦。 导致这个故障的原因有以下两个方面。

(1)机组换热情况不良

随着使用时间的增加，蒸发器和冷凝器的换热性能逐步下降，与空气换热的翅管式蒸发器表面会发生氧化和附着污垢，形成新的热阻，造成热泵效率下降，尤其在取热条件不好的冬季，蒸发器的换热能力下降会造成蒸发压力下降，结霜提前和加剧。 预防这一故障的方法唯有进行清洗。 目前市售的空调"翅片清洗液"类产品对于去除这些污垢有一定的效果。 但是由于这些清洗液都含有腐蚀性的成分，所以在使用完毕后一定要用清水冲洗干净，否则会造成翅片的腐蚀，增大传热的阻力。

换热器中的冷流体，也就是水，依靠水泵流动达到加快换热的目的，水泵流量不够，冷凝器中的热量不能及时传递出去，就会造成冷凝器温度的不断升高，（工质）压力也不断升高，造成压力传感器报警，如果在一段时间内超出了一定的次数，控制系统认为对机器会造成损害，就会停机。 这种现象经常发生在已经用过几年的机器上，由于水泵叶轮磨损供水能力下降、冷凝器内部结垢阻力增大、整机换热量下降，会造成间断的压力过高现象。 这时应更换水泵，还要考虑将水泵的功率加大，然后通过开关调整到最佳状态的办法来排除故障。

(2)压缩机回气压力过高

在环境温度较高时，蒸发器容易获得大量的热能，回气温度上升，导致回气压力提高，系统的工质流通量加大，排气压力增高，运行电流增大。 这对压缩机是十分危险的。

一些热泵控制器，采用回气超温保护的方法克服回气压力过高的现象。当回气温度超过 25℃时停止风扇的运行，以减少蒸发器的吸热量，风扇停止转动后，回气压力下降并缓解压缩机排气压力过高和电流过大的现象。当温度低至某一温度时(如 15℃)，风扇重新启动运转，虽然能效比有略微的下降，但是对于机组的安全来讲，还是十分必要的。但这加大了控制系统的设计难度，同时动作过多会使系统的可靠性下降。

对于那些没有这一功能的热泵机组，可在风扇控制回路上加装可以在温度过高时停止风扇运转的温度控制器，这种分布式控制的办法比较好，不会因某一部件故障影响整个系统的运行，也易于找到故障点，及时进行修理。

2. 制冷剂泄漏

目前大部分空气能热泵热水器，都是沿用空调机的部件组装的，但空调机的工作高压是 1.8～2.0MPa，工作最高供热温度是 45℃以下，也就是说它的工质最高温度是在 60℃以下。而空气能热泵压力要比空调机大 0.4～0.5MPa，温度要高 10℃，也就是说空气能热泵的部件要承受更大的压力、更大的温差所产生的破坏力和热胀冷缩的影响，所以空气能热泵的泄漏率要比空调大得多。

制冷剂泄漏是热泵系统最常见的故障之一。导致泄漏的原因有生产工艺方面和部件的问题，如焊接质量不好、铜管之间或铜管与机壳之间发生摩擦等，而零部件本身如压力表、高低压开关、泄压阀、制冷剂充注单向阀、冷凝器等，也有可能因为自身的质量问题或者使用一定年限后导致制冷剂的泄漏。热泵发生制冷剂泄漏后的表现是，各个部件都能正常运转，但是制热的能力却大幅度下降甚至丧失；制冷剂泄漏还会伴随着机油的减少，压缩机长时间运行，却不能达到预定水温停机；另外回气量过少等原因，会导致压缩机机壳温度上升、润滑恶化、增加压缩机的危险性。判断制冷剂泄漏的方法，可以在热泵运行时检查压缩机的回气压力，若低于正常值，就有可能已经发生了泄漏。另外，也可以用电流表检测运转电流，如电流明显低于正常值，也可以判定系统发生了泄漏。还有一个更直观和简便的方法就是观察蒸发器：由于制冷剂泄漏导致低压压力下降，热泵蒸发器的结霜倾向加剧，可能会出现不合理的结霜现象(比如环境温度在 10℃以上就出现结霜)。发生制冷剂泄漏后，应该立即着手进行检漏并补漏，不要仅仅补充制冷剂了事，漏点没查到并予以补漏，制冷剂的泄漏还会继续进行。在补充制冷剂的同时，要适量补充冷冻机油。

3. 冷凝器故障

冷凝器是空气能热泵换热的主要部件。它一面流过工质，另一面流过水，在这个过程中工质将热量传递给水。由于水的组成和特性比较复杂，是造成设备故障的诱因，尤其水垢，给人们使用空气能造成很大的麻烦。目前还没有一种普遍有效的解决方法，这是造成冷凝器故障的主要原因之一。排除该故障或更换冷凝器后要在水箱进水处加装过滤器，事实证明加装过滤器的系统，冷凝器的寿命至少延长一倍。

(1)自然循环换热的冷凝器

小型分体式家用热泵热水器，属于冷凝器静态加热方式的机型，又分为外缠管式和浸泡式两大类。其中外缠管式因为管路过长，造成制冷剂流动阻力增大，机油回流困难，同时加热热阻较大、造价略贵、系统效率较低，但是可靠性好。而浸泡式价格便宜、结构简单和效率略高，在市场上也得到了广泛的应用。由于这种冷凝器浸泡式的结构，以及水在水箱内的流动基本为停滞，铜管还要面对较大体积和长时间的自来水侵蚀，也带来一些问题。在近年来的使用中，出现了一些故障，主要表现为冷凝器铜管结垢和腐蚀，可能会给机组带来一些严重的后果：一旦铜管被腐蚀穿，保温水箱的水就会大量进入工质运行系统，水和制冷剂将迅速发生反应生成氟酸，进而使电动机绕组损坏。一般来讲，工质运行系统一旦进水，如不及时停机维修，压缩机就会报废。这样即使更换压缩机，系统也必须实行复杂的除水维修过程，占成本70％以上的水箱和压缩机都要更换，加之其他部件已经老化，所以客户就只能将整台机器换掉了。

(2)强制循环换热的冷凝器

这样的冷凝器品种较多，目前主要是板式换热器、套管式换热器和壳管式换热器，由于最大的故障就是内部水杂质附着和结垢，造成热阻，导致换热效率下降，工质热量不能及时被水带走，进入压缩机的工质过热，压缩机出口压力上升，造成高压故障。如果不能及时排除，将损坏压缩机。

压力过大还将使板式换热器压力超限，造成穿透，这也是压缩机进水的原因。

铜管质量差易造成腐蚀穿孔。有些质量较低劣的套管式换热器，外套管是铁管制作的，也会造成腐蚀穿孔。壳管式由于外壳比较厚，基本没有穿孔的问题。

4. 结霜故障和化霜故障

(1)结霜故障

当热泵热水器在一定湿度的低温环境下工作时，蒸发器盘管翅片上会出现结霜现象。霜是热的不良导体，由于霜的微观结构是蓬松的，其导热比冰更差，冰的热导率仅为$2.22 W/(m \cdot K)$，而霜的热导率依照其密度的不同会更低，仅为冰的1/10左右。霜的形成阻隔了翅片与空气的接触。

热泵热水器蒸发器上的霜层，不但增加了空气向蒸发器翅片传热的热阻，还减少了空气流通通道的面积，使空气的流量减少、蒸发温度降低。当霜层厚度继续增加后，翅片间空气的流通甚至完全停止，制热量下降直至停顿，最后不得不实行融霜，然后再继续制热。结霜现象是空气能热泵热水器在冬季正常运行的主要障碍之一。

克服结霜的办法如下。

① 热泵停止工作，改为其他加热方式加热，这是目前最有效的办法。

② 在环境温度5℃以上时，可以停机化霜，延时一段时间后，再启动。

表6-5提供了某控制器的化霜设定，供参考。如果机器没有自动化霜功能，可以自行加装分段定时器，定时除霜。

表6-5　停机自然化霜参数表

化霜参数名称	一般设定	最大值	最小值	说明
化霜启动温度	−7℃	−1℃	−9℃	来自蒸发器传感器
化霜结束温度	12℃	25℃	5℃	小于环境温度
化霜间隔时间	45min	90min	10min	机器制热时间
化霜运行时间	10min	18min	5min	压缩机停机时间

③ 热泵反向制热融霜，将蒸发器与冷凝器功能对调，通过热泵的制热将蒸发器上的霜融掉。 这个功能主要靠四通阀变换工质流向来完成。

还有一些电热化霜、人工热水除霜等，就不一一介绍了，可以参考本书第七章的相关内容。

（2）化霜故障

指具有化霜功能的热泵冬季运行时，在出现结霜情况后不能准确地进行除霜。 原因众多，可能是由于机组本身不能正确判断结霜发生的程度，不能及时进行除霜或无霜时"反复"除霜；也可能是机组执行除霜指令时，四通换向阀动作不能到位、化霜功率太小形成与蒸发器散失热量的"功"相抵消、融化水无法顺利排出，造成大面积冻结。 这些都可能使热泵丧失工作能力。 针对化霜动作故障的各种现象，做出正确的判断，及时对机器的控制参数进行调整，才能得到比较理想的化霜效果。

5. 脏堵和冰堵

在未设置干燥过滤器、干燥过滤器质量不佳、使用时间比较长的小型热泵系统中，由于制冷剂高速冲刷和系统焊接过程产生的氧化皮，以及压缩机摩擦产生的残屑堆积在毛细管或膨胀阀的接口处，阻碍工质的流通和循环；当系统内存在水分时，可能在节流出口处发生冰堵，表现在压力上，就是高压更高、低压更低（常态是低压增高，高压也增高）。 当发生这种高低压力反常的现象时，应检查系统是否存在脏堵或冰堵。

热泵蒸发器异常结霜，也有可能是脏堵的征兆。 脏堵的程度并不严重时，节流装置仍然有一定的通过能力，但是仅造成高压提高和低压降低（脏堵时高压的提高并不会提高制热能力，此时电流增大，系统效率降低），与由于制冷剂缺乏而造成的异常结霜不同的是它们的电流不同，脏堵电流增大，制冷剂泄漏电流减少。

对于脏堵的处理，只有将系统打开进行清理，在节流装置的进气端拆开管路并清理杂质。 有条件时应该采用专用回收装置对制冷剂进行回收以降低费用和保护环境，更换干燥过滤器（或进行吹气清理和火焰烘烤，将内部杂质吹掉和烧掉），然后重新连接系统并充注制冷剂。

6. 压缩机故障

（1）过载保护器烧断

空气能热泵最常出现的就是各种故障造成压缩机在高温高压状态下工作。 压缩机电流过大、温度过高，此时如果没有过载保护器，那么压缩机烧毁的事故将会经常发生。 因此在这种情况下，过载保护器烧毁不是一件坏事。 所以压缩机如不动作，一般先检查过载保护器。 过载保护器如图 6-27 所示。

在常温下用万用表测量过载保护器的两个插接端子，应导通，如果断路或者有电阻则说明损坏了。 过载保护器很便宜，制冷商店都有卖。

（2）电容损坏

这也是经常发生的故障。 压缩机启动时提供偏转力矩的电容器，由于种种原因可能被击穿，发生短路或者断路现象。 启动电容损坏则压缩机不会启动，此时若对压缩机通电，压缩机会有"嗡嗡"的声音，但是不能启动，电动机启动（阻）力矩过大，将导致电流过大而

图 6-27　过载保护器

使过载保护器动作，这说明故障的原因很可能是启动电容器损坏。

　　检查电容器是否损坏，可以将电容器的一个接线端子脱开，用万用表的两个表笔接触电容器的两端，如果万用表的指针短暂摆动后又回至无穷大，说明电容器并无故障；如果指针不动，说明电容器内部已经断开，如果万用表指针摆动至零附近后不能回到起始位置，说明电容器内部的绝缘已经破坏，导致层间短路漏电，电容器损坏则必须更换。　更简单的办法是压缩机通电后，将电容器一头脱开，短路电容器的两头接线端子，出现火花和噼啪声，说明电容器有容量，完好。　如果电容器损坏，就要及时按电容器标识的容量和耐压要求更换电容器。

　　(3)压缩机卡住

　　有时压缩机不启动是润滑不良、启动时电流波动等原因造成的，这时并不表示压缩机已经损坏，如果检测电动机绕组和启动电容器等项目正常，可能表示压缩机发生轻微的抱轴和卡缸，可用木槌多次敲击振动，有可能恢复压缩机的运转。

　　(4)压缩机的电路和标识

　　第三章图 3-3、图 3-5 是压缩机的接线电路，本章图 6-35、图 6-36 是压缩机的接线图和端子的标识图。　可以根据它们的电路连接情况，用万用表测量压缩机来判断压缩机电动机是否损坏。

　　(5)压缩机损坏

　　如果以上(1)～(3)都没有问题，那就要考虑压缩机损坏的可能了。　实际上压缩机损坏在空气能热泵中的概率是比较大的。　如果测量压缩机供电正常、电容正常、电动机导线连接正常，经敲击压缩机没有动作，那么就可以判断是压缩机损坏，必须更换压缩机。

7. 风机故障

　　风机由于露天放置，经常在风雨中运行，制造工艺不完善就容易造成损坏。　风机故障分成 3 种。

　　(1)风机控制电路故障

　　风机一般的启动和运行都是由控制板直接提供电压电流的。　它的启动电路与压缩机一样，有单相的，也有三相的，单相的比较复杂，还带一个电容启动，风机控制电路是否有问题，只要测量控制板风机输出端子是否输出电压就行。　如果没有，那就是控制板的故障了。　相当一部分的控制板对风机的运行是单独控制的，它的启动、化霜过程都与压缩机不一样。　这种设定有好处，但是也经常由于控制板的故障造成风机不能启动。　此时只好将风机的接线与压缩机并联，压缩机启动，风机也启动，这样就可以应付一时的需要，然后再联系更换控制板。

　　(2)启动电容器故障

　　按前面压缩机的电容器处理方法处理。

　　(3)风机电动机烧毁

　　根据单相电动机电容器启动电路和三相电动机电路来测量风机电动机，如果出现断路或者与机壳短路，就可以认定风机电动机烧毁了，应该更换风机电动机或者风机总成。 市售的风机单相电动机，都贴有接线图，配有不同颜色的电线，只要按它的标识接贤行了。

三相风机的接线比较简单，风机试运转时要辨别它的运转方向。 如果相反，只要对调三相接线中其中的两根接头就可以了。

8. 接触器、热保护器故障，电气接头烧毁

这些电气元件，由于工艺问题和选材问题，加上通过电流较大，动作频繁，也经常出现故障。 使用带钳表的万用表电阻挡、电压挡、电流挡进行测试，采用"顺藤摸瓜"的排查方法进行排查，应该很快就能找到故障点。 维修一般采用更换的办法；通过肉眼观察找到接触不良点，重新接线，排除故障。

9. 控制板故障

控制板产品质量参差不齐。 大部分控制板厂家（包括一些原来生产空调控制器的厂家）对空气能热泵并不了解，所以控制板经常出现问题，有的甚至自身程序混乱，不能适应某些环境下的正常使用。 加上空气能的控制板一般放在热泵主机里，相当部分的主机要经受风吹雨淋的考验。 一旦控制板安放不当，就会受到水的侵蚀。 还有一些主机放在灰尘很大的地方，由于主机过风量很大，使得控制板很快就积压了灰尘；加上主机内部环境温度较低，使得控制板结露。 灰层加上结露，迅速腐蚀电路板并造成控制板绝缘不良，控制失效或者误动作频频。 由于控制板技术比较复杂，一般的热泵工作者不熟悉，加上目前控制板价格不高，修理并不划算，所以一般都是采用更换控制板的方式来维修的。

10. 环境故障

（1）灰尘

空气能热泵由于传递能量的介质是空气，空气又是灰尘的载体，所以安装时要考虑环境，周围空气要干净一点，否则蒸发器的翅片、控制器电子线路板大量积灰，容易造成故障。 目前许多空气能热泵厂将控制部分用密闭的箱体隔离起来，可以减少控制故障的发生。 翅片也采用亲水的表面，有利于翅片的自洁和清洗，提高热交换效率。

（2）雨水和潮湿环境

空气能使用中，雨水的侵蚀也是一个需要考虑的因素。 由于产品防雨不好，往往造成控制部件、风机、电子调压阀的故障，检修时要注意。 尤其是家用一体机，由于进出风在机器的上部，必然要开许多进出风孔。 用户装在阳台上，雨水经常通过进出风口飘入机器内部，造成控制器、风机、电子调压阀的故障。 对于允许露天安装的工程机，经常出现风机接线盒或电机进水，造成漏电，引起漏电开关跳闸。

潮湿环境也会造成控制板受潮，控制失灵；电子调压器、热力膨胀阀内部部件受潮生锈，造成调压失灵或不准。 维修时可做一些清理润滑处理，可用轻微敲击来试探是否是这个部件失灵引起的故障。

（3）其他环境因素造成的故障

① 鼠患。 由于热泵露天安装，停机后机内比较暖和，老鼠会进去取暖，往往可能咬断机器内部的电线。

② 积水浸泡。 空气能热泵安装在楼顶层的楼面上，由于下雨，造成积水，往往会使信号线和电线保护管或线槽进水，控制信号线由于电流小，容易受到干扰，造成控制系统失灵。

11. 工作年限长的热泵常见故障

空气能热泵是一个运动的机器，主机又大部分在室外安装，时间久了就会造成机器磨损和零部件的老化。 常见的老机器故障如下。

① 压缩机磨损，内部润滑油氧化和消耗造成润滑不良，机器制热能力下降。 因此，维修时可以适当加注压缩机润滑油，看看故障能否消失。

② 冷凝器结垢，这也是老机器的常见故障，造成制热能力下降，可以采购冷凝器清洗液清洗，如果故障不能消失，或在清洗过程中冷凝器穿孔，那就需要更换冷凝器。

③ 控制系统严重锈蚀，无法正常工作，需更换整套的控制系统。

④ 风扇电动机磨损和损坏，造成噪声加大和不运行，应更换电动机，也可以仅仅更换电动机轴承。

⑤ 压缩机和风扇的电容器损坏，需更换同等容量和电压的电容。

⑥ 蒸发器严重结灰，造成换热能力大大下降，经常出现结霜的故障，可以采购蒸发器清洗剂，进行清洗。

二、空气能热泵故障一览表

1. 控制器故障代码表所提示的故障排除

表 6-6 为控制器故障代码表所提示的故障排除。

表 6-6　控制器故障代码表所提示的故障排除

故障名称	可能的故障原因	处理措施
水流（水压）开关未接通	水流开关坏 水流量不足 循环进水管有空气造成"气堵" 循环泵损坏 水箱缺水	更换水压开关 清洗过滤器，加大水流量 把循环进水管内空气排出 检查循环泵及电容并进行修复 确保水箱有足量的水，进水压力一般大于 0.15MPa
水箱温度传感器故障	传感器探头开路或脱落 传感器连线短路 传感器进水损坏 传感器被污垢堵封	修复传感器连线 把传感器探头重新固定 清除传感器上的污垢 更换传感器
缺相逆相保护	缺相 逆相	修复、检查三相电源,保证三相电压输出正常 把其中两相电源线互调接线试试

故障名称	可能的故障原因	处理措施
环境温度传感器故障	传感器连线开路 传感器探头脱落 传感器连线短路 传感器内部性能参数变化	修复传感器连线 把传感器探头重新固定 修复连线排除故障 更换传感器
水位开关故障	水位开关或导线开路或短路	检查水位开关或导线 检查水位探头的顺序,并最少相隔5cm 检查水位探头是否有铜绿,并清除 更换整套的水位探头
电流过流保护	电流过大 水流量不足 循环进水管有空气 循环泵损坏 水箱缺水 换热器有水垢 电流设置过小 水温设置过高 水温探头损坏,有误差	检查电压是否正常,电压是否不够造成负载电流加大 检查压缩机是否运行,检查压缩机电源电流是否有"堵转"现象 水流量不足,造成换热不良,压力温度都上升,更换更大功率的循环泵 进水管有空气,排空 循环泵损坏,维修更换 水箱缺水,改进供水系统,确保不再缺水 换热器有水垢,换热不良,稀盐酸循环除垢 电流设置误操作,重新设置合理的电流 水温设置过高,设置回55℃以内 水温探头除垢、固定、更换
除霜传感器故障	传感器连线开路 传感器探头脱落 传感器连线短路 传感器内部性能参数变化	修复传感器连线 把传感器探头重新固定 修复连线排除故障 更换传感器
高压开关保护故障	高压开关坏 水量不足造成换热不良,通道压力增大 水流通道堵塞或者变窄造成换热不良 温度探头脱落、损坏、结垢,导致实际水温过高 循环水泵没有动作	更换高压开关 更换较大功率的水泵,加大水流量 检查并清理水系统 检查保温水箱温度探头,实地测量水箱的水温,修正温度设定 维修故障水泵
低压开关保护故障	低压开关坏 制冷剂不足 蒸发器翅片表面脏、蒸发器吸热不足、蒸发压力不够	更换低压开关 系统检漏并充注标准量的制冷剂 清洗蒸发器翅片
压缩机吸气温度探头故障	温度传感器连线开路 传感器探头脱落 传感器连线短路 传感器内部性能参数变化	修复传感器连线 把传感器探头重新固定 修复连线排除故障 更换传感器
压缩机排气温度故障	制冷剂不足 系统有堵塞	系统检漏并充注制冷剂 检查系统排除故障
压缩机排气温度探头故障	传感器连线开路 传感器探头脱落 传感器连线短路 传感器内部性能参数变化	修复传感器连线 把传感器探头重新固定 修复连线排除故障 更换传感器
回水温度探头故障	传感器连线开路 传感器探头脱落 传感器连线短路	修复传感器连线 把传感器探头重新固定 修复连线排除故障

故障名称	可能的故障原因	处理措施
出水温度探头故障	传感器连线开路 传感器探头脱落 传感器连线短路	修复传感器连线 把传感器探头重新固定 修复连线排除故障
电子调压器、热力膨胀阀故障	受潮内部生锈动作不灵活,有的会出现"嗒嗒"的响声	清理外部灰尘,润滑处理,不行就更换
面板通信故障	主板连接操作板导线开路或短路	修复主板与操作面板连接线,清除板面灰尘,采取防尘措施

2. 空气能热泵一般故障排除表

表 6-7 为空气能热泵一般故障排除表。

表 6-7　空气能热泵一般故障排除表

故障状态	故障发生部分原因	处理措施
控制面板不显示	电源故障 机组电源接线松动 机组控制板保险管熔断 通信线接触不良 控制器故障	断开电源开关,检查电源 查明原因并修复 更换保险管 检查通信线及接头是否接触不良 更换控制器
机组不运转	电源故障 机组电源接线松动 控制电源熔断器熔断 控制器故障 机组其他故障控制器启动保护功能	断开电源开关,检查电源 查明原因并修复 更换熔断器 更换控制器 查找保护原因,排除故障
水泵运转但是水不循环或噪声大	水系统缺水 水系统中有空气 水系统阀门未全部打开 水过滤器脏堵	检查系统补水装置,并向系统补水 排除水系统中的空气 将水系统阀门开足 清洗或者更换水过滤器
机组制热能力偏低	制冷剂不足 水系统保温不良 干燥过滤器堵塞,工质流动不畅 热交换器换热不良 水过滤器堵塞,水流量不足	系统检漏并充注标准制冷剂 加强水系统保温 更换干燥过滤器 清洗换热器和蒸发器 清洗或者换水过滤器
压缩机不运转	电源故障 压缩机接触器损坏 压缩机接线头发热烧焦、松动、接触不良 压缩机过热保护,热保护器烧断;压缩机过电流保护 水温过高 水流量不足 控制器内部故障或接线插头接触不良	查明原因,解决电源故障 更换接触器 查明接线松动点并修复 查明并排除故障后再开机 重新设定出水温度,使其保持在 55℃ 以下 检查、清洗水过滤器,排除管道系统中的空气,更换流量更大的循环水泵 检查各插头的接触情况,或更换控制器
压缩机运转噪声大	液体制冷剂进入压缩机 压缩机内部零件损坏 冷冻油不足	检查膨胀阀是否失效 更换压缩机 加入适量冷冻油
风扇不运转	电容器损坏 风扇固定螺钉松动,扇叶被卡住 风扇电机烧毁 风扇接触器损坏 控制器内部故障	更换电容器 紧固固定螺钉 更换电机 更换接触器 尝试将风扇驱动电源和压缩机并在一起

故障状态	故障发生部分原因	处理措施
压缩机运转但机组不制热	制冷剂全部泄漏 压缩机故障	系统检漏并充注标准制冷剂 更换压缩机
机组水流量过低保护	水压开关故障 系统水流量不足 水泵损坏	更换水压开关 清洗水过滤器排除系统中的空气 更换水泵
排气压力过高	制冷剂量过多 工质循环系统中混入不凝性气体 水流量不足 系统换热不良 水泵循环量不够	排出多余的制冷剂 排出不凝性气体或更换制冷剂 检查水系统,加大水流量 清洗冷凝器和蒸发器 加大或者更换水泵
吸气压力过低	干燥过滤器堵塞 制冷剂过少 通过热交换器的压降太大	更换干燥过滤器 系统检漏并修复 检查膨胀阀的开度是否恰当

三、 空气能热泵的维修

限于篇幅,这里只介绍空气能热泵专业的维修方法。 对于一般的机器和电器维修,可以参考其他书籍。

1. 特殊的维修工具和工质

(1)便携式焊接工具

图 6-28 为便携式焊接工具箱。

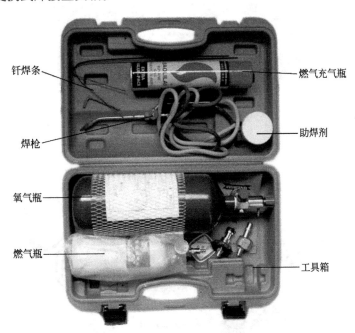

图 6-28　便携式焊接工具箱

（2）高压低压表和三通阀

图 6-29 和图 6-30 分别为低压表和三通阀以及高压表和三通阀。

图 6-29　低压表和三通阀

图 6-30　高压表和三通阀

（3）连接气管

图 6-31 为连接气管。

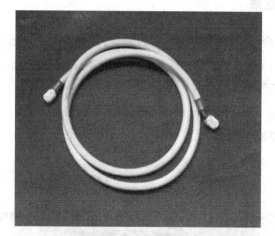

图 6-31　连接气管

（4）抽真空机

图 6-32 为小型抽真空机。

图 6-32　小型抽真空机

（5）工质

① 瓶装工质。 图 6-33 为瓶装的定量工质瓶。

图 6-33　瓶装的定量工质瓶

② 灌装工质。 图 6-34 为常用的灌装工质瓶。

图 6-34　常用的灌装工质瓶

其他的都是通用工具，就不作一一介绍了，维修者可以根据自身需要添置。

2. 压缩机电器部分的维修

(1)电器部分的接线

三相电源驱动的压缩机判别比较简单，只要测量它的三个端子的电阻就行了。无论哪两个端子，它的电阻值应该是一致的，相差极少。如果出现电阻值相差太大，或者是阻值很大，100kΩ 以上或者断路的情况，那就说明一组线圈烧毁了，或者是其中电动机线圈存在局部断路现象。三相压缩机接线图见第三章图 3-3。

(2)做好标记

单相压缩机的接线比较复杂，需要辨别启动线圈和运转线圈，所以在脱掉电动机线圈时，切记要做好标记，这样就不容易出错。单相电动机的接线图如图 6-35 所示。检测时注意以下几点。

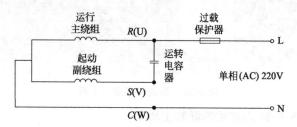

图 6-35 单相压缩机的启动电路

① 压缩机的三个引出线端子如图 6-36 所示，R、S、C 的意义是，R 为运行绕组端子，S 为启动绕组端子，C 为运行绕组和启动绕组的公共端子。运行绕组相对较粗、电阻较小；启动绕组相对较细、电阻较大。

图 6-36 压缩机的接线端子

② 压缩机绕组的正常电阻值应该较小，在 1kΩ 以内，且任意一个端子与机壳之间的电阻(即绝缘电阻)应大于 2MΩ，这是检测绕组是否正常的依据。

③ 压缩机接线端子与国外一些机器的标法不同，已在电路图上标出，如果实在找不到依据，可以通过以上检测办法识别出来。

④ 过载保护器的更换。由于单相电动机的电流比较大，压缩机又经常在高压状态下工

作，尤其是制热温度在55℃以上时，往往造成压缩机电动机过流，这时如果不采用保险措施，就可能造成烧毁故障。所以一般的单相压缩机都装有过载保护器，如图6-36所示，检验的办法就是测量它是否完全导通。对于三相的压缩机，一般都装有三相电动机运行过载保护继电器，对三相压缩机起到保护的作用。

一般压缩机内部还有热保护开关，当压缩机电动机过载时，会自动断开，过载停止后又会自动连接上。所以在测量压缩机绕组电阻时，要在停机后片刻才开始。压缩机出现故障，1～1.5匹的小的新机更换比较划算；大的压缩机可以去压缩机、电动机修理店，用原机与之对换或者修理。

3. 热泵的检漏

如果根据故障判断空气能热泵可能泄漏，就要对它进行检漏，这是一个比较难的技术，往往需要依靠维修者的经验积累。一般的情况是分两步走。

(1)充气确定是否泄漏

找到热泵主机的工质灌注口。由于空调机主机的灌注口与空气能热泵正好相反，所以目前大部分厂家的空气能热泵都有专门的灌注口，只要将三通、压力表和气源接通就可以了，如图6-37所示。对于空调机改装的热泵工程，可以接在它的原始的灌液口。这时可以灌入气体，对已经完全泄漏的机器，可以灌入空气、氮气等无公害气体；但如果是在现场，没有气源，那也只能灌入少量的工质了。如果机器内部还存在工质，那就不要充入工质或只充入少量的工质。充气结束后，关闭充气通道，记下气压数值。如果是没有泄漏，这个数值在数小时内是不会改变的；但如果存在泄漏，这个数值就会减少，可以通过减少的速度来判断泄漏的大小。

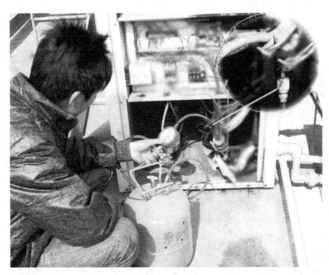

图6-37　检查主机是否漏气

(2)确定泄漏点

经上面步骤确定泄漏，或者是热泵本身已无工质，可以确定机器存在泄漏，这时可以用眼睛观察、耳朵听和手摸的办法确定泄漏点。

① 某处有油污流出。由于工质中混有压缩机润滑油,工质泄漏时一定带有压缩机油一并漏出。

② 气体泄漏伴随着声音,可以通过耳朵来寻找泄漏点,尤其是换热器内部泄漏,将耳朵贴近换热器进出口,就可以听到非常明显的泄漏声,如图 6-38 所示。

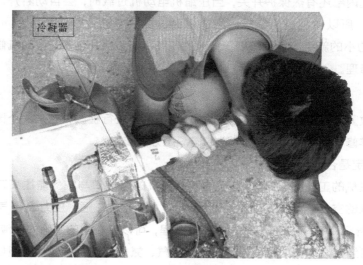

图 6-38 用耳朵可以听到换热器中的泄漏声

③ 用手摸管道和蒸发器,可能会感觉到工质蒸发常出的凉风。

(3)进一步检查

如果以上办法都确定不了泄漏点,那就要采用洗洁精、肥皂水、检漏仪来检测了。目前最有效的办法是将洗洁精稀释后,用毛巾沾上,对怀疑部位进行检测,如图 6-39 所示,如果出现不断变大的泡泡,就证明该处存在泄漏。

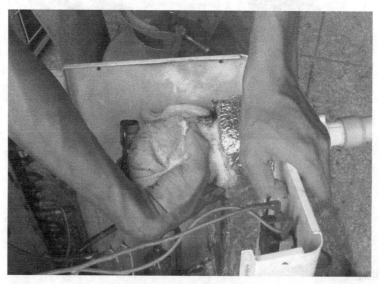

图 6-39 用毛巾检测泄漏

检漏的方法有很多,但目前最有效的还是洗洁精稀释液;肥皂水也很好;还可以通过检漏仪进行检漏，但效果不好；通过卤素灯来辅助检漏也是一种办法。使用办法视现场情况和泄漏的部位而定。涂抹时毛巾、海绵、刷子是经常用的，如果一时找不到，还可以用脸盆泡好洗洁精，浇上去，也有将整个主机浸入水中的。

检漏是一个技术活，维修者如不熟悉，可以请有经验的空调维修师傅帮忙查找。

4. 管道的脱离和焊接

如果确定机器某一元件损坏，就要将它从管道上卸下来。如何卸，这里作一简要介绍，具体的还要在实际操作中逐步熟悉。

(1)焊接工具的使用

维修空气能热泵，一般使用小型的便携式焊接工具，焊接工具的连接等要详细阅读工具说明书，将它连接好。

① 连接。如图 6-40 所示。

图 6-40　接好焊接枪

② 点火和焊接

a. 打开氧气，使有少量的氧气流出。如图 6-41 所示。

图 6-41　打开氧气

b. 慢慢打开燃气阀，输出适量的燃气。如图 6-42 所示。

c. 点火，注意不要对着他人或其他易燃物。如图 6-43 所示。

d. 调整火焰到内部发蓝光为止，根据需要，适当调大和调小。如图 6-44 所示。

关闭焊枪时要记住先关"氧气"后关"燃气"。操作的过程一定要按步骤进行，切记顺

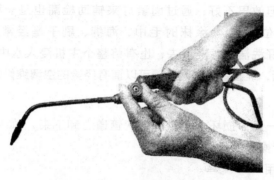

图 6-42　打开燃气阀

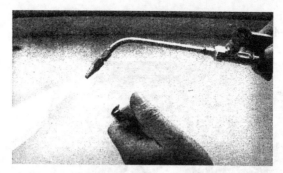

图 6-43　点火

图 6-44　调整火焰

序不能相反。要注意安全，还要注意防止"回火"现象，以免造成重大事故。

（2）管道的剥离

热泵的所有管道连接都是套管连接，有的维修人员将有问题的部件锯下来，这是错误的，将给后续的修理带来麻烦。正确的方法是将套管烧红，融化钎料，将部件脱下来，见图 6-45 和图 6-46。

（3）管道的焊接

热泵部件是采用套管式连接的，一般部件的连接端头都比较大，连接铜管比较小，它们之间的连接就是部件连接端头套在连接管上，然后用钎焊焊上。这里用更换压缩机来介绍这个过程。

图 6-45　将压缩机接口加热

图 6-46　铜接管拔起

拿来新压缩机后，要将它焊回原位。见图 6-47～图 6-51。

其他部件更换过程的焊接与上面介绍的一样。

5. 热泵工质的充注

一般空气能的用户和维修人员对空调不一定很熟悉，加上真空泵的价格也很便宜，排气法加注工质已不适用，所以这里只介绍抽真空的办法来充注工质。

(1)灌注的步骤

a. 将三通阀旋在中间位置，按图 6-52 所示方法连接充气口，使真空泵和热泵接通。

b. 打开真空泵抽真空，一般 1.5 匹小型机运行 0.5h，大型机根据情况适当延长到 1h 或更长。

c. 将三通阀顺时针旋到底，关闭热泵和外界的通道。脱下真空泵，接上工质罐(瓶)，此时适当打开工质气瓶，让工质将连接管中的空气排掉，变成工质气体，然后接上三通阀。

d. 依次打开工质罐阀门，打开三通阀，这时工质气体就进入热泵。然后观察压力表，

将铜连接管放入压缩机接口

图 6-47　焊接的第一步

对套入口较大的，可以做夹紧处理，这样有利于焊接

图 6-48　焊接的第二步

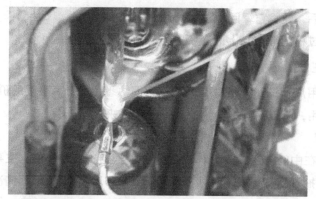

焊枪从侧面加热铜套，当铜套变红时，将钎条靠近缝隙处，钎料会自动填满焊缝

图 6-49　焊接的第三步

当压力达到 7bar(0.7MPa) 时，关闭工质罐通道，开机运行片刻，查看压力表的压力是否达

钎料将铜管和铜套之间的缝隙填满,可以沾一些助焊剂效果较好

图 6-50　焊接的第四步

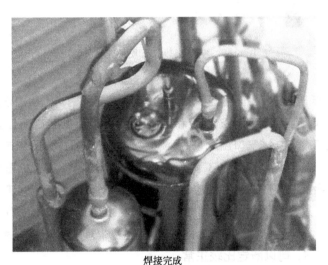

焊接完成

图 6-51　焊接的第五步

到工厂给定的指标。

　　一般低压侧压力应在 4～6bar(0.4～0.6MPa),高压侧压力应在 15～22bar 之间(可以看灌注口是在高压侧还是低压侧),这个数值应该等机器运行几分钟后确定。 如果达不到这个数值,就要再加一点工质,直到合格为止。 如果超出这个范围,比如高压达到 25bar 以上,就要放掉一部分工质。

　　(2)工质的灌注应注意

　　① 工质注入时应尽量将工质罐倒置,并且它的流出口要高于压缩机的进口,这样才能保证工质顺利进入热泵中。

　　② 不能注入与生产厂原来不同的工质。

　　③ 控制工质注入量的方法。

　　a. 将工质罐预先称重,工质注入后再称,注入工质重量应等于生产厂标出的重量,这是

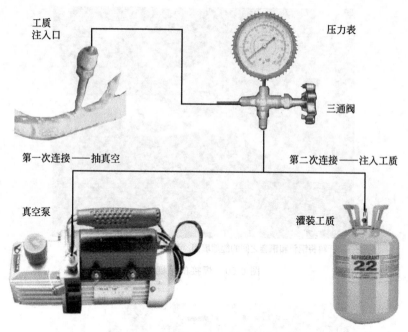

图 6-52 空气能热泵工质的充注示意

最准的。

b. 观察高压、低压表的数值，在生产厂提供的数值范围内，应和出水温度等一起考虑。

c. 用电流钳表测量压缩机的电流，应和压缩机生产厂提供的产品标签标明的电流基本一致。 可以在热水高温时(排气口温度也高)测最大电流。 超过标牌标定值就是负荷过大，工质过量是原因之一，始终过小就是工质不够。 同时应注意：随着机器的工作时间增加，管道内的工质温度会提高，压力也会相应提高，电流会逐步增加，这时确定电流是否在正常范围内才是准确的，过大会造成过流停机，过小压缩机的能力没有得到发挥。

d. 手摸。 测温仪测量压缩机排气口的温度，应在 60℃ 以上，手摸时有烫感，压缩机进气口温度应在 7℃ 以下，可以断定比较正常。

总之，如果空气能热泵最高压力在 25bar 以下，平时工作压力在 18～22bar 范围，机器出热水在 55℃ 左右，就认为热泵工作基本正常。 可以根据表 6-8 所列的项目来确定充注的情况。

表 6-8　热泵制冷剂充注参数表

名称	特征(环境温度为 25℃，水温为 45℃)
低压侧压力/MPa	0.3～0.8(此数据参考工质特性)
高压侧压力/MPa	1.5～3.3(此数据参考工质特性)
停机平衡时压力/MPa	0.5～1.8(此数据参考工质特性)
压缩机吸气管温度	较凉，有结露
压缩机排气管温度/℃	约 80，手不能摸
过滤器温度/℃	比环境温度低 2～5
毛细管或膨胀阀	常温
室外机蒸发器	出冷风，手摸有冰凉的感觉，而且比较均匀，局部结露为最理想
家用分体式外接输出管	氟循环在 40～60℃ 以上，水循环在 30～50℃ 以上
排水管	有水流出最理想

注：环境温度变化和水温高低，以上数据会产生一定的变化。

6. 空气能热泵的控制板更换

空气能热泵在使用中，控制板损坏的比较多。如果原有厂家改行、转型，或者倒闭，用户就无法补充到原来的控制板，因此就必须选用新厂家的控制板。不过这个问题不大，随着控制器的改进，各厂的控制器性能参数都逐步趋向一致。这就为维修者排除控制器的故障提供了方便。

(1)首先应该了解各品牌控制器的以下性能　是否适合本机：

① 执行元件的电压，220V或者380V，如果通过接触器控制的部件，接触器的电压和电流(交流还是直流)是否与本机一致；不一致是否能通过更换接触器来达到目的。

② 本机如采用电子膨胀阀，新配控制器能否配套。

③ 了解对方的传感器形式，是开关量还是模拟量。温度传感器一般采用热敏电阻，同时尽量选择阻值和 B 值一样的产品，这时不一定要全部更换传感器。对开关量的传感器，如果新控制器也接受开关量，就不必更换了。本机不采用新板的一些功能，可以不动它或者短接，应不会影响其他功能的正常使用。

④ 新板的参数本机是否能够适应。

⑤ 新板的尺寸如果不跟目前的机柜冲突，可经过小的修改就安装上去。

(2)确定后就可以采购了。安装的步骤如下。

① 将不适合的传感器更换成新控制器配套的传感器，如果更换难度小，可以更换所有配套的传感器。

② 将传感器、压缩机、风机、水泵、四通阀、电子膨胀阀等部件的连线插进控制板。

③ 开机进行调试，经过一定的修正，机器恢复正常。

第七章 热泵系统的衍生产品和其他形式的应用

地源热泵是在空气能热泵技术成熟的基础上发展起来的一种新的热泵种类。热泵在制热过程中热源的温度越高越好，但空气能热泵的热源——空气在寒冷的冬天往往下降到0℃以下，甚至达到−40℃。在这种情况下，空气能热泵的制热能力大大下降。实验证明：当温度下降到−10℃时，空气能的效率下降到标准状态的40%～60%，而且在这个过程中还要防冻和不断除霜。

为了提高热泵的效率，以及在寒冷的冬天得到热能，人们将目光转向大地，因为在地下3m处，温度常年保持在10～25℃之间。人们在寒冷的冬天，可以通过热泵利用土壤热源制热水，用于生活用水和取暖等。在夏天，又可以将多余的热能输送到地下，达到高效制冷的目的。

一、地源热泵的特点及性能

地源热一般指地下浅层的热资源，来源于太阳热辐射和地核热传导的综合作用，具有贮量大、再生补充性强、分布广泛、能量恒定、开采便利、安全可靠、运行费用低廉等特点。一般认为在地表面以下400m范围内贮存的地热资源为浅层地热资源。浅层低温地热资源主要来自太阳的热辐射。由于土壤的蓄能效应，它收集了47%的太阳能，相当于人类每年利用能量的500倍。与地面上的环境空气相比，地面5m以下的土壤温度全年基本稳定且略低于平均气温，使得浅层土壤中的热量储量十分稳定可靠，成为可再生能源中的重要组成部分。地核传导热是来自地球深处的热能，它源于地球的熔融岩浆和放射性物质的衰变。地下水的深处循环和来自极深处的岩浆侵入到地壳后，把热量从地下深处带至近表层。浅层低温地热的利用是地核传导热的利用和太阳能的间接利用，与直接利用深层地热和太阳能相比较具有比较明显的优势，因此成为人类供暖、制冷能量来源的主要选择之一。

地下浅层地热资源的温度一年四季相对稳定，冬季比环境空气温度高，夏季比环境空气温度低，是一种十分理想的热泵利用的冷热源。而且地温恒定的特点使得地源热泵比空气能热泵系统运行效率要高。另外，地温稳定也使热泵机组运行更可靠、稳定，保证了系统的高效性和经济性。

地源热泵就是系统把传统热泵或者空调的冷凝器或蒸发器直接埋入地下,使其与大地进行热交换,通过中间介质(通常是水)作为热载体,并使中间介质在封闭环路中通过大地循环流动,从而实现与大地进行热交换。冬季通过热泵将大地中的低位热能(温度较低的介质)提高成高品位热能(温度较高的介质),对建筑供暖,同时在浅层土壤中贮存冷量,以备夏季使用;夏季通过热泵将建筑内的热量转移到地下,对建筑进行降温,同时在浅层土壤中贮存热量,以备冬季使用。

地源热泵对地下热源没有什么特殊的要求,可在我国绝大部分地区使用。表7-1为我国各地区距地面3.2m深处两个月的土壤最低平均温度。

表 7-1　我国各地区距地面 3.2m 深处两个月的土壤最低平均温度

分区	所属地区	温度范围/℃
1	黑龙江、吉林、辽宁、内蒙古大部分地区、甘肃、宁夏的偏北地区	2~6
2	北京、天津、河北北部、甘肃、宁夏、辽宁南部、山西大部分地区	6~10
3	天津、河北南部、山东、陕西大部分地区、江苏、河南北部	10~14
4	上海、江苏大部分地区、浙江、贵州、湖北、湖南、江西北部、四川大部分地区、陕西南部、广西、云南偏北地区	14~18
5	广东、广西、四川、云南大部分地区、台湾、福建、云南南部	18~24

1. 地源热泵的特点

(1)与空气能比较,节能效果更好

传统的热泵系统采用风冷或水冷换热器,换热环境直接或间接为大气,而大气换热不可避免地受到环境条件变换的影响。在夏季,当室外温度达到40℃时,由于换热效率降低,制冷量将下降20%~40%;在冬季,当气温下降到-10℃时,供热量将下降到正常供热量的1/2以下,而且要反复除霜来保证机组的正常运行。地源热泵可以分别在夏、冬季得到相对较低的冷凝温度和较高的蒸发温度,所以,从热力学原理上讲,土壤是一种比环境空气更好的热泵系统冷热源。通常土壤源热泵消耗1kW能量,用户可以得到4kW以上的热量和冷量,这多出来的能量就来自土壤源,另外,地表温度较恒定的特性使得热泵机组运行更可靠、稳定,也保证了系统的高效性和经济性。据环保部门估计,设计安装良好的地源热泵平均可以节约用户30%~40%的供热制冷空调运行费用。高效的土壤源热泵机组平均产生1吨(3.52kW)的冷量仅需0.88kW的电力消耗,其电力消耗量仅为普通冷水机组加锅炉系统的30%~60%。

(2)有利于环境保护

在夏季,风冷机组和水冷机组均将废热排入大气,使室外温度升高,并且水冷机组还将水蒸气带入大气中,冷却塔的噪声及霉菌污染使周围环境品质变差;在冬季,风冷机组和水冷机组吸收大气环境中的热量,导致大气环境更加恶劣。暴露于建筑物之上的风冷机组及冷却塔也对建筑物立面造型造成不好的影响。

与空气源热泵和电供暖相比,地源热泵系统不会把热量、水蒸气及细菌等排入大气环境。当前,北方地区由于大面积的烧煤取暖造成了雾霾,如果采用热泵代替烧煤制暖,将会大大减少雾霾的产生;如果结合其他节能措施,节能减排效果会更明显。地源热泵系统属于自含式系统,即该装置能在工厂车间内事先整装密封好,因此制冷剂泄漏概率大为减

少，它的工质充灌量比常规空调装置减少 25％。该装置的运行没有任何污染，可以建造在居民区内，安装在绿地、停车场下，没有燃烧、没有排烟，也没有废弃物，不需要堆放燃料废物的场地，且不用远距离输送热量。地源热泵系统没有冷却塔设备，减少了一套热交换系统，因此节省了空间和占地面积，有助于改善建筑物的外部形象，也降低了建筑成本。

2. 技术性能分析

(1)地源热泵的效率较高

传统空气能热泵系统的室外机组常年暴露在室外，运行条件差，产冷(热)量随室外参数的改变而变化。如果机组选得过大会造成浪费，选得过小则供冷(热)量不足，达不到使用要求。对于风冷热泵冷热水机组，使用中的主要问题是冬季制热的效果受环境温度制约较大，环境温度越低，制热效果越差。而当空气温度低于－5℃时空气源热泵就难以正常工作，需要用电或其他辅助热源进行加热，热泵的性能系数大大降低。此外，蒸发器上结霜，会影响空气侧换热器的传热，需要定期除霜，也损失相当部分能量，而较频繁的除霜也影响了机组的供热。机组的运行环境不仅与室外温度有关，而且与室外大气的相对湿度有关，这大大限制了它的使用范围。

采用地源热泵系统，由于土壤的温度比室外空气温度更接近室内的温度，若设计合理，地源热泵可以比风冷热泵具有更高的效率并且更可靠，其热源温度全年较为稳定，一般为10～25℃，而且地源热泵系统可用于供暖、空调，还可提供生活热水。一套系统就可以替换原来的锅炉、空调制冷装置，一机多用，不仅适用于宾馆、商场、办公楼、学校等建筑，更适合于别墅、住宅的供热和空调。此外，机组使用寿命长，平均 20 年左右；机组紧凑、节省空间；维护费用低；自动化控制程度高，可无人值守。

地源热泵系统的 COP 值一般为 3～6，比传统的空气源热泵高出 40％左右，其运行费用为普通中央空调的 50％～60％。

当分别采用土壤源热泵和风冷热泵运行时，其性能和运行参数见表 7-2。由此看出，分别采用风冷热泵和土壤源热泵，由于运行环境温度不同，性能参数相差很大。

表 7-2 地源热泵与风冷热泵运行比较

性能参数	夏季工况参数		冬季工况参数	
	风冷热泵	地源热泵	风冷热泵	地源热泵
出水温度/℃	7	7	50	50
环境温度/℃	35	12	－5	12
制冷(热)量/kW	61.40	78.88	41.45	78.00
运行功率/kW	20.50	15.67	16.03	20.28
制冷工况性能系数 COP	2.995	5.034	2.586	3.847

(2)地源热泵运行更经济

由于能量转换和传送过程不同，地源热泵技术为热泵提供了合适的冷源和热源，提高了机组的转换效率，所以地源热泵技术换热效率更高、运行费用更低。与传统采暖和制冷技术相比,供暖时节省率在 50%～70%之间,制冷时在 40%～60%之间。 与传统中央空调加锅炉相比,初期投资大致相当或略低。 对需安装中央空调系统的建筑来说,它具有竞争优势,且维护费用低。 地源热泵系统工作稳定,不会出现传统设备中制冷剂压力过高或过低的现象,没有室外装置(冷却塔、屋顶风机等),交换介质的温度范围小,处于适合机器工作的状态,因而故障率可能较低,维护费用大大低于中央空调。 另外地源热泵应用灵活、安全可靠,可分户独立计费,无需安装热计量装置,减少初投资,方便业主对整个系统的管理,可用于新建工程或改、扩建工程。 可逐步分期施工,利于开发商资金周转。 热泵机组可灵活地安置在任何地方,无贮煤、贮油罐等卫生安全隐患。

从以上对地源热泵系统与传统空调系统的比较和分析,得出如下结论。

① 环保节能。 地源热泵系统的运行不受环境条件制约,且不会对大气及地下水造成污染;另外,地源热泵系统节省了空间占地,改善了建筑物的外观形象。

② 技术性。 地源热泵系统的 COP 值比普通空调有较大的提高,且设备集中、性能良好、具有较好的可行性。

③ 经济性。 地源热泵系统与传统中央空调系统的初期投资相差不大,但是冬、夏季的运行费用却低很多,而且地源热泵系统寿命长、投资回报率高。

因此,地源热泵系统是一种环保节能、切实可行的技术,符合我国能源可持续发展的国策。

3. 推广地源热泵的障碍

然而,任何一项技术都是有其优势同时也存在劣势的。 从目前国内外使用的情况分析,地源热泵系统技术还不十分成熟,和其有关的设备和配套材料还不够完善;成本太高也是目前无法大面积普及的原因;同时设计过程比较复杂,还存在一些亟待解决的问题。 总的来说,它的主要缺点如下。

① 埋地换热器换热能力受土壤物性影响较大,为此要求对土壤情况进行测试,过程比较复杂。

② 连续运行时,热泵的冷凝温度和蒸发温度因土壤温度的变化而发生波动。

③ 土壤热导率较小、换热量较小。 国外的研究表明,其单位管长持续换热率,水平埋管系统最大,为 $30W/m$,一般为 $17W/m$;垂直埋管系统取决于埋深,为 $12～77W/m$。 所以,当换热量一定时,换热盘管占地面积较大。

从目前看来,地源热泵系统是最有前途的节能装置和系统之一,是热泵制造行业前沿课题之一,也是地热利用的重要形式之一。 目前,我国地源热泵的应用已经较大面积地铺开,正处于迅速普及的阶段。

地源热泵的主机系统与空气能机组基本一致,区别主要在于它的热交换源的取得方式。地源热泵主要分成土壤源热泵和水源热泵两种。

二、土壤源热泵

土壤源热泵是地源热泵的一个重要组成部分,主要以土地为热泵的能量来源。

1. 土壤源热泵目前常用的形式和结构

土壤源的垂直埋管系统、水平埋管系统和盘型埋管系统,如图 7-1 所示。

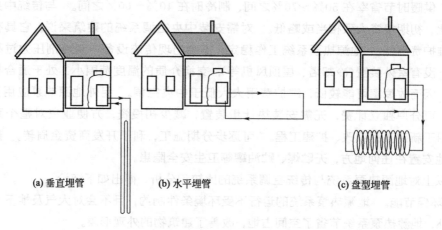

| (a) 垂直埋管 | (b) 水平埋管 | (c) 盘型埋管 |

图 7-1　土壤源埋管的布局形式

2. 几种布局的特点

(1) 水平埋管方式

管道可水平或螺旋状埋于土壤中，埋设深度越大，传热效果越好，但挖地沟投资也越大。一般埋设深度为 1.5~3.0m。每 20m 长埋管的换热量约为 1kW。由于受管之间换热的互相影响，螺旋盘管的总管长度应适当增长，但其总占地面积比水平埋管少。

(2) 垂直埋管方式

虽然可以减小占地面积，受气温波动影响小，单位管长换热量高于水平埋管，但所需管长仍然较长，且克服不了埋管和周围土壤间易产生空隙的缺点。

水平埋管方式与垂直埋管方式相比，浅层土壤温度受气候影响较大、占地面积较大、单位管长换热量低。热泵运行一段时间后，埋管和土壤传热介质之间产生一定的缝隙，使得传热系数大大减小。据文献介绍，采用水平埋管方式时，通常情况下 1000m² 范围的土地，可以获得 21.8~26.1kW 的制冷量。采用垂直埋管方式，1000m² 范围的土地，可以取得 348~435kW 的制冷量。因此，除了那些空地面积很大的建筑外，绝大多数的非居住型建筑都应采用垂直埋管方式。

无论是水平埋管方式还是垂直埋管方式，埋管换热器的传热性能都受到土壤种类的影响。含水土壤如黏土的传热性能最好，干燥的砂质土壤的传热性能最差，此时应适当增加管道的长度，或将传热性能较好的土壤回填到管井或管沟中。选择水平系统或垂直系统应根据可利用的土地、当地土壤的类型和挖掘费用而定。如果有大量的土地而没有坚硬的岩石，应该考虑造价较低的水平系统。垂直系统所需要的土地面积是有限的，所以适合在土地比较紧张的城市中采用。但垂直系统需要机械钻孔和较高技术的回填、敷设管道，相对造价会高一些。采用水平系统，工程的造价会便宜一些。但是水平系统由于埋得比较浅，受环境影响较大，而垂直系统几乎不受这个限制。所以在选择时要综合平衡各个方面。

埋管的材料一般是 PE 管（聚乙烯），这是一种比较硬的塑料管，适合于垂直埋管使用；塑铝管则比较适合水平螺旋埋管；铜管换热性最好，但价格高，且存在被腐蚀的缺点。管材的公称压力应不低于 10kg/cm²（1MPa）。

3. 间接热交换形式和直接热交换形式

图 7-2(a)为间接型热交换形式，图 7-2(b)为直接型热交换形式。

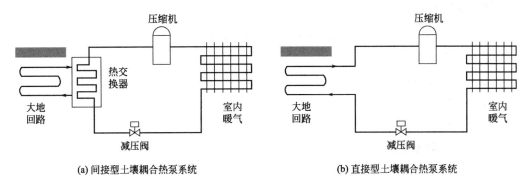

(a) 间接型土壤耦合热泵系统　　　　(b) 直接型土壤耦合热泵系统

图 7-2　间接型和直接型土壤耦合热泵系统

在间接型系统中，一般用载冷剂或水溶液在热源和蒸发器间传递热量。 它与直接蒸发型相比可以减少制冷剂的充灌量，还增加了热泵系统的灵活性。 同时它减免了制冷管路的安装，使现场工程量减至最低。 其缺点在于引入带有热交换器的额外流体环路，增加了初投资，还带来额外的能量损失。 为此应尽可能地优化设计水管回路，改善载冷剂的流体性质。

直接蒸发型土壤源热泵将蒸发器盘管直接埋入地下，可以有效地减少投资，尤其适用于小型家居热泵系统。 一种典型的安装方法是使用一根或两根并行的 19mm 直径铜管(每一根长 90m)，分别作为名义上两缸或三缸压缩机的地下盘管，它从地下抽热，比通常使用的间接式系统性能系数高。 但应注意土壤的腐蚀作用。

4. 土壤源热泵的设计方案的确定

(1)热泵系统设计的基础资料

空气能品质的鉴定是比较容易的，只要知道周围的环境温度和湿度就行了。 而土壤源热泵热源品质的鉴定就比较难了，同一地区，即使相近的地点相差也比较大。 所以，在选用土壤源热泵之前，就必须对该地块的地下情况有个比较清楚的了解，这样才能确定热泵系统的配置方案。

① 热泵系统选定地址的水温地质、地表情况。

② 对于选用垂直埋管方案的，需做地下水系统试验井调查。 一般 2700m² 推荐一个试验井，整个调查由若干试验井组成。 如果方案可行，则可作垂直埋管试验孔，进一步了解该地质情况下土壤的换热能力，以确定热交换器的规模。 图7-3为实验井示意图。

③ 如果确定水平埋管方案，则需做水平埋管系统的试验坑调查报告。 试验坑为水平地下热交换器设计前提供表面状态的信息。 推荐每公顷最少挖 4 个坑，大于 2hm² 的现场至少挖 2 个坑，坑深应比计划热交换器最深处再深 1m。

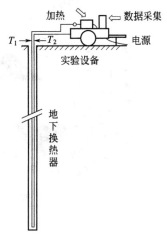

图 7-3　实验井示意图

④ 较大规模的系统，应该设立监视井，随时了解该地土壤的情况，为系统在运行中的调整提供参考数据。数据的得来和计算具体如下。

土壤有效热导率：

$$\lambda_e = f(T, \rho, \omega, e, S_r)$$

式中　λ_e——有效的热导率；

　　　　ω——含水率；

　　　　ρ——密度；

　　　　S_r——饱和度；

　　　　T——土壤温度；

　　　　e——空隙比。

土壤的有效热导率可以参考表 7-3，根据实验获得的相关公式获得。

表 7-3　实验相关公式及其参数范围

工况	热导率回归公式	相关系数 R	测量范围 干密度/(kg/m³)	含水率/%
纯土	$\lambda_e = 1.30 \times 10^{-8} \omega^{1.10} \rho^{1.95}$	0.9702	873.13~1307.27	15~35
纯沙	$\lambda_e = 1.75 \times 10^{-7} \omega^{0.33} \rho^{2.00}$	0.9238	1197.51~1697.25	5~20
土:沙=1:2	$\lambda_e = 3.75 \times 10^{-8} \omega^{0.87} \rho^{1.40}$	0.9903	1117.77~1642.58	5~20
土:沙=2:1	$\lambda_e = 2.38 \times 10^{-10} \omega^{0.79} \rho^{2.79}$	0.9805	1001.89~1409.12	5~20

图 7-4 为土壤有效热导率的实验图，该图比较形象地表示了土壤的导热性质。

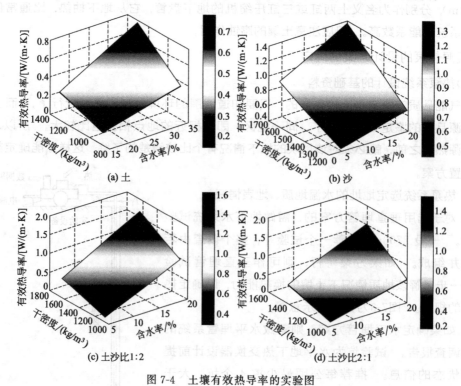

图 7-4　土壤有效热导率的实验图

（2）热响应实验

获得土壤传导热的最实际方法就是直接钻孔打井，得出实际的数据，参见图7-3。

5. 土壤源热泵系统埋地换热器间距和恢复特性分析

(1)埋管间距

土壤源热泵系统的埋地换热器设计过程中重要的一环为合理管间距的确定。 一般间距为2～4m，在上海地区的测试情况如图7-5，测试管间距在2m左右。 当然，间距越大越好。 但由于受到面积的限制和成本的限制，考虑在4m左右为好。

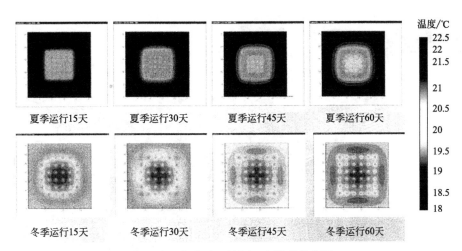

图 7-5 夏、冬季土壤源温度情况热态图

(2)土壤温度的恢复

土壤温度的恢复是指埋地盘管停止从土壤中取热后土壤温度的自然恢复过程。 我国幅员辽阔，各个地区的土壤结构和气候条件存在很大的差异，所以针对个别地区的土壤源热泵的设计和运行参数并不具有代表性和通用性。 各地区差异见表7-1。 因此必须根据各地的实际情况，先做好前期的调查工作，才能进行设计和施工。

建筑节能所用的能源主要来自地表的热能。 按照温度的变化特征，地球表面的地壳层可分为可变温度带、恒温带和增温带。 可变温度带，由于受太阳辐射的影响，其温度有着昼夜、年份、世纪甚至更长的周期性变化，其厚度一般为15～20m；恒温带，其温度变化幅度几乎等于0，深度一般为20～30m；增温带，在常温带以下，温度随深度增加而升高，其热量的主要来源是地球内部的热能。

土壤温度恢复的快慢及其程度对热泵性能的好坏起着至关重要的作用。 为了表示土壤温度恢复程度的大小，定义土壤温度恢复率 ζ：

$$\zeta = \Delta T'/\Delta T = (T'-T)/(T_g - T)$$

式中　T_g——土壤原始温度；

　　　T——热泵停止运行时刻的土壤温度；

　　　T'——计算时刻(即土壤温度恢复后)的土壤温度。

可以看出土壤温度恢复率直接反映了土壤温度的恢复状况，其值越大意味着土壤越接近原始温度，恢复的效果就越好。

6. 土壤源的一些基本情况

这里展示了一些土壤源热泵系统的大概情况，供参考。图7-6和图7-7为冬季和夏季的土壤源热泵运行情况，图7-8为地源热泵的原理图，图7-9为土壤源热泵的实际系统图。

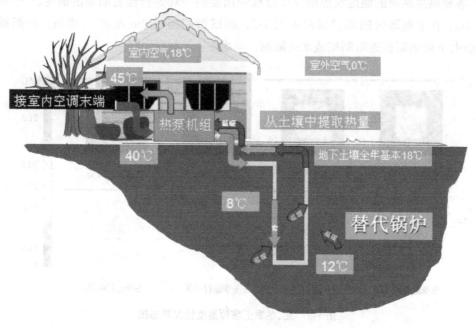

图 7-6　冬季的土壤源热泵运行情况

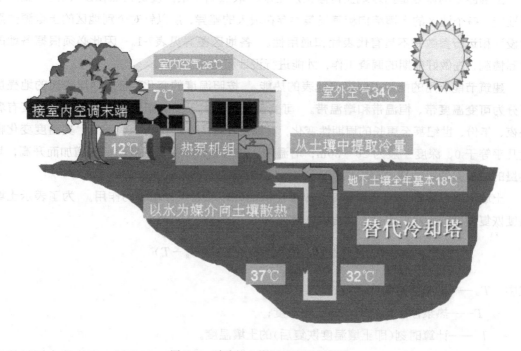

图 7-7　夏季的土壤源热泵运行情况

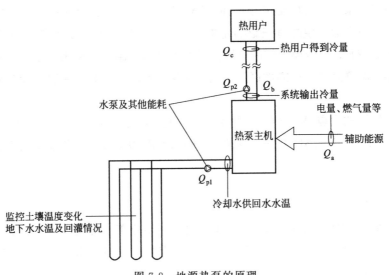

图 7-8　地源热泵的原理

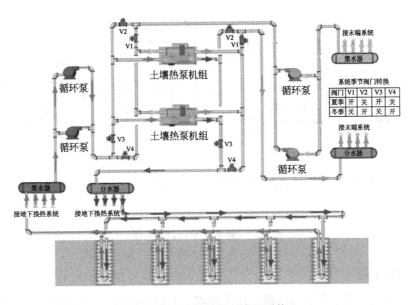

图 7-9　土壤源热泵的实际系统

三、水源热泵系统

　　水源热泵也是地源热泵的重要组成部分之一。　水源热泵系统的原理与土壤源热泵的原理基本相同,目前学术界把它归类为地源热泵的一部分。

　　水源热泵利用地球表面浅层水吸收太阳能和地热能而形成低品位热能。　根据水的来源不同,又可以进一步分为地热水水源热泵、地下水(深井水)水源热泵、海水水源热泵、地表水水源热泵和河川水水源热泵等。　海水水源热泵在我国的应用和研究还不是很多,在中东部沿海部分地区正在逐步应用和推广。　由于房地产等行业的发展,以及地表水、河川水水源热泵的利用,在取水结构和处理等方面,得到较广泛的应用。　尤其是江苏等沿海省份,发展较快，取得了一部分科研应用成果。但是地表水、河川水、海水等经升温或降温后再排回水源当中去，对自然界生态有无影响还需要进一步观察。地热水水源热泵和地下水水源热泵，研究历史较长，也取得一定的进展，但由于这种水源来源有限，发展主要集中在南方一些水源丰富、温泉分布较广的地区，中国科学院广州能源研究所在这方面的研究取得了一些突破。

以水作为热源的优点是，水的比热容大［一般情况下，空气为 1.005kJ/(kg·K)，水为 4.1868kJ/(kg·K)］、传热性能好，传递一定能量所需的水量比空气能小得多，换热器体积比较小。

1. 地热水水源热泵

我国的中低温地热资源几乎遍及全国各地，主要分布在福建、广东、湖南、山东、辽宁、浙江、河北、陕西等省份，目前已发现全国共有地热温泉近 10000 个，地热直接利用总量为 200MW 以上。

地热水水源热泵系统如图 7-10 所示。

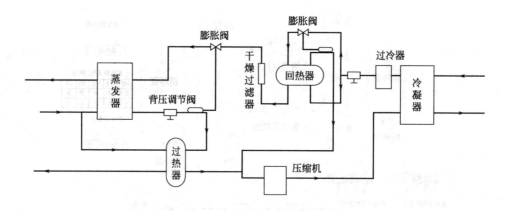

图 7-10　地热水水源热泵系统

2. 地下水水源热泵

埋藏于地表之下的地下水按埋藏条件不同可分为包气带水（包括土壤水和上层滞水）、潜水和承压水。埋藏深度不同的地下水具有不同的温度变化规律。深 3～5m 的地下水温度一整天都在变化；深 5～50m 的地下水温随季节不同而变化；50m 以下的深井地下水水温很少受季节变化影响，常年水温约比当地年平均气温高 1～2℃。

同空气、土壤和浅表水体等其他热源相比，地下水资源丰富，很少受气候变化影响，因此冬季使用不会像空气能热泵那样易结霜或像地表水那样易结冰，既适用于中小型建筑又可用于大型建筑，是一种最适合热泵使用的热源。目前国外大型建筑所用的热泵绝大部分是采用地下水和地表水作热源，而使用地表水作热泵的热源，冬季仍需考虑辅助加热。

常规地下水水源热泵系统使用的多为深 50m 以内的浅井，并可分为井-沟渠型和井-井型两种类型。

① 井-沟渠型有一口（组）抽水井，从井中抽出的地下水流经蒸发器（或冷凝器）放出（或

吸收)热量后直接排入沟渠或另作他用，不再送回地下。

② 井-井型包括一口(组)抽水井和一口(组)回灌井，从抽水井抽出的地下水使用后经回灌井送回地下，通常将抽水井置于回灌井下游并保持一定距离。 图 7-11 和图 7-12(a)为常见的井-井型地下水水源热泵系统示意图和系统图。

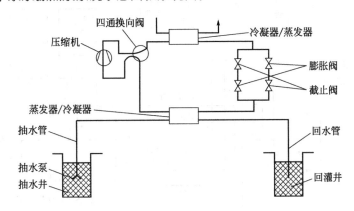

图 7-11　地下水水源热泵系统原理

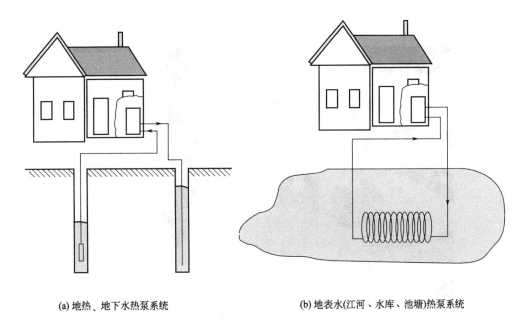

(a)地热、地下水热泵系统　　　(b)地表水(江河、水库、池塘)热泵系统

图 7-12　地下水、地表水热泵系统

3. 地表水水源热泵

地表水热泵系统使用建筑物附近的湖泊、水流或渠道中的地表水，将地表水吸出并使之通过水源热泵空调机中的换热器，然后再将升高或降低数摄氏度温度的地表水排入水源中。地表水热泵空调系统受地区的限制较大。 冬季地表水的平均温度会显著下降，必将影响系统供冷和供热的性能。 故应用地表水的热泵空调系统，取决于地表水(如水池或湖泊)的面积、深度、水质和水温。 但是由于地表水的覆盖面广，获得相对容易，所以其使用量近年来迅速增长。

地表水的示意图见图 7-12(b)，原理图参考图 7-13，布管图见图 7-14。

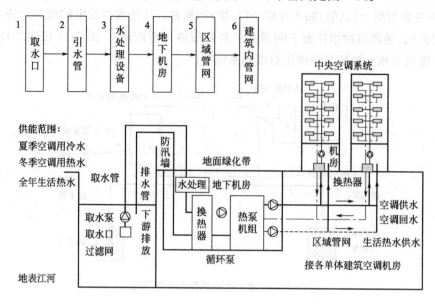

图 7-13　地表水水源热泵原理

图 7-14　水源热泵现场布管实物

地表水设计水流量公式为：

$$G = 0.86Q/\Delta t$$

式中　G——每小时水流量，m^3/h；

　　　Q——换热时的热释放量，kW；

　　　Δt——设计温差，夏天不小于 $5℃$，冬天不小于 $3℃$。

4. 海水、污水水源热泵的处理

海水、污水水源热泵的处理特点是如何进行防腐蚀和换热器过滤问题。

（1）污水换热器

① 应采用非金属换热器。

② 换热器设计应尽量简单、便于清理。

③ 连接塑料管道要采用热熔工艺。

（2）海水热泵的特点

① 换热公式同上面的水流量公式，但设计温差 Δt 夏天不小于 $6℃$，冬天不小于 $4℃$。

② 换热器宜采用板式，材料为钛合金或海军铜，应为可拆卸型。

③ 所连接的水泵、水管等均要有抗海水腐蚀的能力。

对所有的水源热泵都要做到：

① 有效的取水防护，防止动物、船只、水面作业、水中生物对设备取水的干扰。

② 取水口高度，一定要设置在水位涨落的最低点以下 $1\sim2m$ 处。

四、地源热泵的设计概要

地源热泵系统设计步骤如下。

（1）土壤源地下耦合热泵系统

① 确定地下地质性质（钻试验孔洞，图 7-3）。

② 确定管道管径、尺寸、孔洞分析、回填。

③ 计算所需孔洞间距及布置孔洞，见图 7-15。

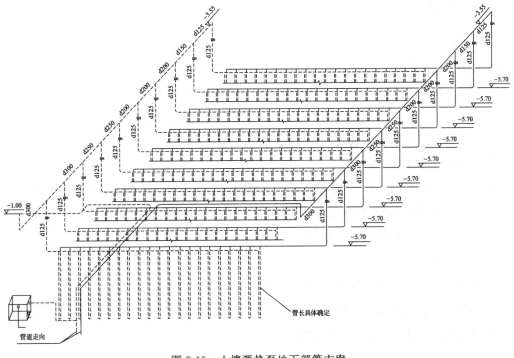

图 7-15　土壤源热泵地下部管方案

④ 设计外部集热管分布。

⑤ 系统的阻力计算及泵选择。

⑥ 设计清洁系统。

(2)地表水热泵系统

① 测定出湖、河或贮水池的流量、深度和温度(高／低)。

② 确定水下盘管类型及尺寸。

③ 计算所需盘管长度及布置盘管组。

④ 设计外部集热管。

⑤ 系统的阻力计算及泵选择。

⑥ 设计清洁系统。

(3)地下水热泵系统

① 决定地下水利用的价值和质量。

② 确定所需井流量。

③ 确定水井布置的方法。

④ 确定地下水对环路水的热交换器。

⑤ 确定回水的排走方式及注入井的布置。

五、地源热泵的管理

由于地源热泵较空气能热泵复杂，所以对于较大规模的地源热泵系统，要进行专业的管理，才能有效地发挥作用。

1. 一般的管理步骤

(1)应制订有效的管理规范，进行日常运行操作和管理。

(2)做好记录，根据系统的使用情况不断调整、优化运行模式。

(3)超过一定规模的地源热泵工程，一般 $10000m^2$ 以上，最好建立计算机集中监控系统。根据目前技术的发展，通过网络远程监控已经成为可能。

系统的监控内容如下：

① 热泵主机的状态参数。冷凝器、蒸发器的进出水温度，热泵主机的启停状态、故障报警、防冻保护和高低压报警状态。

② 系统水泵的启停状态、水泵的报警状态。

③ 状态参数的记录和存储。

④ 低温保护，地下水管系统阻力超限报警、循环液泄漏报警。

⑤ 热泵主机、水泵等辅助部件的控制。

⑥ 热交换管道的节能运行管理控制。

⑦ 整个系统的综合节能控制。

2. 土壤源热泵系统的监测和运行管理

① 最好从夏天开始运行。

② 通过岩土观测井，及时记录土壤温度，分析其变化的情况，掌握其变化的规律。

③ 在各分支路上设立温度传感器，在各个回水支路上设立回水压力传感器。

④ 地埋热管应能分组控制，每组应能独立控制通断，并具有互相替换的功能。

⑤ 根据土壤热平衡模拟计算的结果与实际监测的结果进行具体分析，制订全年预案，合理地进行热平衡控制，提高系统的运行效率。

3. 地表水、海水系统的监测和运行管理

① 监测进水、排水温度和热泵进出口温度。

② 对静止水体，应检测取水口上方 2～3m 处的水温；对流动水体，应检测排水口下游 30m 处的水温。

③ 监测地表水过滤设备、消毒设备出水口的压力。 当进出口水压差超限时应报警。

④ 进水温度低于机组设定下限时，应停机保护，启动辅助加热装置。

⑤ 水体出现热污染时，应停机。 对静止水体，应设置最高温度。 当水温超过允许值时，应停机检查。 对流动水体，当下游 30m 处取水温度超过取水口温度 1℃时，应停机。

4. 污水系统的监测和管理

① 监测进水、排水温度和热泵进出口温度。

② 监测水过滤净化设备进出口压力，当进出口压差超限时，应报警。

③ 设置排水最低温度，当水的温度超过允许值时，应停机。

5. 地源热泵机组及技术规范

目前，很多工厂生产小型的地源热泵，取得不错的效果。

较大的地源热泵比较复杂，需要专业的书籍介绍。 图 7-16 和图 7-17 为较大型的地源热泵实物图，供参考。

图 7-16 大型地源热泵系统 1

图 7-17 大型地源热泵系统 2

第二节
太阳能热泵技术

能量全部或部分取自太阳能,利用热泵原理制热的技术称为太阳能热泵技术。

太阳能热泵一般是指直接利用太阳能作为蒸发器热源的热泵系统,区别于以太阳能光电或光热发电驱动的热泵机组。它把热泵技术和太阳能热利用技术有机地结合起来,可同时提高太阳能集热器效率和热泵系统性能。太阳能集热器吸收的热量作为热泵的低温热源,在阴雨天,太阳能热泵转变为空气源热泵,作为加热系统的辅助热源。因此,它可全天候工作,提供热水或能量。

一、太阳能热利用的意义

地球每年接受的太阳能能量为 1×10^{18} MJ,是世界年耗能的 10^4 倍,地球被照射 5min 所接收到的能量,就等于地球目前一年消耗的总能量。太阳能是取之不尽、用之不竭的能源,大概尚有 3 亿年的生命周期。

我国地处温带与亚热带地区,太阳能资源丰富,全国 2/3 的国土面积年日照小时数在 2200h 以上,年太阳辐射总量大于每平方米 5000MJ(相当于加热 30~40t 的热水),属于太阳能利用条件较好的地区。西藏、青海、新疆、甘肃、内蒙古、山西、陕西、河北、山东、辽宁、吉林、云南、广东、福建、海南等地区的太阳辐射能量较大,完全可以利用太阳能提供 80%~90%以上的热水供应,满足一般用户需求。在西藏、云南等高原地区日照强度已经超过 6000MJ;广东、广西、海南虽然日照强度在 5000MJ 左右,但环境温度高,利于太阳能能量的保存。这些地区太阳能利用条件优于全国其他地区,为太阳能的利用创造了良好的条件。应该指出的是,在四川、贵州等日照时间较短的地区,目前也有相当多的居民安装了太阳能热水器,而且效果比较满意。这说明太阳能热水器吸收的并不只是可见光,即使某些地区太阳较长时间被云层遮挡,但不可见光仍然可以透过云层到达地面,被太阳能热水器吸收。

目前我国太阳能的热利用主要集中在被动式太阳房采暖和热水器提供家用热水,而主动式太阳能供热系统的开发和利用相对落后。采用节能装置——热泵与太阳能集热设备、蓄热机构相连接的系统方式,不仅能够有效地克服太阳能本身所具有的稀薄性和间歇性的缺点,而且可以达到节约高位能和减少环境污染的目的,具有很大的开发、应用潜力。随着人们生活品质要求的不断提高,具有间断性特点的太阳能难以满足全天候供热的要求。要解决这一问题,热泵技术与太阳能利用相结合无疑是一种很好的选择。

二、太阳能与空气能的结合

目前太阳能在国内已大面积普及,但为了弥补太阳能在阴天和夜晚不能提供热量的缺点，70％以上的太阳能热水工程都选用空气能热水器作为辅助加热装置。由于太阳能的热利用年平均节能效率可达 80％，所以太阳能＋空气能的年平均节能效率可到 94％以上。在家用方面，已经有相当数量的太阳能热水器用户加装了空气能热水器，以便阴雨天可以正常供应热水。从发展的眼光看，太阳能热水器与空气能热水器相结合，将成为今后提供人类生活热水的主要方式。

太阳能热泵的主要形式就是以太阳能作为吸热主体，通过热泵的方式制造热能，主要有两种形式。

1. 直膨式太阳能热泵系统

在直膨式系统中，太阳能集热器与热泵蒸发器合二为一，即制冷工质直接在太阳集热器中吸收太阳辐射能而得到蒸发，如图 7-18 所示。

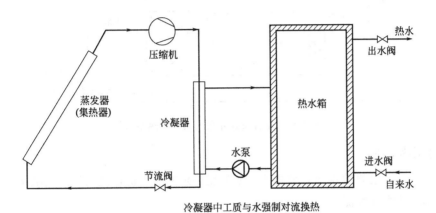

冷凝器中工质与水强制对流换热

图 7-18　直膨式太阳能热泵系统

2. 非直膨式太阳能热泵系统

太阳能集热器与热泵蒸发器分开，通过集热介质，水、空气、防冻溶液等在换热器中吸收太阳能，并在蒸发器中将热量传递给制冷剂，或者直接通过换热器将热量传递给需要预热的空气或水。

根据太阳能集热环路与热泵循环的连接形式，非直膨式系统又可进一步分为串联式、并联式和双热源式。串联式是指集热环路与热泵循环通过蒸发器加以串联、蒸发器的热源全部来自于太阳能集热环路吸收的热量，如图 7-19 所示；并联式是指太阳能集热环路与热泵循环彼此独立。前者一般用于预热后者的加热对象，或者后者作为前者的辅助。热源如图 7-20 所示，双热源式与串联式基本相同，只是蒸发器可同时利用包括太阳能在内的两种低温热源。

三、太阳能热泵的特点

太阳能热泵将太阳能利用技术与热泵技术有机地结合起来，具有以下几个方面的技术特点。

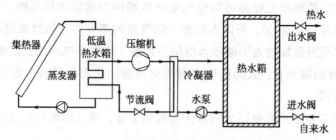

图 7-19　非直膨式串联式太阳能热泵系统

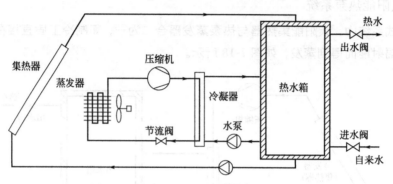

图 7-20　非直膨式并联式太阳能热泵系统

1. 较高的制热效率

同传统的太阳能直接供热系统相比，太阳能热泵的最大优点是可以采用结构简易的高效集热器，集热成本非常低。

在太阳辐射条件良好的情况下，太阳能热泵往往可以获得比空气源热泵更高的蒸发温度，因而具有更高的供热性能系数（COP 可达到 4 以上），而且供热性能受室外气温下降的影响较小。

2. 体积比太阳能热水器小

由于太阳能具有低密度、间歇性和不稳定性等缺点，常规的太阳能供热系统往往需要采用较大的集热和蓄热装置，并且配备相应的辅助热源，这不仅造成系统初期投资较高，而且较大面积的集热器也难以布置。

在相同热负荷条件下，太阳能热泵所需的集热器面积和蓄热器容积等都要比常规太阳能系统小得多，使得系统结构更紧凑、布置更灵活。

3. 适应范围更广

由于太阳能无处不在、取之不尽，因此太阳能热泵的应用范围非常广泛，不受当地水源条件和地质条件的限制，而且对自然生态环境几乎不造成影响。它有着普通风源热泵系统无法比拟的优势：阳光充沛时，它能够获得比风源热泵系统高的蒸发温度，从而获得更高的能效比；即使在夜间或者阴雨天，它同样可以从空气、雨水中捕获足够的热能。

在四川、贵州等多雨地区，阴天比较多，采用太阳能热泵更合适。

4. 较强的抗寒能力

在寒冷季节，太阳能集热板可以容纳比风源热泵的蒸发器翅片多数十倍的霜层，在太阳光照射下集热板的霜层会自行脱落。除霜的潜热无需机组付出，所以效率更高。

5. 过热现象是制热系统设计考虑的重点

集热板的面积难以匹配，是太阳能热泵的一大难点。较大的集热面积，会提高系统的制热效率，但是在阳光充沛的时候，表面温度可能高达100℃，蒸发器温度远高于冷凝器温度，这将造成回气压力和温度过高，使得机组无法稳定工作。因此必须考虑合理的面积配比，使它能够满足不同季节的要求。

按照传热的原理，高温物体的热量传递至低温应该是可以自动进行的，但是按太阳能热泵循环的方式却只能够开动压缩机，驱动工质不断重复以完成循环。这不仅浪费了宝贵的能源，还使得压缩机的吸气温度过高，压缩机高压过热，增加了装置的故障率。

对于以上现象，可以采用对进入压缩机的工质散热降温的方法，并且已经证明是十分有效的。

四、比较理想的太阳能热泵

目前，非直膨式太阳能热泵应用比较广泛，效率较高；而结构紧凑的直膨式太阳能热泵，自从我国1999年引进澳大利亚生产技术以来，并没有得到推广。为此，一些工程师也纷纷提出设想，比较典型的可归类为以下两种。

1. 动力热管模式

如图7-21所示，在太阳辐射良好时，系统进入太阳能热水工况，压缩机停止运行，旁通阀1和旁通阀2打开，蒸发集热板收集太阳能的热量，制冷剂在其中蒸发为气态，通过旁通阀1进入设置在保温水箱内的冷凝器。当热气态工质冷凝为液态后，在重力和气化压力作用下通过旁通阀2回到蒸发集热板再次吸收热量。如此循环，加热水箱内的水。当太阳辐射状态不佳时，压缩机启动，旁通阀1和2都关闭，系统进入热泵工况，此时系统与普通热泵系统循环类似，制冷剂在蒸发，集热板吸收外界热量汽化，经压缩机加压加温后进入冷凝器散热冷凝为液态，传热给水箱里的水，再经过节流装置降压降温后返回蒸发集热板吸热，此时空气和雨水都可以作为热源。

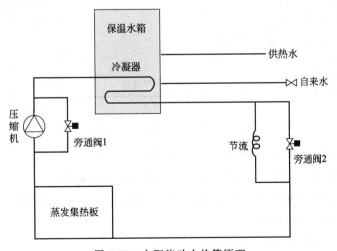

图7-21　太阳能动力热管原理

太阳能动力热管，兼有太阳能和热泵热水器的优点，把这两个节能的利器合二为一，避免了太阳能热泵在阳光充沛时依然需要启动压缩机制热的弊病；同时避免了回气温度过高的不利现象，具有太阳能热泵冬季工作的所有优点，风、光、雨、雪都可以成为热源。

太阳能热水器和空气能热泵热水器有一个共同的不足：它们在冬季的气候下都没有充足的制热能力，难以保障用户的热水需要。而太阳能动力热管在越冬方面的性能较好，比太阳能＋热泵组合有更强的冬季制热能力，成本也低于两者的组合。理论上，该循环的制热效率高于传统的热泵系统。

太阳能动力热管的特点如下。

① 因为在阳光充沛时无需启动压缩机，所以系统有较高能效比。实验结果表明：在夏日晴天环境下，其 COP 可高达 100 以上（水泵和电磁阀消耗少量电能）；在冬季，抗霜能力强，热水制备不受气候和时间的限制。

② 有更强的抗霜冻能力，适应于更低温度的地区，除霜时霜层可以以固态形式脱离太阳能蒸发集热板，利用太阳能自然除霜的机会较多。

③ 由于系统的热源多样化，集热板的安装更加自由，可以水平或垂直放置，易与建筑结合，作为墙板、阳台挡板或顶棚。

④ 与太阳能真空管相比，抗物理打击能力强、抗气候剧变能力强、抗温度疲劳能力强、系统更加可靠。

⑤ 相对于太阳能或热泵热水装置，系统的造价提高幅度不大，但节能效果更为显著。

2. 小体积模式

如图 7-22。太阳能热水器最大的缺点是体积较大，外形与建筑物外观不和谐。该模式就是针对它的这两个缺点进行改进的。

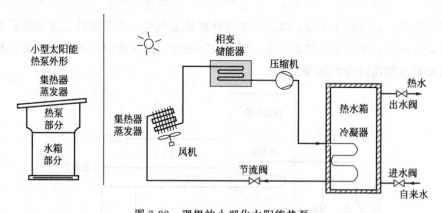

图 7-22　理想的小型化太阳能热泵

① 当太阳能光照正常时，风机不动，热泵正常运行制热。

② 当太阳能光照较弱时，启动风机，加大吸热量，热泵运行。

③ 当太阳能过于强烈时（由于体积缩小，这种现象较少），启动风机对蒸发器进行散热降温到合适的温度范围，热泵运行。

④ 热泵一切的保护功能不变。

由于热泵提高了集热器的效率，集热器体积可以做得更小；由于加装了风机，集热方式可以更灵活。集热时间可以全天进行，同时可以防止过热现象的发生。如果再加装一定的储热材料，体积可以做得更小，白天的热量可以存储得更多，系统更安全。

太阳能热泵技术是太阳能热利用技术和热泵技术的有机结合，具有集热效率高、供热性能系数高、形式多样、布置灵活、一机多用、应用范围广等优点，能较好地解决"太阳能与建筑一体化"和"全天候"的问题，尤其对于高层建筑采用太阳能供热水、楼顶层面积不够的情况，可以有效地增加太阳能热水器的吸热量，提高热水的供应量。太阳能热泵技术将在太阳能利用中占有重要地位，具有广阔的发展前景。

第三节
低温环境下的空气能热泵应用

空气能在 2014 年以前主要用于南方地区，因为在低温的北方，空气能碰到了效率低和结霜的难题，所以基本上没有在北方推广。但理论上空气能热泵在 −20℃ 以上的环境下还是能够工作的，最典型的例子就是冰库，在 35℃ 的夏天，可以做到 −20℃ 冰库；那么反过来，−20℃ 的温度环境，也可以产生 35～45℃ 的热水。由于近年来北方大面积的雾霾，传统的烧煤取暖显然行不通，人们选择了电热、燃气、空气能热泵、地源热泵来解决取暖问题。虽然空气能热泵在寒冷的气候下表现不佳，但 2.5 左右的能效比，在成本方面还是优于其他几种方式的。所以空气能热泵已经成为北方取代烧煤取暖的最好选择。

如何解决寒冷天气的制热问题，目前已经采用并且取得一定成效的办法是：①加宽翅片间距；②增大风扇风量；③工质加热；④电加热替代；⑤喷气增焓；⑥两级压缩。

一、影响空气能热泵在低温环境下应用的几个因素

1. 结霜

（1）结霜的起因

当一定温度、一定湿度的空气，碰到温度较低的热泵蒸发器表面，如果此时空气湿度已经超过它的结露点，将出现水珠，也就是我们所说的结露现象。当这种结露碰到温度低于 0℃ 的蒸发器片表面时，它就要结冰。起先冰层很薄，我们称为霜。这些冰聚集到一定程度，就形成了霜块。冰的热导率只有 2.22W/(m·K)，但霜是冰的松软组织，它的热导率只有冰的 1/10。当这些霜块覆盖了翅片后，就形成一个"隔热层"，阻碍了蒸发器吸收外界的热量，使得热泵的效率下降，甚至不能工作。

空气能热泵一般工作在温度低于 20℃ 环境中就有结霜的可能性了，但公认的是 14℃ 以下空气能的工作效率就要下降，结霜的可能性大大增加。试验表明，在干球温度 −5～5℃ 范围，相对湿度在 85% 以上时，结霜现象最为严重。

结霜主要与蒸发器翅片的结构、状态有关，比如翅片间距过小，表面积了灰尘，风机不转或风力不大等，一般在翅片表面温度降到 0℃ 以下就可能结霜了。比如，在气候温度为

14℃时，空气能热水器要吸收空气热量，它的吸热体——蒸发器的温度要比通过它的空气少10～15℃，这时蒸发器翅片的表面温度就可能低于0℃，就存在结霜的可能性。

（2）结霜分界线

我国幅员辽阔，冬季许多地区气温较低，有采暖需求，如本书附录二表3所示是我国部分主要城市冬季空调室外设计参数。风冷热泵空调作为一种供热方式已经得到广泛的应用，热泵热水器的工作与热泵空调理论上一致，但是热泵热水器的出水温度高于空调，循环工作条件更差。

从附录二表3中可明显地看出，从北到南，冬季空调设计的环境气温相差较大，各地区的设计空气温度都处在−25～7℃的范围内。参考相应大气压力下的空气焓湿图，与各地冬季设计相对应的湿度进行对比，可以判断地热泵在运行时是否处于结霜工况。根据对比，以热泵出水温度为45℃，机组运行时的结霜区域和干冷却工况区域作为分界线。

这条分界线大致沿着拉萨—兰州—太原—石家庄—济南。此线以北区域风冷热泵运行时，发生结霜的可能性很小，而在此线以南的区域，机组在最低温度条件下的运行都会出现不同程度的结霜（最低温度高于15℃的地区除外）。当出水温度大于45℃时，相同气温下的起始结霜温度更高，分界线还应该向南移动；当出水温度小于45℃时，分界线向北移动。可以理解为，热泵机组的出水温度提高后，蒸发器吸收热量的能力和速度降低，延缓了蒸发器的结霜倾向，而出水温度降低，热泵效率提高，则要求蒸发器吸收热量的能力加强，这种加强只能是降低蒸发器自身的温度，因此增大了蒸发器的结霜倾向。在实际的热泵应用中，热泵蒸发器的结霜过程，也更加容易在水温较低的时候出现。

从上述冬季结霜的分界线来看，该线以北由于温湿度较低，影响热泵冬季使用的主要问题不是机组结霜的问题，而是机组在低温下的性能系数急剧下降的问题，还有系统和运行保障问题。而在沿线以南，热泵则存在结霜问题，从表7-4可以推算出，当热泵出水温度为45℃，空气温度7℃时制热量的55%，到−25℃时的制热量降低至7℃时制热量的23%。在蒸发器冷却工况转为分界线以北的地区，尽管机组不会处在结霜工况，结霜的可能性较小，但是由于环境温度较低、机组的制热量较小、能效比低，对热泵的应用还是有很大的影响。

表7-4　某大型热泵在不同的气温下制热量和能效比

空气温度/℃	7	4	0	−5	−10	−15	−20	−25
制热量/kW	203.78	185.16	165.05	138.78	112.84	89.86	67.44	47.15
COP	3.11	2.98	2.85	2.68	2.52	2.38	2.24	2.13

根据我国的气候条件，长江流域、江西、贵阳和长沙等地，由于空气相对湿度较高，是比较容易结霜的地区；黄河流域及以北地区，冬季空气干燥，结霜速度较低，结霜的起始温度也较低，而两广、云南和福建等地，为结霜轻微和短暂的地区。设计、安装和购买热泵热水器时，应该根据当地的环境和使用条件进行选择。

（3）机组工作状态造成结霜

在空气温度较高时，由于机组工作状态不同，会造成局部结霜；当机组进水温度较低时，冷凝器工作效率提高，对热量要求增加，加上蒸发器负荷增加，要吸进更多的热量，必然要降低蒸发器的表面温度，就可能出现低温结霜的现象。同理，在机组工质不足的情况下，蒸发器吸热面积减少，必然也要降低温度来保证热量的吸收，也会造成结霜的现象。

通过查阅热泵冬季结霜机理的相关论文可以得出结论，空气源热泵热水器的冬季结霜速度和结霜起始温度，受空气流过蒸发器翅片的速度和当地环境温度和湿度的影响最为严重，翅片管的层数也会产生一定的影响。

2. 低温影响压缩机工作

在低温情况下，压缩机的润滑情况变差，使得压缩机启动困难，电动机负荷加大，烧毁压缩机，所以在北方 0℃ 以下使用的热泵，还要增加压缩机启动前加热过程。

3. 冻裂

在北方冬天的室外，0℃ 以下是经常的事，空气能热泵外机必须放在室外才能工作，如果冷凝器中的水没有排光，包括循环水管、水泵、传感器等部件，都存在冷凝器结冰冻裂的问题。

二、保证空气能热泵低温下正常工作的措施

严寒季节，在冷凝温度一定，而蒸发器在较低温度下运行时，普通压缩机会出现以下问题。

① 压缩机吸入气体的密度减小，回气压力和蒸发温度降低，冷媒的循环量减少，整体制热能力下降。

② 冷热端温差增大，压缩机的压比增大，系统的容积效率下降，压缩机输气量减少，能效比出现显著下降。 在南方 20℃ 气温下，热泵的能效比一般在 3.4 以上，但在低温下，能效比将降到 2.0 左右。

③ 排气温度快速升高，工质过热度过高，在工质过热的情况下，冷凝器内工质的热导率急剧降低，同时润滑油温度升高、黏度下降，影响压缩机正常润滑。 当排气温度与润滑油闪点接近时，还会使润滑油和制冷剂炭化，发生不可逆转的化学变化，这些都使系统低效而且不可靠。

对于热泵系统在低温下可能出现的上述问题，一般采用以下方式解决。

1. 回气加热

回气加热就是通过将进入压缩机之前的工质进行加热，提高进气温度，来改善压缩机的工作环境，提高压缩机的效率，基本原理如图 7-23 所示。

回热器加热可以利用冷凝器工质的余热来加热，也可以用电加热的方式加热，余热加热可以使得热泵的进气温度提高，能量运用更合理，使得进入减压阀的工质温度更低，有利于降低蒸发器的温度，利于向外界吸收热量；用电加热虽然损失了部分电能，但控制可以更灵活一些，通过调节热量让机器达到理想的工作效果。 这种方式适用于较低温度情况下的热泵工作，温度较高时会造成进气温度升高，压缩机压力增大，增加了压缩机的负担，产生过热现象，所以在制热温度较高的情况下应该慎重使用。

2. 喷气增焓

如图 7-24 所示，喷气增焓就是利用压缩机压缩后的高温工质分流一部分与后续的低温

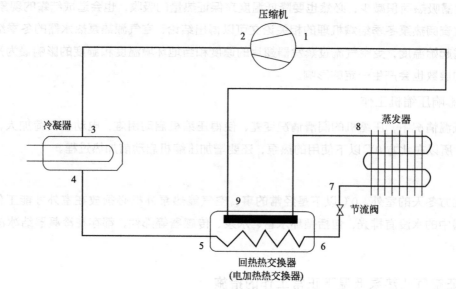

图 7-23　回气加热原理

（1~9 为过程顺序标号）

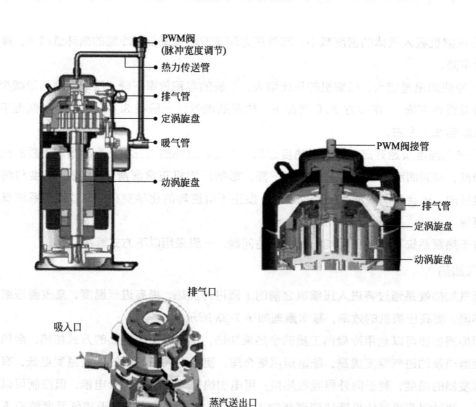

图 7-24　喷气增焓压缩机的基本结构

工质汇合后再回到压缩机，这时进入压缩机腔的温度比较高，压缩机的工作就比较流畅，出气温度也得到提升，改善了压缩机在低温环境下工作的不利局面。喷气增焓的压缩机，一般都选用国外的产品，比普通的压缩机成本增加20%，但简化了热泵主机的管道连接、提高了可靠性，在国外已经大量应用。

采用中间补气的涡旋压缩机，是在压缩机的压缩中间腔内补充中压气体，从而达到增加压缩机排气量、降低排气温度、提升机组在低温环境下制热能力的目的，同时，补气通道的开启和关闭也可以作为一种容量卸载调节的辅助手段，使热泵热水器在低环境温度下也能够提供较大的制热能力。

图7-25和图7-26是喷气增焓原理图和lg$p$-H关系图，采用中间补气的热泵循环中，在蒸发器和冷凝器之外，增加了一个热交换器和一个前置的节流阀，制冷剂由压缩机压缩后至排气口（状态1）进入冷凝器等压放热，从冷凝器出来的制冷剂（状态2）分成两部分，一部分为中间补气工质，另一部分为主流工质，补气工质经过节流阀1，绝热膨胀并降温至状态3，然后进入热交换器，与仍然处于状态2的主流工质进行换热，通过换热，主流工质的过冷度提高，由状态2转化为状态5，过冷度得到提高，有利于制冷能力的提高（即取热能力提高），状态5的主流制冷剂再经过节流阀2，进入蒸发器等压膨胀吸热，再由压缩机吸入增压；补气工质等压吸热，转化为状态4后，进入压缩机的中间喷气点，重新加入被压缩的工质中，使压缩机的输气量增加，排气温度降低。

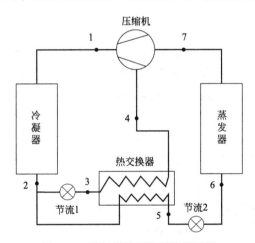

图7-25　喷气增焓压缩系统原理图

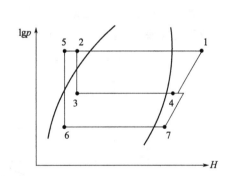

图7-26　喷气增焓压缩循环lg$p$-H关系图

冷凝器出来的工质还带有部分能量，一部分经节流（状态3）进入热交换器，一部分直接进入热交换器，这样热交换器就把这部分能量交换到补气的这一端，加上原来节流时，能量基本没有损失，也就是两部分能量加在一起经4补入压缩机。另一路的冷凝气流过热交换器时又降低了温度，经节流2后蒸发的温度就更低了，有利于蒸发器吸收外部热量，然后经7进入压缩机压缩制热。这时从4和7进入压缩机的温度都比不增焓的热泵系统低，工质的含量也高，防止了压缩机温度过高损坏压缩机。可以看到，喷气增焓巧妙地应用了热泵的原理，达到了更好的效果，由于降低了蒸发温度，使得蒸发器可以在更低的空气温度下吸收热量，一般可以在－20℃以上温度可靠地工作，并且COP功效也有一定的提高，可以作为目前北方利用空气能机型供暖的热泵形式之一。

现就某厂家带有补气功能的IOHP压缩机与普通压缩机的性能进行比较。

（1）制冷（制热）能力的改善

从图 7-27 中可以看出，在 -10℃ 蒸发温度时，同样功率的压缩机制冷量有明显的差别，制冷量加机组的输入功，即为制热量。在 -20℃ 时，制冷量有 13kW，加上本身 7.5kW 的输入功，大概有 20kW，那么效率 COP＝(13＋7.5)/7.5＝2.73，但是还有机组本身的热损失问题，所以效率应该在 2～2.7 之间。

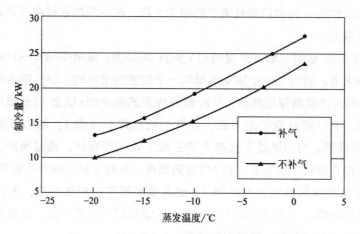

图 7-27　增焓补气与一般机的制冷能力对比

（2）制冷能效比的改善

在图 7-28 中看到采用增焓与不增焓的压缩机（或补气与不补气），在能效比（该图表现的是制冷能效比）方面的对比是接近平行的两条曲线，但是由于低温时能效比的绝对值较低，改善的效果更显著。这里可以估计出，加上输入功，能效比大概在 2 以上。

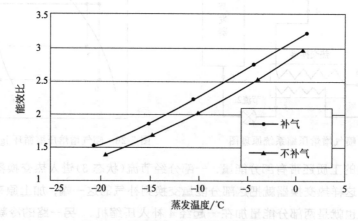

图 7-28　增焓补气与一般机的能效对比

（3）排气温度的改善情况

降低排气温度，对压缩机的安全运行至关重要，从图 7-29 中看出，中间补气的压缩机在排气温度方面有重要的改善，在蒸发温度为 -20℃ 时，排气温度降低 12℃ 左右，这个温度区间恰好是润滑油和制冷剂可能发生破坏的临界点，不补气的压缩机可能因为高出的这十几度而损坏。温度高对应的工质压力就大，在高温、高压的情况下，机器部件损毁的概率就加大，机器的负荷也会加大，所以这项措施对保护机器、延长热泵使用寿命是十分有效的。

据厂家介绍的有关实验资料，系统的制热量随着相对补气量的增长几乎呈线性增长的趋

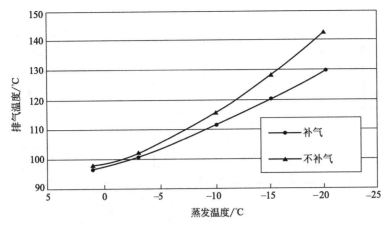

图 7-29　增焓补气与一般机的排气温度对比

势。　在其他条件不变时，相对补气压力变大就意味着补气量的增加。　增大补气量不仅使冷凝器中制冷剂流量增加，而且也使压缩机的功率消耗增加，这两者均能增大系统的热负荷，结果造成机组的制热量也增加；压缩机排气温度随相对补气压力升高而明显降低，因此，增大补气量能够改善压缩过程且有助于降低排气温度，对压缩机运行的可靠性有很大的提高。对于 R22 来讲，其临界温度仅为 97℃，高于这个温度后，将会出现工质及润滑油炭化，压缩电动机烧毁等故障。

喷气增焓目前是提高压缩机功效，解决低温供热的有效手段之一。　但是由于依靠自身的热量来工作，其可控制性就不如回气加热来的自如。

3. 采用二级压缩的热泵系统

在环境温度降低时，热泵系统的蒸发温度更低，空气换热器的设计换热温差是 10～15℃，当环境温度低于−10℃时，热泵的蒸发温度将低于−20℃，而且热泵热水器的制热温度一般高于空调采暖，使冷热端温度差更大，系统的压力比增大、排气温度升高、节流损失加大，润滑恶化，机组的正常工作很难保障。

① 压缩机的排气压力、温度也将上升。

② 压缩机高低压力比增大，压缩机的吸气压力下降，容积效率下降，实际的输气量减少，制冷(制热)量出现下降。

③ 节流损失增大，同时进入蒸发器的制冷剂干度加大，工质的含量减少，也导致其在蒸发器中的吸热能力降低。

在极低温度下工作的热泵，压缩机的工作强度增加，超出单台压缩机的工作承受范围，不可避免地会出现上述问题，所以当需要热泵在−20℃以下的环境温度工作时，应该考虑采用二级压缩机的热泵循环，用两台压缩机来完成制热任务，比较轻松。

(1)典型的二级压缩

图 7-30 就是一种比较典型的二级压缩机制热的示意。

图 7-30 中从蒸发器出口的工质(状态 10)经加热处理(状态 1)(这部分可省略)被吸入低压压缩机，经过压缩后压力和温度升高(状态 2)，和来自(状态 6)中间换热器的低温饱和蒸气混合，通过(状态 3)吸入高压压缩机提高压力和温度(状态 4)，在冷凝器中向外界放热冷凝

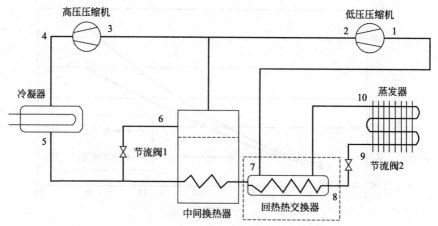

图 7-30　典型的二级压缩机制热循环

(1～10 为循环多状态编号)

（状态 5）。 在此分为两路，一路经过节流阀 1 降压后（状态 6）进入中间换热器被高压压缩机再吸入，另一路则进入中间换热器，等压降焓（状态 7）经过回热交换器（可省略）（状态 8），经节流阀降压（状态 9）再进入蒸发器吸热，回到状态 10。

　　二级压缩热泵循环可以降低排气压力，同时两个压缩机分担了压缩比，降低了节流损失，改善了进入蒸发器的工质干度过大的问题，有利于大温差下的热泵工作效果。

　　它的压力-焓状态如图 7-31 所示。

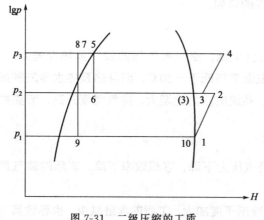

图 7-31　二级压缩的工质
$\lg p$-H（压力-焓）状态图

工质的状态详细说明：

　　1→2　吸收了外界热量的汽化的工质被压缩后压力增大到 2；

　　2→3　工质通过管道来到第二个压缩机入口，能量有所损失（焓值下降），但仍处于汽化状态，并与 6 状态来的工质汇合；

　　3→4　工质经第二台压缩机压缩，压力进一步提高；

　　4→5　工质在冷凝器中，将能量传递出去，工质压力不变，状态经过过热气→气液混合→液体的变化；

　　5→7→8　大部分工质经中间换热器和回热热交换器将热（能）量进一步传给了被加热端的工质，自身的能量进一步降低，此时处于液化状态；

　　5→6　还有一部分工质经减压阀减压，并在中间换热器中吸热，重新变成一定压力的工质气体回到第二台压缩机进口，这个过程主要是为了适当提高第二台压缩机进口气体的温度，利于第二台压缩机获得更高的压力和温度，提高焓的输出量；

　　7→8　通过热交换，可以进一步降低工质的温度，这样蒸发的起始温度会更低一些，蒸发器的表面温度就会更低一些，就更有利于吸收外部的热（能）量；

8→9　液体的工质经过减压阀减压，逐步变成了气液混合体来到蒸发器入口；

9→10　这些液体在蒸发器中迅速汽化，使得蒸发器的温度迅速下降，低温的蒸发器在风扇的帮助下，吸收流经它的空气的热量，工质的能量得到提高，达到状态 1 的能量。

热泵又进入下一轮的循环。图中虚线部分可以视具体情况加以省略。

采用二级压缩的热泵系统性能得到较大的改善，机器的寿命会更长，故障率会降低，但系统成本较高。所以该系统一般针对－10℃以下的外部环境进行设计。目前小的压缩机价格也不高，所以采用二级循环方案的热泵会逐渐增加。

（2）一次节流，完全中间冷却的二级压缩循环

图 7-32 为二次循环系统的原理图，具体过程与上面的例图大致相同就不一一解释了。图 7-33 为一次节流完全中间冷却的二次循环 $\lg p\text{-}H$ 图。

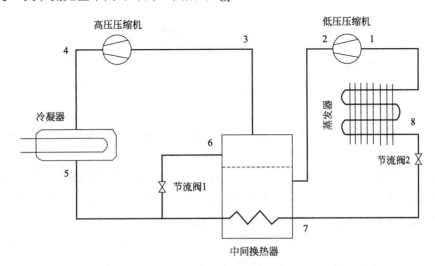

图 7-32　一次节流完全中间冷却的二级压缩循环

（1～8 为循环多状态编号）

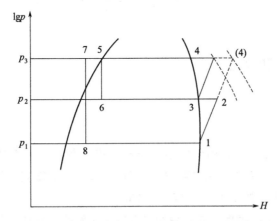

图 7-33　一次节流完全中间冷却的二次循环 $\lg p\text{-}H$ 图

（3）隔离换热的二级循环

这种循环比较简洁，原理上也比较清楚，但成本提高了。图 7-34 为隔离换热的二级循环图。

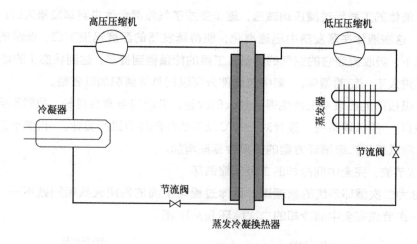

图 7-34　隔离换热的二级循环图

这种循环自由度比较大，可以制取 −30～−60℃ 的低温和在 −60℃ 以上的低温环境下制热。 它的工质是隔离的，这样也可以在两个不同的循环通道里采用两种适合不同工况的工质，达到最佳的工作效果。 比如在第一级采用制热效果较好的 R22 工质，到第二级采用 R134a 工质，压力比较低（见工质的温度、压力曲线图）。 这样在相同换热功率的情况下，可以降低第二级的压力，有利于保护机器，延长机器的寿命。

传统的热泵系统在冬季工作，面临压缩机的这些问题时，除了采取保障润滑油的循环、加强换热以降低系统工作温差、设置储液器防止液击等措施之外，是否有更好的方法改善循环本身，也是常规热泵热水器冬季工作的主要问题之一。

目前形成的一种共识是，在气温 −5℃ 以下，要采用喷气增焓方式或者补气增焓方式，在 −20℃ 以下的环境或者温升要求在 50℃ 以上的情况，应该考虑采用二级循环的方案。

目前，菲尼克斯和艾默生、谷轮合作开发的第二代高温增焓热泵，已经在欧洲应用多年，得到"技术成熟、安全可靠"的评价，因而在我国北方 −10℃ 以上的地区应用也是可行的，成本仅仅增加了 20%。

三、外部部件的选用和改进

1. 翅片的选用

(1)翅片霜的形成

热泵热水器在一定湿度的低温环境下工作时，将在蒸发器盘管翅片上出现结霜现象。霜的形成阻隔了翅片与空气的接触，霜是热的不良导体，霜的微观结构是蓬松的，热导率仅为 0.29W/(m·K)，仅为铝的 1/1000，铜的 1/1500。

热泵热水器蒸发器上的霜层，不但增加了空气向蒸发器翅片传热的热阻，还减少了空气流通通道的面积，使空气的流量减少，蒸发温度降低，在霜层厚度继续增加之后，空气的流通甚至完全停止，制热量下降直至停顿，最后不得不实行除霜，然后再继续制热，结霜现象是空气能热泵热水器在冬季正常运行的主要障碍之一。 图 7-35 就是空气能结霜的现场图。

目前的实验表明，霜层的形成和发展是一个十分复杂的热质传递过程，影响霜层形成的因素主要有空气流动速度、翅片的厚度和管排数、环境空气的湿度和温度及大气压力、蒸发器表面的污垢程度、蒸发器的翅片总面积和间距、蒸发器壁面温度、工质的充量不足等。结论是，蒸发器表面温度越低、风速越低、空气相对湿度越高、管排层数越多、蒸发器翅片面积越小，霜层的形成和发展越快。

即使在气候温和的春秋季节，温度在 10℃ 以上，如果风速过低，依然会出现结霜，在风机损坏而机组未能停机时，甚至在 20℃ 也同样会出现结霜现象。

(2)翅片的间距、形状和清洁度对结霜的影响

目前国内销售的空气源热泵热水器，蒸发器翅片的间距普遍不超过 2.0mm，小片距可仅为 1.4mm，多数蒸发器是直接选用空调的配件，其容霜能力普遍较低，例如，在片距为 1.6mm 的翅片发生结霜时，只要霜层的厚度超过 0.6mm，单边翅片的理论流通宽度就会降到 0.4mm，空气流量会降

图 7-35　结霜的空气能热泵照片

低，蒸发器的吸热能力下降，翅片表面温度进一步降低，使局部的霜层汇合形成霜桥，彻底阻断局部空气的流通，使结霜的速度加快，甚至形成整片的白色霜层。见图 7-35，这时蒸发器几乎停止工作。

提高蒸发器翅片容霜能力的最好方法，是适当增大翅片的片距，这一方法已经在冷冻工程中广泛运用，在采用冷风机作为蒸发器的冷库中，冷风机翅片起着和热泵蒸发器翅片完全相同的作用，都是从低温的环境中吸收热量，但是冷风机的翅片间距却经常在 6~8mm，甚至更大，在采用冷排管作为蒸发器的冷库中，霜层也经常超过 10mm，这是空气能热泵值得借鉴的。对于那些可能被销往较易结霜地区的热泵机组，应该配置更大翅片间距的蒸发器，如翅片间距提至 2.5~5mm，适当增加翅片管层数以保证足够的翅片面积，将会有效地改善热泵冬季的工作状态。

蒸发器表面的污垢会阻碍热量传入蒸发器，使得蒸发器的蒸发温度进一步降低，从而促进霜层的形成和发展；另外，蒸发器的布置方式也对结霜有一定程度的影响，在翅片的各个区域，风速是不同的，一些不合理的设计结构，风速差别很大，部分区域的风速不足1m/s，制造尺寸过高的顶出风热泵机组，往往就会出现这样的现象，在靠近风机的蒸发器上部区域，风速较高，而在远离风机的下部区域，风速又极低，霜层一般会在这些风速较低的位置产生并扩展，所以顶出风布局就不如侧出风好。

2. 风机的选用

空气流过蒸发器表面的速度是影响霜层形成的重要因素之一。空气源热泵的风机配置不能太小，否则会使结霜提前出现，霜层堆积速度加快，即使在气候温和的春秋季节，如果风速过低，在蒸发器的局部依然会出现结霜。对于冬季用于取暖的空气源热泵，空气通过蒸发器翅片时的速度一般建议在 2.5m／s 以上，最低不要低于 2m/s，这个速度是延缓结霜

的必要速度，实验表明，较高的风速可以将部分附着在蒸发器表面上的霜粒吹离。

根据相关的论文和实验，无限制的提高风速也是不合适的，当风速超过4m/s后，此时的噪声和风机功率都比较高。所以建议在4m/s以内。如果噪声较高，也可以用低噪声的装置来降低噪声。

另外，制冷剂充注量不足，也会造成蒸发温度和压力降低，使系统结霜的倾向增强，在珠三角地区，就有气温在10℃左右出现结霜现象的实例，部分原因就是由于制冷剂不足造成的。

3. 减压器选择

一般机械式减压器比较呆板，不太适应环境温度低、变化大的场合，而电子调压阀具有灵活应变的能力，所以在温度较低地区的空气能热泵建议采用电子调压阀；如采用机械式的热力膨胀阀，建议采用外力膨胀阀以适应环境温度变化大的情况。

四、工质的选择

对在寒冷气候下工作的热泵，选择适合的工质无疑是很重要的。工质的选择基于以下几点。

① 蒸发压力和冷凝压力适宜。

② 蒸发和冷凝的潜热大，比热容大。工质的载热量大，在相同的体积下，就可以传送更大的能量，这也是热泵压缩机所追求的。在蒸发和冷凝相变时，工质放出和吸收能量的能力强，也就是说它的载热量大。

③ 热导率大、黏度小、流动性好。不少液体在温度下降时，黏度增加，流动性变差，热量传递的速度变慢，压缩机就要出更大的力才能使其流动，效率就要下降。

④ 安全性好。

⑤ 环保。

⑥ 易购、价低、相应的配件齐全、技术成熟、故障率低。R22和R134a比较符合以上条件，R134a从性能上优于R22，但从目前情况来看，大部分企业还是采用R22，估计随着配件、价格和购买条件的改善，R134a等工质会逐步取代传统的R22。

五、除霜

(1)利用环境温度除霜

在室外温度高于0℃以上时，可以利用空气中的热量进行除霜，此时的空气源热泵热水器并不需要做系统结构上的任何改变，仅停止压缩机及冷凝器水泵(如果有的话)工作就行，只有风机继续工作，才能利用流动空气的热量将霜层融化。完成这个动作只需要在热泵控制器的控制程序中增加一条指令即可，简单可靠，目前南方大多数热泵均采用该方法。

(2)四通阀反向供热除霜

四通阀反冲除霜是目前应用较多的除霜方式，其原理是利用四通阀改变制冷剂的流动方向，从而将热泵系统的冷凝器和蒸发器作用对调，压缩机排出的高温高压制冷剂先进入蒸发器，此时的蒸发器作为冷凝器获得压缩机传出的热量，以融化翅片上的霜层；而冷凝器则起到蒸发器的作用，与压缩机一起向霜层提供热量。

四通阀除霜速度快，安全可靠，缺点是机组在除霜过程中不但不产生热量，反而要从热水侧吸收热量，造成水温的波动，此时四通阀作为一个精密的部件，也存在出现故障的可能性。图7-36、图7-37所示分别为热泵系统在正常制热工况和除霜工况时的工质流向示意图。

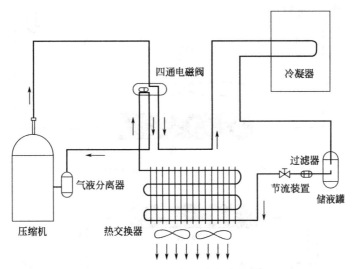

图 7-36 装有四通阀正常制热的情况

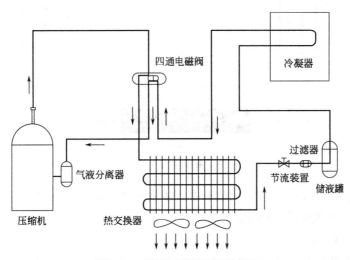

图 7-37 利用四通阀除霜的情况

（3）压缩机热气旁路除霜和电加热旁路除霜

该除霜方式的系统连接如图7-38、图7-39所示。

该方法适用于小容量热泵热水器系统，特点是不需要四通阀，使用一个电磁阀旁通来完成除霜工作，结构极其简单，但是要注意系统需要较大的气液分离器，用来存储冷凝器返回的液体，防止压缩机液击。对于冷凝器回热功能差的热泵机组如直热式、暖气供热式等可以考虑用此类方式除霜。

但主要靠压缩机的摩擦功和冷凝器内的部分热量参加化霜，热量比四通阀反向除霜的速

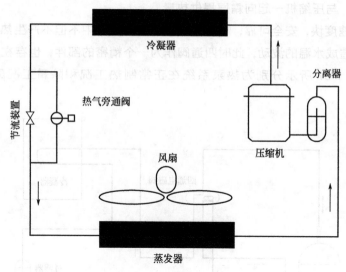

图 7-38　利用压缩机的热量直接除霜

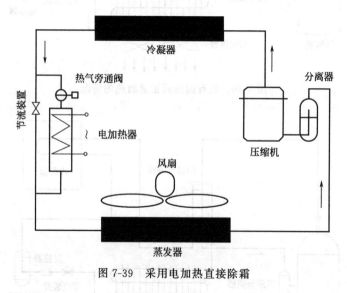

图 7-39　采用电加热直接除霜

度慢得多(理论上慢 3～5 倍),所以仅适用于结霜较少的环境。 如果在此基础上,加上电热器直接加热工质,效果更好,控制更灵活。

(4)电子膨胀阀除霜

采用电子膨胀阀的热泵装置,也可以通过设置控制程序,将电子膨胀阀的开度调整至最大,同时关闭风扇直接除霜;同时可以加装工质电加热器,加快除霜过程。

六、空气能热泵寒冷情况下的运行

从理论上讲,只要冷库在夏天可以达到的低温,空气能热泵在冬天也可以达到,比如冰库可以达到−24℃,普通的电冰箱的冷冻室也能达到这个温度,所以,从理论上讲在北方应用空气能热泵取暖是可行的。 根据供暖专家的意见,北方供暖的温度在 40℃ 以上就可以了,北京地区的供暖标准是 18℃,冷凝器的温度也就在 28～33℃ 就行了。 从目前热泵的理论上分析，要达到这个温度是可行的，COP 应该在 2.0 以上，优于电加热、燃气等清洁能源。

一般来讲，空气湿度在 65％以下，结霜的可能性就比较小，而北方冬天的空气湿度一般都在 65％以下，所以北方尤其是地图上拉萨—兰州—太原—石家庄—济南连线以北的地区，空气能热泵结霜的可能性就很小。

空气能热泵在当地最低温度 0℃以下地区工作，都存在防冻的问题。

1. 防止冷凝器、水泵、管路冻裂

在冷凝器、水泵、水管内，当热泵运行停止后，都不可避免的存留一部分水，在 0℃以下地区，如果不采取适当的保温措施，就会产生冻裂现象，尤其是当出现停电、控制系统失灵等情况时。 目前可采取的防冻措施有以下几种。

① 利用水箱的回水来保持水路的温度高于 5℃。

② 空气能热水器不用或出故障时，放光水箱和水道中的水。

③ 如果仅仅用于取暖，可以考虑在冷凝段用冷冻液。

④ 将太阳能热水器常用的电热带，贴在冷凝器和水泵壁上，通电进行保温。

⑤ 采用有弹性的水管或者在水道上安装气压罐，也可以避免和减缓冻裂的发生。

⑥ 为了避免停电和出现故障时，防冻措施失效，在安装空气能热泵时，应该尽量提高空气能热泵的安装位置，这样利用水的"冷下热上"的规律，让水在冷凝器-水管-水泵-水箱-散热器之间自然流动，从而借助水箱和散热器(实际上可以反向吸收房间里的热量)的温度，来避免冻裂的发生。

⑦ 进入空气能热泵的水一定要安装过滤器过滤,同时要加装除垢剂,防止水道被异物和结垢堵塞造成局部冻裂。

2. 保护压缩机

(1)在低温下，压缩机进气温度低，进气量减少，这样就要求压缩机有较高的压缩比，以致压缩机压力增大，温度上升，如性能图 7-40 所示，一般温度都要达到 150℃左右。

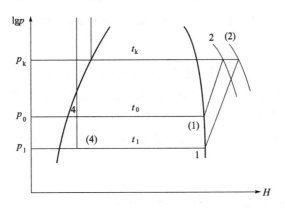

图 7-40　蒸发温度降低时压力-焓(温度)图

在环境温度降低时，热泵系统的蒸发温度将变得更低。

假如系统的蒸发温度下降，在 $\lg p\text{-}H$ 图上的反应如图 7-40 所示(仅降低蒸发温度，热端温度不变)。 降低蒸发温度后，循环将发生如下变化。

① 压缩机的排气压力、温度也将上升，由图中 2 点增加至（2）点。

② 压缩机高低压力比增大，由 p_k/p_0 扩大至 p_k/p_1，压力比增加后，压缩机的吸气压力下降，容积效率下降，实际的输气量减少，制冷（制热）量都出现下降。

（2）由于温度降低，刚开机时润滑油温度很低，油的黏度上升，造成润滑不良，缸体部件磨损加大，造成摩擦温度上升。为此开机前应该对压缩机进行预热。

（3）由于蒸发温度低、环境温度低、工质液化的机会增大，会造成液击现象，所以应考虑增大储液器的容量。

七、空气能热泵低温运行案例

1. 普通压缩机回气加热系统

本例适合北方−20℃环境下的低温供暖机组。机组采用热泵增焓的方案，不采用喷气增焓的热泵，而是采用一般热泵。美国谷轮热泵专用压缩机、日本松下热泵专用压缩机都可以在−20℃的低温下高效运行，所以采用独立的增焓系统具有更大的灵活度。

（1）机组制热系统图

低温空气能供暖热水热泵增焓制热系统如图 7-41 所示。

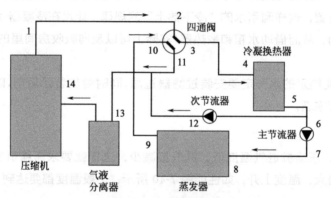

图 7-41 低温空气能供暖热水热泵增焓制热系统

（1～14 为流程编号）

从压缩机出口 1 出来的压缩气到达 2，经四通阀到 3，从 3 到 4 进入冷凝换热器，经过换热后到达 5，这时分成两路，一路经 6 减压到达 7；一路经次节流器减压到达 12，减压程度适时调节，可以控制补气量的多少。另一路经 6 减压到 7，经 8 进入蒸发器蒸发吸热到 9，经 10 通过四通阀引导到 11，与 12 出来的工质汇合进入气液分离器，经气液分离器分离工质以气体状态进入压缩机进行下一轮的循环。

（2）化霜

本系统也考虑到化霜的功能，具体如图 7-42 所示。

本机组化霜采用精准化霜技术，在结霜较少的时候就开始化霜，一般的化霜方法往往不能一次将霜层全部清除，造成霜层重叠堆积，最后导致主机无法工作。

（3）工质

目前采用 R22 作为冷媒，主要是考虑到 R22 的蒸发潜热比较大，可以很好地满足设备

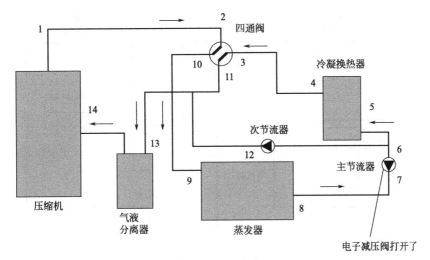

图 7-42　低温空气能供暖热水热泵增焓化霜系统

(1～14 为流程顺序编号)

的要求，其他环保工质如 R417A、R404A 等，也可以考虑。

2. 两级喷气增焓压缩机热泵供暖系统

目前，针对普通压缩机系统低温制冷能力的不足，人们考虑以两台压缩机结合达到低温制热供暖的目的，这种方式在前面已经介绍了，但两台机所占空间较大，成本较高，所以人们又发明了两级增焓压缩机，将两台机合并成一台，缩小了机器的空间，取得比较好的效果，也实现了国产化。图 7-43 为格力压缩机厂生产的双级增焓压缩机的结构图。图 7-44 为它的系统图。

从蒸发器出来的工质经过低压压缩机压缩后(1-2)，与闪蒸器出来的工质蒸汽混合，(2-3、7-3)，混合蒸汽进入高压压缩机压缩，产生更大压力和温度的工质进入冷凝器换热后(4-5)，经节流阀 1 节流变成合适的气液混合工质进入闪蒸器(5-6)，在闪蒸器内分离成蒸汽和饱和液体，气体与低压压缩机排气混合进入高压压缩机，液体由节流阀 2 节流后进入低压压缩机(8-9)压缩，进入再循环。

该系统的压-焓图可参考图 7-33。

该例双级机与普通机（3 匹）的运行性能

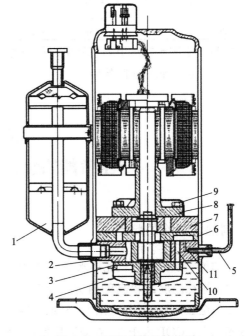

图 7-43　双级压缩机结构图

1—分液器; 2—低压缸; 3—下法兰; 4—下消音器;
5—增焓管; 6—泵体隔板; 7—高压缸; 8—上法兰;
9—上消音器; 10—气体流道; 11—增焓孔

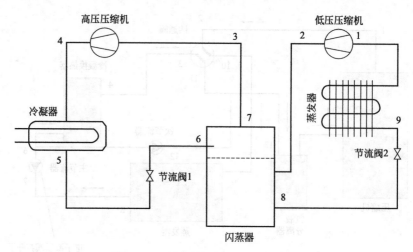

图 7-44　双级增焓压缩机热泵系统图

对比见表 7-5。

表 7-5　3hp 普通空气源热泵与采用双级压缩变频增焓技术的空气源热泵性能对比

室外干球/湿球温度/℃	普通热泵		双级热泵		提升比率	
	制热量/kW	COP	制热量/kW	COP	制热量相对提升率/%	COP 相对提升率/%
7/6	8.747	2.88	9.880	3.09	12.9	7.3
2/1	7.579	2.33	9.605	2.43	26.7	4.3
−7/−8	6.846	2.02	9.002	2.12	31.5	5.0
−15	5.345	1.84	7.919	2.01	48.2	9.2
−20	4.632	1.52	7.211	1.95	55.7	28.3

本节介绍的比较常用的三种供暖机组方式：喷气增焓、回气加热、双转子喷气增焓，目前已经大面积在北方地区使用。

第四节
空气能热水、空调高效一体机

一、制热、制冷的特点

目前绝大多数的空气能热水器所排出的冷气都浪费掉了，但也有一些产品将这些冷气收集起来，排往温度比较高的厨房，受到用户的欢迎。在国内空气能热水器刚刚生产的初期，很多企业都想研发既能作为空调，又能产生热水的高效冷暖一体机，该类机效率可以达到 6 倍以上，COP 大于 6，在夏天里使用，制热的效率可达 5 以上，制冷保持在 3.5 左右，两者相加，COP 达到 8 以上。但是很多企业经过实践，发现这种两全其美的愿望很难实现，他们的试验品大多没有达到可靠运行的目的，这项工作为此停顿了好几年。近年来，随着人们对空气能热泵产品的熟悉，制造过程的了解，应用的深入，不少企业声称已经制造出可制冷、制热、制热水的三联供空气能热泵机器，有的已经申请了国家专利。可以看出，在我们对热泵在热水和空调中的应用充分了解后，做出同时作为热水机和空调机的空气能热泵产品是可能的,首先我们对这两种几乎使用同样配件的产品的不同之处做一个了解。

1. 制热与制冷的相同点

① 主要部件,如压缩机、蒸发器、冷凝器、分液器、过滤器等都是可以通用的。

② 它们的原理一样,都是把能量从一个物体搬运到另一个物体中。 如把空气中的热能搬到水中或把房间里面的热量搬到屋外。

③ 它们可以使用相同的工质。

2. 制热与制冷的不同点

(1)工作目的不同

一种是制冷,一种是制热水。

① 冷凝的温度不同。 制热水在 55~60℃,对应的压力比较大,一般比制冷大 10kgf/cm² ,比如工质采用 R22,对应的压力在 22kgf/cm² 以上;制冷的冷凝压力一般在 15kgf/cm² 左右。由于减压阀(膨胀阀)的进口压力接近于冷凝压力,所以对不可自动调节的毛细管减压器来讲,就不能通用了,要用不同长度的毛细管。 在实际应用中,由于温度、压力变化范围大,毛细管已经不能胜任这样的任务,减压阀应该采用热力减压阀和电子减压阀。

② 工作状态的改变。 由于要用新的电子线路控制板,因此工作方式要改变。 控制部分必须应用四通阀、电磁阀、传感器等自控元件,造成机器的可靠性下降,故障较多增加企业的售后服务成本,影响企业的信誉。

(2)工质的容量不能确定

由于电磁阀、四通阀等部件的工作是对工质的通道进行截断和连通控制,一般工质,如水、空气、油、其他液体等,工质的密度都是一样的控制,但热泵不一样,热泵工质可能是纯气态、气液态,甚者是纯液态,而在这些状态下又分为饱和状态和非饱和状态,可以说,工质状态是难以准确定量的。 电磁阀门的动作往往造成管道的工质实际质量(能量)的改变,所以在通道中设储液器就很重要,要保证在通道中有足够的工质来传递能量。 同时尽量避免阀门动作截流的工质数量,以免对整个工作过程造成干扰,对通道的容积也要精心控制,容积越小,对控制的准确性越好。

(3)动态范围不同

对于热泵部件,由于专业化程度越来越高,它们的选用都有一个范围,调整也有一个适宜的区间,一个产品适宜不同的场合有困难。 但随着人们对热泵的生产、应用,以及不断了解,做出适合制冷、制热的热泵产品已经成为可能。

① 环境温度在 −10~40℃ 时,饱和气的压力范围是 3.5~15kgf/cm²(R22 工质,查表得),要求减压阀的调整压力降为:

$$\Delta p = 15 - 3.5 = 11.5 (\text{kgf/cm}^2)$$

② 出水温度为 55℃ 时,冷凝器的进气温度一般比冷凝温度高 5~10℃,也就是 60~65℃,因此压缩机的供气温度(供给冷凝器)就要达到 60~65℃,这时工质的压力就要在 25~27kgf/cm²。 一般制冷压缩机都是工作在 17kgf/cm² 压力以下,增加的 10kgf/cm² 对压缩机以及其他部件都提出了更高的要求。 如压缩机要把压缩能力提高 10kgf/cm²,压缩机排气温度要达到 80℃ 以上,一般压缩机功率较小也达不到,要多次循环才能实现。

③ 从冷凝器方面看，冷凝温度是 60℃，由于热水温度不断变化，冷凝器排出的液、气混合工质的温度也是变化的，约为 20～55℃，温差达到 35℃ 之多，如果采用一般的毛细管减压器，减压值基本是恒定的，假设降压值是 15kgf/cm²(1500kPa)，当冷凝器排出的工质温度达到 55℃ 时，出口工质的温度将达到 35℃，对应压力达到 21.8kgf/cm²，减掉 15kgf/cm² 后还剩 6.8kgf/cm²，对应的工质温度是 26℃，这时，如果外界的温度低于 26℃，就会造成蒸发器无法吸收外部热量；同时，这么高的温度到达压缩机的进口，压缩机的出口温度会达到 100℃ 以上，压力超过 30kgf/cm²，造成高压报警，机器的承受力达到极限就会停机，如不及时停机就会损坏压缩机。 过高的温度也会造成压缩机内的润滑油炭化和分解，造成润滑不良，造成压缩机的磨损和损坏。

二、制热、制冷高效一体机的思路

前面分析了空气能热泵要达到同时制冷制热所碰到的一些问题，因此人们提出了如下的多功能工作系统图。

1. 制热的同时也制冷

一般情况下，制热水的同时开空调，用于空调的工作过程要远大于制热水的过程，当热水达到约定温度时，要及时停止制热状态，改为常规的空调制冷状态。

如图 7-45 所示是制冷制热流程。

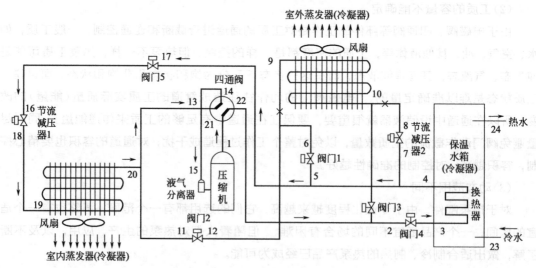

图 7-45　制冷制热流程

（1～24 为流程编号）

阀门初始状态：阀门 1～阀门 3 关闭，阀门 4、阀门 5 打开。 工质经压缩机压缩制热后到达出口 1，经四通阀到达 2；通过阀门 4 到 3，进入冷凝换热器将水箱的水加热后来到冷凝器出口 4；液态的工质由 4 经阀门 5 直达节流减压器 1 的入口 16，经减压器减压后从出口 18 到达室内蒸发器的进口 19，工质在室内蒸发器蒸发，吸收室内的热量，到达蒸发器出口 20，这时，理想的状态就是工质处于过热状态，即汽化状态，经四通阀到达 15，进入液气分离器，经液气分离器将液体分离出来后保证工质以气体状态进入压缩机进行新一轮的压缩加热工作。

2. 单独制冷流程

如图 7-46 所示为单独制冷流程。

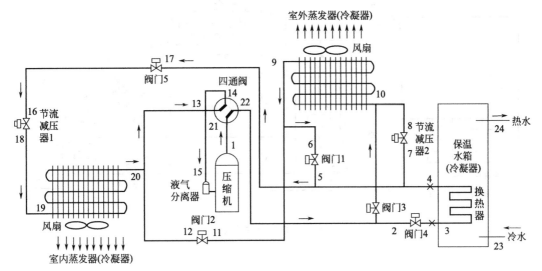

图 7-46 单独制冷流程

(1～24 为流程编号)

当水箱的热水温度达到较高的供水温度时(一般是 55℃ 左右),如继续制冷制热已经不适合了,因此要将热泵状态转到单独制冷状态。 此时打开阀门 1、阀门 3、阀门 5,关闭阀门 4、阀门 2。 压缩机出口 1 的热工质经阀门 3 来到室外空调冷凝器入口 10,经冷凝器散热后到出口 9,然后经阀门 1 直达节流减压器 1 的入口 16,减压后的工质从出口 18 来到室内蒸发器的进口 19,此时工质大量蒸发汽化,吸收室内的热量,后经 20、13、14、15 来到液气分离器,合格的工质气体进入压缩机进行新一轮的循环。

3. 单独的制热水流程

在环境温度 26℃ 以下,给房间制冷来获取热量已经不现实了,这时应该以从室外空气中获取热量为主,也就是热泵成为专门制作热水的机器了。

如图 7-47 示意了单独的制热水流程。

初始状态是:阀门 1、阀门 3、阀门 5 关闭,阀门 2、阀门 4 开启。 高压高温工质从 1 出来后,经 2、3、4 完成冷凝交换后来到节流减压器 2 的进口 7,减压后经 8 来到室外蒸发器进口 10,蒸发使得蒸发器温度急剧降低,并大量吸收外界空气的热量到达出口 9,这些有一定过热度的工质经阀门 2、四通阀 13、四通阀 14 到达液气分离器入口 15,工质经液气分离器分离,气体工质进入压缩机,进入下一轮的循环。

4. 采用高效换热器

以上是对三联供的配置系统主图的介绍,我们在实际应用中可以取其一部分来考虑自己的机器结构,上面方案最大的缺陷就是电动阀门多达 5 个,因此降低了设备的可靠性,也增加了维修的难度,建议在实际设计中,要考虑各种阀门的原始状态,是选用常开还是常闭的阀门,包括四通阀,尽量减少阀门的数量和动作次数和通电次数,提高机器的可靠性,延长机器的使用寿命。

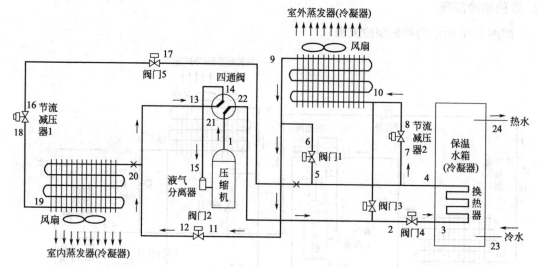

图 7-47　单独制热水流程

（1～24 为流程编号）

采用水箱作为冷凝器，由于是自然换热，热交换铜管长达 20m，如果像图 7-45～图 7-47 所示的工质流程图，靠管道的通断来控制热泵的工作，那么将水箱管道通道隔离将会使得工质大量截留在冷凝器管道内，由于工质是气液混合状态，其数量也存在很大的不确定性，所以建议将冷凝器改为板式或者套管式等强制换热的冷凝器，这样滞留在冷凝器中的工质数量就比较少，运行方式的变化对机器的影响较小，热泵工作就比较稳定。更改的参考图如图 7-48 所示。

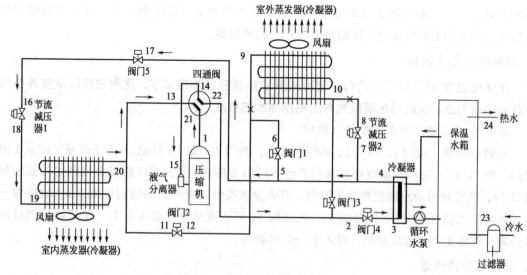

图 7-48　采用高效换热器的系统

（1～24 为流程编号）

三、高效一体机实践

针对前述的制冷制热一体机的分析和举例，我们介绍一款获得国家专利的空调热水一体机(图 7-48)，适合于热带和亚热带地区。它的特点是对压缩机的进气状态进行控制，达到热泵正常高效运行的目的。

1. 制冷同时制热

这种情况通常发生在夏天，我们希望空调排出的热气不要浪费，可以用于晚上洗热水澡。根据经验，制冷所消耗的电量要远大于制热的电量，所以以前很多空气能的爱好者利用改装的空调机制热水时，在空调开机不久后，水箱的水温就达到了 55℃，热泵就停止工作了，但我们还需要空调制冷，只能将水箱的热水放掉，这样空调又可以工作了，但是宝贵的热水就这样浪费了。所以说简单地将空调改装得到热水是存在缺陷的，为此，本专利的发明人就在这方面做了尝试，并且收到不错的效果。

（1）制冷、制热同时进行原理图

热天用热水、冷气一体机系统如图 7-49 所示。

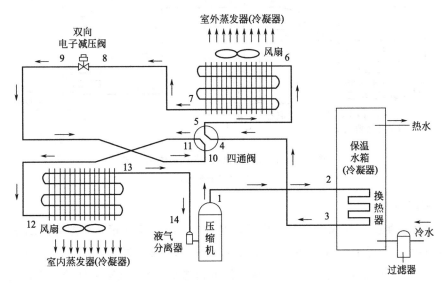

图 7-49 热天气用热水、冷气一体机系统

（1~14 为流程编号）

（2）制冷、制热过程

压缩机排出的高温高压工质气体经 1、2 进入水箱冷凝器，将水箱的水加热，经出口 3 来到四通阀 4，经四通阀引导经 5、6 来到室外蒸发器，经室外蒸发器自然冷却到出口 7，工质的温度进一步降低，工质的过冷度提高，到达电子降压阀（膨胀阀）入口 8，经电子降压阀减压后，工质来到了四通阀的入口 10。这些工质经四通阀出口 11 来到空调室内蒸发器入口 12，由于工质大量蒸发，蒸发器温度降低，大量吸收环境的热量，降低环境温度，带着大量热量的工质经 13 来到压缩机气液分离器 14，经液气分离后，工质气体进热压缩机进行第二轮循环。

当水箱的热水温度超过 55℃，有可能由于工质气体温度较高，造成热泵停止工作，这时可以启动室外蒸发器的风扇，加大散热力度，将经过蒸发器的工质温度降下来，这时温度已经达到理想的过冷温度（实验结果不超过 35℃），经减压送到室内蒸发器进行制冷吸热后以较低的温度进入压缩机，改善了压缩机的工作状况，顺利进入下一轮的循环。当水箱的水温低于 50℃时，室外蒸发器风扇停止，又进入初始的制热状态。

2. 纯制热水状态

当气温降到 20℃以下，空调机就不必开了，这时就是纯制热水的状态了。

(1) 纯制热水状态原理图

冷天气用供暖、供热一体机系统如图 7-50 所示。

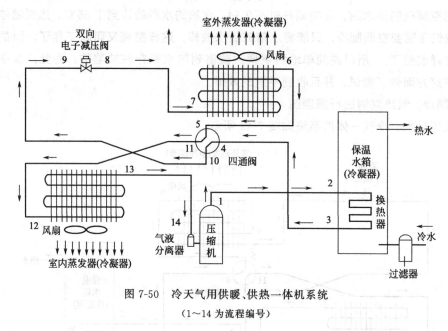

图 7-50 冷天气用供暖、供热一体机系统

(1～14 为流程编号)

(2) 过程解说

变换四通阀通道。压缩机排出的高压高温气体，经保温水箱冷凝器吸热后来到四通阀进口 4，经四通阀引导由 10 端口来到电子减压阀进口 9 (制冷时是出口)，由于电子减压阀没有方向性，工质经减压来到出口 8，(制冷制热时是进口)经 8 来到室外蒸发器的进口 7，中间冷凝器由于单向阀的作用，工质在室外蒸发器中快速蒸发后来到四通阀进口 5，经四通阀引导来到室内蒸发器进口 12，室内蒸发器所处的环境温度较高(此时风机停机)，对经过的工质进行加热，使工质的基础温度升高，也保证了工质所需的"过热度"要求，经加热的工质进入压缩机，提供了较理想的工质气体，使得压缩机的工作效率得到提高，进入下一个工作循环。

在本例中，比较成功的省略了中间冷凝器和中间蒸发器，仅靠两个原有的蒸发器就可以进行工质的加温和降温，达到改善压缩机工作状态，顺利完成制冷制热的目的，从以上的状态流程图可以了解到工质的容量基本不变，所以可以采用水箱盘管换热的方式。在工作过程的调节中，仅仅是一个四通阀动作和一个风扇的运行和停止，控制部件极少，这两点有利于机器稳定可靠的工作。在热泵工作中由于采用了电子减压阀，使蒸发器的蒸发温度能够得到很好的调节。由于考虑到该产品适用于热带，因此寒冷的天气采用的是停机化霜的手段。为了便于解说，对冬天室内蒸发器制热就不介绍了，读者可以根据以上内容进一步发挥，应可以解决这个问题。如果不采用双向减压阀，也可以考虑再增加一个四通阀或者电磁阀+单向阀，看哪种方便和可靠性好。图 7-51 为福州某商店使用制冷制热一体机的现场。

图 7-51　福州某商店使用制冷制热一体机的现场

第五节
空气能热泵干燥设备

一、空气能热泵干燥

1. 基本的热泵干燥过程

从目前热泵的直接节能效果来看，热泵用于干燥的节能效果是最好的，理想的可能达到 $80\%\sim90\%$，在实际应用中比其他用化石燃料和电加热要节能 30% 以上，节能的效果还要取决于被干燥的对象。图 7-52 就是一个基本的热泵干燥示意图。

热泵沿路径 1—2—3—4 循环，干燥气流沿 5→6→7 流动，热泵蒸发器吸收干燥气流中的余热、相变能，经压缩机制热后通过冷凝器加热干燥气流，使气流的温度上升，进入干燥器中对物体进行加热干燥，带有干燥物水分的高湿度的气流通过 6 又进入蒸发器，碰到温度在其露点以下的蒸发器翅片，迅速结露变成水滴，汇成凝结水排到外界，湿空气中的热量被蒸发器吸收，湿空气中的水蒸气凝结成水，发生相变，放出相变热，也被蒸发器吸收，这些热量被带入压缩机进行下一轮循环。可以看出，如果不考虑运行中的散热、干燥物流带走的热量和热泵的效率损失，热泵在运行过程几乎没有能量损失。但实际中损耗还是存在的。

2. 干燥过程的能量传递和转换

热泵的干燥的能量状态如图 7-53 所示。

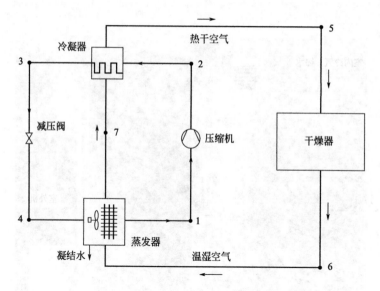

图 7-52　基本的热泵干燥示意图

（1～7 为流程编号）

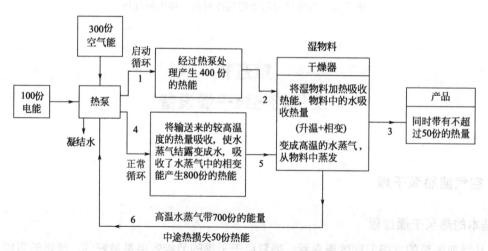

图 7-53　热泵技术用于干燥机的能量状态示意图

（1～6 为流程编号）

　　热泵干燥机开启时，需要外部的热量支持，如图 7-53 所示。当热泵收集到一定的能量后，就可以自行运转了，外界的能量可以仅仅依靠压缩机电动机的发热，如果不够，也可以从外界引入部分新鲜空气，这时，干燥气流将依照 4—5—6 的途径流动，热泵处于一种利用余热的低消耗状态。在这个过程中，除了温度变化以外，最重要的就是水的相变过程的能量转换，水首先变成蒸汽，吸收了大量的能量，随后又从蒸汽转变成水，放出大量的能量。

3. 热泵干燥机的特点

　　① 能耗低。热泵干燥装置中用于干燥的热量可以来自回收干燥器排出的湿热空气中所含的显热，一般干燥的温度都在 30～60℃ 之间，这种较低的温度，使得热泵的效率达到最高值，几乎把热泵的优点都发挥了出来。常规的干燥机没有吸收相变能的功能，用于干燥的热能往往只能随湿热空气排向大气中，见图 7-54。所以用热泵进行干燥物体能

源效率高，节能一般达到 30% 以上，综合干燥成本可降低 10%～30%。

② 热泵干燥是机器干燥的一种方式，可以有效地控制干燥过程中的温度、物料的干燥度，同时利用热泵本身的冷却等功能使得干燥过程多样化、机动化，由此得到更好的干燥效果，所以物料干燥后的品质高、品相好。

③ 干燥介质可以密闭循环，以保证某些精细的物品不受外部空气的污染。

④ 可以采用特殊的干燥介质，如惰性气体，来满足某些特殊物质的干燥要求。

⑤ 对环境污染少。

⑥ 应用面很广，如可用于纺织品、木料、谷物、菇菌类、药类、水产品、农副产品、工业产品等干燥。

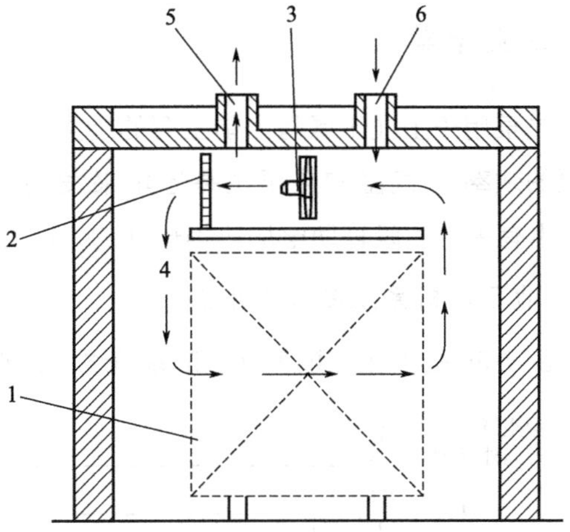

图 7-54　常规的干燥机运行原理
1—被干物料；2—加热器；3—风机；
4—循环空气；5—排出湿气；6—进入新鲜空气

4. 热泵干燥的典型应用及技术数据

热泵的典型应用包括木材干燥、食品加工（干猪肉、腊肉、桂圆等）、茶叶烘干、蔬菜脱水、鱼贝干燥、烟叶烘干、陶瓷烘焙、药物及生物制品的灭菌与干燥（罗汉果、枳壳、玛卡、橘红、地龙、姜片、山药等）、污泥处理、化工原料及肥料干燥等诸多领域，相关的典型技术数据如表 7-6 所示。

表 7-6　热泵干燥装置的典型技术数据

物料	工质	装置形式	干燥介质的进口温度/℃	工质冷凝温度/℃	工质蒸发温度/℃	除湿能耗比(水分)/[kg/(kW·h)]
木耳	R22	全封闭	40～60			1.68～1.9
鱿鱼	R142b	全封闭、旁通、辅助冷却、辅助电加热	30～75			
食用菌			15～35			
香菇			40～70			
谷物	R22	全封闭、回热	54			
木材	R134a	全封闭、回热	60	70	10	
种子	R12	全封闭、旁通、辅助冷却	30～60			1.62～1.8
鱼类			32.9	28.5～32	−12～−8.5	1.15～1.7
芒果	R22	半封闭、旁通	55			
烟草						
纺织物	R134a	全封闭	50	35	5	
茶叶	R22		30～40	50	5	
茶叶	R124	带有炒茶功能	50～90	55～95		

从目前的应用情况来看，干燥类、机器类面向人们生活的物品比较多，因为这些物品除了干燥以外，还要求好的品相，适合销售。随着一些高压高效压缩机的出现和人们对热泵应用技术的提高，干燥机的干燥温度逐步提高，已经达到 100℃ 甚至更高，R123、R124 等高温的热泵工质也被广泛采用。

二、工业干燥机

热泵用于工业干燥是当前主要的趋势，一般选用比较低温的干燥温度，这样有利于提高热泵的效率。高温的热泵也是近年来发展的趋势，主要采用高温工质和高温高压的压缩机，也有采用后段辅助电加热等形式的，这类的机器推动热泵干燥机向高端多用途发展。

1. 工业干燥机系统图与外形图

图7-55是工业热泵干燥机的系统图，外形图见第一章内容。

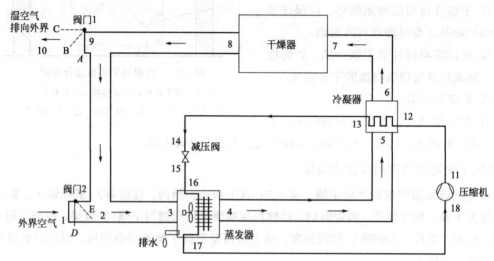

图7-55　工业热泵干燥机的系统图

（1～18为流程顺序编号）

以上系统图，包括热泵干燥机最基本的三种工作状态。

（1）封闭循环状态

如图7-55，阀门1闭合，阀门2是一个单向自开的阀门，在气流的压力下处于关闭状态，热泵工质能量沿11—12—13—14—15—16—17—18进行传递，在冷凝器中将热量传递给干燥气流，在蒸发器中又将这些能量的大部分回收，又进入压缩机进行加热。干燥气流沿2—3—4—5—6—7—8—9—2循环，将干燥室中物料的水分加温和蒸发，气流变成含有大量水蒸气和一定温度的气体，在经过蒸发器时，气流中的水蒸气的能量被蒸发器吸收，变成干燥气体，并经过冷凝器时被加温成较高温度的干燥气体，这些气体又进入干燥室对物料进行新一轮的干燥。

（2）半封闭循环状态

在一些特定的情况下，闭式循环可能达不到目的，需要一些新鲜空气的补充，比如，循环温度过高过低、循环气流受到污染，需要排掉一部分，补充一些干净的空气等。这时将阀门1调整到B位置，有一部分气流排到外面，阀门2就自动打开一个口，补充新鲜空气。

（3）开式循环状态

当干燥物料的水分中含有其他物质或者有害物质时，会污染、堵塞、腐蚀气流通道和热泵元器件，需要将其排除，此时打开阀门 1 到 A 位置，工作过的干燥气流排到外界，阀门 2 由于气流的吸力（负压）完全打开了，这时干燥装置处于开式循环状态，它的效率就不如上面两种循环高了。

其实，热泵干燥装置的结构不仅限于以上三种，还可以有很多种的，主要针对各种不同物料的干燥要求来设计。

三、家用热泵干衣机

现在介绍一种获得国家专利的产品——家用干衣机。

随着人们生活水平的提高和生活节奏的加快，衣物靠自然干燥的旧方法不能适应当前人们对生活水平的要求，目前，市场上已经出现少量的家用干衣机，基本都是电加热形式的，电耗都比较大，尽管这样，还是受到市场的欢迎。随着热泵产品的普及，以及热泵制造技术的提高，热泵配套件越来越齐全，使得用热泵技术来制造节能的干衣机成为可能。

1. 家用热泵干衣机的原理

热泵干衣机主要依靠热泵的原理使空气中的水分冷凝来降低干燥室内空气的湿度，空气在干燥室与除湿机之间为闭式循环，基本上不排气。整个干燥过程是一种除湿、干燥、热回收、再除湿的过程。家用热泵干衣机的工作原理如图 7-56 所示，热泵在整个干燥过程中能量损失很少。

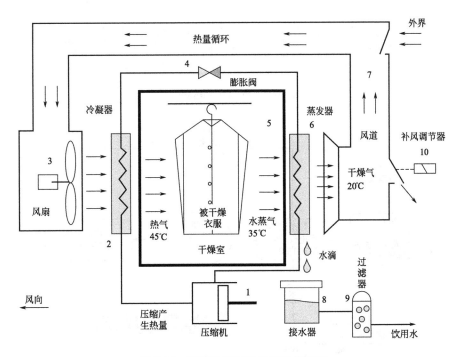

图 7-56　家用热泵干衣机的工作原理

（1～10 为流程编号）

热泵干衣机的主要部件是压缩机、蒸发器、膨胀阀和冷凝器。蒸发器内的制冷剂吸收来自干燥室内湿空气的热量，使空气冷却，冷却的湿空气温度下降到露点以下，产生"结露"现象析成水珠，水蒸气在结露时放出热量（相变）并被蒸发器吸收，结露水流排出干燥室外，循环空气温度和相对湿度都降低。蒸发器内制冷剂由于吸热蒸发而由液体变成气体，经压缩机加压、升温后送至冷凝器。当来自蒸发器的干冷空气冷却经过冷凝器时，冷凝器内制冷剂放出的热量使空气被加热变成热风又送回干燥室加热干燥物料。冷凝器内的工质放热后来到膨胀阀，经膨胀阀降压后的液态工质重新进入蒸发器内时蒸发并大量吸热，然后进入压缩机制热开始下一个制冷干燥循环。例如用 R22 作工质，当冷凝压力为 2.18MPa 时，相应的冷凝温度约为 55℃（冷凝器外空气温度一般在 30℃左右），若冷凝液态工质经膨胀阀降至 0.5MPa，相应的蒸发温度在 0℃左右。从上面的分析看到：热泵干燥机工作时制冷工质只是转移热量的媒介，它在除湿蒸发器处吸收湿空气的热量并使空气变干，湿度减小，然后在冷凝器处释放出先前在蒸发器内吸收的热量（连同压缩机耗功转换的热能）使空气升温。

2. 家用热泵干衣机的能量转换图

家用热泵干衣机和一般家用干衣机能量状态如图 7-57 所示。

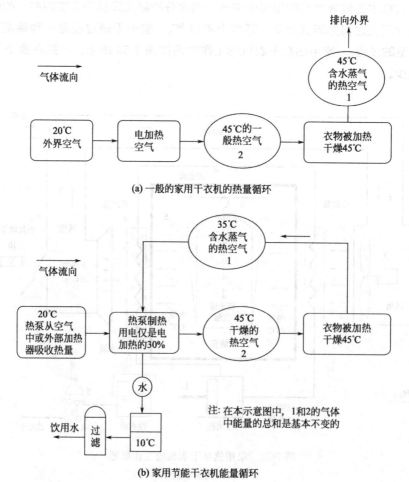

(a) 一般的家用干衣机的热量循环

(b) 家用节能干衣机能量循环

图 7-57　家用热泵干衣机和一般家用干衣机能量状态

3. 热泵干衣机的优点

从图 7-57 看出，一般的干衣设备将加热后的湿热空气排出干燥室，带走了热量，包括热能(温度)和物质形态能(水变成湿空气的相变能)，所以能量损失在 95％以上；而热泵干衣机回收了干燥室空气排湿放出的热量(热能、相变能)，因此它防止了能量的损失，这是它比一般的干燥设备更节能的原因。 干衣设备里面的热空气环境是需要保温的，不然热量会通过干燥室的表面散发，这时，干衣机必须要制热来补充这些热量的损失，这种常规的制热，采用热泵也会比用电加热节能 70％左右。 热泵干衣机之所以可以实现干燥余热(能)的再利用，一个重要的原因是余热气流的成分主要是干净的水分，比较洁净，对蒸发器的污染很小，当然，如果加上过滤网更好。 综上所述，热泵干燥机是一种节能干燥设备，与常规干燥相比，热泵干衣机的节能率在 40％～70％，甚至达到 90％。

第八章　空气能热泵系统的计算实践

为了帮助读者进一步了解空气能热泵，笔者摘录和完善了一部分空气能热泵的设计和计算过程。

第一节
空气能热泵热水器的计算

一、商用分体式热泵热水器的计算

整体布置如图 8-1 所示。 水箱的冷水，经过热泵不断的加热循环，达到所设定的温度。本案例是基于亚热带气候的环境下，集体单位的热水使用情况，当地常年气温一般在 14℃以上，适合空气能热泵工作；在冬天部分时间气温在 14～6℃之间时，空气能热泵通过除霜等手段继续工作，但产热量有所下降，必要时要采用电加热、燃气加热等辅助能源来供热。

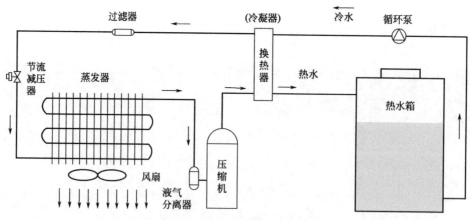

图 8-1　商用分体式热水器系统

1. 基本数据

① 最低的室外工作温度为 5℃ 以上。

② 最低的自来水温度 t_c 为 15℃。

③ 加热的热水温度 t_h 为 50℃。

④ 热水的加工速度为 300L/h，每秒的热水加工量为 300L/3600s。

⑤ 蒸发器为翅片管蒸发器，工质的蒸发温度 t_{EI} 为 0℃。工质出蒸发器的温度 t_{EO} 为 1℃。

⑥ 空气进蒸发器的温度 t_{HI} 为 8℃。

⑦ 空气出蒸发器的温度 t_{HO} 为 3℃。

⑧ 冷凝式蒸发器采用套管式，冷凝温度为 55℃。

⑨ 热泵工质为 R22。

⑩ 节流部件采用热力膨胀阀减压器。

这种工况适合一般的 5 匹空气能热水器。

2. 选型计算

(1)压缩机的选型计算

$$Q_C = m_w c_w (t_h - t_c)$$

式中　Q_C——热水加热所需要的热量，kW；

$\quad\quad m_w$——热水的产量；kg/s；

$\quad\quad c_w$——水的比热容，kJ/(kg·℃)常压下，15℃的水的比热容约是 4.18kJ/(kg·℃)；

$\quad\quad t_h$——热水温度，℃；

$\quad\quad t_c$——自来水温度，℃。

代入算式为：

$$Q_C = (300/3600) \times 4.18 \times (50-15) = 12.19(kW)$$

查 R22 压缩机的数据表，目前，这个功率级别的空气能热泵，一般选择全封闭涡旋式压缩机，参考本书第三章表 3-6 选择 G 型压缩机。它在冷凝温度 54.4℃，蒸发温度是 −1.1℃ 时，低温热源吸热量是 10.22kW，输入功率在 3.24～4.84kW 之间［蒸发温度在 7.2～ （−12.1）℃之间］。

此时热泵的输入功率为（蒸发温度为 0℃，实际需要的最大功率在 4.84kW 以下）：

$$W_m = 3.24 + 12.1 \times \frac{4.84-3.24}{7.2-(-12.1)} = 4.243(kW)$$

该机额定输入功率为 5 匹，即 3.75kW。虽然不是太理想，但再上一级就是 7 匹机了，成本就上升了一大截，所以选用该种机型。

如果环境温度更低，进水温度更低，就要选择更大功率的压缩机，否则出水量就要减少了。选型时可查一般配套的美国谷轮喷气增焓压缩机，选用 ZW34KS，它的实际数值是，环境温度 15℃，冷凝温度 55℃时，制热量 13.938kW、环境温度 0℃时的制热量为 9.935kW。

(2)冷凝器的选型计算

已知压缩机的吸热量是 10.22kW，它的近似制热量（不计电动机散热消耗）＝低温热源吸热量＋标准功率：

$$压缩机的制热量 = 10.22 + 4.243 = 14.463(kW)$$

应该指出的是，压缩机参数表有一些标出制热量，有一些标出制冷量，还有标出低温吸热量的。后两个是一样的，前一个要加上压缩机的功率。严格计算还要减去压缩机本身散热的功率损耗和工质流动管道的散热损耗，压缩机的制热量要大于冷凝器的换热量。

已知压缩机的制热量是 14.463kW，也就是冷凝器的传热量，这里就不计算了，可以查冷凝器厂商提供的技术参数。

图 8-2　某厂同轴换热器

查某厂生产的热泵循环用高性能内螺旋波纹管同轴换热器，见图 8-2，SS ＝ 0250GT-U 型的冷凝功率是 12kW，（冷凝温度 60℃）所以选用它为冷凝器。

（3）蒸发器的选型计算

一般选用翅片管式蒸发器，已查到 G 型压缩机的低温热源吸热量。

$$Q_E = 10.22\text{kW} = 1022\text{W}$$

查本书第三章表 3-7，取蒸发器的传热系数为：$K_E = 35\text{W}/(\text{m}^2 \cdot \text{℃})$

以平均传热温度作为计算的依据，工质与空气的对数传热温差为：

$$工质与空气的对数传热温差 = \frac{(热流体进口温度-冷流体进口温度)-(热流体出口温度-冷流体出口温度)}{\ln\dfrac{(热流体进口温度-冷流体进口温度)}{(热流体出口温度-冷流体出口温度)}}$$

$$\Delta t_E = \frac{(t_{HI}-t_{EI})-(t_{HO}-t_{EO})}{\ln\dfrac{t_{HI}-t_{EI}}{t_{HO}-t_{EO}}} = \frac{(8-0)-(3-1)}{\ln\dfrac{(8-0)}{(3-1)}} = \frac{8-2}{\ln\dfrac{8}{2}} = \frac{6}{1.386} = 4.33(\text{℃})$$

由此计算蒸发器的面积：

$$F_E = \frac{Q_E}{k_E \Delta t_E} = \frac{10220}{35 \times 4.33} = 67.44 \ (\text{m}^2)$$

求得蒸发器的面积为 67.44m²。

以上仅仅是初步的计算，在实际中蒸发器的各个部位传热系数都是不一样的，传热的方向也会影响计算数值，可能面积要稍大一点。

这是常规蒸发器的面积，如蒸发器的管径、翅片距离、翅片形状有变化，则应重新考虑。一般可以从蒸发器的生产厂得到每平方米的参考数据，由此计算出蒸发器的需求面积和形状。

（4）减压器的选型计算

目前热泵这个规格类型（商用机）产品的减压器普遍采用热力膨胀阀，所以这里就选用热力膨胀阀为例。已知：R22 在 0℃的饱和气的焓为 406.5kJ/kg；蒸发压力为 497.7kPa。热泵冷凝温度为 55℃，取冷凝器出口处的过冷度为 8℃，则热泵工质在冷凝器的出口处的温度是 47℃，压力是 1818kPa。

工质在常规管道中和蒸发器管道中的压降为 8kPa。

工质在冷凝器、弯头、阀门、干燥过滤器等处的压降为 20kPa。

由于蒸发器比较大，要采用分液器和分液管，压降各取 50kPa，总的是 100kPa。

工质管道高低差引起的压降约为 70kPa。

因此求得膨胀阀的进出口压降为：

$$\Delta p = 1818 - 497.7 - 8 - 20 - 100 - 70 = 1122.3(\text{kPa})$$

参考本书第三章表 3-11 中 R22 工质不同通孔直径的热力膨胀阀在变工况时的性能数据，选用标称直径 4.0mm 的内平衡式热力膨胀阀，实际减压的效果可以在产品调试时调整减压阀的调整螺丝确定。

（5）制热系数（COP）

已知压缩机的制热量是 14.463kW，压缩机的输入功率是 4.243kW，求得：

$$COP = \frac{14.463}{4.243} = 3.408$$

目前太阳能热水器已经得到大面积的普及，很多太阳能热水器的用户提出在原有的热水器基础上，增加空气能热水器，解决阴雨天太阳能不出热水的问题；很多太阳能工程都配套空气能热水器，因此，众多的同行提出了在理论上求证在太阳能已经部分加热的情况下，空气能的效率如何？ 为此做如下解答。

对以上例题，改变其中一个条件：

进水温度 t_c 为 30℃，其他条件不变，带入计算公式：

$$Q_C = m_w c_w (t_h - t_c)$$

则 $\qquad Q_C = (300/3600) \times 4.18 \times (50 - 30) = 6.97(kW)$

查 R22 压缩机的数据表，目前这个功率级别的空气能热泵，一般选择全封闭涡旋式压缩机，参考本书第三章表 3-6 选择 E 型压缩机。 它在冷凝温度 54.4℃，蒸发温度 −1.1℃时，低温热源吸热量是 7.58kW，输入功率在 2.61～3.4kW 之间，蒸发温度在 7.58～11.18℃之间。 此时热泵的输入功率为：

$$W_m = 2.61 + 11.18 \times \left[\frac{3.4 - 2.61}{7.58 - (-11.18)} \right] = 3.08(kW)$$

参照上面方式，输入功率为：$W_m = 3.08 + 7.58 = 10.66(kW)$

机组的效率： $\qquad COP = \frac{10.66}{3.08} = 3.46$

根据以上估算，得出结论：

① 制热效率没有差别；

② 制热功率可以减小，压缩机、蒸发器和冷凝器可以缩小。

二、一体式空气能热水器的计算

一体式空气能热水器，具有安装方便、易于维修等优点。 它克服了分体式空气能热水器安装复杂、费用高、管道外露、工质容易泄漏等缺点，简化了安装工序、缩短了安装时间。 安装时只要连接冷热水管，插上电源，热泵就可以工作了，有些客户可以自己安装。图 8-3 为该产品的结构图。

考虑到该产品量大面广，为了降低故障率，选用压力比较小的工质 R134a。 随着热泵产品的普及，R134a 的市面供应点也非常多了，所以维修时工质的采购也很方便。 为了发挥热泵的效率，避开热泵的一些缺点，当环境温度（干球温度）在 14℃以上时，热泵工作，当气温降到 14℃以下时，热泵的工作效率已经很低了，改用电加热器加热，这样也不必考虑除霜了。 热泵热水器的故障率比较高，电加热比较可靠。 当热泵出现故障时，电加热还可以保证用户的用水，反之亦然。

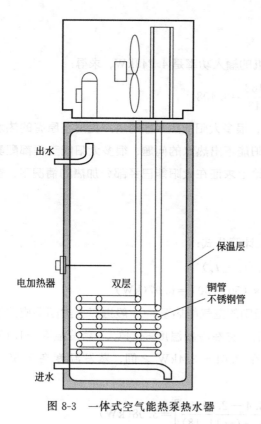

出水

保温层

电加热器　　双层　　铜管
　　　　　　　　　　　不锈钢管

进水

图 8-3　一体式空气能热泵热水器

1. 基本数据

　　① 最低的室外工作温度为 14℃，也就是最恶劣的进蒸发器的空气温度。

　　② 最低的自来水温度 t_c 为 15℃。

　　③ 加热的热水温度 t_h 为 50℃。

　　④ 热水的加工速度为 80L/h。

　　⑤ 蒸发器为翅片管蒸发器。

　　⑥ 工质进蒸发器温度为 3℃。

　　⑦ 工质出蒸发器温度为 5℃。

　　⑧ 空气出蒸发器的温度为 8℃。

　　⑨ 空气进蒸发器的温度为 14℃。

　　⑩ 冷凝式加热器采用盘管式，初步设计盘管的长度为 20m，盘管的直径为 10mm，厚度为 1mm，冷凝温度为 55℃。

　　⑪ 热泵工质为 R134a。

　　⑫ 节流部件采用毛细管减压器。

　　⑬ 电加热器功率为 1500W。

　　⑭ 水箱容量为 150L。

　　这种工况适合 1 匹的家用空气能热水器。

2. 选型计算

　　(1)压缩机的选型计算

$$Q_C = m_w c_w (t_h - t_c)$$

式中　　Q_C——热水加热所需要的热量，kW；

　　　　m_w——热水的产量，kg/s；

　　　　c_w——水的比热容，kJ/(kg·℃)，常压下，15℃水的比热容是 4.18kJ/(kg·℃)。

代入算式为：

$$Q_C = (80/3600) \times 4.18 \times (50-15) = 3.25(kW)$$

　　目前，在这个功率级别的空气能热泵，一般选择转子式压缩机，参考本书第三章表3-4，选择机型 18 的转子式压缩机，它的制热量是 3.93kW，输入功率为 1kW，也就是业内统称的大 1 匹机。

　　被大多数的热泵厂选用的松下压缩机，型号为 H250C6KEBAC2，它的实际数据是，国家标准制热量为 3.93kW，输入功率 1kW。夏季制热量为 4.595kW。冬季制热量为 2.885kW，输入功率 0.845kW。因为冬季最需要热水，所以选型要以冬季制热能力为准。

　　由于很多空气能制造厂选用空调压缩机作为空气能的压缩机，所以要注意各热泵厂的技术参数中制冷量和制热量的区别。制冷量不包括热泵本身的发热量，而热泵的产热量应包括它自身的热量，当然这个过程也有一定的热量损失。可以酌情考虑减去这部分的损失，它大概占热泵输入功率的 20%～40%。

（2）冷凝器的选型计算

已知压缩机的制热量是 4.0kW，采用的是沉浸式冷凝器，查本书第三章表 3-7，典型传热器的经验传热系数表，选定该类形式的传热量为 320W/(m²·℃)，也就是冷凝器的传热量，该技术参数可以在配套时请冷凝器生产厂商提供。

该冷热流体的流动方向为逆对流，对数传热温差的传热公式为：

$$\Delta T_A = T_{HI} - T_{LO}; \quad \Delta T_B = T_{HO} - T_{LI}$$

$$\Delta T_{max} = \max(\Delta T_A, \Delta T_B); \quad \Delta T_{min} = \min(\Delta T_A, \Delta T_B)$$

$$\Delta T_M = \frac{\Delta T_{max} - \Delta T_{min}}{\ln \dfrac{\Delta T_{max}}{\Delta T_{min}}}$$

式中　T_{HI}——热泵工质的冷凝温度，55℃，就是热端工质的进口温度；

　　　T_{HO}——热泵工质的出口温度，50℃，就是热端工质的出口温度；

　　　T_{LI}——热泵热水的初始温度，15℃，就是冷端工质的进口温度；

　　　T_{LO}——热泵热水的最终温度，50℃，就是冷端工质的出口温度。

计算得：

$$\Delta T_A = T_{HI} - T_{LO} = 55 - 50 = 5℃; \quad \Delta T_B = T_{HO} - T_{LI} = 50 - 15 = 35℃$$

$$\Delta T_{max} = \max(\Delta T_A, \Delta T_B) = 35℃; \quad \Delta T_{max} = \min(\Delta T_A, \Delta T_B) = 5℃$$

$$\Delta T_M = \frac{\Delta T_{max} - \Delta T_{min}}{\ln \dfrac{\Delta T_{max}}{\Delta T_{min}}} = \frac{35 - 5}{\ln \dfrac{35}{5}} = 15.42(℃)$$

冷凝器的传热面积为：

$$F_C = \frac{Q_C}{k_C T_M} = \frac{4000}{320 \times 15.42} = 0.810(m^2)$$

盘管长度计算：

$$盘管长度 = \frac{F_C}{\pi D} = \frac{0.810}{3.14 \times 0.010} = 25.79(m)$$

这样，盘管的长度就要 26m，但盘管长度太长又有不利之处，一是增加了产品的重量；二是增加了成本。

建议采用内壁加工的，比如内螺纹的铜管，增大换热系数，可以减少盘管的长度。加大外径使其为 12mm，则管长为 23.67m。外管壁建议为光滑表面或经防垢处理的表面，可以防止污垢的积集，影响传热。

（3）蒸发器的选型计算

一般选用翅片管式蒸发器，考虑到热泵的发热量应是冷凝热量减去热泵本身发热的热量，也就是蒸发器的吸热量，也叫传热量为：

$$Q_E = 3.93 - 1 = 2.93(kW)$$

查第三章表 3-9，取蒸发器的传热系数为 $K_E = 40W/(m^2·℃)$，风速 2.5m。

工质与空气的平均传热温差为：

$$工质与空气的对数传热温差 = \frac{(热流体进口温度 - 冷流体进口温度) - (热流体出口温度 - 冷流体出口温度)}{\ln \dfrac{热流体进口温度 - 冷流体进口温度}{热流体出口温度 - 冷流体出口温度}}$$

$$\Delta t_E = \frac{(t_{HI} - t_{LI}) - (t_{HO} - t_{LO})}{\ln \dfrac{t_{HI} - t_{LI}}{t_{HO} - t_{LO}}} = \frac{(14 - 3) - (8 - 5)}{\ln \dfrac{11}{3}} = \frac{8}{1.299} = 6.158(℃)$$

式中　t_{LI}——工质进蒸发器温度，3℃；

　　　t_{LO}——工质出蒸发器温度，5℃；

　　　t_{HI}——空气进蒸发器的温度，14℃；

　　　t_{HO}——空气出蒸发器的温度，8℃。

得蒸发器的面积计算：

$$F_E = \frac{Q_E}{k_E \Delta t_E} = \frac{2930}{40 \times 6.158} = 11.84(m^2)$$

求得蒸发器的面积为 $11.5 m^2$。

这是按常规顺流换热的方法计算的，但实际上是交叉换热，参考前面第三章的内容，交叉换热的近似计算公式是：

$$\Delta T_M = \Delta T_{HL} - aT_1 - bT_2$$

$$\Delta T_{HL} = T_{HI} - T_{LI}$$

$$\Delta T_H = T_{HI} - T_{HO}$$

$$\Delta T_L = T_{LO} - T_{LI}$$

$$\Delta T_1 = \max(\Delta T_H, \Delta T_L)$$

$$\Delta T_2 = \min(\Delta T_H, \Delta T_L)$$

式中　T_{HI}——蒸发器所处环境温度，14℃，就是热流的进口温度；

　　　T_{HO}——空气出蒸发器温度，8℃，就是热流的出口温度；

　　　T_{LI}——热泵工质蒸发温度，3℃，就是冷流工质的进口温度；

　　　T_{LO}——热泵工质出蒸发器温度，5℃，就是冷流工质的出口温度。

查表 3-8 得：$a = 0.425$，$b = 0.65$

$$\Delta T_{HL} = T_{HI} - T_{LI} = 14 - 3 = 11℃$$

$$\Delta T_H = T_{HI} - T_{HO} = 14 - 8 = 6℃$$

$$\Delta T_L = T_{LO} - T_{LI} = 5 - 3 = 2℃$$

$$\Delta T_1 = \max(\Delta T_H, \Delta T_L) = 6℃$$

$$\Delta T_2 = \min(\Delta T_H, \Delta T_L) = 2℃$$

$$\Delta T_M = \Delta T_{HL} - aT_1 - bT_2 = 11 - 0.425 \times 6 - 0.65 \times 2 = 7.15(℃)$$

蒸发器的面积为：

$$F_E = \frac{Q_E}{k_E \Delta T_M} = \frac{2930}{40 \times 7.15} = 10.25 (\text{m}^2)$$

以上两种算法还是有一定差距的。

以上仅是初步的计算，在实际中蒸发器的各个部位、传热系数都是不一样的，可能面积要稍大一点。由于一体式的空气能热泵的外部形状的限制，必须要选用多层的散热器，因此，蒸发器的确定要与配件厂联系后确定。传热系数的取值见第三章表3-9，风扇的风速要取低值，因为是装在户内的，噪声不能太大，产品最好做一些消噪处理；另外，因产品往往安装在阳台上，应考虑防雨。

(4)减压器的选型计算

目前热泵这个规格的产品比较适合采用毛细管减压器，比较简单，可靠性也高。本产品的工作范围确定在14℃以上的环境温度下，如果超出了这个范围，建议改用应变能力比较好的电子减压器。本产品同时安装了电加热器，当环境温度低于14℃时，热泵将出现结霜的可能性，并且效率也不理想，可能制热温度也达不到用户的要求，所以就直接改用电加热器加热了。这样设计，该产品的适用范围就进一步扩大了。同时，两种加热形式可以互补，因为空气能热水器的故障还是比较多的，在空气能发生故障不能加热时，可以启用电加热，满足用户用水的需求，也减轻了设备维护人员的负担。

已知：

① 蒸发器为翅片蒸发器

取 R134a 在蒸发器出口处的温度为5℃，它的饱和气的焓为401.6kJ/kg；工质的蒸发温度为3℃，其蒸发压力为325.9kPa＝0.3259MPa。

② 空气出蒸发器的温度为8℃。

③ 空气进蒸发器的温度为14℃。

④ 冷凝温度为55℃，取冷凝器出口处的过冷度为8℃，则热泵工质在冷凝器出口处的温度是47℃，饱和液的焓为267kJ/kg，查工质压力为1.221MPa，单位质量的工质流过蒸发器时的吸热量为：

$$H_E = 401.6 - 267 = 134.6 (\text{kJ/kg})$$

可以求得热泵工质的质量流量是：

$$m_R = \frac{Q_E}{H_E} = \frac{2930}{134.6} = 21.77 (\text{g/s}) = 0.02177 \text{kg/s}$$

$$\Delta p = 1.221 - 0.3259 = 0.8951 (\text{MPa})$$

取毛细管内径为

$$D_I = 2.0 \text{mm}$$

对于工质 R134a，毛细管的计算公式如下：

$$L = 16.3 \Delta p D_I (\Delta T_{SC} + 10.25) \left(\frac{1.62 \times 10^{-3} - \dfrac{e}{D_I}}{m_R^2} \right)$$

式中 D_I——毛细管的内径，0.002m；

ΔT_{SC}——工质在毛细管的进口处的过冷度，8℃；

Δp——工质在毛细管进出口的压力差，0.8951MPa；

m_R——工质流过毛细管的质量流量，0.02177kg/s；

$\dfrac{e}{D_I}$——毛细管内壁的相对粗糙度，一般为：$3.2 \times 10^{-4} \sim 3.8 \times 10^{-4}$，无量纲。 取 3.8×10^{-4}。

将数字代入公式得：

$$L = 16.3 \times 0.8951 \times 0.002 \times (8 + 10.25) \times \left(\dfrac{1.62 \times 10^{-3} - 3.8 \times 10^{-4}}{0.02177^2}\right) = 1.393\,(\text{m})$$

如果工质是 R22 时，应选择其他公式计算，公式见第三章毛细管部分。

(5)制热系数(COP)

$$\text{COP} = \dfrac{3.93}{1} = 3.93$$

第二节
其他用途空气能热泵的计算

一、空气能热泵暖气机的计算

某地最低气温 $-15℃$，要求设计一个用于采暖的空气能热水器。 根据北方地区供暖指标，屋内保持温度 $18℃$，本系统适当提高，要求送风温度 $37℃$，回风温度 $21℃$，送风量 $1800\text{m}^2/\text{h}$，设计应满足空气能热泵系统的要求。

1. 确定设计方案

本方案采用翅片管式冷凝器，安装在室内供应暖气；采用翅片管式蒸发器，安装在室外。 从空气中吸收热量。

(1)热量的估算

空气进出室内冷凝器的温度和流量

进冷凝器的空气温度(T_{ACI})为 $21℃$；出冷凝器的空气温度(T_{ACO})为 $37℃$；进出冷凝器的空气流量(m_{AV})为 $1800\text{m}^3/\text{h} = \dfrac{1800}{3600} = 0.5\text{m}^3/\text{s}$。

由此求出空气的平均温度

$$T_{AC} = \dfrac{T_{ACI} + T_{ACO}}{2} = \dfrac{21 + 37}{2} = 29℃$$

查表得，在平均温度下空气的热物性参数为：定压比热容是 $c_{pAC} = 1.005\text{kJ/(kg·K)}$，密度是 $\rho_{AC} = 1.165\text{kg/m}^3$。 求出每秒输出的暖气的空气质量

$$m_{AM} = m_{AV}\rho_{AC} = 0.5 \times 1.165 = 0.5825\,(\text{kg/s})$$

系统所需的制热量

$$Q_N = m_{AM}c_{pAC}(T_{ACO} - T_{ACI}) = 0.5825 \times 1.005 \times (37-21) = 9.3666(kW)$$

考虑到功率不大和后续维护的方便，选用 R22 作为工质。

（2）热力循环参数的确定

工质冷凝温度 T_C 为 45℃，此温度不宜太高，太高将增加它与环境温度的差值，对热泵运行不利；蒸发温度 T_E，由于吸热的环境温度是 -15℃，因此取 T_E 为 -20℃；冷凝器出口处工质温度 T_{3SC} 为 40℃；工质在节流部件前的过冷度 $\Delta T_{SC} = T_C - T_{3SC} = 45-40 = 5$℃；蒸发器出口处的工质温度 T_{1SH} 为 -19℃；工质在蒸发器的出口处的过热度为 $\Delta T_{SH} = T_{1SH} - T_E = (-20) - (-19) = -1$℃。

热泵循环的路线为 $1_{SH} \rightarrow 2_{SH} \rightarrow 2 \rightarrow 3 \rightarrow 3_{SC} \rightarrow 4_{TP} \rightarrow 1 \rightarrow 1_{SH}$，如图 8-4 和图 8-5 所示。

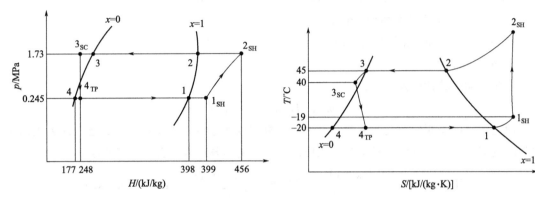

图 8-4　热泵循环在压-焓图上的表示　　　　图 8-5　热泵循环在压-熵图上的表示

2. 各个工况点的参数

（1）工质 R22 冷凝温度为 45℃ 时，它的相关数据如下。

冷凝压力 p_C 为 1.73MPa；饱和液的焓 $H_{CL} = H_3 = 255.3$kJ/kg；饱和液的定压比热容 $c_{pCL} = c_{p3} = 1.379$kJ/(kg·K)；冷凝压力下温度为 40℃ 的过冷液的焓 $H_{3SC} = H_{CL} - c_{pCL}(T_C - T_{3SC}) = 255.3 - 1.379 \times (45-40) = 248.41$kJ/kg。

（2）工质蒸发温度为 -20℃ 时，它的相关数据如下。

蒸发压力 p_E 为 0.245MPa；饱和气的焓 $H_{EV} = H_1 = 398.3$kJ/kg；饱和液的焓 $H_{EL} = H_4 = 177.4$kJ/kg；饱和气的定压比热容 $c_{pEV} = c_{p1} \approx 0.665$kJ/(kg·K)；蒸发压力下温度为 -19℃ 过热气的焓 $H_{1SH} = H_{EV} + c_{pEV}(T_{1SH} - T_E) = 398.3 + 0.665 \times [-19 - (-20)] = 399$kJ/kg。

3. 压缩机的确定和选型

已知：系统所需的制热量 $Q_N = 9.3666$(kW)，由于低温运行，选用目前比较流行的美国艾默生-谷轮公司出品的 ZW61KS 喷气增焓压缩机。

在蒸发温度为 -15℃、冷凝温度为 45℃ 时，功率 $P_W = 3.674$kW，制热量是 12.2kW。

低温 -15℃ 热源的吸热量，$Q_E = 12.2 - 3.674 = 8.526$(kW)。

总吸热量：

最终的有效制热量为 $Q_C = Q_E + p_W - Q_L = 8.526 + 3.674 - 0.5 = 11.7(kW)$

式中　Q_L——机组的热损失，0.5kW。

总体制热量大于计算热量 $Q_N = 9.3666kW$，有一定的余量。在实际精确计算时，应查证厂家该型号压缩机在 Q_N 值热量下的实际功率值 P_W，一般在曲线图上才能大致确定，然后带入 Q_C 公式求出总吸热量，本书考虑篇幅给予简化。

热泵中工质的流量为

$$m_{RM} = \frac{Q_E}{H_{1SH} - H_{3SC}} = \frac{8.526}{399 - 248.41} = 0.05662(kg/s)$$

压缩机表面的热损失为：

$$Q_{LC} = a_{COM} F_{COM} (T_{COM} - T_{SUR}) \approx 10 \times 0.5 \times [85 - (-10)] = 475(W)$$

式中　a_{COM}——环境空气与压缩机表面之间的换热系数，$W/(m^2 \cdot ℃)$；

F_{COM}——压缩机表面面积，m^2；

T_{COM}——压缩机表面温度，℃；

T_{SUR}——环境空气的平均温度，这里选 $-10℃$。

压缩机功率的计算公式为：

$$P_W = m_{RM}(H_{2SH} - H_{1SH}) + Q_{LC}$$

通过能量平衡原理，也就是功率等于压缩机的输气量乘以压缩机出口的焓值减去进口过热气的焓值，再加上压缩机表面的散热值，经公式变换得到压缩机出口气的焓值：

$$H_{2SH} = H_{1SH} + \frac{P_W - Q_{LC}}{m_{RM}} = 399 + \frac{3.674 - 0.475}{0.0566} = 455.52(kJ/kg)$$

由工质在45℃时冷凝压力 $p_C = 1.73MPa$，查 R22 过热蒸气的热力性质表，工质的相应温度为 $H_{2SH} = 87℃$，也就是压缩机的排气温度。查该机型的压缩机最高承受温度为115℃，这个温度（一般的）下压缩机是可以正常工作的。

以上基本上满足设计的要求，再加上选用的压缩机为喷气增焓压缩机，运行更为稳定。

4. 节流原件的确定

这种低温且高温差的情况下，要求减压阀的调压范围要大，因此要采用电子调压阀。查本书第三章表 3-13 得，选用三花牌 DPF-3.2 型号的电子减压阀，它的标称容量是14.1kW，对应热泵的输入功率是 4.0kW；也可以选用三花公司为艾默生-谷轮公司特制的减压阀，具体可以参考相关的技术资料。

5. 冷凝器的确定

安装在室内的蒸发翅片管式冷凝器，它的工作环境比较好，温度变化也不大，不会出现结霜等现象，所以片距和管道都已经形成固定的尺寸，配套时只要了解它的传热能力和面积就行了，所以没有必要对它作详细的计算。

已知：

工质冷凝温度 T_C 为45℃，热流体的进口温度；进冷凝器的空气温度 T_{ACI} 为21℃，冷流体的进口温度；出冷凝器的空气温度 T_{ACO} 为37℃，冷流体的出口温度；冷凝器出口处工质温度 T_{3SC} 为40℃，热流体的出口温度。

工质与空气的对数传热温差为：（采用顺流对数传热公式计算）

工质与空气的对数传热温差 = $\dfrac{(热流体进口温度-冷流体进口温度)-(热流体出口温度-冷流体出口温度)}{\ln\dfrac{热流体进口温度-冷流体进口温度}{热流体出口温度-冷流体出口温度}}$

$$\Delta T_{EN}=\frac{\Delta T_{max}-\Delta T_{min}}{\ln\dfrac{\Delta T_{max}}{\Delta T_{min}}}=\frac{(T_C-T_{ACI})-(T_{3SC}-T_{ACO})}{\ln\dfrac{T_C-T_{ACI}}{T_{3SC}-T_{ACO}}}=\frac{24-3}{\ln\dfrac{24}{3}}=\frac{21}{2.0794}=10.1(℃)$$

查第三章表 3-7 得翅片管式空气冷凝器的传热系数

$$k_c=35W/(m^2\cdot℃)$$

求供暖翅片管式冷凝器的面积：

$$F_C=\frac{Q_C}{k_c\Delta T_{EN}}=\frac{11700}{35\times10.1}=33.09(m^2)$$

6. 蒸发器的确定

对于热泵来讲，蒸发器的选用存在比较多的变数，主要是因为存在蒸发器结霜的问题。翅片距离大，结霜的可能性小，但蒸发器的面积就变大了，反之则相反。所以蒸发器尺寸的确定是需要经过计算的。

采用的蒸发器尺寸比翅片管式冷凝器的尺寸要大一些。其结构如图 8-6 所示。

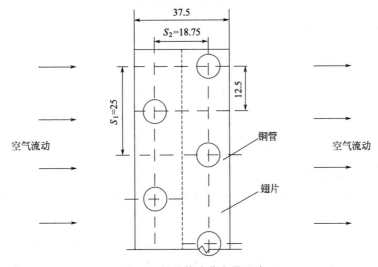

图 8-6　翅片管式蒸发器尺寸

图中基管为铜管，规格为 $\Phi9.52\times0.35mm$，外径 $D_O=9.52mm$，壁厚 $\delta_T=0.35mm$，近似按正三角形，沿空气流动方向交错排列，前后管中心距（排间距）$S_2=18.75mm$，上下管中心距 $S_1=25mm$，翅片厚度 $\delta_F=0.15mm$，翅片间距 $S_F=1.75mm$。

空气在蒸发器进口处的干球温度 $T_{AEI}=-15℃$，在蒸发器出口处的干球温度是 $T_{AEO}=-18℃$。蒸发器的传热负荷 $Q_E=8.526kW$。

（1）结构参数的计算

基管复合外径：为了计算方便，将铜管和翅片看成一个整体，统一计算。

$$D_B=D_O+2\delta_F=9.52+2\times0.15=9.82(mm)$$

基管内径：
$$D_I = D_O - 2\delta_T = 9.52 - 2 \times 0.35 = 8.82 (\text{mm})$$

基管中间界面的直径：
$$D_M = D_O - \delta_T = 9.52 - 0.35 = 9.17 (\text{mm})$$

为了计算方便，要先算出 1m 长的铜管和翅片的相关数据，我们称为一个基本的计算单位。

1m 长的基管外表面积，也就是基管实际面积扣除翅片厚度的面积：

$$A_B = \pi D_B (S_F - \delta_F) \frac{1000}{S_F} = 3.14 \times 9.82 \times (1.75 - 0.15) \times 10^{-6} \times \frac{1000}{1.75} = 0.028192$$

(m^2)，这里全部的计算尺寸单位都为米。$\frac{1000}{S_F}$ 是在 1m 长度里基本计算单位的数量（几段）。

1m 长基管外翅片的表面积：

$$A_F = 2\left(S_1 S_2 - \frac{\pi D_B^2}{4}\right)\frac{1000}{S_F} = 2 \times \left(25 \times 18.75 - \frac{3.14 \times 9.82^2}{4}\right) \times 10^{-6} \times \frac{1000}{1.75} = 0.449201 (\text{m}^2)$$

1m 长的基管总的外表面积：
$$A_{OF} = A_B + A_F = 0.028192 + 0.449201 = 0.477393 (\text{m}^2)$$

1m 长的基管内壁表面积：
$$A_I = \pi D_I \times 1 = 3.14 \times 8.82 \times 10^{-3} \times 1 = 0.027695 (\text{m}^2)$$

1m 长基管中间界面的面积：
$$A_M = \pi D_M \times 1 = 3.14 \times 9.17 \times 10^{-3} \times 1 = 0.0287938 (\text{m}^2)$$

求出翅片内外表面之比，即肋化系数：
$$\beta = \frac{A_{OF}}{A_I} = \frac{0.477393}{0.027695} = 17.24$$

(2)空气循环流量的计算

从上面的内容可知，空气中含有水分，尽管在温度比较低的时候也是这样。水分的含量用湿度来表示。

查京津唐地区冬天最低温度为 −15℃ 时，空气湿度为 45% 左右。这些水分在碰到温度低的翅片时将发生相变，由水蒸气变成水，这时将放出热量。我们计算蒸发器的吸热量时，应该将这部分热量计算进去。计算之前必须先得到空气中水蒸气的含量 d 和水蒸气的焓 H 的相关数据。

已知：空气进蒸发器的空气的状态为（我们设定）：

$T_{AEI} = -15℃$，湿度为 45%，湿球温度 $T_{AEIW} = -16.3℃$，

水蒸气含量为 d_1，干空气的焓为 H_1，查附录二表4、表5得，湿球温度 −16℃ 时，定压比热容 $c_p = 1.009 \text{kJ/kg}$

$$d_1 = 0.0005 \text{kg/kg}$$

代入计算公式：

$$H_1 = H_g + xH_q$$
$$= 1.009T_{AEIW} + x(2500 + 1.84T_{AEIW})$$
$$= 1.009 \times (-16.3) + 0.0005 \times [2500 + 1.84 \times (-16.3)]$$
$$= -16.447 + 1.235$$
$$= -15.212 [kJ/kg(干空气)](参见第二章第五节)$$

空气出蒸发器的状态：

$T_{AEO} = -18℃$，湿度 25%，湿球温度 $T_{AEOW} = -19.3℃$，
水蒸气含量为 d_2，干空气的焓为 H_2，查表得

$$d_2 = 0.0002kg/kg（干空气）$$

$$H_2 = H_g + xH_q$$
$$= 1.009T_{AEIW} + x(2500 + 1.84T_{AEIW})$$
$$= 1.009 \times (-19.3) + 0.0002 \times [2500 + 1.84 \times (-19.3)]$$
$$= -19.4737 + 0.4928$$
$$= -18.98$$

图 8-7 表示空气流过蒸发器的状态：

进蒸发器的温度是 $-15℃$，出蒸发器的
温度是 $-18℃$，它们在焓湿图上的连线与它
们的饱和曲线图相交于 L 点，温度 $T_S =$
$-22℃$。它的湿球温度估值为 $-23.5℃$，用
外插值法求出它们的焓值的对数平均值。

$d_1 = 0.0005g(水蒸气)/kg(干空气)$，
　　$H_1 = -15.212kJ/kg(干空气)$
$d_2 = 0.0002g(水蒸气)/kg(干空气)$
　　$H_2 = -18.98kJ/kg(干空气)$

$$H_s = H_g + xH_q$$
$$= 1.009T_{AEIW} + x(2500 + 1.84T_{AEIW})$$
$$= 1.009 \times (-23.5) + 0.00013 \times [2500 + 1.84 \times (-23.5)]$$
$$= -23.71 + 0.319$$
$$= -23.39kJ/kg(干空气)$$

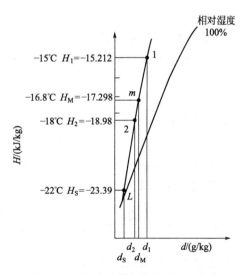

图 8-7　空气流过蒸发器的焓—湿状态

$$d_S = 0.00013g(水蒸气)/kg(干空气)$$

$$H_S = -23.39kJ/kg(干空气)$$

求出进、出蒸发器的空气的焓值的对数平均值

$$H_M = H_S + \frac{H_1 - H_2}{\ln\dfrac{H_1 - H_S}{H_2 - H_S}}$$

$$= -23.39 + \frac{-15.212 - (-18.98)}{\ln\dfrac{-15.212 - (-23.39)}{-18.98 - (-23.39)}}$$

$$= -23.39 + \frac{3.768}{\ln\dfrac{8.178}{4.41}}$$

$$= -17.298 \, [\text{kJ/kg}(\text{干空气})]$$

进而在坐标上求得：

$$d_M = 0.00028\text{g}(\text{水蒸气})/\text{kg}(\text{干空气}) \quad T_M = -16.8\text{℃}$$

空气流过蒸发器时因温度降至低于进口温度的露点，产生结露，有液态水析出，析显系数由如下公式求出：

$$C_{XS} = 1.0 + 2.48\frac{d_M - d_S}{T_M - T_S} = 1.0 + 2.48 \times \frac{0.00028 - 0.00013}{-16.8 - (-22)} = 1.0072$$

查干空气密度表 ρ_{AE} 为 1.3685kg/m^3，但由于湿空气密度略小于干空气，所以取 1.368kg/m^3，

$$\rho_{AE} = 1.368\text{kg/m}^3 。$$

（3）求蒸发器的换热系数

空气在平均温度为 -16.5℃ 时，它的运动黏度：

$$v_{AE} = 11.897 \times 10^{-6}\,\text{m}^2/\text{s}$$

它的热导率：

$$\lambda_{AE} = 0.02308\text{W}/(\text{m} \cdot \text{K})$$

由于这两个数据比较难得到，这里用干空气的相关数值代替。

则空气的循环量为：

$$m_{AEV} = \frac{Q_E}{\rho_{AE}(H_1 - H_2)} = \frac{8.526 \times 3600}{1.368 \times [-15.212 - (-18.98)]} = 5954.58(\text{m}^3/\text{h})$$

在垂直于空气流动方向，前、后基管中心间的距离：

$$S_{1B} = \frac{S_1}{2} = 12.5(\text{mm})$$

取迎面风速：

$$V_{AEO} = 3\text{m/s}$$

最窄面风速：

$$V_{AE\,max} = V_{AEO}\frac{S_F S_{1B}}{(S_F - \delta_F)(S_{1B} - D_B)} = \frac{1.75 \times 12.5}{(1.75 - 0.15) \times (12.5 - 9.82)} = 5.10(\text{m/s})$$

翅片间空气通道的当量直径：

$$D_{EE} = \frac{2(S_1 - D_B)(S_F - \delta_F)}{(S_1 - D_B) + (S_F - \delta_F)} = \frac{2 \times (25 - 9.82) \times [1.75 - (-0.75)]}{(25 - 9.82) + [1.75 - (-0.75)]} = 4.29(mm)$$

空气在翅片间流动的雷诺数为：

$$R_{eAE} = \frac{V_{AE\,max}D_{EE}}{v_{AE}} = \frac{5.10 \times 4.29 \times 10^{-3}}{11.897 \times 10^{-6}} = 1839$$

初取沿空气流动方向的管排数为 $N_L = 12$，则翅片沿空气流动方向的长度，也就是翅片的厚度为：

$$L_E = N_L S_2 = 12 \times 18.75 \times 10^{-3} = 0.225(m)$$

无析湿空气的对流换热系数为：

$$\alpha_{AED} = 0.205 R_{eAE}^{0.65} \frac{\lambda_{AE}}{S_F} \left(\frac{D_B}{S_F}\right)^{-0.54} \left(\frac{L_E}{S_F}\right)^{-0.14}$$

$$= 0.205 \times 1839^{0.65} \times \frac{0.02308}{1.75 \times 10^{-3}} \times \left(\frac{9.82}{1.75}\right)^{-0.54} \times \left(\frac{225}{1.75}\right)^{-0.14}$$

$$= 71.74\ [W/(m^2 \cdot K)]$$

如果出现水分析出，则应修正得出的最终换热系数 α_{AE}。由于本题考虑在 $-15℃$ 的环境下，空气湿度仍然有 45%，尽管这些空气中的含水量已经很小，但为了内容的完整，还是做了修正，在实际计算中，可以省略，不必考虑湿空气的因数。

$$\alpha_{AE} = C_{xsa} \alpha_{AED} = 1.0072 \alpha_{AED} = 1.0072 \times 71.74 = 71.98\ [W/(m^2 \cdot K)]$$

（4）求翅片管的效率

翅片管的材料为铝片，热导率为：

$$\lambda_F = 236 W/(m \cdot K)$$

翅片的形状参数为：

$$m_E = \left(\frac{2\alpha_{AE}}{\lambda_F \delta_F}\right)^{0.5} = \left(\frac{2 \times 71.98}{236 \times 0.15 \times 10^{-3}}\right)^{0.5} = 63.77(m^{-1})$$

翅片管束按正三角形排列时，其单管外六边形的长短边之比 $\frac{A}{B} = 1$，因此得

$$P_E = 1.27\left(\frac{S_1}{D_B}\right)\left(\frac{A}{B} - 0.3\right)^{0.5} = 1.27 \times \left(\frac{25}{9.82}\right) \times (1 - 0.3)^{0.5} = 2.7$$

翅片当量高度为：

$$H_{EE} = 0.5 D_B (P_E - 1)(1 + 0.35 \ln P_E)$$

$$= 0.5 \times 9.82 \times (2.7 - 1) \times (1 + 0.35 \times \ln 2.7)$$

$$= 11.25(mm)$$

翅片效率为：

$$\eta_F = \frac{th(m_E H_{EE})}{m_E H_{EE}} = \frac{th(63.77 \times 11.25 \times 10^{-3})}{63.77 \times 11.25 \times 10^{-3}} = \frac{th0.7174}{0.7174} = \frac{0.7182}{0.9039} = 0.8577$$

代入求双曲函数公式

$$th(X) = \frac{e^X - e^{-X}}{e^X + e^{-X}} = \frac{e^{0.7174} - e^{-0.7174}}{e^{0.7174} + e^{-0.7174}} = 0.6153$$

翅片管表面的效率为：

$$\eta_{EO} = \frac{A_F \eta_F + A_B}{A_F + A_B} = \frac{0.449201 \times 0.8577 + 0.028192}{0.449201 + 0.028192} = 0.8661$$

（5）求 R22 在管内的换热系数

设定：R22 在蒸发器入口处的流速为：

$$V_{REI} = 0.13 \text{m/s}$$

工质在蒸发器出口处的干度为：

$$X_{REO} = 1.0$$

则工质在管内沸腾的换热系数为：

$$\alpha_{RE} = 2470 V_{REI}^{0.47} = 2479 \times 0.13^{0.47} = 947 \ [\text{W/(m}^2 \cdot \text{K})]$$

（6）求蒸发器的传热系数

管壁热阻很小可以忽略不计，管外翅片侧热阻随着灰尘的黏附加大，难以确定，这里暂时不计，可以在最后吸热面积确定后适当加大面积。

取管内的工质侧污垢热阻为：

$$R_{TRE} = 0.008 (\text{m}^2 \cdot \text{K})/\text{W}$$

管壁导热热阻和管外空气侧污垢热阻忽略不计，蒸发器基于管外表面积的传热热阻为：

$$R_{TEO} = \frac{1}{\alpha_{AE} \eta_{EO}} + R_{TRE} + \frac{\beta}{\alpha_{RE}} = \frac{1}{71.98 \times 0.8661} + 0.008 + \frac{17.24}{947} = 0.0417 \ [(\text{m}^2 \cdot \text{K})/\text{W}]$$

基于管外表面积的传热系数为

$$k_{EO} = \frac{1}{R_{TEO}} = \frac{1}{0.0417} = 23.98 \ [\text{W/(m}^2 \cdot \text{K})]$$

（7）平均传热温差计算

蒸发器的对数平均传热温差（采用顺流对数传热公式计算）。

此时，冷流体：蒸发温度 T_E 由于吸热环境温度是 -15℃，因此取 $T_E = -20$℃，工质进蒸发器的温度；蒸发器出口处的工质温度（T_{1SH}）-19℃。

热流体：空气进蒸发器的状态 T_{AEI} 为 -15℃；空气出蒸发器的状态 T_{AEO} 为 -18℃。

$$\Delta T_{EM} = \frac{(T_{AEI} - T_E) - (T_{AEO} - T_{1SH})}{\ln \dfrac{T_{AEI} - T_E}{T_{AEO} - T_{1SH}}}$$

$$= \frac{[-15 - (-20)] - [-18 - (-19)]}{\ln \dfrac{-15 - (-20)}{-18 - (-19)}}$$

$$= \frac{5 - 1}{\ln \dfrac{5}{1}} = 2.485 (℃)$$

（8）传热面积计算

基于空气传热面积为：

$$F_{OF} = \frac{Q_E}{k_{EO} \Delta T_{EM}} = \frac{8526}{23.98 \times 2.485} = 143.08(\text{m}^2)$$

求得翅片的总长度为：

$$L_T = \frac{F_{OF}}{A_{OF}} = \frac{143.08}{0.477393} = 299.71(\text{m})$$

（9）蒸发器的尺寸计算

设定迎面风速 V_{AEO} 为 3m/s，风量已求出：$m_{AEV} = 5954.58\text{m}^3/\text{h}$。

$$F_{EY} = \frac{m_{AEV}}{V_{AEO}} = \frac{5954.58}{3 \times 3600} = 0.5514(\text{m}^2)$$

迎风面的排管数 $N_H = 30$ 排，蒸发器的高度为：

$$H_E = N_H \times S_1 = 30 \times 25 \times 10^{-3} = 0.75(\text{m})$$

蒸发器的宽度为：

$$B_E = \frac{F_{EY}}{H_E} = \frac{0.5514}{0.75} = 0.7352(\text{m})$$

每排翅片管的总长度：

$$L_P = N_H \times B_E = 30 \times 0.7352 = 22.056(\text{m})$$

蒸发器的空气流动方向管的排数是：

$$N_L = \frac{L_T}{L_P} = \frac{299.71}{22.056} = 13.59 \approx 13(\text{排})$$

与前面设定的 $N_L = 12$（排）相近，计算基本合理。由于本机的制热功率富余量较大，所以确定为 12 排。

蒸发器沿空气流动方向的长度（厚度）：

$$L_T = N_L S_2 = 12 \times 18.75 = 0.225(\text{m})$$

蒸发器的尺寸为：

宽×高×厚＝0.735m×0.75m×0.225m

一般相同功率、结构和尺寸的纯空气能热水器，它的蒸发器体积为 0.06m³ 左右，但在低温情况下，由于水蒸气的相变热极少，加上温度低于 −20℃，机器工作环境将进入极端状态，蒸发温度不能再低了。因此蒸发温度和环境温度（进风空气温度）只能差 5℃，这样蒸发器的体积将达到 0.12m³ 左右。由于蒸发器的排数太多，造成风阻很大，所以一些厂家将蒸发器拆成两块，由 2 个风扇提供相等的风量，以保证换热效果。如图 8-8 所示。

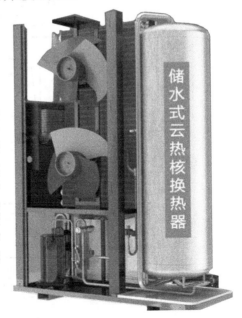

图 8-8　双排风扇布局的蒸发器

该台产品的效率为：

$$\text{COP} = \frac{Q_C}{P_W} = \frac{12.2}{3.674} = 3.32$$

在实际工作中，由于环境温度低，机器热损失较大，一般在 2.2 左右。美国谷轮的专用压缩机可能会高一点。

二、家用热泵干衣机设计

热泵干衣机可以充分发挥热泵的优点，达到节能目的，因此这里对它做一个简单设计。

1. 基本数据

被干燥物为衣物，重量为 5kg，由于已被甩干或是拧干了，含水量设为衣物重量的 80%，干燥后的衣物含水量为 10%，进入干燥器的空气温度为 45℃，出干燥器的空气温度为 40℃，衣物(纺织品)的比热容为 1.34kJ/(kg·℃)，外部平均环境温度为 15℃，空气相对湿度为 60%。设备采用多次循环、逐步干燥的方式进行，热泵选用 300W 左右的活塞式或旋转热泵，气流的速度为 2m/s；在启动阶段，利用热泵加热和电加热作为初始热源，不断循环，回收热量，直到温度到达 45℃ 为止，整个标准干燥时间为 4h 左右。

对设备的运行状态做一个初步的设定：进蒸发器的湿空气温度为 38℃，湿度 85%；蒸发器的蒸发温度为 5℃；出蒸发器的工质过热温度为 6℃；出蒸发器的空气温度为 10℃；进冷凝器的气体温度为 11℃，出冷凝器的气体温度为 45℃；冷凝温度为 50℃，工质过冷度为 3℃，即工质出冷凝器的温度为 47℃。

2. 设备流程图

热泵干衣机的工作状态如图 8-9 所示。

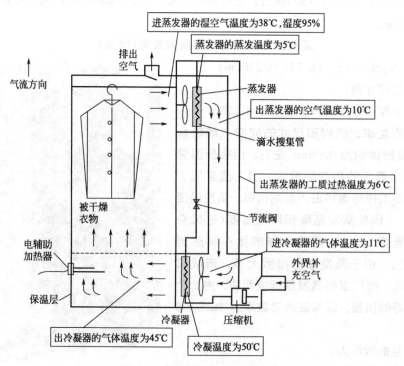

图 8-9 热泵干衣机的工作状态

3. 整个运行过程的计算思路

① 求出衣物在运行初期被加热到45℃所需的热量。

② 求出衣物中的水分要变成45℃的蒸汽需要吸收的热量。

③ 求证：在4h左右，让5kg的湿衣物基本干燥，要选用压缩机的范围，并经过计算验证它能否达到要求。

④ 这些热量经过蒸发器吸收，变成水分析出，它的数量能否和衣物所需要弃除的水分相等，达到干燥的目的。

4. 家用热泵干衣机设计计算

(1)干衣物中的水含量和需要蒸发的水的质量(循环过程的水分蒸发量)

取一般衣物在湿度60%、干衣物的含水量为10%时为舒适穿着标准。

$$W_{SOUT} = W_S - W_Y \times 10\% = 4 - 5 \times 10\% = 3.5(kg)$$

式中　W_Y——衣物的重量，5kg；

W_S——衣物中的含水量，$W_S = W_Y \times 80\% = 4(kg)$；

W_{SOUT}——衣物中所需要去除的水量。

去掉水分的干衣物中水的重量，$W_{YO} = W_Y - W_S = 5 - 4 = 1(kg)$。

(2)衣物从15℃上升到45℃所吸收的热量　取衣服的比热容为：

$$c_Y = 1.34 kJ/kg(由网上相关的资料查得)$$

温差：

$$\Delta t_Y = 45 - 15 = 30(℃)$$

吸收的热量：

$$Q_Y = c_Y W_{YO} \Delta t_Y = 1.34 \times 1 \times 30 = 40.2(kJ)$$

(3)衣服中的水分从15℃上升到45℃所吸收的热量　查表得：15℃水的比热容为：

$$c_S = 4.187 kJ/kg$$

吸收的热量为：

$$Q_{S1} = c_S W_S \Delta t_Y = 4.187 \times 4 \times 30 = 502.44(kJ)$$

(4)衣物中45℃的水相变成45℃的水蒸气所需要的热量

衣物干燥的过程中，水蒸气和干空气一起排出干燥室。但水要变成水蒸气，它是需要吸热的，已知水的相变潜热为：

$$H_S = 2260 kJ/kg$$

水的相变能：

$$Q_{S2} = H_S W_{SOUT} = 2260 \times 3.5 = 7910(kJ)$$

这里可以看到衣物干燥的耗能主要是饱和水变成水蒸气的相变过程。

(5)衣物干燥过程消耗的总能量

干燥气流回转中，沿途的热能损失为总能量的20%。这样可以得出，整套设备工作需求的总能量为：

$$Q_Z = (Q_Y + Q_{S1} + Q_{S2}) \times 120\% = 10143.17(kJ)$$

5. 选择热泵

从经济角度考虑，热泵的功率选择在300W左右为好。

参考网上各热泵的技术数据，先预选广州松下万宝公司的干燥专用热泵。

型号：6TD058EA 压缩机，工质为 R134a，制冷量：615/620W，输入功率：234/252W，在计算中取其大值。

$$Q_L = 620W, \quad Q_C = 252W。$$

求出它的制热量，我们假设在热泵工作中散热损失为 5%，热泵制热量：

$$Q_B = (620 + 252) \times 95\% = 828(W)$$

先求出热泵每小时产生的能量：

$$Q_T = \frac{Q_B \times 3600}{1000} = \frac{828 \times 3600}{1000} = 2981(kJ/h)$$

那么干燥 5kg 的衣物的时间为：

$$T_Z = \frac{Q_Z}{Q_T} = \frac{10143.17}{2981} = 3.4(h)$$

基本达到 4h 左右干燥的时间要求。

6. 确定冷凝器的面积

冷凝器选择翅片式铜管冷凝器，查表得冷凝器的传热系数：

$$k_C = 35W/(m^2 \cdot ℃)$$

工质与干燥气体在冷凝器中的对数传热温差为：

$$\frac{工质与干燥气体的}{对数传热温差} = \frac{(热流体进口温度 - 冷流体进口温度) - (热流体出口温度 - 冷流体出口温度)}{\ln \dfrac{热流体进口温度 - 冷流体进口温度}{热流体出口温度 - 冷流体出口温度}}$$

$$\Delta t_L = \frac{\Delta t_{max} - \Delta t_{min}}{\ln \dfrac{\Delta t_{max}}{\Delta t_{min}}} = \frac{(50-11) - (47-45)}{\ln \dfrac{39}{2}} = 12.456 \ (℃)$$

这时就可以求出冷凝器的面积：

$$F_L = \frac{Q_B}{k_C \Delta t_L} = \frac{828}{35 \times 12.456} = 1.899 \ (m^2)$$

7. 确定蒸发器的面积

蒸发器同样选择翅片式铜管冷凝器，查表得传热系数：

$$k_C = 35W/(m^2 \cdot ℃)$$

工质与湿热的干燥气体在蒸发器中的对数传热温差为：

$$\Delta t_Z = \frac{\Delta t_{max} - \Delta t_{min}}{\ln \dfrac{\Delta t_{max}}{\Delta t_{min}}} = \frac{(38-5) - (10-6)}{\ln \dfrac{33}{4}} = 13.74(℃)$$

这时就可以求出蒸发器的面积：

$$F_Z = \frac{Q_C}{k_C \Delta t_Z} = \frac{620}{35 \times 13.74} = 1.29(m^2)$$

8. 毛细管长度的计算

取毛细管内径为：

$$D_I = 0.3mm$$

对于 134a，毛细管的计算公式如下：

$$L = 16.3 \Delta P D_{I} (\Delta T_{SC} + 10.25) \left(\frac{1.62 \times 10^{-3} - \dfrac{e}{D_{I}}}{m_{R}^{2}} \right)$$

式中　D_{I}——毛细管的内径，0.3mm＝0.0003m；

　　ΔT_{SC}——工质在毛细管的进口处的过冷度，3℃；

　　ΔP——工质在毛细管进出口的压力差。

进毛细管的温度为：

冷凝温度－过冷度＝50－3＝47℃，由于经过一段管道，查得此温度下工质 R134a 的蒸发压力为 1.221MPa。

工质进蒸发器的温度为 5℃。查得工质的压力为 0.3495MPa，则：

$$\Delta p = 1.221 - 0.3495 = 0.8715 \text{(MPa)}$$

单位质量的工质流过蒸发器时的吸热量为：

工质出蒸发器的温度为 6℃，查得它的饱和蒸气的焓值为 402.1kJ/kg；

工质出冷凝器的温度为 47℃，查得它的饱和液的焓值为 267kJ/kg。

$$H_{E} = 402.1 - 267 = 135.1 \text{(kJ/kg)} = 135.1 \text{(J/g)}$$

可以求得热泵工质的质量流量：

$$m_{R} = \frac{Q_{L}}{H_{E}} = \frac{620}{135.1} = 4.59 \text{(g/s)} = 0.00459 \text{(kg/s)}$$

式中　m_{R}——工质流过毛细管的质量流量，0.00459kg/s；

　　$\dfrac{e}{D_{I}}$——毛细管内壁的相对粗糙度，一般为 $3.2 \times 10^{-4} \sim 3.8 \times 10^{-4}$，无量纲，取

　　　　3.8×10^{-4}。

将数字代入公式得：

$$L = 16.3 \times 0.8715 \times 0.0003 \times (3 + 10.25) \times \frac{1.62 \times 10^{-3} - 3.8 \times 10^{-4}}{0.00459^{2}} = 3.23 \text{(m)}$$

求得毛细管的长度为 3.23m 左右。实际对于小功率热泵，管道细，压降较大，实际计算相差较大，可参考第三章第四节内容，用实验法来决定。

这只是初步试算的结果，具体的要经多次修正才可得到比较理想的数据。

在北方雾霾的情况下，干衣机是一个比较好的家用电器。

本例由获得国家专利的同行提供。

总结：本章例题演算的目的是帮助读者进一步熟悉热泵产品，了解热泵的机理，更好地维护、维修及指导热泵产品的生产、热泵工程的施工，当然也可以作为热泵新产品初步设计的参考。实际中以上热泵产品的热交换过程是渐进的，换热介质的温度是变化的，不可能像本章例题所示一次就完成全部热交换。热泵产品的精确计算比较复杂、繁琐，工作量比较大，最好借助于数学模型、计算软件进行设计，天津科技大学机械学院已经初步完成了热泵精确设计的电脑设计程序。

附　　录

附录一　热泵工质表

表 1　R22 饱和气与饱和液的热力性质

t/℃	p/kPa	V/(m³/kg) 10³VL	V/(m³/kg) Vv	H/(kJ/kg) HL	H/(kJ/kg) Hv	S/[kJ/(kg·K)] SL	S/[kJ/(kg·K)] Sv	t/℃	p/kPa	V/(m³/kg) 10³VL	V/(m³/kg) Vv	H/(kJ/kg) HL	H/(kJ/kg) Hv	S/[kJ/(kg·K)] SL	S/[kJ/(kg·K)] Sv
−30	163.8	0.7285	0.1362	166.4	393.8	0.8707	1.806	21	936.8	0.8302	0.02540	224.9	413.3	1.087	1.727
−29	170.8	0.7300	0.1309	167.5	394.3	0.8751	1.804	22	963.1	0.8328	0.02470	226.1	413.6	1.091	1.726
−28	178.0	0.7316	0.1259	168.6	394.8	0.8796	1.802	23	990.0	0.8355	0.02402	227.4	413.9	1.095	1.725
−27	185.5	0.7332	0.1211	169.7	395.2	0.8840	1.800	24	1017	0.8382	0.02336	228.6	414.1	1.099	1.723
−26	193.3	0.7348	0.1166	170.8	395.7	0.8884	1.798	25	1045	0.8410	0.02273	229.8	414.4	1.103	1.722
−25	201.2	0.7364	0.1122	171.9	396.1	0.8928	1.797	26	1074	0.8438	0.02211	231.0	414.6	1.107	1.721
−24	209.5	0.7380	0.1081	172.9	396.6	0.8972	1.795	27	1103	0.8466	0.02151	232.3	414.9	1.111	1.719
−23	218.0	0.7396	0.1041	174.1	397.0	0.9016	1.793	28	1133	0.8495	0.02093	233.5	415.1	1.115	1.718
−22	226.7	0.7413	0.1003	175.2	397.5	0.9060	1.791	29	1163	0.8524	0.02037	234.8	415.3	1.119	1.717
−21	235.7	0.7430	0.09667	176.3	397.9	0.9103	1.789	30	1194	0.8554	0.01983	236.0	415.6	1.123	1.715
−20	245.0	0.7446	0.09320	177.4	398.3	0.9147	1.788	31	1226	0.8584	0.01930	237.3	415.8	1.127	1.714
−19	254.6	0.7463	0.08988	178.5	398.8	0.9191	1.786	32	1258	0.8614	0.01879	238.5	416.0	1.131	1.713
−18	264.5	0.7480	0.08671	179.6	399.2	0.9234	1.784	33	1290	0.8645	0.01830	239.8	416.2	1.135	1.711
−17	274.7	0.7497	0.08367	180.7	399.6	0.9277	1.782	34	1324	0.8677	0.01782	241.1	416.4	1.139	1.710
−16	285.1	0.7515	0.08075	181.8	400.1	0.9320	1.781	35	1358	0.8709	0.01735	242.3	416.6	1.143	1.709
−15	295.9	0.7532	0.07796	182.9	400.5	0.9363	1.779	36	1392	0.8741	0.01690	243.6	416.8	1.147	1.707
−14	307.0	0.7550	0.07529	184.1	400.9	0.9406	1.777	37	1428	0.8774	0.01646	244.9	416.9	1.151	1.706
−13	318.3	0.7568	0.07273	185.2	401.3	0.9449	1.776	38	1464	0.8808	0.01603	246.2	417.1	1.155	1.705
−12	330.0	0.7586	0.07027	186.3	401.8	0.9492	1.774	39	1500	0.8842	0.01562	247.5	417.3	1.159	1.703
−11	342.1	0.7604	0.06791	187.4	402.2	0.9535	1.773	40	1538	0.8877	0.01522	248.8	417.4	1.163	1.702
−10	354.4	0.7622	0.06565	188.6	402.6	0.9578	1.771	41	1575	0.8912	0.01482	250.1	417.6	1.167	1.701
−9	367.1	0.7641	0.06347	189.7	403.0	0.9620	1.769	42	1614	0.8948	0.01445	251.4	417.7	1.172	1.699
−8	380.2	0.7660	0.06139	190.8	403.4	0.9663	1.768	43	1653	0.8984	0.01408	252.7	417.8	1.176	1.698
−7	393.6	0.7679	0.05939	192.0	403.8	0.9705	1.766	44	1693	0.9021	0.01372	254.0	418.0	1.180	1.697
−6	407.4	0.7698	0.05746	193.1	404.2	0.9748	1.765	45	1734	0.9059	0.01337	255.3	418.1	1.184	1.695
−5	421.5	0.7717	0.05561	194.3	404.6	0.9790	1.763	46	1775	0.9098	0.01303	256.6	418.2	1.188	1.694
−4	436.0	0.7737	0.05383	195.4	405.0	0.9832	1.762	47	1818	0.9137	0.01270	258.0	418.3	1.192	1.692
−3	450.8	0.7756	0.05212	196.5	405.4	0.9874	1.760	48	1860	0.9177	0.01238	259.3	418.4	1.196	1.691
−2	466.1	0.7776	0.05048	197.7	405.7	0.9916	1.759	49	1904	0.9218	0.01207	260.6	418.4	1.200	1.690
−1	481.7	0.7796	0.04889	198.8	406.1	0.9958	1.757	50	1948	0.9259	0.01176	262.0	418.5	1.204	1.688
0	497.7	0.7817	0.04737	200.0	406.5	1.000	1.756	51	1993	0.9302	0.01147	263.3	418.6	1.208	1.687
1	514.2	0.7837	0.04590	201.2	406.9	1.004	1.755	52	2039	0.9345	0.01118	264.7	418.6	1.212	1.685
2	531.0	0.7858	0.04449	202.3	407.2	1.008	1.753	53	2086	0.9389	0.01090	266.1	418.7	1.216	1.684
3	548.2	0.7879	0.04313	203.5	407.6	1.013	1.752	54	2133	0.9434	0.01063	267.4	418.7	1.220	1.682
4	565.9	0.7900	0.04182	204.6	407.9	1.017	1.750	55	2181	0.9480	0.01036	268.8	418.7	1.224	1.681
5	584.0	0.7922	0.04056	205.8	408.3	1.021	1.749	56	2230	0.9527	0.01011	270.2	418.7	1.228	1.679
6	602.5	0.7943	0.03934	207.0	408.7	1.025	1.747	57	2280	0.9575	0.009854	271.6	418.7	1.232	1.678
7	621.5	0.7965	0.03816	208.2	409.0	1.029	1.746	58	2330	0.9624	0.009608	273.0	418.7	1.236	1.676
8	640.9	0.7987	0.03703	209.3	409.3	1.033	1.745	59	2382	0.9674	0.009369	274.4	418.7	1.241	1.673
9	660.8	0.8010	0.03594	210.5	409.7	1.037	1.743	60	2434	0.9725	0.009136	275.8	418.7	1.245	1.673
10	681.1	0.8033	0.03488	211.7	410.0	1.042	1.742	61	2487	0.9778	0.008909	277.3	418.6	1.249	1.672
11	701.9	0.8056	0.03387	212.9	410.3	1.046	1.741	62	2540	0.9832	0.008687	278.7	418.6	1.253	1.670
12	723.1	0.8079	0.03288	214.1	410.7	1.050	1.739	63	2595	0.9887	0.008471	280.1	418.5	1.257	1.669
13	744.8	0.8102	0.03193	215.3	411.0	1.054	1.738	64	2650	0.9943	0.008260	281.6	418.4	1.261	1.667
14	767.1	0.8126	0.03102	216.5	411.3	1.058	1.736	65	2707	1.000	0.008054	283.0	418.3	1.265	1.665
15	789.8	0.8150	0.03013	217.7	411.6	1.062	1.735	66	2764	1.006	0.007853	284.5	418.2	1.269	1.664
16	813.0	0.8175	0.02927	218.9	411.9	1.066	1.734	67	2822	1.012	0.007657	286.0	418.1	1.274	1.662
17	836.7	0.8200	0.02845	220.1	412.2	1.070	1.732	68	2881	1.018	0.007466	287.5	417.9	1.278	1.660
18	860.9	0.8225	0.02765	221.3	412.5	1.074	1.731	69	2940	1.025	0.007279	289.0	417.8	1.282	1.659
19	885.7	0.8250	0.02687	222.5	412.8	1.078	1.730	70	3001	1.031	0.007097	290.5	417.6	1.286	1.657
20	911.0	0.8276	0.02612	223.7	413.1	1.083	1.728								

注：V_L 为饱和液的比体积；V_V 为饱和气的比体积；H_L 为饱和液的焓；H_V 为饱和气的焓；S_L 为饱和液的熵；S_V 为饱和气的熵。

表2 R22 过热蒸气的热力性质

$p=163.8\text{kPa}$				$p=201.2\text{kPa}$				$p=245.0\text{kPa}$				$p=295.9\text{kPa}$			
$t/℃$	$v/(\text{m}^3/\text{kg})$	$H/(\text{kJ}/\text{kg})$	$S/[\text{kJ}/(\text{kg·K})]$	$t/℃$	$v/(\text{m}^3/\text{kg})$	$H/(\text{kJ}/\text{kg})$	$S/[\text{kJ}/(\text{kg·K})]$	$t/℃$	$v/(\text{m}^3/\text{kg})$	$H/(\text{kJ}/\text{kg})$	$S/[\text{kJ}/(\text{kg·K})]$	$t/℃$	$v/(\text{m}^3/\text{kg})$	$H/(\text{kJ}/\text{kg})$	$S/[\text{kJ}/(\text{kg·K})]$
−30	0.1362	393.8	1.806	−25	0.1123	396.1	1.797	−20	0.09322	398.3	1.788	−15	0.07796	400.5	1.779
−29	0.1368	394.4	1.809	−24	0.1128	396.7	1.799	−19	0.09367	399.0	1.790	−14	0.07833	401.1	1.782
−28	0.1375	395.1	1.811	−23	0.1133	397.4	1.802	−18	0.09412	399.6	1.793	−13	0.07871	401.8	1.784
−27	0.1381	395.7	1.814	−22	0.1138	398.0	1.804	−17	0.09456	400.2	1.795	−12	0.07909	402.4	1.786
−26	0.1387	396.3	1.816	−21	0.1144	398.6	1.806	−16	0.09501	400.9	1.797	−11	0.07946	403.1	1.789
−25	0.1394	396.9	1.818	−20	0.1149	399.2	1.809	−15	0.09545	401.5	1.800	−10	0.07984	403.7	1.791
−24	0.1400	397.5	1.821	−19	0.1154	399.8	1.811	−14	0.09589	402.1	1.802	−9	0.08021	404.3	1.794
−23	0.1407	398.1	1.823	−18	0.1160	400.4	1.814	−13	0.09634	402.7	1.805	−8	0.08059	405.0	1.796
−22	0.1413	398.7	1.826	−17	0.1165	401.1	1.816	−12	0.09678	403.3	1.807	−7	0.08096	405.6	1.799
−21	0.1419	399.3	1.828	−16	0.1170	401.7	1.819	−11	0.09722	404.0	1.810	−6	0.08133	406.3	1.801
−20	0.1426	399.9	1.831	−15	0.1176	402.3	1.821	−10	0.09766	404.6	1.812	−5	0.08171	406.9	1.804
−19	0.1432	400.5	1.833	−14	0.1181	402.9	1.823	−9	0.09810	405.3	1.814	−4	0.08208	407.6	1.806
−18	0.1439	401.2	1.835	−13	0.1186	403.6	1.826	−8	0.09854	405.9	1.817	−3	0.08245	408.2	1.808
−17	0.1445	401.8	1.838	−12	0.1191	404.2	1.828	−7	0.09898	406.6	1.819	−2	0.08282	408.9	1.811
−16	0.1451	402.4	1.840	−11	0.1197	404.8	1.831	−6	0.09942	407.2	1.822	−1	0.08319	409.5	1.813
−15	0.1458	403.0	1.843	−10	0.1202	405.4	1.833	−5	0.09986	407.8	1.824	0	0.08356	410.2	1.815
−14	0.1464	403.6	1.845	−9	0.1207	406.1	1.835	−4	0.1003	408.5	1.826	1	0.08393	410.8	1.818
−13	0.1470	404.2	1.847	−8	0.1212	406.7	1.838	−3	0.1007	409.1	1.829	2	0.08430	411.5	1.820
−12	0.1477	404.9	1.850	−7	0.1218	407.3	1.840	−2	0.1012	409.7	1.831	3	0.08467	412.1	1.823
−11	0.1483	405.5	1.852	−6	0.1223	408.0	1.843	−1	0.1016	410.4	1.834	4	0.08504	412.8	1.825
−10	0.1489	406.1	1.855	−5	0.1228	408.6	1.845	0	0.1020	411.0	1.836	5	0.08540	413.4	1.827
−9	0.1496	406.7	1.857	−4	0.1233	409.2	1.847	1	0.1025	411.7	1.838	6	0.08577	414.1	1.830
−8	0.1502	407.4	1.859	−3	0.1239	409.9	1.850	2	0.1029	412.3	1.841	7	0.08614	414.7	1.832
−7	0.1508	408.0	1.862	−2	0.1244	410.5	1.852	3	0.1034	413.0	1.843	8	0.08650	415.4	1.834
−6	0.1515	408.6	1.864	−1	0.1249	411.1	1.854	4	0.1038	413.6	1.845	9	0.08687	416.0	1.837
−5	0.1521	409.2	1.866	0	0.1254	411.8	1.857	5	0.1042	414.3	1.848	10	0.08724	416.7	1.839
−4	0.1527	409.9	1.869	1	0.1259	412.4	1.859	6	0.1047	414.9	1.850	11	0.08760	417.4	1.841
−3	0.1534	410.5	1.871	2	0.1265	413.1	1.861	7	0.1051	415.6	1.852	12	0.08796	418.0	1.844
−2	0.1540	411.1	1.873	3	0.1270	413.7	1.864	8	0.1055	416.2	1.855	13	0.08833	418.7	1.846
−1	0.1546	411.8	1.876	4	0.1275	414.3	1.866	9	0.1060	416.9	1.857	14	0.08869	419.3	1.848
0	0.1553	412.4	1.878	5	0.1280	415.0	1.868	10	0.1064	417.5	1.859	15	0.08906	420.0	1.851
1	0.1559	413.0	1.880	6	0.1285	415.6	1.871	11	0.1068	418.2	1.861	16	0.08942	420.7	1.853
2	0.1565	413.7	1.883	7	0.1291	416.3	1.873	12	0.1072	418.8	1.864	17	0.08978	421.3	1.855
3	0.1571	414.3	1.885	8	0.1296	416.9	1.875	13	0.1077	419.5	1.866	18	0.09014	422.0	1.857
4	0.1578	414.9	1.887	9	0.1301	417.6	1.878	14	0.1081	420.1	1.868	19	0.09050	422.7	1.860
5	0.1584	415.6	1.890	10	0.1306	418.2	1.880	15	0.1085	420.8	1.871	20	0.09087	423.3	1.862
6	0.1590	416.2	1.892	11	0.1311	418.9	1.882	16	0.1090	421.4	1.873	21	0.09123	424.0	1.864
7	0.1597	416.9	1.894	12	0.1316	419.5	1.884	17	0.1094	422.1	1.875	22	0.09159	424.7	1.867
8	0.1603	417.5	1.896	13	0.1322	420.2	1.887	18	0.1098	422.8	1.877	23	0.09195	425.3	1.869
9	0.1609	418.1	1.899	14	0.1327	420.8	1.889	19	0.1103	423.4	1.880	24	0.09231	426.0	1.871
10	0.1615	418.8	1.901	15	0.1332	421.5	1.891	20	0.1107	424.1	1.882	25	0.09267	426.7	1.873
11	0.1622	419.4	1.903	16	0.1337	422.1	1.893	21	0.1111	424.8	1.884	26	0.09303	427.4	1.876
12	0.1628	420.1	1.906	17	0.1342	422.8	1.896	22	0.1115	425.4	1.887	27	0.09339	428.0	1.878
13	0.1634	420.7	1.908	18	0.1347	423.4	1.898	23	0.1120	426.1	1.889	28	0.09374	428.7	1.880
14	0.1640	421.4	1.910	19	0.1352	424.1	1.900	24	0.1124	426.7	1.891	29	0.09410	429.4	1.882
15	0.1647	422.0	1.912	20	0.1358	424.7	1.902	25	0.1128	427.4	1.893	30	0.09446	430.1	1.885
16	0.1653	422.7	1.915	21	0.1363	425.4	1.905	26	0.1132	428.1	1.895	31	0.09482	430.7	1.887
17	0.1659	423.3	1.917	22	0.1368	426.1	1.907	27	0.1137	428.8	1.898	32	0.09518	431.4	1.889
18	0.1665	424.0	1.919	23	0.1373	426.7	1.909	28	0.1141	429.4	1.900	33	0.09553	432.1	1.891
19	0.1671	424.6	1.921	24	0.1378	427.4	1.911	29	0.1145	430.1	1.902	34	0.09589	432.8	1.893
20	0.1678	425.3	1.924	25	0.1383	428.0	1.914	30	0.1149	430.8	1.904	35	0.09625	433.5	1.896

$p=354.4\text{kPa}$				$p=421.5\text{kPa}$				$p=497.7\text{kPa}$				$p=584.0\text{kPa}$			
$t/℃$	$v/$ $(\text{m}^3$ $/\text{kg})$	$H/$ $(\text{kJ}$ $/\text{kg})$	$S/$ $[\text{kJ}/$ $(\text{kg}\cdot$ $\text{K})]$	$t/℃$	$v/$ $(\text{m}^3$ $/\text{kg})$	$H/$ $(\text{kJ}$ $/\text{kg})$	$S/$ $[\text{kJ}/$ $(\text{kg}\cdot$ $\text{K})]$	$t/℃$	$v/$ $(\text{m}^3$ $/\text{kg})$	$H/$ $(\text{kJ}$ $/\text{kg})$	$S/$ $[\text{kJ}/$ $(\text{kg}\cdot$ $\text{K})]$	$t/℃$	$v/$ $(\text{m}^3$ $/\text{kg})$	$H/$ $(\text{kJ}$ $/\text{kg})$	$S/$ $[\text{kJ}/$ $(\text{kg}\cdot$ $\text{K})]$
−10	0.06565	402.6	1.771	−5	0.05561	404.6	1.763	0	0.04737	406.5	1.756	5	0.04056	408.3	1.749
−9	0.06598	403.2	1.774	−4	0.05589	405.2	1.766	1	0.04762	407.2	1.758	6	0.04077	409.0	1.751
−8	0.06630	403.9	1.776	−3	0.05616	405.9	1.768	2	0.04786	407.9	1.761	7	0.04098	409.7	1.754
−7	0.06662	404.5	1.778	−2	0.05644	406.6	1.771	3	0.04810	408.5	1.763	8	0.04119	410.4	1.756
−6	0.06694	405.2	1.781	−1	0.05672	407.2	1.773	4	0.04834	409.2	1.766	9	0.04141	411.1	1.759
−5	0.06726	405.8	1.783	0	0.05699	407.9	1.776	5	0.04858	409.9	1.768	10	0.04162	411.8	1.761
−4	0.06758	406.5	1.786	1	0.05727	408.6	1.778	6	0.04882	410.6	1.771	11	0.04183	412.5	1.764
−3	0.06790	407.2	1.788	2	0.05754	409.3	1.781	7	0.04906	411.3	1.773	12	0.04204	413.2	1.766
−2	0.06822	407.8	1.791	3	0.05782	409.9	1.783	8	0.04930	412.0	1.776	13	0.04225	413.9	1.769
−1	0.06854	408.5	1.793	4	0.05809	410.6	1.785	9	0.04954	412.6	1.778	14	0.04246	414.6	1.771
0	0.06886	409.1	1.795	5	0.05837	411.3	1.788	10	0.04977	413.3	1.781	15	0.04266	415.3	1.774
1	0.06917	409.8	1.798	6	0.05864	411.9	1.790	11	0.05001	414.0	1.783	16	0.04287	416.0	1.776
2	0.06949	410.4	1.800	7	0.05891	412.6	1.793	12	0.05025	414.7	1.785	17	0.04308	416.7	1.778
3	0.06981	411.1	1.803	8	0.05918	413.3	1.795	13	0.05048	415.4	1.788	18	0.04328	417.4	1.781
4	0.07012	411.8	1.805	9	0.05945	414.0	1.797	14	0.05072	416.1	1.790	19	0.04349	418.1	1.783
5	0.07044	412.4	1.807	10	0.05972	414.6	1.800	15	0.05095	416.8	1.793	20	0.04370	418.8	1.786
6	0.07075	413.1	1.810	11	0.05999	415.3	1.802	16	0.05119	417.4	1.795	21	0.04390	419.5	1.788
7	0.07107	413.8	1.812	12	0.06026	416.0	1.805	17	0.05142	418.1	1.797	22	0.04411	420.2	1.790
8	0.07138	414.4	1.815	13	0.06053	416.7	1.807	18	0.05166	418.8	1.800	23	0.04431	420.9	1.793
9	0.07169	415.1	1.817	14	0.06080	417.3	1.809	19	0 05189	419.5	1.802	24	0.04451	421.6	1.795
10	0.07200	415.7	1.819	15	0.06107	418.0	1.812	20	0.05212	420.2	1.804	25	0.04472	422.3	1.798
11	0.07232	416.4	1.822	16	0.06134	418.7	1.814	21	0.05235	420.9	1.807	26	0.04492	423.0	1.800
12	0.07263	417.1	1.824	17	0.06161	419.4	1.816	22	0.05259	421.6	1.809	27	0.04512	423.7	1.802
13	0.07294	417.7	1.826	18	0.06187	420.0	1.819	23	0.05282	422.3	1.811	28	0.04532	424.4	1.805
14	0.07325	418.4	1.829	19	0.06214	420.7	1.821	24	0.05305	423.0	1.814	29	0.04552	425.2	1.807
15	0.07356	419.1	1.831	20	0.06241	421.4	1.823	25	0.05328	423.7	1.816	30	0.04573	425.9	1.809
16	0.07387	419.8	1.833	21	0.06267	422.1	1.826	26	0.05351	424.4	1.818	31	0.04593	426.6	1.812
17	0.07418	420.4	1.836	22	0.06294	422.8	1.828	27	0.05374	425.1	1.821	32	0.04613	427.3	1.814
18	0.07449	421.1	1.838	23	0.06320	423.5	1.830	28	0.05397	425.8	1.823	33	0.04633	428.0	1.816
19	0.07480	421.8	1.840	24	0.06347	424.1	1.833	29	0.05420	426.5	1.825	34	0.04653	428.7	1.819
20	0.07511	422.4	1.843	25	0.06373	424.8	1.835	30	0.05442	427.2	1.828	35	0.04672	429.4	1.821
21	0.07542	423.1	1.845	26	0.06400	425.5	1.837	31	0.05465	427.9	1.830	36	0.04692	430.1	1.823
22	0.07572	423.8	1.847	27	0.06426	426.2	1.839	32	0.05488	428.6	1.832	37	0.04712	430.8	1.825
23	0.07603	424.5	1.849	28	0.06452	426.9	1.842	33	0.05511	429.3	1.835	38	0.04732	431.6	1.828
24	0.07634	425.1	1.852	29	0.06479	427.6	1.844	34	0.05533	430.0	1.837	39	0.04752	432.3	1.830
25	0.07665	425.8	1.854	30	0.06505	428.3	1.846	35	0.05556	430.7	1.839	40	0.04771	433.0	1.832
26	0.07695	426.5	1.856	31	0.06531	429.0	1.849	36	0.05579	431.4	1.841	41	0.04791	433.7	1.835
27	0.07726	427.2	1.859	32	0.06557	429.6	1.851	37	0.05601	432.1	1.844	42	0.04811	434.4	1.837
28	0.07756	427.9	1.861	33	0.06583	430.3	1.853	38	0.05624	432.8	1.846	43	0.04830	435.1	1.839
29	0.07787	428.5	1.863	34	0.06610	431.0	1.855	39	0.05646	433.5	1.848	44	0.04850	435.8	1.841
30	0.07817	429.2	1.865	35	0.06636	431.7	1.858	40	0.05669	434.2	1.851	45	0.04870	436.6	1.844
31	0.07848	429.9	1.868	36	0.06662	432.4	1.860	41	0.05691	434.9	1.853	46	0.04889	437.3	1.846
32	0.07878	430.6	1.870	37	0.06688	433.1	1.862	42	0.05714	435.6	1.855	47	0.04909	438.0	1.848
33	0.07909	431.3	1.872	38	0.06714	433.8	1.864	43	0.05736	436.3	1.857	48	0.04928	438.7	1.850
34	0.07939	432.0	1.874	39	0.06740	434.5	1.867	44	0.05759	437.0	1.859	49	0.04947	439.4	1.853
35	0.07969	432.7	1.876	40	0.06766	435.2	1.869	45	0.05781	437.7	1.862	50	0.04967	440.2	1.855
36	0.08000	433.3	1.879	41	0.06791	435.9	1.871	46	0.05803	438.4	1.864	51	0.04986	440.9	1.857
37	0.08030	434.0	1.881	42	0.06817	436.6	1.873	47	0.05825	439.1	1.866	52	0.05006	441.6	1.859
38	0.08060	434.7	1.883	43	0.06843	437.3	1.876	48	0.05848	439.8	1.868	53	0.05025	442.3	1.862
39	0.08090	435.4	1.885	44	0.06869	438.0	1.878	49	0.05870	440.6	1.871	54	0.05044	443.0	1.864
40	0.08121	436.1	1.888	45	0.06895	438.7	1.880	50	0.05892	441.3	1.873	55	0.05063	443.8	1.866

	$p=681.1\text{kPa}$				$p=789.8\text{kPa}$				$p=911.0\text{kPa}$				$p=1045\text{kPa}$		
$t/℃$	$v/$ (m³ /kg)	$H/$ (kJ /kg)	$S/$ [kJ/ (kg· K)]	$t/℃$	$v/$ (m³ /kg)	$H/$ (kJ /kg)	$S/$ [kJ/ (kg· K)]	$t/℃$	$v/$ (m³ /kg)	$H/$ (kJ /kg)	$S/$ [kJ/ (kg· K)]	$t/℃$	$v/$ (m³ /kg)	$H/$ (kJ /kg)	$S/$ [kJ/ (kg· K)]
10	0.03488	410.0	1.742	15	0.03013	411.6	1.735	20	0.02612	413.1	1.728	25	0.02274	414.4	1.722
11	0.03507	410.7	1.744	16	0.03030	412.3	1.738	21	0.02627	413.8	1.731	26	0.02288	415.2	1.725
12	0.03526	411.4	1.747	17	0.03047	413.1	1.740	22	0.02643	414.6	1.734	27	0.02302	416.0	1.727
13	0.03545	412.2	1.749	18	0.03064	413.8	1.743	23	0.02658	415.3	1.736	28	0.02315	416.7	1.730
14	0.03564	412.9	1.752	19	0.03080	414.5	1.745	24	0.02673	416.1	1.739	29	0.02329	417.5	1.732
15	0.03582	413.6	1.754	20	0.03097	415.3	1.748	25	0.02688	416.9	1.741	30	0.02343	418.3	1.735
16	0.03601	414.3	1.757	21	0.03114	416.0	1.750	26	0.02703	417.6	1.744	31	0.02356	419.1	1.738
17	0.03619	415.0	1.759	22	0.03130	416.8	1.753	27	0.02718	418.4	1.746	32	0.02370	419.9	1.740
18	0.03638	415.7	1.762	23	0.03147	417.5	1.755	28	0.02733	419.1	1.749	33	0.02383	420.7	1.743
19	0.03656	416.5	1.764	24	0.03163	418.2	1.758	29	0.02747	419.9	1.751	34	0.02397	421.4	1.745
20	0.03675	417.2	1.767	25	0.03179	419.0	1.760	30	0.02762	420.6	1.754	35	0.02410	422.2	1.748
21	0.03693	417.9	1.769	26	0.03196	419.7	1.763	31	0.02777	421.4	1.756	36	0.02423	423.0	1.750
22	0.03711	418.6	1.772	27	0.03212	420.4	1.765	32	0.02791	422.2	1.759	37	0.02436	423.8	1.753
23	0.03730	419.3	1.774	28	0.03228	421.2	1.768	33	0.02806	422.9	1.761	38	0.02450	424.5	1.755
24	0.03748	420.1	1.777	29	0.03244	421.9	1.770	34	0.02820	423.7	1.764	39	0.02463	425.3	1.758
25	0.03766	420.8	1.779	30	0.03261	422.6	1.773	35	0.02835	424.4	1.766	40	0.02476	426.1	1.760
26	0.03784	421.5	1.781	31	0.03277	423.4	1.775	36	0.02849	425.2	1.769	41	0.02489	426.9	1.763
27	0.03802	422.2	1.784	32	0.03293	424.1	1.777	37	0.02864	425.9	1.771	42	0.02502	427.7	1.765
28	0.03820	422.9	1.786	33	0.03309	424.9	1.780	38	0.02878	426.7	1.774	43	0.02515	428.4	1.768
29	0.03838	423.6	1.789	34	0.03325	425.6	1.782	39	0.02892	427.4	1.776	44	0.02527	429.2	1.770
30	0.03856	424.4	1.791	35	0.03340	426.3	1.785	40	0.02906	428.2	1.778	45	0.02540	430.0	1.773
31	0.03874	425.1	1.793	36	0.03356	427.1	1.787	41	0.02920	429.0	1.781	46	0.02553	430.8	1.775
32	0.03891	425.8	1.796	37	0.03372	427.8	1.789	42	0.02935	429.7	1.783	47	0.02566	431.5	1.777
33	0.03909	426.5	1.798	38	0.03388	428.5	1.792	43	0.02949	430.5	1.786	48	0.02578	432.3	1.780
34	0.03927	427.3	1.800	39	0.03404	429.3	1.794	44	0.02963	431.2	1.788	49	0.02591	433.1	1.782
35	0.03945	428.0	1.803	40	0.03419	430.0	1.796	45	0.02977	432.0	1.790	50	0.02603	433.8	1.785
36	0.03962	428.7	1.805	41	0.03435	430.8	1.799	46	0.02991	432.7	1.793	51	0.02616	434.6	1.787
37	0.03980	429.4	1.807	42	0.03450	431.5	1.801	47	0.03004	433.5	1.795	52	0.02628	435.4	1.789
38	0.03997	430.2	1.810	43	0.03466	432.2	1.803	48	0.03018	434.2	1.797	53	0.02641	436.2	1.792
39	0.04015	430.9	1.812	44	0.03481	433.0	1.806	49	0.03032	435.0	1.800	54	0.02653	436.9	1.794
40	0.04032	431.6	1.814	45	0.03497	433.7	1.808	50	0.03046	435.8	1.802	55	0.02666	437.7	1.797
41	0.04050	432.3	1.817	46	0.03512	434.5	1.810	51	0.03060	436.5	1.805	56	0.02678	438.5	1.799
42	0.04067	433.1	1.819	47	0.03528	435.2	1.813	52	0.03073	437.3	1.807	57	0.02690	439.3	1.801
43	0.04085	433.8	1.821	48	0.03543	435.9	1.815	53	0.03087	438.0	1.809	58	0.02702	440.0	1.804
44	0.04102	434.5	1.824	49	0.03558	436.7	1.817	54	0.03101	438.8	1.812	59	0.02715	440.8	1.806
45	0.04119	435.2	1.826	50	0.03574	437.4	1.820	55	0.03114	439.5	1.814	60	0.02727	441.6	1.808
46	0.04136	436.0	1.828	51	0.03589	438.2	1.822	56	0.03128	440.3	1.816	61	0.02739	442.4	1.811
47	0.04154	436.7	1.830	52	0.03604	438.9	1.824	57	0.03141	441.1	1.818	62	0.02751	443.1	1.813
48	0.04171	437.4	1.833	53	0.03619	439.7	1.827	58	0.03155	441.8	1.821	63	0.02763	443.9	1.815
49	0.04188	438.2	1.835	54	0.03634	440.4	1.829	59	0.03168	442.6	1.823	64	0.02775	444.7	1.817
50	0.04205	438.9	1.837	55	0.03649	441.1	1.831	60	0.03182	443.3	1.825	65	0.02787	445.5	1.820
51	0.04222	439.6	1.840	56	0.03665	441.9	1.833	61	0.03195	444.1	1.828	66	0.02799	446.2	1.822
52	0.04239	440.3	1.842	57	0.03680	442.6	1.836	62	0.03208	444.9	1.830	67	0.02811	447.0	1.824
53	0.04256	441.1	1.844	58	0.03695	443.4	1.838	63	0.03222	445.6	1.832	68	0.02823	447.8	1.827
54	0.04273	441.8	1.846	59	0.03710	444.1	1.840	64	0.03235	446.4	1.834	69	0.02835	448.6	1.829
55	0.04290	442.5	1.849	60	0.03725	444.9	1.842	65	0.03248	447.1	1.837	70	0.02847	449.4	1.831
56	0.04307	443.3	1.851	61	0.03740	445.6	1.845	66	0.03262	447.9	1.839	71	0.02859	450.1	1.833
57	0.04324	444.0	1.853	62	0.03754	446.4	1.847	67	0.03275	448.7	1.841	72	0.02870	450.9	1.836
58	0.04341	444.8	1.855	63	0.03769	447.1	1.849	68	0.03288	449.4	1.843	73	0.02882	451.7	1.838
59	0.04358	445.5	1.857	64	0.03784	447.9	1.851	69	0.03301	450.2	1.846	74	0.02894	452.5	1.840
60	0.04375	446.2	1.860	65	0.03799	448.6	1.854	70	0.03314	451.0	1.848	75	0.02906	453.2	1.842

	$p=1194\text{kPa}$				$p=1358\text{kPa}$				$p=1538\text{kPa}$				$p=1734\text{kPa}$		
$t/℃$	$v/$ $(\text{m}^3$ $/\text{kg})$	$H/$ $(\text{kJ}$ $/\text{kg})$	$S/$ $[\text{kJ}/$ $(\text{kg}\cdot$ $\text{K})]$	$t/℃$	$v/$ $(\text{m}^3$ $/\text{kg})$	$H/$ $(\text{kJ}$ $/\text{kg})$	$S/$ $[\text{kJ}/$ $(\text{kg}\cdot$ $\text{K})]$	$t/℃$	$v/$ $(\text{m}^3$ $/\text{kg})$	$H/$ $(\text{kJ}$ $/\text{kg})$	$S/$ $[\text{kJ}/$ $(\text{kg}\cdot$ $\text{K})]$	$t/℃$	$v/$ $(\text{m}^3$ $/\text{kg})$	$H/$ $(\text{kJ}$ $/\text{kg})$	$S/$ $[\text{kJ}/$ $(\text{kg}\cdot$ $\text{K})]$
30	0.01983	415.6	1.715	35	0.01735	416.6	1.709	40	0.01521	417.4	1.702	45	0.01337	418.1	1.695
31	0.01996	416.4	1.718	36	0.01747	417.4	1.711	41	0.01532	418.3	1.705	46	0.01347	419.0	1.698
32	0.02009	417.2	1.721	37	0.01758	418.3	1.714	42	0.01543	419.2	1.708	47	0.01358	419.9	1.701
33	0.02021	418.0	1.723	38	0.01770	419.1	1.717	43	0.01554	420.1	1.710	48	0.01368	420.8	1.704
34	0.02034	418.8	1.726	39	0.01782	420.0	1.720	44	0.01565	420.9	1.713	49	0.01378	421.8	1.707
35	0.02047	419.6	1.729	40	0.01793	420.8	1.722	45	0.01575	421.8	1.716	50	0.01388	422.7	1.710
36	0.02059	420.4	1.731	41	0.01805	421.6	1.725	46	0.01586	422.7	1.719	51	0.01398	423.6	1.712
37	0.02071	421.2	1.734	42	0.01816	422.5	1.728	47	0.01597	423.5	1.721	52	0.01408	424.5	1.715
38	0.02084	422.0	1.736	43	0.01827	423.3	1.730	48	0.01607	424.4	1.724	53	0.01418	425.4	1.718
39	0.02096	422.8	1.739	44	0.01839	424.1	1.733	49	0.01617	425.3	1.727	54	0.01427	426.3	1.721
40	0.02108	423.7	1.742	45	0.01850	425.0	1.735	50	0.01628	426.1	1.729	55	0.01437	427.2	1.723
41	0.02120	424.5	1.744	46	0.01861	425.8	1.738	51	0.01638	427.0	1.732	56	0.01447	428.1	1.726
42	0.02132	425.3	1.747	47	0.01872	426.6	1.741	52	0.01648	427.9	1.735	57	0.01456	429.0	1.729
43	0.02144	426.1	1.749	48	0.01883	427.4	1.743	53	0.01658	428.7	1.737	58	0.01466	429.9	1.732
44	0.02156	426.9	1.752	49	0.01894	428.3	1.746	54	0.01668	429.6	1.740	59	0.01475	430.7	1.734
45	0.02168	427.7	1.754	50	0.01905	429.1	1.748	55	0.01678	430.4	1.743	60	0.01484	431.6	1.737
46	0.02180	428.5	1.757	51	0.01915	429.9	1.751	56	0.01688	431.3	1.745	61	0.01493	432.5	1.739
47	0.02191	429.3	1.759	52	0.01926	430.7	1.753	57	0.01698	432.1	1.748	62	0.01503	433.4	1.742
48	0.02203	430.1	1.762	53	0.01937	431.6	1.756	58	0.01708	433.0	1.750	63	0.01512	434.3	1.745
49	0.02215	430.8	1.764	54	0.01947	432.4	1.758	59	0.01718	433.8	1.753	64	0.01521	435.1	1.747
50	0.02226	431.6	1.767	55	0.01958	433.2	1.761	60	0.01728	434.7	1.755	65	0.01530	436.0	1.750
51	0.02238	432.4	1.769	56	0.01969	434.0	1.763	61	0.01737	435.5	1.758	66	0.01539	436.9	1.752
52	0.02249	433.2	1.772	57	0.01979	434.8	1.766	62	0.01747	436.3	1.760	67	0.01547	437.7	1.755
53	0.02261	434.0	1.774	58	0.01989	435.7	1.768	63	0.01756	437.2	1.763	68	0.01556	438.6	1.758
54	0.02272	434.8	1.776	59	0.02000	436.5	1.771	64	0.01766	438.0	1.765	69	0.01565	439.5	1.760
55	0.02283	435.6	1.779	60	0.02010	437.3	1.773	65	0.01775	438.9	1.768	70	0.01574	440.4	1.763
56	0.02295	436.4	1.781	61	0.02020	438.1	1.776	66	0.01785	439.7	1.770	71	0.01582	441.2	1.765
57	0.02306	437.2	1.784	62	0.02031	438.9	1.778	67	0.01794	440.5	1.773	72	0.01591	442.1	1.768
58	0.02317	438.0	1.786	63	0.02041	439.7	1.781	68	0.01804	441.4	1.775	73	0.01600	442.9	1.770
59	0.02329	438.8	1.789	64	0.02051	440.6	1.783	69	0.01813	442.2	1.778	74	0.01608	443.8	1.773
60	0.02340	439.6	1.791	65	0.02061	441.4	1.785	70	0.01822	443.1	1.780	75	0.01617	444.7	1.775
61	0.02351	440.4	1.793	66	0.02071	442.2	1.788	71	0.01831	443.9	1.783	76	0.01625	445.5	1.778
62	0.02362	441.2	1.796	67	0.02081	443.0	1.790	72	0.01840	444.7	1.785	77	0.01634	446.4	1.780
63	0.02373	442.0	1.798	68	0.02091	443.8	1.793	73	0.01850	445.6	1.787	78	0.01642	447.2	1.782
64	0.02384	442.8	1.800	69	0.02101	444.6	1.795	74	0.01859	446.4	1.790	79	0.01650	448.1	1.785
65	0.02395	443.6	1.803	70	0.02111	445.4	1.797	75	0.01868	447.2	1.792	80	0.01659	448.9	1.787
66	0.02406	444.3	1.805	71	0.02121	446.2	1.800	76	0.01877	448.1	1.795	81	0.01667	449.8	1.790
67	0.02417	445.1	1.807	72	0.02131	447.1	1.802	77	0.01886	448.9	1.797	82	0.01675	450.7	1.792
68	0.02428	445.9	1.810	73	0.02141	447.9	1.804	78	0.01895	449.7	1.799	83	0.01683	451.5	1.795
69	0.02438	446.7	1.812	74	0.02151	448.7	1.807	79	0.01904	450.6	1.802	84	0.01692	452.4	1.797
70	0.02449	447.5	1.814	75	0.02161	449.5	1.809	80	0.01913	451.4	1.804	85	0.01700	453.2	1.799
71	0.02460	448.3	1.817	76	0.02170	450.3	1.811	81	0.01921	452.2	1.806	86	0.01708	454.1	1.802
72	0.02471	449.1	1.819	77	0.02180	451.1	1.814	82	0.01930	453.0	1.809	87	0.01716	454.9	1.804
73	0.02481	449.9	1.821	78	0.02190	451.9	1.816	83	0.01939	453.9	1.811	88	0.01724	455.8	1.806
74	0.02492	450.7	1.824	79	0.02199	452.7	1.818	84	0.01948	454.7	1.813	89	0.01732	456.6	1.809
75	0.02503	451.5	1.826	80	0.02209	453.5	1.821	85	0.01957	455.5	1.816	90	0.01740	457.5	1.811
76	0.02513	452.3	1.828	81	0.02218	454.4	1.823	86	0.01965	456.4	1.818	91	0.01748	458.3	1.813
77	0.02524	453.1	1.830	82	0.02228	455.2	1.825	87	0.01974	457.2	1.820	92	0.01756	459.2	1.816
78	0.02534	453.9	1.833	83	0.02238	456.0	1.828	88	0.01983	458.0	1.823	93	0.01764	460.0	1.818
79	0.02545	454.7	1.835	84	0.02247	456.8	1.830	89	0.01991	458.8	1.825	94	0.01771	460.9	1.820
80	0.02555	455.5	1.837	85	0.02257	457.6	1.832	90	0.02000	459.7	1.827	95	0.01779	461.7	1.823

	$p=1948\text{kPa}$				$p=2181\text{kPa}$				$p=2434\text{kPa}$				$p=2707\text{kPa}$		
$t/℃$	$v/$ (m³ /kg)	$H/$ (kJ /kg)	$S/$ [kJ/ (kg· K)]	$t/℃$	$v/$ (m³ /kg)	$H/$ (kJ /kg)	$S/$ [kJ/ (kg· K)]	$t/℃$	$v/$ (m³ /kg)	$H/$ (kJ /kg)	$S/$ [kJ/ (kg· K)]	$t/℃$	$v/$ (m³ /kg)	$H/$ (kJ /kg)	$S/$ [kJ/ (kg· K)]
50	0.01177	418.5	1.688	55	0.01037	418.7	1.681	60	0.009135	418.7	1.673	65	0.008053	418.3	1.665
51	0.01187	419.5	1.691	56	0.01046	419.8	1.684	61	0.009227	419.8	1.677	66	0.008144	419.5	1.669
52	0.01196	420.5	1.694	57	0.01056	420.8	1.687	62	0.009319	420.9	1.680	67	0.008234	420.7	1.672
53	0.01206	421.4	1.697	58	0.01065	421.8	1.690	63	0.009408	422.0	1.683	68	0.008321	421.9	1.676
54	0.01216	422.4	1.700	59	0.01074	422.8	1.693	64	0.009497	423.0	1.686	69	0.008408	423.0	1.679
55	0.01225	423.4	1.703	60	0.01083	423.8	1.696	65	0.009584	424.1	1.690	70	0.008492	424.2	1.683
56	0.01235	424.3	1.706	61	0.01092	424.8	1.699	66	0.009670	425.2	1.693	71	0.008575	425.3	1.686
57	0.01244	425.3	1.709	62	0.01101	425.8	1.702	67	0.009754	426.2	1.696	72	0.008657	426.4	1.689
58	0.01253	426.2	1.712	63	0.01110	426.8	1.705	68	0.009838	427.3	1.699	73	0.008737	427.5	1.692
59	0.01262	427.1	1.715	64	0.01118	427.8	1.708	69	0.009920	428.3	1.702	74	0.008817	428.6	1.695
60	0.01271	428.1	1.717	65	0.01127	428.8	1.711	70	0.01000	429.3	1.705	75	0.008895	429.7	1.699
61	0.01280	429.0	1.720	66	0.01135	429.8	1.714	71	0.01008	430.4	1.708	76	0.008972	430.8	1.702
62	0.01289	429.9	1.723	67	0.01144	430.7	1.717	72	0.01016	431.4	1.711	77	0.009048	431.8	1.705
63	0.01298	430.9	1.726	68	0.01152	431.7	1.720	73	0.01024	432.4	1.714	78	0.009123	432.9	1.708
64	0.01307	431.8	1.728	69	0.01160	432.7	1.723	74	0.01032	433.4	1.717	79	0.009197	434.0	1.711
65	0.01315	432.7	1.731	70	0.01168	433.6	1.725	75	0.01040	434.4	1.720	80	0.009270	435.0	1.714
66	0.01324	433.6	1.734	71	0.01176	434.6	1.728	76	0.01047	435.4	1.722	81	0.009343	436.1	1.717
67	0.01333	434.5	1.737	72	0.01184	435.5	1.731	77	0.01055	436.4	1.725	82	0.009414	437.1	1.720
68	0.01341	435.4	1.739	73	0.01192	436.5	1.734	78	0.01062	437.4	1.728	83	0.009485	438.1	1.722
69	0.01349	436.3	1.742	74	0.01200	437.4	1.736	79	0.01070	438.3	1.731	84	0.009556	439.1	1.725
70	0.01358	437.2	1.744	75	0.01208	438.3	1.739	80	0.01077	439.3	1.734	85	0.009625	440.2	1.728
71	0.01366	438.1	1.747	76	0.01216	439.3	1.742	81	0.01084	440.3	1.736	86	0.009694	441.2	1.731
72	0.01374	439.0	1.750	77	0.01223	440.2	1.744	82	0.01091	441.2	1.739	87	0.009762	442.2	1.734
73	0.01383	439.9	1.752	78	0.01231	441.1	1.747	83	0.01099	442.2	1.742	88	0.009829	443.2	1.737
74	0.01391	440.8	1.755	79	0.01239	442.1	1.750	84	0.01106	443.2	1.744	89	0.009896	444.2	1.739
75	0.01399	441.7	1.757	80	0.01246	443.0	1.752	85	0.01113	444.1	1.747	90	0.009963	445.2	1.742
76	0.01407	442.6	1.760	81	0.01254	443.9	1.755	86	0.01120	445.1	1.750	91	0.01003	446.2	1.745
77	0.01415	443.5	1.763	82	0.01261	444.8	1.757	87	0.01127	446.0	1.752	92	0.01009	447.2	1.747
78	0.01423	444.4	1.765	83	0.01268	445.7	1.760	88	0.01134	447.0	1.755	93	0.01016	448.1	1.750
79	0.01431	445.3	1.768	84	0.01276	446.7	1.763	89	0.01140	447.9	1.758	94	0.01022	449.1	1.753
80	0.01438	446.2	1.770	85	0.01283	447.6	1.765	90	0.01147	448.9	1.760	95	0.01029	450.1	1.756
81	0.01446	447.1	1.773	86	0.01290	448.5	1.768	91	0.01154	449.8	1.763	96	0.01035	451.1	1.758
82	0.01454	447.9	1.775	87	0.01298	449.4	1.770	92	0.01161	450.8	1.765	97	0.01041	452.0	1.761
83	0.01462	448.8	1.778	88	0.01305	450.3	1.773	93	0.01167	451.7	1.768	98	0.01047	453.0	1.763
84	0.01470	449.7	1.780	89	0.01312	451.2	1.775	94	0.01174	452.6	1.771	99	0.01054	454.0	1.766
85	0.01477	450.6	1.783	90	0.01319	452.1	1.778	95	0.01181	453.6	1.773	100	0.01060	454.9	1.769
86	0.01485	451.5	1.785	91	0.01326	453.0	1.780	96	0.01187	454.5	1.776	101	0.01066	455.9	1.771
87	0.01492	452.3	1.787	92	0.01333	453.9	1.783	97	0.01194	455.4	1.778	102	0.01072	456.9	1.774
88	0.01500	453.2	1.790	93	0.01340	454.8	1.785	98	0.01200	456.4	1.781	103	0.01078	457.8	1.776
89	0.01507	454.1	1.792	94	0.01347	455.7	1.788	99	0.01207	457.3	1.783	104	0.01084	458.8	1.779
90	0.01515	455.0	1.795	95	0.01354	456.6	1.790	100	0.01213	458.2	1.786	105	0.01090	459.7	1.781
91	0.01522	455.8	1.797	96	0.01361	457.5	1.793	101	0.01219	459.1	1.788	106	0.01096	460.7	1.784
92	0.01530	456.7	1.799	97	0.01368	458.4	1.795	102	0.01226	460.0	1.791	107	0.01102	461.6	1.786
93	0.01537	457.6	1.802	98	0.01374	459.3	1.797	103	0.01232	461.0	1.793	108	0.01108	462.6	1.789
94	0.01544	458.4	1.804	99	0.01381	460.2	1.800	104	0.01238	461.9	1.795	109	0.01113	463.5	1.791
95	0.01552	459.3	1.807	100	0.01388	461.1	1.802	105	0.01244	462.8	1.798	110	0.01119	464.5	1.794
96	0.01559	460.2	1.809	101	0.01395	462.0	1.805	106	0.01251	463.7	1.800	111	0.01125	465.4	1.796
97	0.01566	461.1	1.811	102	0.01401	462.9	1.807	107	0.01257	464.6	1.803	112	0.01131	466.3	1.799
98	0.01573	461.9	1.814	103	0.01408	463.8	1.809	108	0.01263	465.5	1.805	113	0.01136	467.3	1.801
99	0.01581	462.8	1.816	104	0.01414	464.7	1.812	109	0.01269	466.5	1.807	114	0.01142	468.2	1.803
100	0.01588	463.7	1.818	105	0.01421	465.6	1.814	110	0.01275	467.4	1.810	115	0.01148	469.1	1.806

表 3　R22 饱和气与饱和液的传递性质

$t/℃$	$c_p/[kJ/(kg\cdot K)]$		$a/(m/s)$		$\mu/\mu Pa\cdot s$		$\lambda/[mW/(m^3\cdot K)]$		$\sigma/(mN/m)$	c_p/c_V
	饱和液	饱和气	饱和液	饱和气	饱和液	饱和气	饱和液	饱和气	饱和液	饱和气
−100	1.061	0.497	1127	143.6	845.8	7.25	143.1	4.46	28.12	1.243
−95	1.061	0.505	1104	145.3	772.6	7.46	140.5	4.65	27.24	1.240
−90	1.061	0.512	1080	147.0	699.4	7.67	137.8	4.84	26.36	1.237
−85	1.062	0.520	1057	148.7	645.2	7.88	135.2	5.05	25.50	1.235
−80	1.062	0.528	1033	150.3	591.0	8.09	132.6	5.25	24.63	1.233
−75	1.064	0.537	1010	151.8	549.3	8.31	130.1	5.47	23.78	1.232
−70	1.065	0.545	986	153.3	507.6	8.52	127.6	5.68	22.92	1.231
−65	1.068	0.555	963	154.7	474.5	8.73	125.1	5.90	22.08	1.231
−60	1.071	0.564	940	156.0	441.4	8.94	122.6	6.12	21.24	1.230
−55	1.076	0.575	917	157.2	414.5	9.15	120.0	6.36	20.41	1.231
−50	1.080	0.585	893	158.3	387.5	9.36	117.8	6.59	19.58	1.232
−45	1.086	0.597	870	159.3	365.1	9.58	115.5	6.84	18.83	1.234
−40.81	1.090	0.606	851	160.1	346.0	9.75	113.5	7.05	18.08	1.236
−40	1.091	0.608	847	160.3	342.6	9.79	113.1	7.09	17.94	1.237
−35	1.098	0.622	824	161.1	323.6	10.00	110.8	7.35	17.14	1.241
−30	1.105	0.635	800	161.7	304.6	10.21	108.5	7.61	16.34	1.244
−25	1.114	0.650	777	162.2	288.3	10.42	106.2	7.89	15.55	1.250
−20	1.123	0.665	754	162.8	271.9	10.63	103.9	8.17	14.76	1.255
−15	1.134	0.682	730	163.1	257.7	10.85	101.6	8.47	13.99	1.263
−10	1.144	0.699	707	163.3	243.4	11.06	99.3	8.77	13.21	1.270
−5	1.157	0.719	684	163.3	230.8	11.28	97.1	9.10	12.46	1.281
0	1.169	0.739	660	163.3	218.2	11.50	94.8	9.42	11.70	1.291
5	1.184	0.762	637	163.0	207.0	11.73	92.6	9.78	10.96	1.305
10	1.199	0.785	613	162.6	195.7	11.96	90.4	10.14	10.22	1.319
15	1.218	0.813	589	162.0	185.5	12.20	88.2	10.55	9.50	1.338
20	1.236	0.840	565	161.3	175.3	12.43	85.9	10.95	8.78	1.357
25	1.259	0.874	541	160.2	166.0	12.69	83.7	11.42	8.08	1.383
30	1.281	0.908	517	159.2	156.7	12.95	81.4	11.89	7.38	1.408
35	1.310	0.952	493	157.8	148.1	13.24	79.2	12.46	6.71	1.444
40	1.339	0.995	468	156.4	139.4	13.52	76.9	13.02	6.04	1.480
45	1.379	1.054	442	154.5	131.3	13.85	74.6	13.74	5.39	1.533
50	1.419	1.113	417	152.6	123.1	14.18	72.3	14.45	4.74	1.586
55	1.479	1.200	391	150.2	115.4	14.58	70.0	15.42	4.13	1.671
60	1.539	1.287	364	147.7	107.6	14.98	67.6	16.36	3.51	1.755
65	1.641	1.434	337	144.7	100.0	15.50	65.3	17.76	2.94	1.906
70	1.743	1.584	309	141.7	92.4	16.02	62.9	19.16	2.36	2.056
75	1.962	1.908	279	138.0	84.5	16.79	60.8	21.17	1.83	2.396
80	2.181	2.231	249	134.2	76.6	17.55	58.6	23.87	1.30	2.735
90	3.981	4.975	177	124.6	58.3	20.48	59.3	34.55	0.40	5.626
95	17.31	25.29	128	118.0	44.4	24.76	83.5	59.15	0.05	26.43
96.15	∞	∞	0	0	—	—	∞	∞	0	∞

注：t—温度，℃；c_p—定压比热容，kJ/(kg·K)；a—声速，m/s；μ—动力黏度，μPa·s；λ—热导率，mW/(m·K)；σ—表面张力，mN/m；c_p/c_V—比热容比（即绝热指数或等熵指数）。

表 4　R134a 饱和气与饱和液的热力性质

$t/℃$	$p/$ kPa	$10^3 v_L$	v_V	H_L	H_V	S_L	S_V	$t/℃$	$p/$ kPa	$10^3 v_L$	v_V	H_L	H_V	S_L	S_V
−25	106.4	0.7293	0.1817	167.4	383.6	0.8755	1.747	33	838.7	0.8508	0.02443	246.0	416.4	1.157	1.714
−20	132.7	0.7373	0.1474	173.8	386.7	0.9009	1.742	34	862.5	0.8538	0.02374	247.5	416.9	1.162	1.714
−19	138.5	0.7390	0.1416	175.1	387.3	0.9060	1.741	35	886.9	0.8567	0.02306	248.9	417.3	1.167	1.713
−18	144.5	0.7406	0.1360	176.4	387.9	0.9110	1.740	36	911.7	0.8597	0.02241	250.4	417.8	1.171	1.713
−17	150.8	0.7423	0.1306	177.7	388.5	0.9160	1.739	37	937.1	0.8628	0.02178	251.9	418.2	1.176	1.713
−16	157.2	0.7440	0.1256	179.0	389.1	0.9210	1.738	38	963.0	0.8659	0.02116	253.4	418.7	1.181	1.712
−15	163.9	0.7457	0.1207	180.3	389.7	0.9261	1.737	39	989.5	0.8690	0.02057	254.9	419.1	1.186	1.712
−14	170.7	0.7474	0.1161	181.6	390.3	0.9310	1.737	40	1016	0.8722	0.01999	256.3	419.6	1.190	1.712
−13	177.8	0.7491	0.1117	182.9	390.9	0.9360	1.736	41	1044	0.8755	0.01944	257.8	420.0	1.195	1.711
−12	185.2	0.7509	0.1075	184.2	391.5	0.9410	1.735	42	1072	0.8788	0.01890	259.3	420.4	1.200	1.711
−11	192.7	0.7526	0.1035	185.5	392.1	0.9460	1.734	43	1101	0.8821	0.01837	260.9	420.9	1.204	1.710
−10	200.5	0.7544	0.09963	186.8	392.7	0.9509	1.734	44	1130	0.8856	0.01786	262.4	421.3	1.209	1.710
−9	208.6	0.7562	0.09597	188.1	393.3	0.9559	1.733	45	1160	0.8891	0.01737	263.9	421.7	1.214	1.710
−8	216.8	0.7580	0.09246	189.4	393.9	0.9608	1.732	46	1190	0.8926	0.01689	265.4	422.1	1.218	1.709
−7	225.4	0.7598	0.08911	190.7	394.5	0.9657	1.732	47	1221	0.8962	0.01643	267.0	422.5	1.223	1.709
−6	234.2	0.7616	0.08591	192.0	395.1	0.9707	1.731	48	1253	0.8999	0.01598	268.5	422.9	1.228	1.709
−5	243.2	0.7635	0.08284	193.3	395.7	0.9756	1.730	49	1285	0.9036	0.01554	270.0	423.3	1.233	1.708
−4	252.6	0.7653	0.07991	194.7	396.3	0.9805	1.730	50	1318	0.9074	0.01511	271.6	423.6	1.237	1.708
−3	262.2	0.7672	0.07709	196.0	396.9	0.9854	1.729	51	1351	0.9113	0.01470	273.1	424.0	1.242	1.707
−2	272.1	0.7691	0.07440	197.3	397.5	0.9902	1.728	52	1385	0.9153	0.01430	274.7	424.3	1.247	1.707
−1	282.2	0.7711	0.07182	198.7	398.1	0.9951	1.728	53	1420	0.9193	0.01391	276.3	424.7	1.251	1.707
0	292.7	0.7730	0.06935	200.0	398.7	1.000	1.727	54	1455	0.9235	0.01353	277.9	425.0	1.256	1.706
1	303.4	0.7750	0.06698	201.3	399.3	1.005	1.727	55	1491	0.9277	0.01316	279.4	425.4	1.261	1.706
2	314.5	0.7769	0.06470	202.7	399.8	1.010	1.726	56	1528	0.9320	0.01280	281.0	425.7	1.266	1.705
3	325.9	0.7789	0.06252	204.0	400.4	1.015	1.726	57	1565	0.9364	0.01246	282.6	426.0	1.270	1.705
4	337.5	0.7810	0.06042	205.4	401.0	1.019	1.725	58	1603	0.9409	0.01212	284.2	426.3	1.275	1.704
5	349.5	0.7830	0.05841	206.7	401.6	1.024	1.725	59	1642	0.9455	0.01179	285.9	426.6	1.280	1.704
6	361.9	0.7851	0.05648	208.1	402.1	1.029	1.724	60	1682	0.9502	0.01146	287.5	426.9	1.285	1.703
7	374.5	0.7871	0.05462	209.4	402.7	1.034	1.724	61	1722	0.9550	0.01115	289.1	427.1	1.290	1.702
8	387.5	0.7892	0.05284	210.8	403.3	1.039	1.723	62	1763	0.9599	0.01085	290.8	427.4	1.294	1.702
9	400.8	0.7914	0.05112	212.2	403.8	1.043	1.723	63	1804	0.9650	0.01055	292.4	427.6	1.299	1.701
10	414.5	0.7935	0.04948	213.5	404.4	1.048	1.722	64	1846	0.9702	0.01026	294.1	427.8	1.304	1.701
11	428.5	0.7957	0.04789	214.9	405.0	1.053	1.722	65	1890	0.9755	0.009978	295.8	428.1	1.309	1.700
12	442.9	0.7979	0.04636	216.3	405.5	1.058	1.722	66	1933	0.9810	0.009702	297.4	428.3	1.314	1.699
13	457.6	0.8001	0.04490	217.6	406.1	1.063	1.721	67	1978	0.9866	0.009434	299.1	428.4	1.318	1.699
14	472.8	0.8024	0.04348	219.0	406.6	1.067	1.721	68	2023	0.9924	0.009172	300.8	428.6	1.323	1.698
15	488.3	0.8046	0.04212	220.4	407.2	1.072	1.720	69	2070	0.9983	0.008916	302.6	428.8	1.328	1.697
16	504.1	0.8069	0.04081	221.8	407.7	1.077	1.720	70	2117	1.004	0.008667	304.3	428.9	1.333	1.696
17	520.4	0.8093	0.03955	223.2	408.2	1.082	1.719	71	2164	1.011	0.008423	306.0	429.0	1.338	1.695
18	537.1	0.8116	0.03833	224.6	408.8	1.086	1.719	72	2213	1.017	0.008185	307.8	429.1	1.343	1.695
19	554.1	0.8140	0.03716	226.0	409.3	1.091	1.719	73	2262	1.024	0.007952	309.6	429.2	1.348	1.694
20	571.6	0.8164	0.03603	227.4	409.9	1.096	1.718	74	2313	1.031	0.007724	311.3	429.2	1.353	1.693
21	589.5	0.8189	0.03494	228.8	410.4	1.101	1.718	75	2364	1.038	0.007502	313.1	429.3	1.358	1.692
22	607.8	0.8213	0.03388	230.2	410.9	1.105	1.718	76	2416	1.046	0.007284	315.0	429.3	1.363	1.690
23	626.5	0.8238	0.03287	231.6	411.4	1.110	1.717	77	2469	1.053	0.007070	316.8	429.2	1.368	1.689
24	645.7	0.8264	0.03189	233.0	411.9	1.115	1.717	78	2523	1.061	0.006861	318.6	429.2	1.373	1.688
25	665.3	0.8290	0.03094	234.5	412.4	1.120	1.717	79	2577	1.070	0.006656	320.5	429.1	1.378	1.687
26	685.3	0.8316	0.03003	235.9	412.9	1.124	1.716	80	2633	1.078	0.006455	322.4	429.0	1.384	1.686
27	705.8	0.8342	0.02915	237.3	413.4	1.129	1.716	81	2690	1.087	0.006258	324.3	428.9	1.389	1.684
28	726.8	0.8369	0.02829	238.8	413.9	1.134	1.716	82	2747	1.097	0.006064	326.3	428.7	1.394	1.683
29	748.2	0.8396	0.02747	240.2	414.4	1.139	1.715	83	2806	1.107	0.005874	328.2	428.5	1.400	1.681
30	770.1	0.8423	0.02667	241.6	414.9	1.143	1.715	84	2865	1.117	0.005687	330.2	428.2	1.405	1.679
31	792.4	0.8451	0.02590	243.1	415.4	1.148	1.715	85	2926	1.128	0.005502	332.3	427.9	1.410	1.678
32	815.3	0.8480	0.02516	244.5	415.9	1.153	1.714	90	3244	1.195	0.004613	343.0	425.5	1.439	1.666

表 5　R134a 过热蒸气的热力性质

	$p=106.4\text{kPa}$				$p=132.7\text{kPa}$				$p=163.9\text{kPa}$				$p=200.5\text{kPa}$		
$t/℃$	$v/$ (m³ /kg)	$H/$ (kJ /kg)	$S/$ [kJ/ (kg· K)]	$t/℃$	$v/$ (m³ /kg)	$H/$ (kJ /kg)	$S/$ [kJ/ (kg· K)]	$t/℃$	$v/$ (m³ /kg)	$H/$ (kJ /kg)	$S/$ [kJ/ (kg· K)]	$t/℃$	$v/$ (m³ /kg)	$H/$ (kJ /kg)	$S/$ [kJ/ (kg· K)]
−25	0.1816	383.6	1.746	−20	0.1474	386.7	1.742	−15	0.1207	389.7	1.737	−10	0.09964	392.7	1.734
−24	0.1825	384.3	1.750	−19	0.1481	387.5	1.745	−14	0.1213	390.5	1.741	−9	0.1001	393.6	1.737
−23	0.1833	385.1	1.753	−18	0.1488	388.3	1.748	−13	0.1219	391.4	1.744	−8	0.1006	394.4	1.740
−22	0.1842	385.9	1.756	−17	0.1495	389.1	1.751	−12	0.1225	392.2	1.747	−7	0.1011	395.3	1.743
−21	0.1851	386.7	1.759	−16	0.1503	389.9	1.754	−11	0.1230	393.0	1.750	−6	0.1016	396.1	1.746
−20	0.1859	387.5	1.762	−15	0.1510	390.7	1.757	−10	0.1236	393.8	1.753	−5	0.1021	397.0	1.750
−19	0.1868	388.3	1.765	−14	0.1517	391.5	1.761	−9	0.1242	394.7	1.756	−4	0.1026	397.8	1.753
−18	0.1876	389.1	1.768	−13	0.1524	392.3	1.764	−8	0.1248	395.5	1.760	−3	0.1031	398.7	1.756
−17	0.1885	389.9	1.772	−12	0.1531	393.1	1.767	−7	0.1254	396.3	1.763	−2	0.1035	399.5	1.759
−16	0.1894	390.7	1.775	−11	0.1538	393.9	1.770	−6	0.1259	397.2	1.766	−1	0.1040	400.4	1.762
−15	0.1902	391.5	1.778	−10	0.1545	394.8	1.773	−5	0.1265	398.0	1.769	0	0.1045	401.2	1.765
−14	0.1911	392.3	1.781	−9	0.1552	395.6	1.776	−4	0.1271	398.8	1.772	1	0.1050	402.0	1.768
−13	0.1919	393.1	1.784	−8	0.1558	396.4	1.779	−3	0.1277	399.7	1.775	2	0.1055	402.9	1.771
−12	0.1928	393.9	1.787	−7	0.1565	397.2	1.782	−2	0.1282	400.5	1.778	3	0.1059	403.7	1.774
−11	0.1936	394.7	1.790	−6	0.1572	398.0	1.785	−1	0.1288	401.3	1.781	4	0.1064	404.6	1.778
−10	0.1945	395.5	1.793	−5	0.1579	398.8	1.788	0	0.1294	402.2	1.784	5	0.1069	405.4	1.781
−9	0.1953	396.3	1.796	−4	0.1586	399.7	1.791	1	0.1299	403.0	1.787	6	0.1074	406.3	1.784
−8	0.1962	397.1	1.799	−3	0.1593	400.5	1.795	2	0.1305	403.8	1.790	7	0.1078	407.2	1.787
−7	0.1970	397.9	1.802	−2	0.1600	401.3	1.798	3	0.1311	404.7	1.793	8	0.1083	408.0	1.790
−6	0.1978	398.7	1.805	−1	0.1607	402.1	1.801	4	0.1316	405.5	1.796	9	0.1088	408.9	1.793
−5	0.1987	399.5	1.808	0	0.1614	403.0	1.804	5	0.1322	406.3	1.799	10	0.1092	409.7	1.796
−4	0.1995	400.4	1.811	1	0.1620	403.8	1.807	6	0.1328	407.2	1.802	11	0.1097	410.6	1.799
−3	0.2004	401.2	1.814	2	0.1627	404.6	1.810	7	0.1333	408.0	1.805	12	0.1102	411.4	1.802
−2	0.2012	402.0	1.817	3	0.1634	405.4	1.813	8	0.1339	408.9	1.808	13	0.1106	412.3	1.805
−1	0.2020	402.8	1.820	4	0.1641	406.3	1.816	9	0.1344	409.7	1.811	14	0.1111	413.2	1.808
0	0.2029	403.6	1.823	5	0.1648	407.1	1.819	10	0.1350	410.6	1.814	15	0.1116	414.0	1.811
1	0.2037	404.4	1.826	6	0.1654	407.9	1.822	11	0.1355	411.4	1.817	16	0.1120	414.9	1.814
2	0.2045	405.2	1.829	7	0.1661	408.8	1.825	12	0.1361	412.3	1.820	17	0.1125	415.7	1.817
3	0.2054	406.1	1.832	8	0.1668	409.6	1.828	13	0.1367	413.1	1.823	18	0.1130	416.6	1.820
4	0.2062	406.9	1.835	9	0.1675	410.4	1.831	14	0.1372	414.0	1.826	19	0.1134	417.5	1.823
5	0.2070	407.7	1.838	10	0.1681	411.3	1.834	15	0.1378	414.8	1.829	20	0.1139	418.3	1.826
6	0.2078	408.5	1.841	11	0.1688	412.1	1.836	16	0.1383	415.7	1.832	21	0.1143	419.2	1.829
7	0.2087	409.4	1.844	12	0.1695	412.9	1.839	17	0.1389	416.5	1.835	22	0.1148	420.1	1.832
8	0.2095	410.2	1.847	13	0.1701	413.8	1.842	18	0.1394	417.4	1.838	23	0.1152	420.9	1.835
9	0.2103	411.0	1.850	14	0.1708	414.6	1.845	19	0.1400	418.2	1.841	24	0.1157	421.8	1.837
10	0.2111	411.9	1.853	15	0.1715	415.5	1.848	20	0.1405	419.1	1.844	25	0.1162	422.7	1.840
11	0.2120	412.7	1.856	16	0.1722	416.3	1.851	21	0.1411	419.9	1.847	26	0.1166	423.6	1.843
12	0.2128	413.5	1.859	17	0.1728	417.2	1.854	22	0.1416	420.8	1.850	27	0.1171	424.4	1.846
13	0.2136	414.4	1.862	18	0.1735	418.0	1.857	23	0.1422	421.7	1.853	28	0.1175	425.3	1.849
14	0.2144	415.2	1.865	19	0.1742	418.9	1.860	24	0.1427	422.5	1.856	29	0.1180	426.2	1.852
15	0.2153	416.0	1.868	20	0.1748	419.7	1.863	25	0.1433	423.4	1.859	30	0.1184	427.1	1.855
16	0.2161	416.9	1.871	21	0.1755	420.6	1.866	26	0.1438	424.3	1.861	31	0.1189	427.9	1.858
17	0.2169	417.7	1.873	22	0.1761	421.4	1.869	28	0.1443	425.1	1.864	32	0.1193	428.8	1.861
18	0.2177	418.5	1.876	23	0.1768	422.3	1.872	28	0.1449	426.0	1.867	33	0.1198	429.7	1.864
19	0.2185	419.4	1.879	24	0.1775	423.1	1.874	29	0.1454	426.9	1.870	34	0.1202	430.6	1.867
20	0.2193	420.2	1.882	25	0.1781	424.0	1.877	30	0.1460	427.7	1.873	35	0.1207	431.5	1.869
21	0.2202	421.1	1.885	26	0.1788	424.8	1.880	31	0.1465	428.6	1.876	36	0.1211	432.3	1.872
22	0.2210	421.9	1.888	27	0.1795	425.7	1.883	32	0.1470	429.5	1.879	37	0.1216	433.2	1.875
23	0.2218	422.8	1.891	28	0.1801	426.6	1.886	33	0.1476	430.3	1.882	38	0.1220	434.1	1.878
24	0.2226	423.6	1.894	29	0.1808	427.4	1.889	34	0.1481	431.2	1.884	39	0.1225	435.0	1.881
25	0.2234	424.5	1.897	30	0.1814	428.3	1.892	35	0.1487	432.1	1.887	40	0.1229	435.9	1.884

$p=243.2$kPa				$p=292.7$kPa				$p=349.5$kPa				$p=414.5$kPa			
$t/℃$	$v/$ (m³ /kg)	$H/$ (kJ /kg)	$S/$ [kJ/ (kg· K)]	$t/℃$	$v/$ (m³ /kg)	$H/$ (kJ /kg)	$S/$ [kJ/ (kg· K)]	$t/℃$	$v/$ (m³ /kg)	$H/$ (kJ /kg)	$S/$ [kJ/ (kg· K)]	$t/℃$	$v/$ (m³ /kg)	$H/$ (kJ /kg)	$S/$ [kJ/ (kg· K)]
−5	0.08286	395.7	1.730	0	0.06935	398.7	1.727	5	0.05842	401.6	1.725	10	0.04947	404.4	1.722
−4	0.08327	396.6	1.734	1	0.06970	399.6	1.731	6	0.05873	402.5	1.728	11	0.04974	405.3	1.726
−3	0.08369	397.5	1.737	2	0.07006	400.4	1.734	7	0.05903	403.4	1.731	12	0.05001	406.3	1.729
−2	0.08410	398.3	1.740	3	0.07041	401.3	1.737	8	0.05934	404.3	1.734	13	0.05028	407.2	1.732
−1	0.08452	399.2	1.743	4	0.07076	402.2	1.740	9	0.05964	405.2	1.738	14	0.05054	408.1	1.735
0	0.08493	400.1	1.746	5	0.07111	403.1	1.743	10	0.05994	406.1	1.741	15	0.05080	409.0	1.739
1	0.08534	400.9	1.749	6	0.07146	404.0	1.747	11	0.06025	407.0	1.744	16	0.05106	410.0	1.742
2	0.08575	401.8	1.753	7	0.07181	404.9	1.750	12	0.06055	407.9	1.747	17	0.05133	410.9	1.745
3	0.08616	402.6	1.756	8	0.07216	405.7	1.753	13	0.06084	408.8	1.750	18	0.05159	411.8	1.748
4	0.08656	403.5	1.759	9	0.07251	406.6	1.756	14	0.06114	409.7	1.754	19	0.05184	412.7	1.751
5	0.08697	404.4	1.762	10	0.07285	407.5	1.759	15	0.06144	410.6	1.757	20	0.05210	413.7	1.755
6	0.08737	405.2	1.765	11	0.07319	408.4	1.762	16	0.06173	411.5	1.760	21	0.05236	414.6	1.758
7	0.08777	406.1	1.768	12	0.07354	409.3	1.765	17	0.06203	412.4	1.763	22	0.05261	415.5	1.761
8	0.08817	407.0	1.771	13	0.07388	410.2	1.768	18	0.06232	413.3	1.766	23	0.05287	416.4	1.764
9	0.08857	407.8	1.774	14	0.07422	411.1	1.772	19	0.06261	414.2	1.769	24	0.05312	417.4	1.767
10	0.08897	408.7	1.777	15	0.07456	411.9	1.775	20	0.06290	415.1	1.772	25	0.05337	418.3	1.770
11	0.08937	409.6	1.780	16	0.07489	412.8	1.778	21	0.06319	416.0	1.775	26	0.05362	419.2	1.773
12	0.08977	410.5	1.784	17	0.07523	413.7	1.781	22	0.06348	417.0	1.778	27	0.05387	420.1	1.776
13	0.09016	411.3	1.787	18	0.07557	414.6	1.784	23	0.06377	417.9	1.781	28	0.05412	421.1	1.779
14	0.09056	412.2	1.790	19	0.07590	415.5	1.787	24	0.06406	418.8	1.785	29	0.05437	422.0	1.783
15	0.09095	413.1	1.793	20	0.07624	416.4	1.790	25	0.06435	419.7	1.788	30	0.05462	422.9	1.786
16	0.09134	413.9	1.796	21	0.07657	417.3	1.793	26	0.06463	420.6	1.791	31	0.05486	423.8	1.789
17	0.09174	414.8	1.799	22	0.07690	418.2	1.796	27	0.06492	421.5	1.794	32	0.05511	424.8	1.792
18	0.09213	415.7	1.802	23	0.07723	419.1	1.799	28	0.06520	422.4	1.797	33	0.05536	425.7	1.795
19	0.09252	416.6	1.805	24	0.07757	420.0	1.802	29	0.06548	423.3	1.800	34	0.05560	426.6	1.798
20	0.09291	417.4	1.808	25	0.07790	420.8	1.805	30	0.06576	424.2	1.803	35	0.05584	427.6	1.801
21	0.09330	418.3	1.811	26	0.07822	421.7	1.808	31	0.06605	425.1	1.806	36	0.05609	428.5	1.804
22	0.09368	419.2	1.814	27	0.07855	422.6	1.811	32	0.06633	426.0	1.809	37	0.05633	429.4	1.807
23	0.09407	420.1	1.817	28	0.07888	423.5	1.814	33	0.06661	426.9	1.812	38	0.05657	430.3	1.810
24	0.09446	421.0	1.820	29	0.07921	424.4	1.817	34	0.06689	427.9	1.815	39	0.05681	431.3	1.813
25	0.09484	421.8	1.823	30	0.07953	425.3	1.820	35	0.06716	428.8	1.818	40	0.05705	432.2	1.816
26	0.09522	422.7	1.826	31	0.07986	426.2	1.823	36	0.06744	429.7	1.821	41	0.05729	433.1	1.819
27	0.09561	423.6	1.828	32	0.08018	427.1	1.826	37	0.06772	430.6	1.824	42	0.05753	434.1	1.822
28	0.09599	424.5	1.831	33	0.08051	428.0	1.829	38	0.06800	431.5	1.826	43	0.05777	435.0	1.825
29	0.09637	425.4	1.834	34	0.08083	428.9	1.832	39	0.06827	432.4	1.829	44	0.05800	435.9	1.828
30	0.09676	426.3	1.837	35	0.08115	429.8	1.835	40	0.06855	433.4	1.832	45	0.05824	436.9	1.830
31	0.09714	427.1	1.840	36	0.08147	430.7	1.838	41	0.06882	434.3	1.835	46	0.05848	437.8	1.833
32	0.09752	428.0	1.843	37	0.08180	431.6	1.840	42	0.06910	435.2	1.838	47	0.05871	438.7	1.836
33	0.09790	428.9	1.846	38	0.08212	432.5	1.843	43	0.06937	436.1	1.841	48	0.05895	439.7	1.839
34	0.09827	429.8	1.849	39	0.08244	433.4	1.846	44	0.06964	437.0	1.844	49	0.05918	440.6	1.842
35	0.09865	430.7	1.852	40	0.08276	434.3	1.849	45	0.06991	437.9	1.847	50	0.05942	441.5	1.845
36	0.09903	431.6	1.855	41	0.08307	435.2	1.852	46	0.07019	438.9	1.850	51	0.05965	442.5	1.848
37	0.09941	432.5	1.858	42	0.08339	436.2	1.855	47	0.07046	439.8	1.853	52	0.05988	443.4	1.851
38	0.09978	433.4	1.860	43	0.08371	437.1	1.858	48	0.07073	440.7	1.856	53	0.06012	444.3	1.854
39	0.1002	434.3	1.863	44	0.08403	438.0	1.861	49	0.07100	441.6	1.858	54	0.06035	445.3	1.857
40	0.1005	435.2	1.866	45	0.08434	438.9	1.864	50	0.07127	442.6	1.861	55	0.06058	446.2	1.859
41	0.1009	436.1	1.869	46	0.08466	439.8	1.866	51	0.07154	443.5	1.864	56	0.06081	447.2	1.862
42	0.1013	437.0	1.872	47	0.08498	440.7	1.869	52	0.07181	444.4	1.867	57	0.06104	448.1	1.865
43	0.1017	437.9	1.875	48	0.08529	441.6	1.872	53	0.07207	445.3	1.870	58	0.06127	449.0	1.868
44	0.1020	438.8	1.878	49	0.08561	442.5	1.875	54	0.07234	446.3	1.873	59	0.06150	450.0	1.871
45	0.1024	439.7	1.881	50	0.08592	443.5	1.878	55	0.07261	447.2	1.876	60	0.06173	450.9	1.874

	$p=488.3\text{kPa}$				$p=571.6\text{kPa}$				$p=665.3\text{kPa}$				$p=770.1\text{kPa}$		
$t/℃$	$v/$ $(\text{m}^3$ $/\text{kg})$	$H/$ $(\text{kJ}$ $/\text{kg})$	$S/$ $[\text{kJ}/$ $(\text{kg}\cdot$ $\text{K})]$	$t/℃$	$v/$ $(\text{m}^3$ $/\text{kg})$	$H/$ $(\text{kJ}$ $/\text{kg})$	$S/$ $[\text{kJ}/$ $(\text{kg}\cdot$ $\text{K})]$	$t/℃$	$v/$ $(\text{m}^3$ $/\text{kg})$	$H/$ $(\text{kJ}$ $/\text{kg})$	$S/$ $[\text{kJ}/$ $(\text{kg}\cdot$ $\text{K})]$	$t/℃$	$v/$ $(\text{m}^3$ $/\text{kg})$	$H/$ $(\text{kJ}$ $/\text{kg})$	$S/$ $[\text{kJ}/$ $(\text{kg}\cdot$ $\text{K})]$
15	0.04212	407.2	1.720	20	0.03603	409.8	1.718	25	0.03094	412.4	1.717	30	0.02667	414.9	1.715
16	0.04235	408.1	1.724	21	0.03624	410.8	1.722	26	0.03113	413.4	1.720	31	0.02684	416.0	1.718
17	0.04259	409.1	1.727	22	0.03645	411.8	1.725	27	0.03132	414.5	1.723	32	0.02701	417.0	1.722
18	0.04282	410.0	1.730	23	0.03665	412.8	1.728	28	0.03150	415.5	1.727	33	0.02718	418.1	1.725
19	0.04306	411.0	1.733	24	0.03686	413.8	1.732	29	0.03168	416.5	1.730	34	0.02734	419.1	1.728
20	0.04329	411.9	1.737	25	0.03706	414.7	1.735	30	0.03187	417.5	1.733	35	0.02751	420.1	1.732
21	0.04352	412.9	1.740	26	0.03727	415.7	1.738	31	0.03205	418.5	1.737	36	0.02767	421.2	1.735
22	0.04374	413.8	1.743	27	0.03747	416.7	1.741	32	0.03223	419.5	1.740	37	0.02783	422.2	1.738
23	0.04397	414.8	1.746	28	0.03767	417.7	1.745	33	0.03241	420.5	1.743	38	0.02799	423.2	1.742
24	0.04420	415.7	1.749	29	0.03787	418.6	1.748	34	0.03259	421.5	1.746	39	0.02815	424.2	1.745
25	0.04442	416.7	1.753	30	0.03807	419.6	1.751	35	0.03276	422.5	1.750	40	0.02831	425.3	1.748
26	0.04465	417.6	1.756	31	0.03827	420.6	1.754	36	0.03294	423.5	1.753	41	0.02847	426.3	1.752
27	0.04487	418.6	1.759	32	0.03846	421.5	1.757	37	0.03311	424.4	1.756	42	0.02863	427.3	1.755
28	0.04509	419.5	1.762	33	0.03866	422.5	1.761	38	0.03329	425.4	1.759	43	0.02878	428.3	1.758
29	0.04531	420.4	1.765	34	0.03885	423.5	1.764	39	0.03346	426.4	1.762	44	0.02894	429.3	1.761
30	0.04553	421.4	1.768	35	0.03905	424.4	1.767	40	0.03363	427.4	1.766	45	0.02909	430.3	1.764
31	0.04575	422.3	1.772	36	0.03924	425.4	1.770	41	0.03381	428.4	1.769	46	0.02925	431.4	1.768
32	0.04597	423.3	1.775	37	0.03943	426.4	1.773	42	0.03398	429.4	1.772	47	0.02940	432.4	1.771
33	0.04619	424.2	1.778	38	0.03962	427.3	1.776	43	0.03415	430.4	1.775	48	0.02955	433.4	1.774
34	0.04641	425.2	1.781	39	0.03981	428.3	1.779	44	0.03431	431.4	1.778	49	0.02970	434.4	1.777
35	0.04662	426.1	1.784	40	0.04000	429.3	1.782	45	0.03448	432.4	1.781	50	0.02985	435.4	1.780
36	0.04684	427.1	1.787	41	0.04019	430.2	1.786	46	0.03465	433.4	1.784	51	0.03000	436.4	1.783
37	0.04705	428.0	1.790	42	0.04038	431.2	1.789	47	0.03482	434.3	1.787	52	0.03015	437.4	1.786
38	0.04726	429.0	1.793	43	0.04057	432.2	1.792	48	0.03498	435.3	1.791	53	0.03030	438.4	1.790
39	0.04748	429.9	1.796	44	0.04076	433.1	1.795	49	0.03515	436.3	1.794	54	0.03044	439.4	1.793
40	0.04769	430.8	1.799	45	0.04094	434.1	1.798	50	0.03531	437.3	1.797	55	0.03059	440.4	1.796
41	0.04790	431.8	1.802	46	0.04113	435.1	1.801	51	0.03548	438.3	1.800	56	0.03074	441.5	1.799
42	0.04811	432.7	1.805	47	0.04131	436.0	1.804	52	0.03564	439.3	1.803	57	0.03088	442.5	1.802
43	0.04832	433.7	1.808	48	0.04150	437.0	1.807	53	0.03580	440.3	1.806	58	0.03103	443.5	1.805
44	0.04853	434.6	1.811	49	0.04168	438.0	1.810	54	0.03596	441.2	1.809	59	0.03117	444.5	1.808
45	0.04874	435.6	1.814	50	0.04186	438.9	1.813	55	0.03612	442.2	1.812	60	0.03131	445.5	1.811
46	0.04895	436.5	1.817	51	0.04204	439.9	1.816	56	0.03628	443.2	1.815	61	0.03145	446.5	1.814
47	0.04915	437.5	1.820	52	0.04222	440.9	1.819	57	0.03644	444.2	1.818	62	0.03160	447.5	1.817
48	0.04936	438.4	1.823	53	0.04241	441.8	1.822	58	0.03660	445.2	1.821	63	0.03174	448.5	1.820
49	0.04957	439.4	1.826	54	0.04259	442.8	1.825	59	0.03676	446.2	1.824	64	0.03188	449.5	1.823
50	0.04977	440.3	1.829	55	0.04277	443.8	1.828	60	0.03692	447.1	1.827	65	0.03202	450.5	1.826
51	0.04998	441.3	1.832	56	0.04294	444.7	1.831	61	0.03708	448.1	1.830	66	0.03216	451.5	1.829
52	0.05018	442.2	1.835	57	0.04312	445.7	1.834	62	0.03724	449.1	1.833	67	0.03230	452.5	1.832
53	0.05038	443.2	1.838	58	0.04330	446.7	1.836	63	0.03739	450.1	1.835	68	0.03244	453.5	1.835
54	0.05059	444.1	1.841	59	0.04348	447.6	1.839	64	0.03755	451.1	1.838	69	0.03258	454.5	1.838
55	0.05079	445.1	1.844	60	0.04366	448.6	1.842	65	0.03770	452.1	1.841	70	0.03271	455.5	1.841
56	0.05099	446.0	1.846	61	0.04383	449.6	1.845	66	0.03786	453.1	1.844	71	0.03285	456.5	1.844
57	0.05119	447.0	1.849	62	0.04401	450.5	1.848	67	0.03801	454.0	1.847	72	0.03299	457.5	1.846
58	0.05140	447.9	1.852	63	0.04418	451.5	1.851	68	0.03817	455.0	1.850	73	0.03313	458.5	1.849
59	0.05160	448.9	1.855	64	0.04436	452.5	1.854	69	0.03832	456.0	1.853	74	0.03326	459.5	1.852
60	0.05180	449.9	1.858	65	0.04453	453.5	1.857	70	0.03848	457.0	1.856	75	0.03340	460.5	1.855
61	0.05200	450.8	1.861	66	0.04471	454.4	1.860	71	0.03863	458.0	1.859	76	0.03353	461.5	1.858
62	0.05220	451.8	1.864	67	0.04488	455.4	1.862	72	0.03878	459.0	1.862	77	0.03367	462.5	1.861
63	0.05240	452.7	1.867	68	0.04506	456.4	1.865	73	0.03893	460.0	1.864	78	0.03380	463.6	1.864
64	0.05259	453.7	1.869	69	0.04523	457.3	1.868	74	0.03909	461.0	1.867	79	0.03394	464.6	1.867
65	0.05279	454.6	1.872	70	0.04540	458.3	1.871	75	0.03924	462.0	1.870	80	0.03407	465.6	1.870

	$p=886.9\text{kPa}$				$p=1016\text{kPa}$				$p=1160\text{kPa}$				$p=1318\text{kPa}$		
$t/℃$	$v/$ (m³ /kg)	$H/$ (kJ /kg)	$S/$ [kJ /(kg· K)]	$t/℃$	$v/$ (m³ /kg)	$H/$ (kJ /kg)	$S/$ [kJ /(kg· K)]	$t/℃$	$v/$ (m³ /kg)	$H/$ (kJ /kg)	$S/$ [kJ /(kg· K)]	$t/℃$	$v/$ (m³ /kg)	$H/$ (kJ /kg)	$S/$ [kJ /(kg· K)]
35	0.02306	417.3	1.713	40	0.02001	419.6	1.712	45	0.01737	421.7	1.710	50	0.01511	423.6	1.708
36	0.02322	418.4	1.717	41	0.02015	420.7	1.715	46	0.01750	422.8	1.713	51	0.01523	424.8	1.712
37	0.02337	419.5	1.720	42	0.02029	421.8	1.719	47	0.01763	424.0	1.717	52	0.01536	426.0	1.715
38	0.02352	420.5	1.724	43	0.02043	422.9	1.722	48	0.01776	425.2	1.721	53	0.01548	427.2	1.719
39	0.02367	421.6	1.727	44	0.02057	424.0	1.726	49	0.01789	426.3	1.724	54	0.01560	428.4	1.723
40	0.02382	422.7	1.730	45	0.02071	425.1	1.729	50	0.01802	427.4	1.728	55	0.01572	429.6	1.726
41	0.02397	423.7	1.734	46	0.02084	426.2	1.733	51	0.01814	428.6	1.731	56	0.01584	430.8	1.730
42	0.02412	424.8	1.737	47	0.02098	427.3	1.736	52	0.01827	429.7	1.735	57	0.01595	432.0	1.733
43	0.02426	425.9	1.741	48	0.02111	428.4	1.739	53	0.01839	430.8	1.738	58	0.01607	433.1	1.737
44	0.02441	426.9	1.744	49	0.02124	429.5	1.743	54	0.01851	431.9	1.742	59	0.01618	434.3	1.740
45	0.02455	428.0	1.747	50	0.02137	430.6	1.746	55	0.01863	433.1	1.745	60	0.01629	435.4	1.744
46	0.02470	429.0	1.750	51	0.02150	431.7	1.749	56	0.01875	434.2	1.748	61	0.01640	436.6	1.747
47	0.02484	430.1	1.754	52	0.02163	432.7	1.753	57	0.01887	435.3	1.752	62	0.01651	437.7	1.751
48	0.02498	431.1	1.757	53	0.02176	433.8	1.756	58	0.01899	436.4	1.755	63	0.01662	438.9	1.754
49	0.02512	432.1	1.760	54	0.02189	434.9	1.759	59	0.01910	437.5	1.758	64	0.01673	440.0	1.757
50	0.02526	433.2	1.763	55	0.02202	436.0	1.763	60	0.01922	438.6	1.762	65	0.01684	441.2	1.761
51	0.02540	434.2	1.767	56	0.02214	437.0	1.766	61	0.01933	439.7	1.765	66	0.01694	442.3	1.764
52	0.02553	435.3	1.770	57	0.02227	438.1	1.769	62	0.01945	440.8	1.768	67	0.01705	443.4	1.767
53	0.02567	436.3	1.773	58	0.02239	439.1	1.772	63	0.01956	441.9	1.771	68	0.01715	444.5	1.771
54	0.02581	437.3	1.776	59	0.02251	440.2	1.776	64	0.01967	443.0	1.775	69	0.01725	445.7	1.774
55	0.02594	438.4	1.779	60	0.02263	441.3	1.779	65	0.01979	444.1	1.778	70	0.01736	446.8	1.777
56	0.02607	439.4	1.783	61	0.02276	442.3	1.782	66	0.01990	445.2	1.781	71	0.01746	447.9	1.781
57	0.02621	440.4	1.786	62	0.02288	443.4	1.785	67	0.02001	446.2	1.784	72	0.01756	449.0	1.784
58	0.02634	441.5	1.789	63	0.02300	444.4	1.788	68	0.02011	447.3	1.788	73	0.01766	450.1	1.787
59	0.02647	442.5	1.792	64	0.02312	445.5	1.791	69	0.02022	448.4	1.791	74	0.01776	451.2	1.790
60	0.02660	443.5	1.795	65	0.02323	446.6	1.794	70	0.02033	449.5	1.794	75	0.01786	452.3	1.793
61	0.02673	444.6	1.798	66	0.02335	447.6	1.798	71	0.02044	450.6	1.797	76	0.01795	453.4	1.797
62	0.02686	445.6	1.801	67	0.02347	448.7	1.801	72	0.02054	451.6	1.800	77	0.01805	454.5	1.800
63	0.02699	446.6	1.804	68	0.02359	449.7	1.804	73	0.02065	452.7	1.803	78	0.01815	455.6	1.803
64	0.02712	447.6	1.807	69	0.02370	450.8	1.807	74	0.02076	453.8	1.806	79	0.01824	456.7	1.806
65	0.02725	448.7	1.810	70	0.02382	451.8	1.810	75	0.02086	454.8	1.809	80	0.01834	457.8	1.809
66	0.02738	449.7	1.813	71	0.02393	452.8	1.813	76	0.02096	455.9	1.812	81	0.01844	458.9	1.812
67	0.02751	450.7	1.816	72	0.02405	453.9	1.816	77	0.02107	457.0	1.816	82	0.01853	460.0	1.815
68	0.02763	451.7	1.819	73	0.02416	454.9	1.819	78	0.02117	458.1	1.819	83	0.01862	461.1	1.818
69	0.02776	452.8	1.822	74	0.02427	456.0	1.822	79	0.02127	459.1	1.822	84	0.01872	462.2	1.821
70	0.02788	453.8	1.825	75	0.02439	457.0	1.825	80	0.02138	460.2	1.825	85	0.01881	463.3	1.824
71	0.02801	454.8	1.828	76	0.02450	458.1	1.828	81	0.02148	461.3	1.828	86	0.01890	464.4	1.827
72	0.02813	455.8	1.831	77	0.02461	459.1	1.831	82	0.02158	462.3	1.831	87	0.01899	465.5	1.830
73	0.02826	456.9	1.834	78	0.02472	460.2	1.834	83	0.02168	463.4	1.834	88	0.01909	466.6	1.834
74	0.02838	457.9	1.837	79	0.02483	461.2	1.837	84	0.02178	464.4	1.837	89	0.01918	467.6	1.837
75	0.02850	458.9	1.840	80	0.02494	462.2	1.840	85	0.02188	465.5	1.840	90	0.01927	468.7	1.839
76	0.02863	459.9	1.843	81	0.02505	463.3	1.843	86	0.02198	466.6	1.843	91	0.01936	469.8	1.842
77	0.02875	460.9	1.846	82	0.02516	464.3	1.846	87	0.02208	467.6	1.845	92	0.01945	470.9	1.845
78	0.02887	462.0	1.849	83	0.02527	465.4	1.849	88	0.02218	468.7	1.848	93	0.01954	472.0	1.848
79	0.02899	463.0	1.852	84	0.02538	466.4	1.852	89	0.02227	469.8	1.851	94	0.01962	473.1	1.851
80	0.02911	464.0	1.855	85	0.02549	467.5	1.854	90	0.02237	470.8	1.854	95	0.01971	474.1	1.854
81	0.02923	465.0	1.858	86	0.02560	468.5	1.857	91	0.02247	471.9	1.857	96	0.01980	475.2	1.857
82	0.02935	466.1	1.860	87	0.02571	469.5	1.860	92	0.02256	472.9	1.860	97	0.01989	476.3	1.860
83	0.02947	467.1	1.863	88	0.02581	470.6	1.863	93	0.02266	474.0	1.863	98	0.01998	477.4	1.863
84	0.02959	468.1	1.866	89	0.02592	471.6	1.866	94	0.02276	475.1	1.866	99	0.02006	478.5	1.866
85	0.02971	469.1	1.869	90	0.02603	472.7	1.869	95	0.02285	476.1	1.869	100	0.02015	479.5	1.869

	$p=1491$kPa				$p=1602$kPa				$p=1890$kPa				$p=2117$kPa		
t/℃	v/(m³/kg)	H/(kJ/kg)	S/[kJ/(kg·K)]	t/℃	v/(m³/kg)	H/(kJ/kg)	S/[kJ/(kg·K)]	t/℃	v/(m³/kg)	H/(kJ/kg)	S/[kJ/(kg·K)]	t/℃	v/(m³/kg)	H/(kJ/kg)	S/[kJ/(kg·K)]
55	0.01317	425.4	1.706	60	0.01236	428.9	1.712	65	0.009975	428.1	1.700	70	0.008664	428.9	1.696
56	0.01329	426.6	1.710	61	0.01247	430.2	1.716	66	0.01009	429.5	1.704	71	0.008775	430.4	1.701
57	0.01340	427.9	1.713	62	0.01259	431.5	1.720	67	0.01020	430.9	1.708	72	0.008884	431.9	1.705
58	0.01352	429.2	1.717	63	0.01269	432.8	1.724	68	0.01030	432.3	1.712	73	0.008990	433.4	1.709
59	0.01363	430.4	1.721	64	0.01280	434.0	1.727	69	0.01041	433.7	1.717	74	0.009093	434.9	1.714
60	0.01374	431.6	1.725	65	0.01291	435.3	1.731	70	0.01051	435.0	1.720	75	0.009194	436.4	1.718
61	0.01385	432.9	1.728	66	0.01301	436.5	1.735	71	0.01061	436.4	1.724	76	0.009292	437.8	1.722
62	0.01396	434.1	1.732	67	0.01311	437.8	1.738	72	0.01071	437.7	1.728	77	0.009389	439.2	1.726
63	0.01407	435.3	1.736	68	0.01321	439.0	1.742	73	0.01081	439.1	1.732	78	0.009483	440.6	1.730
64	0.01418	436.5	1.739	69	0.01331	440.2	1.746	74	0.01090	440.4	1.736	79	0.009575	442.0	1.734
65	0.01428	437.7	1.743	70	0.01341	441.4	1.749	75	0.01100	441.7	1.740	80	0.009666	443.4	1.738
66	0.01438	438.9	1.746	71	0.01351	442.6	1.753	76	0.01109	443.0	1.743	81	0.009755	444.7	1.742
67	0.01449	440.1	1.750	72	0.01361	443.8	1.756	77	0.01118	444.3	1.747	82	0.009842	446.1	1.745
68	0.01459	441.3	1.753	73	0.01370	445.0	1.760	78	0.01127	445.5	1.751	83	0.009928	447.4	1.749
69	0.01469	442.4	1.757	74	0.01380	446.2	1.763	79	0.01136	446.8	1.754	84	0.01001	448.7	1.753
70	0.01479	443.6	1.760	75	0.01389	447.4	1.766	80	0.01145	448.1	1.758	85	0.01010	450.0	1.757
71	0.01489	444.8	1.763	76	0.01398	448.6	1.770	81	0.01154	449.3	1.761	86	0.01018	451.3	1.760
72	0.01498	445.9	1.767	77	0.01407	449.8	1.773	82	0.01162	450.6	1.765	87	0.01026	452.6	1.764
73	0.01508	447.1	1.770	78	0.01416	450.9	1.776	83	0.01171	451.8	1.768	88	0.01034	453.9	1.767
74	0.01518	448.2	1.773	79	0.01425	452.1	1.780	84	0.01179	453.0	1.772	89	0.01042	455.2	1.771
75	0.01527	449.4	1.777	80	0.01434	453.3	1.783	85	0.01187	454.2	1.775	90	0.01050	456.5	1.774
76	0.01536	450.5	1.780	81	0.01443	454.4	1.786	86	0.01195	455.5	1.779	91	0.01057	457.7	1.778
77	0.01546	451.7	1.783	82	0.01452	455.6	1.790	87	0.01204	456.7	1.782	92	0.01065	459.0	1.781
78	0.01555	452.8	1.787	83	0.01461	456.7	1.793	88	0.01212	457.9	1.785	93	0.01073	460.2	1.785
79	0.01564	454.0	1.790	84	0.01469	457.9	1.796	89	0.01220	459.1	1.789	94	0.01080	461.5	1.788
80	0.01573	455.1	1.793	85	0.01478	459.0	1.799	90	0.01227	460.3	1.792	95	0.01087	462.7	1.792
81	0.01582	456.2	1.796	86	0.01486	460.2	1.803	91	0.01235	461.5	1.795	96	0.01095	464.0	1.795
82	0.01591	457.4	1.799	87	0.01495	461.3	1.806	92	0.01243	462.7	1.799	97	0.01102	465.2	1.798
83	0.01600	458.5	1.803	88	0.01503	462.5	1.809	93	0.01251	463.9	1.802	98	0.01109	466.4	1.802
84	0.01609	459.6	1.806	89	0.01511	463.6	1.812	94	0.01258	465.1	1.805	99	0.01116	467.6	1.805
85	0.01618	460.7	1.809	90	0.01520	464.7	1.815	95	0.01266	466.3	1.808	100	0.01123	468.9	1.808
86	0.01626	461.9	1.812	91	0.01528	465.9	1.818	96	0.01273	467.4	1.812	101	0.01130	470.1	1.811
87	0.01635	463.0	1.815	92	0.01536	467.0	1.821	97	0.01281	468.6	1.815	102	0.01137	471.3	1.815
88	0.01644	464.1	1.818	93	0.01544	468.1	1.824	98	0.01288	469.8	1.818	103	0.01144	472.5	1.818
89	0.01652	465.2	1.821	94	0.01552	469.3	1.828	99	0.01295	471.0	1.821	104	0.01151	473.7	1.821
90	0.01661	466.3	1.824	95	0.01560	470.4	1.831	100	0.01302	472.1	1.824	105	0.01158	474.9	1.824
91	0.01669	467.4	1.827	96	0.01568	471.5	1.834	101	0.01310	473.3	1.827	106	0.01164	476.1	1.827
92	0.01678	468.6	1.830	97	0.01576	472.6	1.837	102	0.01317	474.5	1.830	107	0.01171	477.3	1.830
93	0.01686	469.7	1.834	98	0.01584	473.7	1.840	103	0.01324	475.6	1.834	108	0.01177	478.5	1.834
94	0.01694	470.8	1.837	99	0.01592	474.9	1.843	104	0.01331	476.8	1.837	109	0.01184	479.6	1.837
95	0.01703	471.9	1.840	100	0.01599	476.0	1.846	105	0.01338	477.9	1.840	110	0.01190	480.8	1.840
96	0.01711	473.0	1.843	101	0.01607	477.1	1.849	106	0.01345	479.1	1.843	111	0.01197	482.0	1.843
97	0.01719	474.1	1.846	102	0.01615	478.2	1.852	107	0.01352	480.2	1.846	112	0.01203	483.2	1.846
98	0.01727	475.2	1.849	103	0.01622	479.3	1.855	108	0.01359	481.4	1.849	113	0.01210	484.4	1.849
99	0.01735	476.3	1.851	104	0.01630	480.4	1.858	109	0.01366	482.5	1.852	114	0.01216	485.5	1.852
100	0.01743	477.4	1.854	105	0.01638	481.6	1.861	110	0.01372	483.7	1.855	115	0.01222	486.7	1.855
101	0.01751	478.5	1.857	106	0.01645	482.7	1.863	111	0.01379	484.8	1.858	116	0.01229	487.9	1.858
102	0.01759	479.6	1.860	107	0.01653	483.8	1.866	112	0.01386	486.0	1.861	117	0.01235	489.0	1.861
103	0.01767	480.7	1.863	108	0.01660	484.9	1.869	113	0.01393	487.1	1.864	118	0.01241	490.2	1.864
104	0.01775	481.8	1.866	109	0.01667	486.0	1.872	114	0.01399	488.3	1.867	119	0.01247	491.4	1.867
105	0.01783	482.9	1.869	110	0.01675	487.1	1.875	115	0.01406	489.4	1.870	120	0.01253	492.5	1.870

$p=2364\text{kPa}$				$p=2633\text{kPa}$				$p=2926\text{kPa}$				$p=3244\text{kPa}$			
$t/℃$	$v/$ $(\text{m}^3$ $/\text{kg})$	$H/$ $(\text{kJ}$ $/\text{kg})$	$S/$ $[\text{kJ}/$ $(\text{kg}\cdot$ $\text{K})]$	$t/℃$	$v/$ $(\text{m}^3$ $/\text{kg})$	$H/$ $(\text{kJ}$ $/\text{kg})$	$S/$ $[\text{kJ}/$ $(\text{kg}\cdot$ $\text{K})]$	$t/℃$	$v/$ $(\text{m}^3$ $/\text{kg})$	$H/$ $(\text{kJ}$ $/\text{kg})$	$S/$ $[\text{kJ}/$ $(\text{kg}\cdot$ $\text{K})]$	$t/℃$	$v/$ $(\text{m}^3$ $/\text{kg})$	$H/$ $(\text{kJ}$ $/\text{kg})$	$S/$ $[\text{kJ}/$ $(\text{kg}\cdot$ $\text{K})]$
75	0.007501	429.3	1.692	80	0.006456	429.0	1.686	85	0.005502	427.9	1.678	90	0.004615	425.5	1.666
76	0.007615	431.0	1.696	81	0.006576	430.9	1.691	86	0.005634	430.2	1.684	91	0.004771	428.4	1.674
77	0.007725	432.6	1.701	82	0.006691	432.8	1.696	87	0.005757	432.3	1.690	92	0.004910	431.0	1.681
78	0.007832	434.2	1.706	83	0.006800	434.6	1.701	88	0.005872	434.4	1.695	93	0.005037	433.4	1.688
79	0.007935	435.8	1.710	84	0.006904	436.3	1.706	89	0.005981	436.3	1.701	94	0.005154	435.7	1.694
80	0.008034	437.4	1.715	85	0.007005	438.0	1.711	90	0.006086	438.2	1.706	95	0.005263	437.8	1.700
81	0.008131	438.9	1.719	86	0.007102	439.7	1.716	91	0.006184	440.0	1.711	96	0.005366	439.9	1.706
82	0.008226	440.4	1.723	87	0.007196	441.3	1.720	92	0.006280	441.8	1.716	97	0.005464	441.9	1.711
83	0.008138	441.9	1.728	88	0.007288	442.9	1.725	93	0.006371	443.6	1.721	98	0.005558	443.8	1.716
84	0.008408	443.4	1.732	89	0.007377	444.5	1.729	94	0.006460	445.3	1.725	99	0.005647	445.6	1.721
85	0.008496	444.8	1.736	90	0.007463	446.0	1.733	95	0.006546	446.9	1.730	100	0.005733	447.4	1.726
86	0.008582	446.3	1.740	91	0.007547	447.6	1.737	96	0.006629	448.5	1.734	101	0.005817	449.2	1.731
87	0.008667	447.7	1.744	92	0.007630	449.1	1.741	97	0.006710	450.1	1.739	102	0.005897	450.9	1.735
88	0.008750	449.1	1.748	93	0.007710	450.5	1.745	98	0.006789	451.7	1.743	103	0.005975	452.6	1.740
89	0.008831	450.5	1.751	94	0.007789	452.0	1.749	99	0.006866	453.3	1.747	104	0.006051	454.2	1.744
90	0.008911	451.8	1.755	95	0.007867	453.4	1.753	100	0.006941	454.8	1.751	105	0.006124	455.9	1.748
91	0.008990	453.2	1.759	96	0.007942	454.9	1.757	101	0.007015	456.3	1.755	106	0.006196	457.5	1.753
92	0.009068	454.6	1.763	97	0.008017	456.3	1.761	102	0.007087	457.8	1.759	107	0.006266	459.0	1.757
93	0.009144	455.9	1.766	98	0.008090	457.7	1.765	103	0.007158	459.2	1.763	108	0.006335	460.6	1.761
94	0.009219	457.2	1.770	99	0.008162	459.1	1.769	104	0.007227	460.7	1.767	109	0.006402	462.1	1.765
95	0.009293	458.5	1.773	100	0.008233	460.4	1.772	105	0.007295	462.1	1.771	110	0.006468	463.6	1.769
96	0.009366	459.9	1.777	101	0.008303	461.8	1.776	106	0.007362	463.6	1.774	111	0.006533	465.1	1.773
97	0.009439	461.2	1.781	102	0.008372	463.2	1.779	107	0.007428	465.0	1.778	112	0.006596	466.6	1.777
98	0.009510	462.5	1.784	103	0.008439	464.5	1.783	108	0.007493	466.4	1.782	113	0.006658	468.1	1.780
99	0.009580	463.7	1.788	104	0.008506	465.8	1.787	109	0.007557	467.8	1.786	114	0.006719	469.5	1.784
100	0.009650	465.0	1.791	105	0.008572	467.2	1.790	110	0.007620	469.1	1.789	115	0.006780	471.0	1.788
101	0.009719	466.3	1.794	106	0.008638	468.5	1.794	111	0.007682	470.5	1.793	116	0.006839	472.4	1.792
102	0.009787	467.6	1.798	107	0.008702	469.8	1.797	112	0.007743	471.9	1.796	117	0.006897	473.8	1.795
103	0.009854	468.8	1.801	108	0.008766	471.1	1.801	113	0.007804	473.2	1.800	118	0.006955	475.2	1.799
104	0.009921	470.1	1.804	109	0.008829	472.4	1.804	114	0.007863	474.6	1.803	119	0.007012	476.6	1.802
105	0.009987	471.3	1.808	110	0.008891	473.7	1.807	115	0.007922	475.9	1.807	120	0.007068	478.0	1.806
106	0.01005	472.6	1.811	111	0.008952	475.0	1.811	116	0.007980	477.2	1.810	121	0.007123	479.4	1.809
107	0.01012	473.8	1.814	112	0.009013	476.3	1.814	117	0.008038	478.6	1.813	122	0.007178	480.7	1.813
108	0.01018	475.1	1.818	113	0.009074	477.5	1.817	118	0.008095	479.9	1.817	123	0.007231	482.1	1.816
109	0.01024	476.3	1.821	114	0.009133	478.8	1.821	119	0.008151	481.2	1.820	124	0.007285	483.4	1.820
110	0.01031	477.5	1.824	115	0.009192	480.1	1.824	120	0.008207	482.5	1.823	125	0.007338	484.8	1.823
111	0.01037	478.8	1.827	116	0.009251	481.3	1.827	121	0.008262	483.8	1.827	126	0.007390	486.1	1.826
112	0.01043	480.0	1.830	117	0.009309	482.6	1.830	122	0.008317	485.1	1.830	127	0.007441	487.4	1.830
113	0.01049	481.2	1.834	118	0.009367	483.8	1.833	123	0.008371	486.4	1.833	128	0.007492	488.8	1.833
114	0.01055	482.4	1.837	119	0.009424	485.1	1.837	124	0.008425	487.6	1.837	129	0.007543	490.1	1.836
115	0.01062	483.6	1.840	120	0.009481	486.3	1.840	125	0.008478	488.9	1.840	130	0.007593	491.4	1.840
116	0.01068	484.8	1.843	121	0.009537	487.6	1.843	126	0.008531	490.2	1.843	131	0.007643	492.7	1.843
117	0.01074	486.1	1.846	122	0.009592	488.8	1.846	127	0.008583	491.5	1.846	132	0.007692	494.0	1.846
118	0.01079	487.3	1.849	123	0.009648	490.0	1.849	128	0.008635	492.7	1.849	133	0.007740	495.3	1.849
119	0.01085	488.5	1.852	124	0.009703	491.3	1.852	129	0.008686	494.0	1.852	134	0.007789	496.6	1.852
120	0.01091	489.7	1.855	125	0.009757	492.5	1.855	130	0.008737	495.2	1.856	135	0.007837	497.9	1.856
121	0.01097	490.8	1.858	126	0.009811	493.7	1.859	131	0.008788	496.5	1.859	136	0.007884	499.2	1.859
122	0.01103	492.0	1.861	127	0.009865	494.9	1.862	132	0.008838	497.7	1.862	137	0.007931	500.4	1.862
123	0.01108	493.2	1.864	128	0.009918	496.2	1.865	133	0.008888	499.0	1.865	138	0.007978	501.7	1.865
124	0.01114	494.4	1.867	129	0.009971	497.4	1.868	134	0.008937	500.2	1.868	139	0.008024	503.0	1.868
125	0.01120	495.6	1.870	130	0.01002	498.6	1.871	135	0.008987	501.5	1.871	140	0.008070	504.3	1.871

表6 R134a饱和气与饱和液的传递性质

t/℃	c_p/[kJ/(kg·K)]		a/(m/s)		μ/μPa·s		λ/[mW/(m·K)]		σ/(mN·m)	c_p/c_V
	饱和液	饱和气	饱和液	饱和气	饱和液	饱和气	饱和液	饱和气	饱和液	饱和气
−103.3	1.184	0.585	1120	126.8	2175	6.46	145.2	3.08	28.07	1.164
−100	1.184	0.593	1103	127.9	1893	6.60	143.2	3.34	27.50	1.162
−90	1.189	0.617	1052	131.0	1339	7.03	137.3	4.15	25.79	1.156
−80	1.198	0.642	1002	134.0	1018	7.46	131.5	4.95	24.10	1.151
−70	1.210	0.667	952	136.8	809.2	7.89	126.0	5.75	22.44	1.148
−60	1.223	0.692	903	139.4	663.1	8.30	120.7	6.56	20.80	1.146
−50	1.238	0.720	855	141.7	555.1	8.72	115.6	7.36	19.18	1.146
−40	1.255	0.749	807	143.6	472.2	9.12	110.6	8.17	17.60	1.148
−30	1.273	0.781	760	145.2	406.4	9.52	105.8	8.99	16.04	1.152
−26.07	1.281	0.794	742	145.7	384.2	9.68	103.9	9.31	15.44	1.154
−20	1.293	0.816	714	146.2	353.0	9.92	101.1	9.82	14.51	1.158
−15	1.305	0.835	691	146.5	330.8	10.13	98.8	10.24	13.77	1.163
−10	1.316	0.854	668	146.6	308.6	10.33	96.5	10.66	13.02	1.167
−5	1.328	0.875	645	146.9	289.8	10.53	94.2	11.04	12.29	1.173
0	1.341	0.897	622	146.9	271.1	10.73	92.0	11.51	11.56	1.179
5	1.355	0.921	599	146.6	254.9	10.94	89.8	11.96	10.85	1.187
10	1.370	0.945	576	146.4	238.8	11.15	87.6	12.40	10.14	1.196
15	1.387	0.973	553	145.7	224.7	11.36	85.5	12.87	9.45	1.208
20	1.405	1.001	530	145.1	210.7	11.58	83.3	13.33	8.76	1.219
25	1.425	1.033	506	143.7	198.3	11.81	81.1	13.83	8.09	1.234
30	1.446	1.065	483	142.2	185.8	12.04	79.0	14.33	7.42	1.249
35	1.472	1.105	460	141.2	174.6	12.30	76.9	14.88	6.78	1.270
40	1.498	1.145	436	140.3	163.4	12.55	74.7	15.44	6.13	1.292
45	1.532	1.195	412	138.4	153.7	12.58	72.6	16.03	5.51	1.323
50	1.566	1.246	389	136.6	143.1	13.12	70.4	16.72	4.89	1.354
55	1.613	1.317	365	134.2	133.7	13.45	68.3	17.52	4.30	1.401
60	1.660	1.387	340	131.7	124.2	13.76	66.1	18.31	3.72	1.448
65	1.732	1.496	315	128.6	115.3	14.22	63.9	19.38	3.16	1.528
70	1.804	1.605	290	125.5	106.4	14.65	61.7	20.45	2.61	1.607
75	1.935	1.809	263	121.6	97.7	15.25	59.4	22.08	2.10	1.765
80	2.065	2.012	237	117.7	89.0	15.84	57.2	23.72	1.60	1.924
85	2.411	2.567	206	112.8	80.0	16.82	55.0	26.82	1.16	2.372
90	2.756	3.121	176	107.9	70.9	17.81	52.8	29.91	0.71	2.820
100	17.59	25.35	101	94.0	45.1	24.21	59.9	60.58	0.04	20.81
101.06	∞	∞	0	0	—	—	∞	∞	0	∞

注：t—温度，℃；c_p—定压比热容，kJ/(kg·K)；a—声速，m/s；μ—动力黏度，μPa·s；λ—热导率，mW/(m·K)；σ—表面张力，mN/m；c_p/c_V—比热容比（即绝热指数或等熵指数）。

附录二　其他技术数据表

表1　部分建筑的供热负荷概算参考数据

建筑类型	热负荷/(W/m²)	建筑类型	热负荷/(W/m²)
住宅	47～70	办公楼、学校	58～81
医院、幼儿园	64～81	旅馆	58～70
图书馆	47～76	商店	64～87
单层住宅	81～105	食堂、餐厅	116～140
影剧院	93～116	大礼堂、体育馆	116～163

表2　基于区域划分的典型城市住宅冷热负荷参考数据

区域	夏季室外计算参数 干球温度/℃	夏季室外计算参数 湿球温度/℃	冬季室外计算参数 干球温度/℃	冬季室外计算参数 相对湿度/%	夏季供冷负荷/(W/m²)	冬季供暖负荷/(W/m²)	典型城市
一区	34.1～35.8	18.5～20.2	−23～−28	63～80	65～75	110～120	乌鲁木齐,哈密,克拉玛依
					75～80	140～160	
二区	29.9～31.4	20.8～25.4	−22～−29	56～74	65～75	105～125	哈尔滨,长春,沈阳,呼和浩特
					70～80	140～160	
三区	30.5～31.2	20.2～23.4	−13～−18	48～64	75～85	110～130	太原,兰州,银川
					80～90	135～160	
四区	28.4～30.7	25～26	−9～−14	58～64	85～90	95～115	青岛,烟台,大连
					90～95	120～140	
五区	33.2～35.6	26.0～27.4	−7～−12	45～67	95～100	90～100	北京,天津,石家庄,郑州,西安,济南
					100～110	110～130	
六区	33.9～36.5	23.2～28.5	−7～−2	73～82	100～110	65～100	武汉,长沙,合肥,南京,南昌,上海,杭州,桂林,重庆
					115～130	80～120	
七区	25.8～31.6	19.9～26.7	−3～−2	51～80	65～95	70～85	贵阳,昆明,成都
					75～110	85～105	
八区	32.4～35.2	27.3～28.3	4～10	70～85	100～105	40～60	福州,厦门,深圳,广州,海口,南宁,台北,香港
					110～115	50～70	

注：1. 表中一、二区为严寒地区，三、四区为寒冷地区，五、六区为冬冷夏热地区，七区为温和地区，八区为冬暖夏热地区。

2. 冷热负荷指标以供冷供暖面积为基准，选用热泵空调时应考虑1.2的间歇使用系数和1.2的邻室无供冷供暖时内维护结构负荷附加系数。

3. 冷热负荷指标上栏为标准层指标，下栏为顶层指标。

表3　我国部分城市室外气象参数

城市	台站位置 北纬	台站位置 东经	台站位置 海拔/m	室外计算干球温度/℃ 供暖	冬季通风	夏季通风	冬季空调	夏季空调	夏季空调日均
北京市	39°48′	116°19′	31.3	−9	−5	30	−12	33.8	29
上海市	31°10′	121°26′	4.5	−2	3	32	−4	34.0	30
天津市	39°06′	117°10′	3.3	−9	−4	30	−11	33.2	29
重庆市	29°35′	106°28′	260.6	4	8	33	3	36.0	32
黑龙江省									
海拉尔	49°13′	119°45′	612.9	−35	−27	25	−38	27.9	23
嫩江	49°10′	125°13′	222.3	−33	−25	25	−36	28.9	23
博克图	48°46′	121°55′	738.7	−28	21	23	−31	26.1	21
海伦	47°26′	126°58′	239.4	−29	−23	25	−31	29.4	24
齐齐哈尔	47°23′	123°55′	145.9	−25	−19	27	−29	30.7	26

城市	台站位置			室外计算干球温度/℃					
	北纬	东经	海拔/m	供暖	冬季通风	夏季通风	冬季空调	夏季空调	夏季空调日均
哈尔滨	45°41′	126°37′	171.7	−26	20	26	−29	30.3	25
牡丹江	44°34′	129°36′	241.4	−24	−19	26	−28	30.0	25
吉林省									
长春	45°54′	125°13′	236.8	−23	−17	27	−26	30.5	26
通辽	43°36′	122°16′	178.5	−20	−15	28	−23	31.9	26
四平	43°11′	124°20′	164.2	−23	−15	28	−25	30.5	26
延吉	42°53′	129°28′	176.8	−20	−14	26	−22	30.8	25
辽宁省									
赤峰	42°16′	118°58′	571.1	−18	−12	28	−20	32.1	27
沈阳	41°46′	123°26′	41.6	−20	−13	28	−23	31.3	27
本溪	41°19′	123°54′	212.8	−20	−12	27	−23	29.5	25
锦州	41°08′	121°07′	66.3	−15	−9	28	−17	30.8	27
营口	40°40′	122°12′	3.5	−16	−10	28	−19	30.3	27
丹东	40°03′	120°20′	15.1	−15	−9	27	−18	29.1	26
大连	38°54′	121°43′	93.5	−12	−5	26	−14	28.5	26
河北省									
承德	40°58′	117°50′	375.2	−14	−9	28	−17	31.6	28
唐山	39°38′	118°10′	25.9	−11	−6	29	−13	32.5	28

城市	室外风速/(m/s)		大气压力/mmHg		日均温≤5℃期间		最热月(七月)均温/℃	年均温/℃	最大冻土深度/cm
	冬季	夏季	冬季	夏季	天数	平均温度			
北京市	3.0	1.9	767	751	124	−1.3	26.0	11.6	85
上海市	3.2	3.0	769	754	59	3.1	27.9	15.7	8
天津市	2.9	2.5	771	754	122	−1.2	26.4	12.3	69
重庆市	1.3	1.6	744	730	9	—	28.6	18.3	—
黑龙江省									
海拉尔	2.4	3.0	711	701	208	−16.8	19.4	−2.05	241
嫩江	1.5	2.4	745	734	197	−14.9	20.4	−0.4	226
博克图	3.6	2.2	697	691	209	−11.4	17.8	−1.0	250
海伦	2.5	3.1	743	733	189	−12.6	21.3	1.2	231
齐齐哈尔	3.3	3.4	753	741	178	−10.0	22.6	3.2	225
哈尔滨	3.4	3.3	751	739	176	−9.6	22.7	3.5	197
牡丹江	2.4	2.0	744	734	177	−9.2	21.7	3.3	189
吉林省									
长春	4.3	3.7	745	733	175	−9.8	22.9	4.9	169
通辽	3.3	2.8	752	738	158	−8.4	23.8	6.0	151
四平	2.8	2.7	753	740	163	−8.7	23.5	5.9	145
延吉	3.2	2.3	750	740	179	−8.4	21.3	4.9	200
辽宁省									
赤峰	2.4	1.9	716	705	159	−6.7	23.4	6.9	197
沈阳	3.2	3.0	765	750	151	−6.1	24.6	7.8	139
本溪	2.5	2.3	754	740	162	−6.9	24.4	8.9	115
锦州	4.0	3.8	763	748	142	−3.7	24.4	9.0	113
营口	3.4	3.5	770	754	142	−4.0	24.8	9.0	111
丹东	4.3	2.7	767	754	144	−3.4	23.4	8.6	87
大连	6.3	4.2	760	746	128	−1.7	24.1	10.1	93
河北省									

城市	室外风速/(m/s)		大气压力/mmHg		日均温≤5℃期间		最热月(七月)均温/℃	年均温/℃	最大冻土深度/cm
	冬季	夏季	冬季	夏季	天数	平均温度			
承德	1.5	1.0	735	722	142	−4.8	24.4	9.0	126
唐山	2.8	2.2	768	752	128	−2.5	25.5	11.1	73

城市	台站位置			室外计算干球温度/℃					
	北纬	东经	海拔/m	供暖	冬季通风	夏季通风	冬季空调	夏季空调	夏季空调日均
河北省									
保定	38°50′	115°34′	17.2	−9	−4	31	−12	34.9	30
石家庄	38°04′	114°26′	81.8	−8	−3	31	−11	35.2	30
山西省									
太原	37°47′	112°33′	777.9	−12	−7	28	−15	31.8	26
运城	35°02′	111°00′	367.8	−7	−2	32	−9	35.0	31
内蒙古自治区									
锡林浩特	43°57′	116°05′	989.5	−28	−20	26	−31	30.0	24
呼和浩特	40°49′	111°41′	1063.0	−20	−14	26	−22	29.6	25
磴口	40°20′	107°00′	1055.1	−17	−11	28	−20	32.1	27
陕西省									
榆林	38°14′	109°42′	1057.5	−16	−10	28	−19	31.3	26
延安	36°36′	109°30′	957.6	−12	−7	28	−15	32.1	26
西安	34°18′	108°56′	396.9	−5	−1	31	−9	35.6	31
略阳	33°19′	106°09′	793.8	−2	2	28	−3	32.5	27
汉中	33°04′	107°02′	508.3	−1	2	29	−3	32.1	29
宁夏回族自治区									
银川	38°29′	106°16′	1111.5	−15	−9	27	−18	30.5	26
盐池	37°47′	107°24′	1347.8	−16	−9	27	−19	30.7	25
青海省									
西宁	36°35′	101°55′	2261.2	−13	−9	22	−15	25.4	20
共和	36°17′	100°37′	2835.0	−15	−11	19	−17	22.8	18
格尔木	36°12′	94°38′	2807.7	−17	−12	22	−20	26.5	20
玛多	34°57′	98°08′	4220.7	−22	−17	11	−26	14.9	10
甘肃省									
敦煌	40°08′	94°47′	1138.7	−14	−9	30	−17	34.6	28
酒泉	39°46′	98°31′	1477.2	−17	−10	26	−20	30.5	24
山丹	38°48′	101°05′	1764.6	−18	−12	26	−21	30.0	24
兰州	36°03′	103°53′	1516.2	−11	−7	27	−13	30.6	26
平凉	35°25′	106°38′	1346.6	−10	−5	25	−14	28.8	24
天水	34°35′	105°45′	1131.7	−7	−3	27	−10	30.0	25
武都	33°23′	104°43′	1079.1	0	3	28	−2	31.2	28
新疆维吾尔自治区									
伊宁	43°57′	81°20′	662.5	−19	−10	27	−25	32.1	25
乌鲁木齐	43°54′	87°28′	653.5	−23	−15	29	−27	33.6	30
吐鲁番	42°56′	89°12′	34.5	−15	−9	36	−21	41.1	36

城市	室外风速/(m/s)		大气压力/mmHg		日均温≤5℃期间		最热月(七月)均温/℃	年均温/℃	最大冻土深度/cm
	冬季	夏季	冬季	夏季	天数	平均温度			
河北省									
保定	2.2	2.0	769	752	121	1.7	26.7	12.2	55
石家庄	1.8	1.3	763	747	110	−0.7	26.7	12.7	53
山西省									
太原	2.7	2.1	700	689	135	−3.3	23.7	9.4	77
运城	2.1	2.3	737	722	104	−0.8	27.4	13.4	43
内蒙古自治区									

城市	室外风速/(m/s)		大气压力/mmHg		日均温≤5℃期间		最热月(七月)均温/℃	年均温/℃	最大冻土深度/cm
	冬季	夏季	冬季	夏季	天数	平均温度			
锡林浩特	3.3	3.0	679	672	188	−11.0	20.7	1.8	289
呼和浩特	1.5	1.3	676	667	165	−7.4	21.8	5.7	120
磴口	3.1	2.5	677	669	157	−5.7	23.8	7.5	108
陕西省									
榆林	1.8	2.3	676	667	148	−4.4	23.5	7.9	147
延安	2.3	1.7	685	675	135	−2.4	22.9	9.2	79
西安	1.9	2.2	734	719	99	0.5	26.7	13.3	45
略阳	1.9	1.7	698	688	81	2.4	24.1	13.4	11
汉中	1.0	1.3	723	711	77	2.8	25.9	14.3	—
宁夏回族自治区									
银川	1.7	1.6	672	662	141	−4.5	23.5	8.5	103
盐池	2.8	2.6	652	645	152	−5.0	22.2	7.5	128
青海省									
西宁	1.7	2.0	581	580	156	−4.1	17.2	5.6	134
共和	1.8	2.2	540	542	187	−4.4	15.0	3.1	133
格尔木	2.8	3.6	543	543	183	−5.7	17.6	3.6	88
玛多	2.5	2.8	452	458	290	−6.7	7.6	−4.2	—
甘肃省									
敦煌	1.9	2.0	670	660	137	−4.4	25.2	9.3	144
酒泉	1.9	2.2	642	635	154	−5.1	22.2	6.9	132
山丹	2.2	2.7	619	614	165	−5.6	20.6	5.7	141
兰州	0.4	1.1	638	632	136	−2.9	22.4	8.9	103
平凉	2.1	1.9	652	645	141	−1.4	21.1	8.5	62
天水	1.2	1.0	669	661	120	−0.2	22.7	10.5	61
武都	1.0	1.8	673	664	65	3.4	25.0	14.5	11
新疆维吾尔自治区									
伊宁	1.7	2.7	710	700	136	−5.2	22.5	8.6	62
乌鲁木齐	1.3	3.4	714	701	154	−8.2	25.7	7.3	162
吐鲁番	1.2	2.4	771	748	122	−3.9	33.0	14.1	74

城市	台站位置			室外计算干球温度/℃					
	北纬	东经	海拔/m	供暖	冬季通风	夏季通风	冬季空调	夏季空调	夏季空调日均
新疆维吾尔自治区									
哈密	42°49′	93°31′	737.9	−19	−10	31	−23	36.5	30
喀什	39°28′	75°59′	288.7	−11	−6	29	−16	33.3	29
和田	37°08′	79°56′	374.6	−10	−5	29	−13	33.8	28
山东省									
济南	36°41′	116°59′	51.6	−7	−1	31	−10	35.5	31
潍坊	36°36′	119°07′	62.8	−9	−4	30	−11	34.4	29
青岛	36°09′	120°256′	16.8	−7	−3	28	−9	30.3	28
菏泽	35°15′	115°26′	49.7	−7	−2	32	−10	34.9	31
江苏省									
徐州	34°17′	117°18′	43.0	−6	0	32	−9	34.3	31
南京	32°00′	118°48′	8.9	−3	2	32	−6	35.2	32
安徽省									
亳州	33°53′	115°47′	37.1	−6	0	33	−9	35.5	31
蚌埠	32°57′	117°22′	21.0	−5	1	33	−8	35.8	32
合肥	31°51′	117°17′	23.6	−3	2	33	−7	35.1	32
安庆	30°31′	117°02′	44.0	−2	4	33	−5	34.8	32

城市	台站位置			室外计算干球温度/℃					
	北纬	东经	海拔/m	供暖	冬季通风	夏季通风	冬季空调	夏季空调	夏季空调日均
浙江省									
杭州	30°19′	120°12′	7.2	−1	4	33	−4	35.7	32
定海	30°02′	122°07′	35.7	0	5	31	−2	32.2	29
衢县	28°58′	118°52′	66.1	0	5	34	−2	35.7	32
温州	28°01′	120°40′	6.0	3	7	31	1	32.9	29
江西省									
景德镇	29°16′	117°15′	46.3	−1	5	34	−3	35.9	31
南昌	28°40′	115°58′	46.7	−1	5	34	−3	35.7	32
吉安	27°05′	114°55′	78.0	1	6	35	−1	36.3	32
赣州	25°50′	114°50′	1123.8	2	8	34	0	35.4	32
福建省									
福州	26°05′	119°17′	84.0	5	10	33	4	35.3	30
永安	25°58′	117°21′	208.3	3	9	34	1	35.5	30
河南省									
郑州	34°43′	113°39′	110.4	−5	0	32	−8	36.3	31
卢氏	34°00′	111°01′	568.8	−6	−1	31	−10	34.2	29
驻马店	32°58′	114°03′	83.7	−4	11	32	−7	35.9	32
信阳	32°07′	114°05′	75.9	−4	2	32	−7	34.8	32

城市	室外风速/(m/s)		大气压力/mmHg		日均温≤5℃期间		最热月(七月)均温/℃	年均温/℃	最大冻土深度/cm
	冬季	夏季	冬季	夏季	天数	平均温度			
新疆维吾尔自治区									
哈密	2.5	2.9	705	691	139	−5.2	27.7	9.9	112
喀什	1.2	2.6	657	649	117	−3.4	25.8	11.7	90
和田	1.6	2.4	651	643	113	−2.4	25.5	12.1	67
山东省									
济南	3.0	2.5	765	749	99	0.0	27.4	14.2	44
潍坊	3.4	3.0	764	749	114	−1.1	25.9	12.3	43
青岛	2.9	2.9	768	753	111	−0.5	25.4	11.9	42
菏泽	3.0	2.5	765	749	102	−0.3	27.2	13.6	35
江苏省									
徐州	2.9	2.8	767	750	92	0.9	27.0	14.2	24
南京	2.5	2.3	769	753	71	2.2	28.2	15.4	—
安徽省									
亳州	2.4	2.2	766	750	89	1.1	27.8	14.6	16
蚌埠	2.8	2.3	768	752	77	1.7	28.3	15.3	15
合肥	2.3	2.1	767	751	65	2.2	28.5	15.8	11
安庆	3.8	2.8	765	750	53	2.5	28.9	16.5	10
浙江省									
杭州	2.1	1.7	769	754	55	3.2	28.7	16.2	—
定海	4.0	3.5	766	752	38	4.0	27.6	16.4	—
衢县	3.1	2.3	763	749	39	4.0	29.1	17.4	—
温州	2.4	2.1	768	754	20	—	28.0	17.9	—
江西省									
景德镇	2.0	1.8	764	749	46	4.0	28.8	17.1	—
南昌	3.7	2.5	764	749	38	3.8	29.7	17.7	—
吉安	2.4	2.4	761	747	28	—	29.6	18.5	—
赣州	2.1	2.0	756	743	18	—	29.5	19.5	—
福建省									

城市	室外风速/(m/s)		大气压力/mmHg		日均温≤5℃期间		最热月(七月)均温/℃	年均温/℃	最大冻土深度/cm
	冬季	夏季	冬季	夏季	天数	平均温度			
福州	2.5	2.7	760	748	2	—	28.7	19.6	—
永安	1.2	1.3	748	737	13	—	28.1	19.0	—
河南省									
郑州	3.6	2.8	760	744	93	1.1	27.5	14.3	18
卢氏	1.6	1.8	719	706	102	0.4	25.8	12.7	27
驻马店	3.1	2.6	763	746	81	1.7	27.8	14.8	16
信阳	2.1	2.0	763	747	74	2.1	27.9	15.2	7

城市	台站位置			室外计算干球温度/℃					
	北纬	东经	海拔/m	供暖	冬季通风	夏季通风	冬季空调	夏季空调	夏季空调日均
湖北省									
光化	32°25′	111°40′	91.1	−3	2	32	−6	35.2	31
宜昌	30°42′	111°05′	131.1	0	5	33	−3	35.7	32
武汉	30°08′	114°04′	23.3	−2	3	33	−5	35.2	32
恩施	30°16′	109°22′	437.2	2	5	32	0	34.1	30
湖南省									
常德	28°55′	111°33′	36.7	−1	5	32	−4	35.3	32
长沙	28°12′	113°04′	44.9	−1	5	34	−3	36.2	32
芷江	27°27′	109°38′	266.5	0	5	32	−3	34.3	30
零陵	26°14′	111°36′	174.5	0	6	33	−3	35.1	31
广西壮族自治区									
桂林	25°20′	110°18′	166.7	2	8	32	0	33.9	30
百色	23°55′	106°35′	173.1	9	13	33	7	36.2	31
梧州	23°29′	111°18′	119.2	5	12	33	3	34.6	30
南宁	22°49′	108°21′	72.7	7	13	32	5	34.5	30
广东省									
韶关	24°48′	113°35′	69.3	4	10	33	2	35.1	31
汕头	23°24′	116°41′	1.2	9	13	31	7	33.1	30
广州	23°08′	113°19′	6.3	7	13	32	5	33.6	30
阳江	21°52′	111°58′	23.3	9	14	31	7	32.7	29
海南省									
海口	20°52′	110°21′	14.1	12	17	32	10	35.1	30
四川省									
甘孜	31°38′	99°59′	3393.5	−9	−5	19	−13	22.7	17
南充	30°48′	106°05′	297.7	3	7	32	2	34.9	32
成都	30°40′	104°01′	505.9	2	6	29	1	31.6	28
宜宾	28°49′	104°32′	340.3	4	8	30	3	33.6	30
西昌	27°53′	102°18′	1590.7	4	9	27	2	30.6	27
贵州省									
遵义	27°42′	106°53′	843.9	−1	4	29	−3	31.4	28
毕节	27°18′	105°14′	1510.6	−2	2	26	−4	29.0	25
贵阳	26°35′	106°43′	1071.2	−1	5	28	−3	29.9	26
兴仁	25°26′	105°11′	1378.5	0	6	26	−2	29.0	25
云南省									
昆明	25°01′	102°41′	1891.4	3	8	24	1	26.8	22
蒙自	23°23′	103°23′	1300.7	6	12	27	4	30.6	26
西藏自治区									
昌都	31°11′	96°59′	3240.7	−6	−3	22	−8	26.0	19
拉萨	29°42′	91°08′	3658.0	−6	−2	19	−8	22.7	18
林芝	29°33′	94°21′	3000.0	−3	0	20	−4	22.5	17
日喀则	29°13′	88°55′	3836.0	−8	−4	19	−11	22.6	17

表4 大气压力（$p = 1.01325 \times 10^5$ Pa）下干空气的热物理性质

$t/°C$	$\rho/(kg/m^3)$	$c_p/[kJ/(kg \cdot K)]$	$\lambda/[\times 10^2 W/(m \cdot K)]$	$a/(\times 10^6 m^2/s)$	$\eta/(\times 10^6 Pa \cdot s)$	$\nu/(\times 10^6 m^2/s)$	P_r
−50	1.584	1.013	2.04	12.7	14.6	9.23	0.728
−40	1.515	1.013	2.12	13.8	15.2	10.04	0.728
−30	1.453	1.013	2.20	14.9	15.7	10.80	0.723
−20	1.395	1.009	2.28	16.2	16.2	11.61	0.716
−10	1.342	1.009	2.36	17.4	16.7	12.43	0.712
0	1.293	1.005	2.44	18.8	17.2	13.28	0.707
10	1.247	1.005	2.51	20.0	17.6	14.16	0.705
20	1.205	1.005	2.59	21.4	18.1	15.06	0.703
30	1.165	1.005	2.67	22.9	18.6	16.00	0.701
40	1.128	1.005	2.76	24.3	19.1	16.96	0.699
50	1.093	1.005	2.83	25.7	19.6	17.95	0.698
60	1.060	1.005	2.90	27.2	20.1	18.97	0.696
70	1.029	1.009	2.96	28.6	20.6	20.02	0.694
80	1.000	1.009	3.05	30.2	21.1	21.09	0.692
90	0.972	1.009	3.13	31.9	21.5	22.10	0.690
100	0.946	1.009	3.21	33.6	21.9	23.13	0.688
120	0.898	1.009	3.34	36.8	22.8	25.45	0.686
140	0.854	1.013	3.49	40.3	23.7	27.80	0.684
160	0.815	1.017	3.64	43.9	24.5	30.09	0.682
180	0.779	1.022	3.78	47.5	25.3	32.49	0.681
200	0.746	1.026	3.93	51.4	26.0	34.85	0.680
250	0.674	1.038	4.27	61.0	27.4	40.61	0.677
300	0.615	1.047	4.60	71.6	29.7	48.33	0.674
350	0.566	1.059	4.91	81.9	31.4	55.46	0.676
400	0.524	1.068	5.21	93.1	33.0	63.09	0.678
500	0.456	1.093	5.74	115.3	36.2	79.38	0.687
600	0.404	1.114	6.22	138.3	39.1	96.89	0.699
700	0.362	1.135	6.71	163.4	41.8	115.4	0.706
800	0.329	1.156	7.18	188.8	44.3	134.8	0.713
900	0.301	1.172	7.63	216.2	46.7	155.1	0.717
1000	0.277	1.185	8.07	245.9	49.0	177.1	0.719
1100	0.257	1.197	8.50	276.2	51.2	199.3	0.722
1200	0.239	1.210	9.15	316.5	53.5	233.7	0.724

表 5　湿空气湿焓表

干球温度	相对湿度 φ	5%	10%	15%	20%	25%	30%	35%	40%	45%	50%	55%	60%	65%	70%	75%	80%	85%	90%	95%
−20	含湿量 d	0.0	0.1	0.1	0.2	0.2	0.2	0.3	0.3	0.3	0.4	0.4	0.5	0.5	0.5	0.6	0.6	0.7	0.7	0.7
	焓 H	−20.0	−19.9	−19.8	−19.7	−19.6	−19.5	−19.4	−19.3	−19.2	−19.2	−19.1	−19.0	−18.9	−18.8	−18.7	−18.6	−18.5	−18.4	−18.3
	露点温度 t_l	#N/A	#N/A	#N/A	#N/A	#N/A	#N/A	#N/A	#N/A	#N/A	#N/A	#N/A	#N/A	#N/A	#N/A	#N/A	#N/A	#N/A	#N/A	#N/A
	湿球温度 t_s	#N/A	#N/A	#N/A	#N/A	#N/A	#N/A	#N/A	#N/A	#N/A	#N/A	#N/A	#N/A	#N/A	#N/A	#N/A	#N/A	#N/A	#N/A	#N/A
−18	含湿量 d	0.0	0.1	0.1	0.2	0.2	0.3	0.3	0.4	0.4	0.5	0.5	0.5	0.6	0.6	0.7	0.7	0.8	0.8	0.9
	焓 H	−18.0	−17.9	−17.8	−17.6	−17.5	−17.4	−17.3	−17.2	−17.1	−17.0	−16.9	−16.7	−16.6	−16.5	−16.4	−16.3	−16.2	−16.1	−15.9
	露点温度 t_l	#N/A	#N/A	#N/A	#N/A	#N/A	#N/A	#N/A	#N/A	#N/A	#N/A	#N/A	#N/A	#N/A	#N/A	#N/A	#N/A	#N/A	#N/A	#N/A
	湿球温度 t_s	−19.7	−19.7	−19.5	−19.4	−19.3	−19.2	−19.2	−19.1	−19.0	−18.9	−18.8	−18.7	−18.6	−18.5	−18.4	−18.3	−18.2	−18.1	−18.0
−16	含湿量 d	0.0	0.1	0.2	0.2	0.3	0.3	0.4	0.4	0.5	0.6	0.6	0.7	0.7	0.8	0.8	0.9	0.9	1.0	1.1
	焓 H	−16.0	−15.9	−15.7	−15.5	−15.4	−15.3	−15.1	−15.0	−14.9	−14.7	−14.6	−14.4	−14.3	−14.2	−14.0	−13.9	−13.8	−13.6	−13.5
	露点温度 t_l	#N/A	#N/A	#N/A	#N/A	#N/A	#N/A	#N/A	#N/A	#N/A	#N/A	#N/A	#N/A	#N/A	#N/A	#N/A	#N/A	#N/A	#N/A	#N/A
	湿球温度 t_s	−18.1	−18.0	−17.8	−17.7	−17.6	−17.5	−17.3	−17.2	−17.1	−17.0	−16.9	−16.8	−16.7	−16.6	−16.5	−16.4	−16.3	−16.2	−16.0

干球温度	相对湿度 φ	5%	10%	15%	20%	25%	30%	35%	40%	45%	50%	55%	60%	65%	70%	75%	80%	85%	90%	95%
−14	含湿量 d	0.0	0.1	0.1	0.2	0.2	0.2	0.3	0.3	0.3	0.4	0.4	0.5	0.5	0.5	0.6	0.6	0.7	0.7	0.7
	含湿量 d	0.0	0.1	0.2	0.3	0.3	0.4	0.4	0.5	0.6	0.6	0.7	0.8	0.8	0.9	1.0	1.0	1.1	1.1	1.2
	焓 H	−14.0	−13.9	−13.6	−13.4	−13.3	−13.1	−13.0	−12.8	−12.7	−12.5	−12.3	−12.2	−12.0	−11.9	−11.7	−11.5	−11.4	−11.2	−11.1
	露点温度 t_l	#N/A	#N/A	#N/A	#N/A	#N/A	#N/A	#N/A	#N/A	#N/A	#N/A	#N/A	#N/A	−19.2	−18.3	−17.5	−16.8	−16.2	−15.4	−14.6
	湿球温度 t_s	−16.4	−16.4	−16.1	−16.0	−15.9	−15.7	−15.6	−15.5	−15.3	−15.2	−15.1	−14.9	−14.8	−14.7	−14.6	−14.4	−14.3	−14.2	−14.1
−12	含湿量 d	0.0	0.1	0.2	0.3	0.4	0.4	0.5	0.6	0.7	0.7	0.8	0.9	1.0	1.1	1.1	1.2	1.3	1.4	1.4
	焓 H	−12.0	−11.9	−11.5	−11.3	−11.1	−10.9	−10.8	−10.6	−10.4	−10.2	−10.0	−9.8	−9.6	−9.5	−9.3	−9.1	−8.9	−8.7	−8.5
	露点温度 t_l	#N/A	#N/A	#N/A	#N/A	#N/A	#N/A	#N/A	#N/A	#N/A	#N/A	−19.2	−18.2	−17.2	−16.5	−15.7	−14.7	−14.0	−13.3	−12.6
	湿球温度 t_s	−14.8	−14.7	−14.4	−14.3	−14.1	−14.0	−13.8	−13.7	−13.5	−13.4	−13.2	−13.1	−13.0	−12.8	−12.7	−12.5	−12.4	−12.2	−12.1
−10	含湿量 d	0.0	0.1	0.3	0.4	0.4	0.5	0.6	0.7	0.8	0.9	1.0	1.1	1.1	1.2	1.3	1.4	1.5	1.6	1.7
	焓 H	−10.0	−9.9	−9.4	−9.2	−9.0	−8.7	−8.5	−8.3	−8.1	−7.9	−7.6	−7.4	−7.2	−7.0	−6.8	−6.6	−6.3	−6.1	−5.9
	露点温度 t_l	#N/A	#N/A	#N/A	#N/A	#N/A	#N/A	#N/A	#N/A	−19.7	−18.5	−17.3	−16.5	−15.5	−14.4	−13.6	−12.8	−12.0	−11.3	−10.6
	湿球温度 t_s	−13.2	−13.1	−12.8	−12.6	−12.4	−12.3	−12.1	−11.9	−11.8	−11.6	−11.4	−11.3	−11.1	−10.9	−10.8	−10.6	−10.4	−10.3	−10.1

续表

干球温度	相对湿度 φ	5%	10%	15%	20%	25%	30%	35%	40%	45%	50%	55%	60%	65%	70%	75%	80%	85%	90%	95%
	含湿量 d	0.0	0.1	0.1	0.2	0.2	0.2	0.3	0.3	0.3	0.4	0.4	0.5	0.5	0.5	0.6	0.6	0.7	0.7	0.7
	含湿量 d	0.0	0.1	0.3	0.4	0.5	0.6	0.7	0.8	0.9	1.0	1.1	1.2	1.3	1.4	1.5	1.6	1.8	1.9	2.0
-8	焓 H	−7.9	−7.8	−7.3	−7.0	−6.8	−6.5	−6.3	−6.0	−5.7	−5.5	−5.2	−5.0	−4.7	−4.5	−4.2	−3.9	−3.7	−3.4	−3.2
	露点温度 t_1	#N/A	#N/A	#N/A	#N/A	#N/A	#N/A	#N/A	−19.2	−17.9	−16.7	−15.6	−14.4	−13.4	−12.5	−11.6	−10.8	−10.1	−9.4	−8.7
	湿球温度 t_s	−11.7	−11.6	−11.1	−10.9	−10.8	−10.6	−10.4	−10.2	−10.0	−9.8	−9.6	−9.4	−9.3	−9.1	−8.9	−8.7	−8.5	−8.3	−8.2
	含湿量 d	0.0	0.1	0.4	0.5	0.6	0.7	0.8	1.0	1.1	1.2	1.3	1.4	1.6	1.7	1.8	1.9	2.0	2.2	2.3
-6	焓 H	−5.9	−5.8	−5.1	−4.8	−4.5	−4.2	−3.9	−3.6	−3.3	−3.0	−2.7	−2.4	−2.1	−1.8	−1.5	−1.2	−0.9	−0.6	−0.3
	露点温度 t_1	#N/A	#N/A	#N/A	#N/A	#N/A	#N/A	−19.0	−17.4	−16.2	−14.7	−13.6	−12.5	−11.5	−10.6	−9.7	−8.9	−8.1	−7.4	−6.7
	湿球温度 t_s	−10.2	−10.1	−9.6	−9.4	−9.1	−8.9	−8.7	−8.5	−8.3	−8.1	−7.8	−7.6	−7.4	−7.2	−7.0	−6.8	−6.6	−6.4	−6.2
	含湿量 d	0.0	0.1	0.4	0.6	0.7	0.8	1.0	1.1	1.3	1.4	1.5	1.7	1.8	2.0	2.1	2.2	2.4	2.5	2.7
-4	焓 H	−3.9	−3.8	−3.0	−2.6	−2.3	−1.9	−1.6	−1.2	−0.9	−0.5	−0.2	0.2	0.5	0.9	1.2	1.6	1.9	2.3	2.6
	露点温度 t_1	#N/A	#N/A	#N/A	#N/A	#N/A	−19.0	−17.2	−15.8	−14.2	−12.9	−11.7	−10.6	−9.6	−8.7	−7.8	−6.9	−6.1	−5.4	−4.7
	湿球温度 t_s	−8.7	−8.6	−8.0	−7.8	−7.5	−7.3	−7.0	−6.8	−6.6	−6.3	−6.1	−5.8	−5.6	−5.4	−5.1	−4.9	−4.7	−4.4	−4.2

干球温度	项目	5%	10%	15%	20%	25%	30%	35%	40%	45%	50%	55%	60%	65%	70%	75%	80%	85%	90%	95%
	相对湿度 φ	5%	10%	15%	20%	25%	30%	35%	40%	45%	50%	55%	60%	65%	70%	75%	80%	85%	90%	95%
	含湿量 d	0.0	0.1	0.1	0.2	0.2	0.2	0.3	0.3	0.3	0.4	0.4	0.5	0.5	0.5	0.6	0.6	0.7	0.7	0.7
−2	含湿量 d	0.0	0.1	0.5	0.6	0.8	1.0	1.1	1.3	1.5	1.6	1.8	1.9	2.1	2.3	2.4	2.6	2.8	2.9	3.1
	焓 H	−1.9	−1.8	−0.8	−0.4	0.0	0.4	0.8	1.2	1.6	2.0	2.4	2.9	3.3	3.7	4.1	4.5	4.9	5.3	5.7
	露点温度 t_l	#N/A	#N/A	#N/A	#N/A	−19.4	−17.3	−15.6	−13.8	−12.4	−11.0	−9.8	−8.7	−7.7	−6.7	−5.8	−5.0	−4.2	−3.4	−2.7
	湿球温度 t_s	−7.3	−7.2	−6.5	−6.2	−5.9	−5.7	−5.4	−5.1	−4.9	−4.6	−4.3	−4.1	−3.8	−3.5	−3.3	−3.0	−2.8	−2.5	−2.2
	相对湿度 φ	5%	10%	15%	20%	25%	30%	35%	40%	45%	50%	55%	60%	65%	70%	75%	80%	85%	90%	95%
	含湿量 d	0.1	0.2	0.6	0.8	0.9	1.1	1.3	1.5	1.7	1.9	2.1	2.3	2.4	2.6	2.8	3.0	3.2	3.4	3.6
0	焓 H	0.1	0.2	1.4	1.9	2.3	2.8	3.3	3.8	4.2	4.7	5.2	5.6	6.1	6.6	7.1	7.5	8.0	8.5	9.0
	露点温度 t_l	#N/A	#N/A	#N/A	#N/A	−17.7	−15.7	−13.6	−12.0	−10.5	−9.2	−8.0	−6.8	−5.8	−4.8	−3.9	−3.0	−2.2	−1.4	−0.7
	湿球温度 t_s	−5.9	−5.8	−5.0	−4.7	−4.4	−4.1	−3.8	−3.5	−3.2	−2.9	−2.6	−2.3	−2.0	−1.7	−1.4	−1.1	−0.8	−0.6	−0.3
	相对湿度 φ	5%	10%	15%	20%	25%	30%	35%	40%	45%	50%	55%	60%	65%	70%	75%	80%	85%	90%	95%
	含湿量 d	0.0	0.1	0.7	0.9	1.1	1.3	1.5	1.7	2.0	2.2	2.4	2.6	2.8	3.0	3.3	3.5	3.7	3.9	4.1
2	焓 H	2.1	2.2	3.6	4.2	4.7	5.3	5.8	6.4	6.9	7.4	8.0	8.5	9.1	9.6	10.2	10.7	11.3	11.8	12.4
	露点温度 t_l	#N/A	#N/A	#N/A	−18.6	−16.2	−13.8	−11.9	−10.2	−8.7	−7.3	−6.1	−4.9	−3.9	−2.9	−2.0	−1.1	−0.3	0.5	1.3
	湿球温度 t_s	−4.6	−4.5	−3.6	−3.2	−2.9	−2.5	−2.2	−1.8	−1.5	−1.2	−0.9	−0.5	−0.2	0.1	0.4	0.8	1.1	1.4	1.7

干球温度	相对湿度 φ	5%	10%	15%	20%	25%	30%	35%	40%	45%	50%	55%	60%	65%	70%	75%	80%	85%	90%	95%
4	含湿量 d	0.0	0.1	0.6	0.8	0.9	1.1	1.3	1.5	1.7	1.9	2.1	2.3	2.4	2.6	2.8	3.0	3.2	3.4	3.6
	含湿量 d	0.0	0.1	0.7	1.0	1.2	1.5	1.8	2.0	2.3	2.5	2.8	3.0	3.3	3.5	3.8	4.0	4.3	4.5	4.8
	焓 H	4.1	4.2	5.9	6.5	7.2	7.8	8.4	9.0	9.7	10.3	10.9	11.6	12.2	12.8	13.5	14.1	14.7	15.4	16.0
	露点温度 t_l	#N/A	#N/A	#N/A	-17.0	-14.3	-12.0	-10.1	-8.4	-6.9	-5.5	-4.2	-3.1	-2.0	-1.0	0.0	0.9	1.7	2.5	3.3
	湿球温度 t_s	-3.2	-3.2	-2.1	-1.7	-1.4	-1.0	-0.6	-0.2	0.1	0.5	0.9	1.2	1.6	1.9	2.3	2.6	3.0	3.3	3.7
6	含湿量 d	0.0	0.1	0.9	1.1	1.4	1.7	2.0	2.3	2.6	2.9	3.2	3.5	3.8	4.0	4.3	4.6	4.9	5.2	5.5
	焓 H	6.1	6.2	8.2	8.9	9.6	10.4	11.1	11.8	12.5	13.3	14.0	14.7	15.4	16.2	16.9	17.6	18.4	19.1	19.8
	露点温度 t_l	#N/A	#N/A	-18.7	-15.4	-12.5	-10.3	-8.3	-6.6	-5.0	-3.6	-2.4	-1.2	-0.1	0.9	1.9	2.8	3.7	4.5	5.3
	湿球温度 t_s	-2.0	-1.9	-0.7	-0.3	0.1	0.5	1.0	1.4	1.8	2.2	2.6	3.0	3.4	3.7	4.1	4.5	4.9	5.3	5.6
8	含湿量 d	0.0	0.1	1.0	1.3	1.6	2.0	2.3	2.6	3.0	3.3	3.6	4.0	4.3	4.6	5.0	5.3	5.6	6.0	6.3
	焓 H	8.1	8.2	10.5	11.4	12.2	13.0	13.9	14.7	15.5	16.4	17.2	18.0	18.9	19.7	20.6	21.4	22.2	23.1	23.9
	露点温度 t_l	#N/A	#N/A	-17.1	-13.6	-10.8	-8.5	-6.5	-4.8	-3.2	-1.8	-0.5	0.7	1.8	2.9	3.8	4.8	5.6	6.5	7.2
	湿球温度 t_s	-0.8	-0.7	0.6	1.1	1.6	2.0	2.5	3.0	3.4	3.8	4.3	4.7	5.1	5.6	6.0	6.4	6.8	7.2	7.6

干球温度	相对湿度 φ	5%	10%	15%	20%	25%	30%	35%	40%	45%	50%	55%	60%	65%	70%	75%	80%	85%	90%	95%
	含湿量 d	0.0	0.1	0.6	0.8	0.9	1.1	1.3	1.5	1.7	1.9	2.1	2.3	2.4	2.6	2.8	3.0	3.2	3.4	3.6
10	含湿量 d	0.0	0.1	1.1	1.5	1.9	2.3	2.6	3.0	3.4	3.8	4.2	4.6	4.9	5.3	5.7	6.1	6.5	6.9	7.2
	焓 H	10.1	10.2	12.9	13.9	14.8	15.8	16.7	17.7	18.6	19.6	20.6	21.5	22.5	23.4	24.4	25.4	26.3	27.3	28.3
	露点温度 t_l	#N/A	#N/A	-15.6	-11.9	-9.1	-6.8	-4.8	-3.0	-1.4	0.1	1.4	2.6	3.7	4.8	5.8	6.7	7.6	8.4	9.2
	湿球温度 t_s	0.4	0.5	2.0	2.5	3.0	3.5	4.0	4.5	5.0	5.5	6.0	6.4	6.9	7.4	7.8	8.3	8.7	9.1	9.6
12	含湿量 d	0.0	0.1	1.3	1.7	2.2	2.6	3.0	3.5	3.9	4.3	4.8	5.2	5.6	6.1	6.5	7.0	7.4	7.8	8.3
	焓 H	12.2	12.3	15.3	16.4	17.5	18.6	19.7	20.8	21.9	23.0	24.1	25.2	26.3	27.4	28.5	29.6	30.7	31.8	32.9
	露点温度 t_l	#N/A	#N/A	-13.8	-10.3	-7.4	-5.0	-3.0	-1.2	0.4	1.9	3.2	4.5	5.6	6.7	7.7	8.7	9.6	10.4	11.2
	湿球温度 t_s	1.6	1.6	3.3	3.9	4.4	5.0	5.5	6.1	6.6	7.1	7.7	8.2	8.7	9.2	9.7	10.1	10.6	11.1	11.5
14	含湿量 d	0.0	0.1	1.5	2.0	2.5	3.0	3.5	3.9	4.4	4.9	5.4	5.9	6.4	6.9	7.4	7.9	8.4	9.0	9.5
	焓 H	14.2	14.3	17.8	19.0	20.3	21.5	22.8	24.0	25.3	26.6	27.8	29.1	30.3	31.6	32.9	34.1	35.4	36.7	38.0
	露点温度 t_l	#N/A	#N/A	-12.2	-8.6	-5.7	-3.3	-1.2	0.6	2.3	3.7	5.1	6.4	7.5	8.6	9.6	10.6	11.5	12.4	13.2
	湿球温度 t_s	2.7	2.7	4.6	5.2	5.8	6.5	7.1	7.6	8.2	8.8	9.3	9.9	10.4	11.0	11.5	12.0	12.5	13.0	13.5

干球温度	相对湿度 φ	5%	10%	15%	20%	25%	30%	35%	40%	45%	50%	55%	60%	65%	70%	75%	80%	85%	90%	95%
16	含湿量 d	0.0	0.1	0.6	0.8	0.9	1.1	1.3	1.5	1.7	1.9	2.1	2.3	2.4	2.6	2.8	3.0	3.2	3.4	3.6
	含湿量 d	0.0	0.1	1.7	2.2	2.8	3.4	3.9	4.5	5.1	5.6	6.2	6.8	7.3	7.9	8.5	9.1	9.6	10.2	10.8
	焓 H	16.2	16.3	20.3	21.7	23.2	24.6	26.0	27.4	28.9	30.3	31.8	33.2	34.6	36.1	37.5	39.0	40.4	41.9	43.3
	露点温度 t_1	#N/A	#N/A	-10.6	-6.9	-4.0	-1.6	0.6	2.4	4.1	5.6	7.0	8.2	9.4	10.5	11.6	12.5	13.5	14.4	15.2
	湿球温度 t_s	3.7	3.8	5.9	6.6	7.2	7.9	8.5	9.2	9.8	10.4	11.0	11.6	12.2	12.8	13.3	13.9	14.4	14.9	15.5
18	含湿量 d	0.0	0.1	1.9	2.5	3.2	3.8	4.5	5.1	5.8	6.4	7.0	7.7	8.3	9.0	9.6	10.3	11.0	11.6	12.3
	焓 H	18.2	18.3	22.9	24.5	26.2	27.8	29.4	31.0	32.7	34.3	35.9	37.6	39.2	40.9	42.5	44.2	45.8	47.5	49.2
	露点温度 t_1	#N/A	#N/A	-9.0	-5.3	-2.3	0.2	2.3	4.2	5.9	7.4	8.8	10.1	11.3	12.4	13.5	14.5	15.4	16.3	17.2
	湿球温度 t_s	4.8	4.8	7.1	7.9	8.6	9.3	10.0	10.7	11.4	12.1	12.7	13.3	14.0	14.6	15.2	15.7	16.3	16.9	17.4
干球温度	相对湿度 φ	5%	10%	15%	20%	25%	30%	35%	40%	45%	50%	55%	60%	65%	70%	75%	80%	85%	90%	95%
20	含湿量 d	0.0	0.1	2.2	2.9	3.6	4.3	5.1	5.8	6.5	7.3	8.0	8.7	9.5	10.2	10.9	11.7	12.4	13.2	13.9
	焓 H	20.2	20.3	25.6	27.4	29.3	31.1	32.9	34.8	36.6	38.5	40.4	42.2	44.1	46.0	47.9	49.8	51.7	53.5	55.4
	露点温度 t_1	#N/A	#N/A	-7.4	-3.6	-0.6	1.9	4.1	6.0	7.7	9.3	10.7	12.0	13.2	14.4	15.4	16.4	17.4	18.3	19.2
	湿球温度 t_s	5.8	5.8	8.3	9.2	10.0	10.8	11.5	12.3	13.0	13.7	14.4	15.1	15.7	16.4	17.0	17.6	18.2	18.8	19.4

干球温度	相对湿度 φ	5%	10%	15%	20%	25%	30%	35%	40%	45%	50%	55%	60%	65%	70%	75%	80%	85%	90%	95%
	含湿量 d	0.0	0.1	2.2	2.9	3.6	4.3	5.1	5.8	6.5	7.3	8.0	8.7	9.5	10.2	10.9	11.7	12.4	13.2	13.9
22	含湿量 d	0.0	0.1	2.4	3.3	4.1	4.9	5.7	6.6	7.4	8.2	9.1	9.9	10.7	11.6	12.4	13.3	14.1	15.0	15.8
	焓 H	22.3	24.3	28.3	30.4	32.5	34.6	36.7	38.8	40.9	43.0	45.1	47.2	49.4	51.5	53.6	55.8	57.9	60.1	62.3
	露点温度 t_l	#N/A	#N/A	−5.8	−2.0	1.1	3.6	5.8	7.8	9.5	11.1	12.5	13.9	15.1	16.3	17.4	18.4	19.4	20.3	21.2
	湿球温度 t_s	6.8	6.8	9.6	10.5	11.3	12.2	13.0	13.8	14.6	15.3	16.1	16.8	17.5	18.2	18.8	19.5	20.1	20.8	21.4
24	含湿量 d	0.0	0.1	2.8	3.7	4.6	5.5	6.5	7.4	8.4	9.3	10.2	11.2	12.1	13.1	14.0	15.0	16.0	16.9	17.9
	焓 H	24.2	24.3	31.1	33.5	35.9	38.2	40.6	43.0	45.4	47.8	50.2	52.6	55.0	57.4	59.8	62.3	64.7	67.2	69.7
	露点温度 t_l	#N/A	#N/A	−4.2	−0.3	2.8	5.4	7.6	9.6	11.3	12.9	14.4	15.8	17.0	18.2	19.3	20.3	21.3	22.3	23.1
	湿球温度 t_s	7.7	7.8	10.8	11.7	12.7	13.6	14.5	15.3	16.2	17.0	17.8	18.5	19.3	20.0	20.7	21.4	22.1	22.7	23.3
26	含湿量 d	0.0	0.1	3.1	4.2	5.2	6.3	7.3	8.4	9.4	10.5	11.6	12.6	13.7	14.8	15.9	17.0	18.0	19.1	20.2
	焓 H	26.2	26.3	34.1	36.7	39.4	42.1	44.7	47.4	50.1	52.9	55.6	58.3	61.0	63.8	66.6	69.3	72.1	74.9	77.7
	露点温度 t_l	#N/A	#N/A	−2.6	1.3	4.5	7.1	9.4	11.4	13.2	14.8	16.3	17.6	18.9	20.1	21.2	22.3	23.3	24.2	25.1
	湿球温度 t_s	8.6	8.7	12.0	13.0	14.0	15.0	15.9	16.9	17.7	18.6	19.4	20.2	21.0	21.8	22.5	23.3	24.0	24.6	25.3

干球温度	相对湿度 φ	5%	10%	15%	20%	25%	30%	35%	40%	45%	50%	55%	60%	65%	70%	75%	80%	85%	90%	95%
	含湿量 d	0.0	0.1	2.2	2.9	3.6	4.3	5.1	5.8	6.5	7.3	8.0	8.7	9.5	10.2	10.9	11.7	12.4	13.2	13.9
28	含湿量 d	0.0	0.1	3.5	4.7	5.9	7.0	8.2	9.4	10.6	11.8	13.0	14.2	15.5	16.7	17.9	19.1	20.4	21.6	22.8
	焓 H	28.2	28.3	37.1	40.1	43.1	46.1	49.1	52.2	55.2	58.3	61.4	64.5	67.6	70.7	73.8	77.0	80.1	83.3	86.4
	露点温度 t_l	#N/A	#N/A	-1.0	3.0	6.2	8.8	11.1	13.1	15.0	16.6	18.1	19.5	20.8	22.0	23.1	24.2	25.2	26.2	27.1
	湿球温度 t_s	9.5	9.6	13.2	14.3	15.4	16.4	17.4	18.4	19.3	20.2	21.1	22.0	22.8	23.6	24.4	25.1	25.9	26.6	27.3
	含湿量 d	0.0	0.1	3.9	5.3	6.6	7.9	9.3	10.6	11.9	13.3	14.7	16.0	17.4	18.8	20.2	21.6	23.0	24.4	25.8
30	焓 H	30.2	30.3	40.2	43.6	47.0	50.4	53.8	57.2	60.7	64.1	67.6	71.1	74.6	78.1	81.7	85.2	88.8	92.4	96.0
	露点温度 t_l	#N/A	#N/A	0.6	4.6	7.8	10.5	12.9	14.9	16.8	18.4	20.0	21.4	22.7	23.9	25.1	26.2	27.2	28.2	29.1
	湿球温度 t_s	10.4	10.4	14.3	15.5	16.7	17.8	18.9	19.9	20.9	21.9	22.8	23.7	24.6	25.4	26.2	27.0	27.8	28.5	29.3
	含湿量 d	0.0	0.1	4.4	5.9	7.4	8.9	10.4	11.9	13.4	14.9	16.5	18.0	19.6	21.1	22.7	24.3	25.8	27.4	29.0
32	焓 H	32.3	32.4	43.4	47.2	51.1	54.9	58.7	62.6	66.5	70.4	74.3	78.3	82.2	86.2	90.2	94.2	98.3	102.3	106.4
	露点温度 t_l	#N/A	#N/A	2.2	6.2	9.5	12.3	14.6	16.7	18.6	20.3	21.8	23.3	24.6	25.8	27.0	28.1	29.2	31.2	31.6
	湿球温度 t_s	11.2	11.3	15.5	16.8	18.0	19.2	20.4	21.5	22.5	23.5	24.5	25.5	26.4	27.2	28.1	28.9	29.7	31.2	31.6

干球温度	相对湿度 φ	5%	10%	15%	20%	25%	30%	35%	40%	45%	50%	55%	60%	65%	70%	75%	80%	85%	90%	95%
34	含湿量 d	0.0	0.1	2.2	2.9	3.6	4.3	5.1	5.8	6.5	7.3	8.0	8.7	9.5	10.2	10.9	11.7	12.4	13.2	13.9
	含湿量 d	0.0	0.1	4.9	6.6	8.3	10.0	11.6	13.3	15.1	16.8	18.5	20.2	22.0	23.7	25.5	27.3	29.1	30.8	32.7
	焓 H	34.3	34.4	46.8	51.1	55.4	59.7	64.0	68.4	72.7	77.1	81.6	86.0	90.5	95.0	99.5	104.1	108.6	113.2	117.8
	露点温度 t_1	#N/A	#N/A	3.7	7.9	11.2	14.0	16.4	18.5	20.4	22.1	23.7	25.1	26.5	27.7	28.9	31.1	31.6	32.1	33.1
	湿球温度 t_s	12.1	12.1	16.7	18.1	19.4	20.6	21.9	23.0	24.1	25.2	26.2	27.2	28.1	29.1	30.0	31.4	31.8	32.4	33.2
36	含湿量 d	0.0	0.1	5.5	7.4	9.3	11.1	13.0	14.9	16.9	18.8	20.7	22.7	24.6	26.6	28.6	30.6	32.6	34.7	36.7
	焓 H	36.3	36.4	50.3	55.1	59.9	64.8	69.6	74.5	79.4	84.4	89.4	94.4	99.4	104.5	109.6	114.7	119.9	125.1	130.3
	露点温度 t_1	#N/A	#N/A	5.3	9.5	12.9	15.7	18.1	20.3	22.2	23.9	25.5	27.0	28.4	29.6	31.5	32.0	33.1	34.1	35.1
	湿球温度 t_s	12.8	12.9	17.8	19.3	20.7	22.1	23.3	24.6	25.7	26.8	27.9	28.9	29.9	31.4	31.9	32.7	33.6	34.4	35.2

干球温度	相对湿度 φ	5%	10%	15%	20%	25%	30%	35%	40%	45%	50%	55%	60%	65%	70%	75%	80%	85%	90%	95%
	含湿量 d	0.0	0.1	2.2	2.9	3.6	4.3	5.1	5.8	6.5	7.3	8.0	8.7	9.5	10.2	10.9	11.7	12.4	13.2	13.9
38	含湿量 d	0.0	0.1	6.2	8.2	10.3	12.4	14.6	16.7	18.9	21.0	23.2	25.4	27.6	29.8	32.1	34.3	36.6	38.9	41.2
	焓 H	38.3	38.4	54.0	59.4	64.8	70.2	75.6	81.1	86.7	92.2	97.8	103.5	109.2	114.9	120.6	126.4	132.3	138.2	144.1
	露点温度 t_1	#N/A	#N/A	6.9	11.1	14.6	17.4	19.9	22.0	24.0	25.8	27.4	28.9	31.2	31.8	32.8	33.9	35.0	36.1	37.1
	湿球温度 t_s	13.6	13.7	19.0	20.6	22.1	23.5	24.8	26.1	27.3	28.5	29.6	31.3	31.9	32.7	33.7	34.6	35.5	36.3	37.2
40	含湿量 d	0.0	0.1	6.9	9.2	11.5	13.9	16.3	18.7	21.1	23.5	25.9	28.4	30.9	33.4	35.9	38.5	41.0	43.6	46.2
	焓 H	40.3	40.4	57.9	63.9	69.9	75.9	82.1	88.2	94.4	100.7	107.0	113.3	119.7	126.2	132.7	139.2	145.8	152.5	159.2
	露点温度 t_1	#N/A	#N/A	8.5	12.8	16.2	19.1	21.6	23.8	25.8	27.6	29.2	31.4	32.1	33.5	34.7	35.9	37.0	38.0	39.0
	湿球温度 t_s	14.4	14.4	20.1	21.8	23.4	24.9	26.3	27.7	29.0	31.1	31.7	32.5	33.5	34.5	35.5	36.5	37.4	38.3	39.1

表6 饱和水的热物理性质

$t/℃$	$p/\times10^{-5}\mathrm{Pa}$	$\rho/(\mathrm{kg}/\mathrm{m^3})$	$H/(\mathrm{kJ/kg})$	$c_p/[\mathrm{kJ}/(\mathrm{kg\cdot K})]$	$\lambda/[\times10^2 \mathrm{W}/(\mathrm{m\cdot K})]$	$a/(\times10^8 \mathrm{m^2/s})$	$\eta/\times10^6 /\mathrm{Pa\cdot s}$	$\nu/(\times10^6 \mathrm{m^2/s})$	$a_V/(\times10^4 \mathrm{K^{-1}})$	$\sigma/(\times10^4 /\mathrm{N/m})$	P_r
0	0.00611	999.9	0	4.212	55.1	13.1	1788	1.789	−0.81	756.4	13.67
10	0.012270	999.7	42.04	4.191	57.4	13.7	1306	1.306	+0.87	741.6	9.52
20	0.02338	998.2	83.91	4.183	59.9	14.3	1004	1.006	2.09	726.9	7.02
30	0.04241	995.7	125.7	4.174	61.8	14.9	801.5	0.805	3.05	712.2	5.42
40	0.07375	992.2	167.5	4.174	63.5	15.3	653.3	0.659	3.86	696.5	4.31
50	0.12335	988.1	209.3	4.174	64.8	15.7	549.4	0.556	4.57	676.9	3.54
60	0.19920	983.1	251.1	4.179	65.9	16.0	469.9	0.478	5.22	662.2	2.99
70	0.3116	977.8	293.0	4.187	66.8	16.3	406.1	0.415	5.83	643.5	2.55
80	0.4736	971.8	355.0	4.195	67.4	16.6	355.1	0.365	6.40	625.9	2.21
90	0.7011	965.3	377.0	4.208	68.0	16.8	314.9	0.326	6.96	607.2	1.95
100	1.013	958.4	419.1	4.220	68.3	16.9	282.5	0.295	7.50	588.6	1.75
110	1.43	951.0	461.4	4.233	68.5	17.0	259.0	0.272	8.04	569.0	1.60
120	1.98	943.1	503.7	4.250	68.6	17.1	237.4	0.252	8.58	548.4	1.47
130	2.70	934.8	546.4	4.266	68.6	17.2	217.8	0.233	9.12	528.8	1.36
140	3.61	926.1	589.1	4.287	68.5	17.2	201.1	0.217	9.68	507.2	1.26
150	4.76	917.0	632.2	4.313	68.4	17.3	186.4	0.203	10.26	486.6	1.17
160	6.18	907.0	675.4	4.346	68.3	17.3	173.6	0.191	10.87	466.0	1.10
170	7.92	897.3	719.3	4.380	67.9	17.3	162.8	0.181	11.52	443.4	1.05
180	10.03	886.9	763.3	4.417	67.4	17.2	153.0	0.173	12.21	422.8	1.00
190	12.55	876.0	807.8	4.459	67.0	17.1	144.2	0.165	12.96	400.2	0.96
200	15.55	863.0	852.8	4.505	66.3	17.0	136.4	0.158	13.77	376.7	0.93
210	19.08	852.3	897.7	4.555	65.5	16.9	130.5	0.153	14.67	354.1	0.91
220	23.20	840.3	943.7	4.614	64.5	16.6	124.6	0.148	15.67	331.6	0.89
230	27.98	827.3	990.2	4.681	63.7	16.4	119.7	0.145	16.80	310.0	0.88
240	33.48	813.6	1037.5	4.756	62.8	16.2	114.8	0.141	18.08	285.5	0.87
250	39.78	799.0	1085.7	4.844	61.8	15.9	109.9	0.137	19.55	261.9	0.86
260	46.94	784.0	1135.7	4.949	60.5	15.6	105.9	0.135	21.27	237.4	0.87
270	55.05	767.9	1185.7	5.070	59.0	15.1	102.0	0.133	23.31	214.8	0.88
280	64.19	750.7	1236.8	5.230	57.4	14.6	98.1	0.131	25.79	191.3	0.90
290	74.45	732.3	1290.0	5.485	55.8	13.9	94.2	0.129	28.84	168.7	0.93
300	85.92	712.5	1344.9	5.736	54.0	13.2	91.2	0.128	32.73	144.2	0.97
310	98.70	691.1	1402.2	6.071	52.3	12.5	88.3	0.128	37.85	120.7	1.03
320	112.90	667.1	1462.1	6.574	50.6	11.5	85.3	0.128	44.91	98.10	1.11
330	128.65	640.2	1526.2	7.244	48.4	10.4	81.4	0.127	55.31	76.71	1.22
340	146.08	610.1	1594.8	8.165	45.7	9.17	77.5	0.127	72.10	56.70	1.39
350	165.37	574.4	1671.4	9.504	43.0	7.88	72.6	0.126	103.7	38.16	1.60
360	186.74	528.0	1761.5	13.984	39.5	5.36	66.7	0.126	182.9	20.21	2.35
370	210.53	450.5	1892.5	40.321	33.7	1.86	56.9	0.126	676.7	4.709	6.79

注：表中 a_V 值选自 *Steam Tables in SI Units*，2nd Ed.，Ed. by Grigull, U. et. al.，Springer-verlag，1984。

参考文献

［1］李凡，赵恒谊，唐壁奎，等．空气源热水器．重庆：重庆大学出版社，2010．

［2］顾文卿．热泵生产新工艺、节能新技术与热泵系统创新设计、科学应用、性能．北京：中国科技文化出版社，2007．

［3］陈东，谢继红．热泵技术手册．北京：化学工业出版社，2012．

［4］刘共青，肖俊光．小型太阳能热水器的安装、使用与维修．北京：化学工业出版社，2012．

［5］李志锋．空调机电控维修基础知识．北京：机械工业出版社，2011．

［6］何应俊，涂波．空调机维修一学就会．北京：机械工业出版社，2012．

［7］杜天保，杜建业，杜建华．快学快修空调器．福州：福建科学技术出版社，2001．

［8］赖广显，叶大贵，刘共青，等．新型发电机组．北京：人民邮电出版社，1999．

［9］罗运俊，何梓年，王长贵．太阳能利用技术．北京：化学工业出版社，2005．

［10］伊松林，张璧光．太阳能及热泵干燥技术．北京：化学工业出版社，2011．

［11］张军．地热能、余热能与热泵技术．北京：化学工业出版社，2014．

［12］戴锅生．传热学．北京：高等教育出版社，1999．